住房和城乡建设部标准定额研究所　　建设工程造价技术资料

通用安装工程消耗量

TY 02-31-2021

第四册　电气设备与线缆安装工程

TONGYONG ANZHUANG GONGCHENG XIAOHAOLIANG
DI-SI CE DIANQI SHEBEI YU XIANLAN ANZHUANG GONGCHENG

中国计划出版社
北　京

图书在版编目（CIP）数据

通用安装工程消耗量 : TY02-31-2021. 第四册, 电气设备与线缆安装工程 / 住房和城乡建设部标准定额研究所组织编制. -- 北京 : 中国计划出版社, 2022.2
ISBN 978-7-5182-1402-0

Ⅰ. ①通… Ⅱ. ①住… Ⅲ. ①建筑安装－消耗定额－中国②电气设备－设备安装－消耗定额－中国 Ⅳ. ①TU723.3

中国版本图书馆CIP数据核字(2022)第002827号

责任编辑：刘　涛　　封面设计：韩可斌
责任校对：杨奇志　李　晗　　责任印制：赵文斌　康媛媛

中国计划出版社出版发行
网址：www.jhpress.com
地址：北京市西城区木樨地北里甲11号国宏大厦C座3层
邮政编码：100038　电话：(010)63906433(发行部)
北京市科星印刷有限责任公司印刷

880mm×1230mm　1/16　34.75印张　1051千字
2022年2月第1版　2022年2月第1次印刷

定价：240.00元

前　言

工程造价是工程建设管理的重要内容。以人工、材料、机械消耗量分析为基础进行工程计价，是确定和控制工程造价的重要手段之一，也是基于成本的通用计价方法。长期以来，我国建立了以施工阶段为重点，涵盖房屋建筑、市政工程、轨道交通工程等各个专业的计价体系，为确定和控制工程造价、提高我国工程建设的投资效益发挥了重要作用。

随着我国工程建设技术的发展，新的工程技术、工艺、材料和设备不断涌现和应用，落后的工艺、材料、设备和施工组织方式不断被淘汰，工程建设中的人材机消耗量也随之发生变化。2020 年我部办公厅发布《工程造价改革工作方案》（建办标〔2020〕38 号），要求加快转变政府职能，优化概算定额、估算指标编制发布和动态管理，取消最高投标限价按定额计价的规定，逐步停止发布预算定额。为做好改革期间的过渡衔接，在住房和城乡建设部标准定额司的指导下，我所根据工程造价改革的精神，协调 2015 年版《房屋建筑与装饰工程消耗量定额》《市政工程消耗量定额》《通用安装工程消耗量定额》的部分主编单位、参编单位以及全国有关造价管理机构和专家，按照简明适用、动态调整的原则，对上述专业的消耗量定额进行了修订，形成了新的《房屋建筑与装饰工程消耗量》《市政工程消耗量》《通用安装工程消耗量》，由我所以技术资料形式印刷出版，供社会参考使用。

本次经过修订的各专业消耗量，是完成一定计量单位的分部分项工程人工、材料和机械用量，是一段时间内工程建设生产效率社会平均水平的反映。因每个工程项目情况不同，其设计方案、施工队伍、实际的市场信息、招投标竞争程度等内外条件各不相同，工程造价应当在本地区、企业实际人材机消耗量和市场价格的基础上，结合竞争规则、竞争激烈程度等参考选用与合理调整，不应机械地套用。使用本书消耗量造成的任何造价偏差由当事人自行负责。

本次修订中，各主编单位、参编单位、编制人员和审查人员付出了大量心血，在此一并表示感谢。由于水平所限，本书难免有所疏漏，执行中遇到的问题和反馈意见请及时联系主编单位。

住房和城乡建设部标准定额研究所

2021 年 11 月

规格综合计算出的摊销量。

4. 对于用量少、低值易耗的零星材料，列为其他材料。按照消耗性材料费用比例计算。

七、关于机械：

1. 本消耗量施工机械是按照常用机械、合理配备考虑，同时结合施工企业的机械化能力与水平等情况综合确定。

2. 本消耗量中的施工机械台班消耗量是按照机械正常施工效率并考虑机械施工适当幅度差综合取定。

3. 原单位价值在 2 000 元以内、使用年限在一年以内不构成固定资产的施工机械，不列入机械台班消耗量，其消耗的燃料动力等综合在其他材料费中。

八、关于仪器仪表：

1. 本消耗量仪器仪表是按照正常施工组织、施工技术水平考虑，同时结合市场实际情况综合确定。

2. 本消耗量中的仪器仪表台班消耗量是按照仪器仪表正常使用率，并考虑必要的检验检测及适当幅度差综合取定。

3. 原单位价值在 2 000 元以内、使用年限在一年以内不构成固定资产的仪器仪表，不列入仪器仪表台班消耗量，其消耗的燃料动力等综合在其他材料费中。

九、关于水平运输和垂直运输：

1. 水平运输：

（1）水平运输距离是指自现场仓库或指定堆放地点运至安装地点或垂直运输点的距离。本消耗量设备水平运距按照 200m、材料（含成品、半成品）水平运距按照 300m 综合取定，执行消耗量时不做调整。

（2）消耗量未考虑场外运输和场内二次搬运。工程实际发生时应根据有关规定另行计算。

2. 垂直运输：

（1）垂直运输基准面为室外地坪。

（2）本消耗量垂直运输按照建筑物层数 6 层以下、建筑高度 20m 以下、地下深度 10m 以内考虑，工程实际超过时，通过计算建筑物超高（深）增加费处理。

十、关于安装操作高度：

1. 安装操作基准面一般是指室外地坪或室内各层楼地面地坪。

2. 安装操作高度是指安装操作基准面至安装点的垂直高度。本消耗量除各册另有规定者外，安装操作高度综合取定为 6m 以内。工程实际超过时，计算安装操作高度增加费。

十一、关于建筑超高（深）增加费：

1. 建筑超高（深）增加费是指在建筑物层数 6 层以上、建筑高度 20m 以上、地下深度 10m 以上的建筑施工时，计算由于建筑超高（深）需要增加的安装费。各册另有规定者除外。

2. 建筑超高（深）增加费包括人工降效、使用机械（含仪器仪表、工具用具）降效、延长垂直运输时间等费用。

3. 建筑超高（深）增加费，以单位工程（群体建筑以车间或单楼设计为准）全部工程量（含地下、地上部分）为基数，按照系数法计算。系数详见各册说明。

4. 单位工程（群体建筑以车间或单楼设计为准）满足建筑高度、建筑物层数、地下深度之一者，应计算建筑超高（深）增加费。

十二、关于脚手架搭拆：

1. 本消耗量脚手架搭拆是根据施工组织设计、满足安装需要所采取的安装措施。脚手架搭拆除满足自身安全外，不包括工程项目安全、环保、文明等工作内容。

2. 脚手架搭拆综合考虑了不同的结构形式、材质、规模、占用时间等要素，执行消耗量时不做调整。

3. 在同一个单位工程内有若干专业安装时，凡符合脚手架搭拆计算规定，应分别计取脚手架搭拆费用。

十三、本消耗量没有考虑施工与生产同时进行、在有害身体健康(防腐蚀工程、检测项目除外)条件下施工时的降效,工程实际发生时根据有关规定另行计算。

十四、本消耗量适用于工程项目施工地点在海拔高度 2 000m 以下施工,超过时按照工程项目所在地区的有关规定执行。

十五、本消耗量中注有“××以内”或“××以下”及“小于”者,均包括××本身;注有“××以外”或“××以上”及“大于”者,则不包括××本身。

说明中未注明(或省略)尺寸单位的宽度、厚度、断面等,均以“mm”为单位。

十六、凡本说明未尽事宜,详见各册说明。

册 说 明

一、第四册《电气设备与线缆安装工程》（以下简称“本册”）适用于工业与民用电压等级 10kV 以内变配电设备及线路、车间动力电气设备及电气照明器具、防雷及接地装置、运输设备电气装置等安装工程。包括：变压器、配电装置、母线、绝缘子、配电控制与保护及直流装置、交直流电源、发电机与电动机检查接线、金属构件、穿通板、滑触线、配电及输电电缆敷设、防雷及接地装置、电压等级小于或等于 10kV 架空输电线路、配管、配线、照明器具、低压电器设备、运输设备电气装置等安装及电气设备调试。

二、本册主要依据的规范标准有：

1.《建筑照明设计标准》GB 50034—2013；

2.《电气装置安装工程　高压电器施工及验收规范》GB 50147—2010；

3.《电气装置安装工程　电力变压器、油浸电抗器、互感器施工及验收规范》GB 50148—2010；

4.《电气装置安装工程　母线装置施工及验收规范》GB 50149—2010；

5.《电气装置安装工程　电气设备交接试验标准》GB 50150—2016；

6.《电气装置安装工程　电缆线路施工及验收规范》GB 50168—2018；

7.《电气装置安装工程　接地装置施工及验收规范》GB 50169—2016；

8.《电气装置安装工程　旋转电机施工及验收规范》GB 50170—2018；

9.《电气装置安装工程　盘、柜及二次回路接线施工及验收规范》GB 50171—2012；

10.《电气装置安装工程　蓄电池施工及验收规范》GB 50172—2012；

11.《电气装置安装工程　66kV 及以下架空电力线路施工及验收规范》GB 50173—2014；

12.《电气装置安装工程　低压电器施工及验收规范》GB 50254—2014；

13.《电气装置安装工程　电力变流设备施工及验收规范》GB 50255—2014；

14.《电气装置安装工程　起重机电气装置施工验收规范》GB 50256—2014；

15.《电气装置安装工程　爆炸和火灾危险环境电气装置施工及验收规范》GB 50257—2014；

16.《建筑电气工程施工质量验收规范》GB 50303—2015；

17.《建筑物防雷工程施工与质量验收规范》GB 50601—2010；

18.《民用建筑电气设计标准》GB 51348—2019；

19.《通用安装工程消耗量定额》TY 02-31-2015。

三、本册除各章另有说明外，均包括下列工作内容：

施工准备，设备、材料及工机具场内运输，设备开箱检查、配合基础验收，吊装设备就位、安装、连接，设备调平找正、固定，设备本体配套附件安装，设备单体调整试验、临时移动水源与电源，配合检查验收等。

四、本册不包括下列内容：

1. 电压等级大于 10kV 配电、输电、用电设备及装置安装。工程实际需要时，执行电力行业相关项目。

2. 电气设备及装置配合机械设备进行系统调试和联合试运。

3. 本册中的设备安装不考虑设备干燥，发生时根据有关规定另行计算。

4. 本册不包括凿孔、开槽。工程需要时，执行第十册《给排水、采暖、燃气安装工程》相应项目。

五、下列费用可按系数分别计取：

1. 脚手架搭拆按照人工费 3.5% 计算。其中：人工费为 40%、材料费为 53%、机械费为 7%。电气设备调试、装饰灯具安装、10kV 及以下架空输电线路不单独计算脚手架费用，亦不作为计算脚手架搭拆基数。

2. 安装高度超过安装操作基准面 6m 时，超过部分工程量按照人工费乘以下列系数计算操作高度增加费。其中：人工费为 70%，材料费为 18%，机械费为 12%。电缆敷设工程、电压等级小于或等于 10kV 架空输电线路工程不执行本条规定。小区路灯、投光灯、氙气灯、烟囱或水塔指示灯、装饰灯具，已经考虑了超高安装因素，不单独计算操作高度增加费，亦不作为计算操作高度增加费基数。

系数表

安装高度距离安装操作基准面（m）	≤10	≤30	≤50
系　　数	0.10	0.20	0.50

3. 建筑超高、超深增加费按照下表计算。其中：人工费为 36.5%，机械与仪器仪表为 63.5%。

建筑超高、超深增加费

建筑物高度（m 以内）	40	60	80	100	120	140	160	180	200
建筑物层数（层以内）	12	18	24	30	36	42	48	54	60
地下深度（m 以内）	20	30	40	—	—	—	—	—	—
按照人工费计算（%）	2.4	4.0	5.8	7.4	9.1	10.9	12.6	14.3	16.0

注：建筑物层数大于 60 层时，以 60 层为基础，每增加一层增加 0.3%。

4. 在净高小于 1.6m 楼层以及断面小于 $5m^2$ 且大于 $2.5m^2$ 的管廊、地沟、隧道、洞内、管道间进行施工，人工乘以系数 1.12。

5. 在管井内、竖井内（敷设电缆项目除外）、封闭吊顶天棚内、断面小于或等于 $2.5m^2$ 隧道或洞内或管道间、烟囱内进行施工，人工乘以系数 1.16。

六、本册中安装所用螺栓、工艺垫片等是按照厂家配套供应考虑，项目中不包括其费用。如果工程实际由施工单位采购配置安装所用螺栓、垫片时，根据实际安装所用螺栓、垫片用量加 3% 损耗率计算费用。

七、发电、输电、配电、用电分系统调试、整套启动调试、特殊项目测试与性能验收试验单独执行本册第十七章“电气设备调试工程”相应的项目。

目　录

第四章 配电控制、保护、直流装置安装工程

第五章 交直流电源安装工程

第六章 发电机、电动机检查接线工程

第七章 金属构件、穿通板安装工程

第八章 滑触线安装工程

第九章 配电、输电电缆敷设工程

第十章　防雷与接地装置安装工程

第十一章　电压等级≤10kV架空线路输电工程

第十二章　配 管 工 程

第十三章　配 线 工 程

第十四章　照明器具安装工程

第十五章 低压电器设备安装工程

第十六章 运输设备电气装置安装工程

第十七章 电气设备调试工程

第一章　变压器安装工程

说　　明

一、本章内容包括油浸式电力变压器安装、干式变压器安装、绝缘油过滤等内容。

二、有关说明：

1. 设备安装项目包括放注油、油过滤所需的油罐等设施摊销费。不包括变压器防震措施安装，端子箱与控制箱的制作与安装，变压器干燥、二次喷漆、变压器铁梯及母线铁构件的制作与安装，工程实际发生时，执行相应的项目。

2. 油浸式变压器安装项目适用于自耦式变压器、带负荷调压变压器、非晶合金变压器等的安装；电炉变压器安装执行同容量变压器项目乘以系数 1.60；整流变压器安装执行同容量变压器项目乘以系数 1.20。

3. 安装带有保护外罩的干式变压器时，执行相应项目时人工、机械乘以系数 1.10。

4. 变压器单体调试内容除包括变压器本身试验项目外，还包括变压器绝缘油取样、简化试验、绝缘强度等试验。

5. 绝缘油按照设备供货考虑。

工程量计算规则

一、变压器安装根据设备容量及结构，按照设计安装数量以“台”为计量单位。

二、绝缘油过滤不分次数至油过滤合格止，按照设备载油量以“t”为计量单位。

1. 变压器绝缘油过滤，按照变压器铭牌充油量计算。

2. 其他充油设备绝缘油过滤，按照设备铭牌充油量计算。

一、油浸式变压器安装

工作内容： 开箱检查、本体就位、器身检查；套管、油枕及散热器清洗；油柱试验、风扇油泵电机检查接线、附件安装、垫铁制作与安装、安装后整体密封试验、接地、补漆、单体调试等。

计量单位： 台

编号				4-1-1	4-1-2	4-1-3	4-1-4
项目				容量（kV·A）			
				≤250	≤500	≤1 000	≤2 000
名称			单位	消耗量			
人工	合计工日		工日	5.998	6.909	11.307	14.206
	其中	普工	工日	1.560	1.796	3.004	4.013
		一般技工	工日	3.298	3.800	6.038	7.260
		高级技工	工日	1.140	1.313	2.265	2.933
材料	镀锌铁丝 ϕ2.5~4.0		kg	1.000	1.000	1.000	2.500
	镀锌扁钢（综合）		kg	4.500	4.500	4.500	4.500
	聚乙烯薄膜 δ0.05		m^2	1.500	1.500	3.000	3.000
	白布		kg	0.450	0.450	0.540	0.630
	碎布		kg	0.400	0.500	0.600	0.800
	低碳钢焊条（综合）		kg	1.200	1.200	1.400	1.400
	铁砂布 $0^{\#}$~$2^{\#}$		张	0.250	0.500	0.500	0.500
	酚醛磁漆		kg	0.200	0.200	0.200	0.300
	酚醛调和漆		kg	1.000	1.200	1.800	2.500
	防锈漆		kg	0.600	0.900	1.300	1.600
	酚醛树脂稀释剂		kg	0.300	0.400	0.600	1.200
	电力复合脂		kg	0.050	0.050	0.050	0.050
	氧气		m^3	0.600	0.600	0.800	0.800
	乙炔气		kg	0.231	0.231	0.308	0.308
	青壳纸 δ0.1~1.0		kg	0.150	0.150	0.200	0.200
	白纱布带 20mm×20m		卷	1.000	1.500	1.500	2.000
	钢垫板 δ1~2		kg	5.000	5.000	6.000	6.000
	其他材料费		%	1.80	1.80	1.80	1.80
机械	汽车式起重机 8t		台班	0.561	0.598	0.642	0.679
	载货汽车－普通货车 5t		台班	0.093	0.131	—	—
	载货汽车－普通货车 8t		台班	—	—	0.150	0.178
	弧焊机 20kV·A		台班	0.240	0.240	0.280	0.280
仪表	绝缘油试验仪		台班	0.336	0.336	0.336	0.336
	高压绝缘电阻测试仪		台班	0.308	0.308	0.748	0.748
	变压器直流电阻测试仪		台班	0.926	0.926	2.244	2.244
	YDQ 充气式试验变压器		台班	0.308	0.308	0.748	0.748
	高压试验变压器配套操作箱、调压器		台班	0.616	0.616	1.496	1.496
	自动介损测试仪		台班	0.308	0.308	0.748	0.748
	TPFRC 电容分压器交直流高压测量系统		台班	0.308	0.308	0.748	0.748
	直流高压发生器		台班	0.308	0.308	0.748	0.748

计量单位：台

编号				4-1-5	4-1-6	4-1-7
项目				容量（kV·A）		
				≤4 000	≤8 000	≤10 000
名称			单位	消耗量		
人工	合计工日		工日	20.750	28.728	35.156
	其中	普工	工日	6.033	8.267	10.097
		一般技工	工日	10.921	14.420	18.906
		高级技工	工日	3.796	6.041	6.153
材料	镀锌铁丝 ϕ2.5~4.0		kg	2.500	4.000	4.000
	镀锌扁钢（综合）		kg	4.500	4.500	5.000
	橡胶垫 δ0.8		m^2	—	—	0.050
	聚乙烯薄膜 δ0.05		m^2	6.000	6.000	7.000
	白布		kg	0.900	1.080	1.300
	碎布		kg	1.200	1.500	1.500
	扒钉		kg	—	10.000	10.000
	低碳钢焊条（综合）		kg	1.550	1.612	1.635
	铁砂布 $0^{\#}$~$2^{\#}$		张	0.750	0.750	1.000
	板枋材		m^3	—	0.090	0.090
	枕木 2 500×200×160		根	—	4.800	4.800
	酚醛磁漆		kg	0.300	0.400	0.420
	酚醛调和漆		kg	3.000	6.000	6.500
	防锈漆		kg	2.200	4.800	5.000
	酚醛树脂稀释剂		kg	1.500	3.000	3.600
	电力复合脂		kg	0.050	0.050	0.050
	氧气		m^3	1.200	1.500	1.600
	乙炔气		kg	0.462	0.577	0.615
	青壳纸 δ0.1~1.0		kg	0.300	0.400	0.500
	白纱布带 20mm×20m		卷	2.000	2.500	2.500
	钢垫板 δ1~2		kg	8.000	8.000	9.000
	其他材料费		%	1.80	1.80	1.80
机械	汽车式起重机 12t		台班	0.722	0.871	1.055
	立式油压千斤顶 100t		台班	—	1.869	2.336
	载货汽车－普通货车 10t		台班	0.178	0.197	0.227
	弧焊机 20kV·A		台班	0.310	0.322	0.327
仪表	绝缘油试验仪		台班	0.336	0.336	0.336
	高压绝缘电阻测试仪		台班	0.925	1.234	1.598
	变压器直流电阻测试仪		台班	2.776	3.393	4.402
	YDQ 充气式试验变压器		台班	0.925	1.234	1.598
	高压试验变压器配套操作箱、调压器		台班	1.850	2.468	3.196
	自动介损测试仪		台班	0.925	1.234	1.598
	TPFRC 电容分压器交直流高压测量系统		台班	1.234	1.542	2.000
	直流高压发生器		台班	0.925	1.234	1.598

二、干式变压器安装

工作内容：开箱检查、本体就位、垫铁制作与安装、附件安装、接地、补漆、单体调试等。

计量单位：台

<table>
<tr><td colspan="4">编　号</td><td>4-1-8</td><td>4-1-9</td><td>4-1-10</td><td>4-1-11</td></tr>
<tr><td colspan="4" rowspan="2">项　目</td><td colspan="4">容量（kV·A）</td></tr>
<tr><td>≤250</td><td>≤500</td><td>≤1 000</td><td>≤2 000</td></tr>
<tr><td colspan="3">名　称</td><td>单位</td><td colspan="4">消　耗　量</td></tr>
<tr><td rowspan="4">人工</td><td colspan="2">合计工日</td><td>工日</td><td>5.587</td><td>6.544</td><td>9.909</td><td>12.096</td></tr>
<tr><td rowspan="3">其中</td><td>普工</td><td>工日</td><td>1.452</td><td>1.701</td><td>2.281</td><td>3.145</td></tr>
<tr><td>一般技工</td><td>工日</td><td>3.074</td><td>3.599</td><td>5.512</td><td>6.653</td></tr>
<tr><td>高级技工</td><td>工日</td><td>1.061</td><td>1.244</td><td>2.116</td><td>2.298</td></tr>
<tr><td rowspan="13">材料</td><td colspan="2">镀锌铁丝 ϕ2.5~4.0</td><td>kg</td><td>1.000</td><td>1.000</td><td>2.000</td><td>2.650</td></tr>
<tr><td colspan="2">镀锌扁钢（综合）</td><td>kg</td><td>4.500</td><td>4.500</td><td>4.500</td><td>4.500</td></tr>
<tr><td colspan="2">白布</td><td>kg</td><td>0.050</td><td>0.100</td><td>0.100</td><td>0.100</td></tr>
<tr><td colspan="2">碎布</td><td>kg</td><td>0.400</td><td>0.500</td><td>0.500</td><td>0.500</td></tr>
<tr><td colspan="2">低碳钢焊条（综合）</td><td>kg</td><td>1.400</td><td>1.400</td><td>1.400</td><td>1.870</td></tr>
<tr><td colspan="2">钢锯条</td><td>条</td><td>1.000</td><td>1.000</td><td>1.000</td><td>1.000</td></tr>
<tr><td colspan="2">铁砂布 0#~2#</td><td>张</td><td>1.500</td><td>2.000</td><td>2.000</td><td>2.000</td></tr>
<tr><td colspan="2">酚醛调和漆</td><td>kg</td><td>2.200</td><td>2.500</td><td>2.800</td><td>3.000</td></tr>
<tr><td colspan="2">防锈漆</td><td>kg</td><td>0.300</td><td>0.500</td><td>1.000</td><td>1.000</td></tr>
<tr><td colspan="2">酚醛树脂稀释剂</td><td>kg</td><td>1.100</td><td>1.250</td><td>1.400</td><td>1.500</td></tr>
<tr><td colspan="2">电力复合脂</td><td>kg</td><td>0.050</td><td>0.050</td><td>0.050</td><td>0.050</td></tr>
<tr><td colspan="2">钢垫板 δ1~2</td><td>kg</td><td>4.000</td><td>4.000</td><td>6.000</td><td>6.500</td></tr>
<tr><td colspan="2">其他材料费</td><td>%</td><td>1.80</td><td>1.80</td><td>1.80</td><td>1.80</td></tr>
<tr><td rowspan="4">机械</td><td colspan="2">汽车式起重机 8t</td><td>台班</td><td>0.094</td><td>0.112</td><td>0.374</td><td>0.421</td></tr>
<tr><td colspan="2">载货汽车－普通货车 5t</td><td>台班</td><td>0.093</td><td>0.112</td><td>—</td><td>—</td></tr>
<tr><td colspan="2">载货汽车－普通货车 8t</td><td>台班</td><td>—</td><td>—</td><td>0.206</td><td>0.234</td></tr>
<tr><td colspan="2">弧焊机 20kV·A</td><td>台班</td><td>0.280</td><td>0.280</td><td>0.280</td><td>0.374</td></tr>
<tr><td rowspan="7">仪表</td><td colspan="2">高压绝缘电阻测试仪</td><td>台班</td><td>0.308</td><td>0.308</td><td>0.748</td><td>0.748</td></tr>
<tr><td colspan="2">变压器直流电阻测试仪</td><td>台班</td><td>0.926</td><td>0.926</td><td>2.244</td><td>2.244</td></tr>
<tr><td colspan="2">YDQ 充气式试验变压器</td><td>台班</td><td>0.308</td><td>0.308</td><td>0.748</td><td>0.748</td></tr>
<tr><td colspan="2">高压试验变压器配套操作箱、调压器</td><td>台班</td><td>0.616</td><td>0.616</td><td>1.496</td><td>1.496</td></tr>
<tr><td colspan="2">自动介损测试仪</td><td>台班</td><td>0.308</td><td>0.308</td><td>0.748</td><td>0.748</td></tr>
<tr><td colspan="2">TPFRC 电容分压器交直流高压测量系统</td><td>台班</td><td>0.308</td><td>0.308</td><td>0.748</td><td>0.748</td></tr>
<tr><td colspan="2">直流高压发生器</td><td>台班</td><td>0.308</td><td>0.308</td><td>0.748</td><td>0.748</td></tr>
</table>

计量单位：台

编号				4-1-12	4-1-13	4-1-14
项目				容量(kV·A)		
				≤4 000	≤8 000	≤10 000
名称			单位	消耗量		
人工	合计工日		工日	16.366	21.514	24.093
	其中	普工	工日	4.414	5.879	6.542
		一般技工	工日	8.725	11.806	13.170
		高级技工	工日	3.227	3.829	4.381
材料	镀锌铁丝 ϕ2.5~4.0		kg	3.000	4.000	4.400
	镀锌扁钢(综合)		kg	4.500	5.000	5.000
	聚氯乙烯薄膜		kg	0.210	0.240	0.260
	白布		kg	0.100	0.130	0.140
	碎布		kg	0.500	0.600	0.700
	砂轮片 ϕ400		片	0.100	0.120	0.140
	钢锯条		条	1.500	1.800	—
	低碳钢焊条(综合)		kg	1.870	1.920	1.920
	铁砂布 $0^{\#}$~$2^{\#}$		张	2.000	2.000	2.000
	酚醛调和漆		kg	3.000	3.500	4.000
	防锈漆		kg	1.500	1.500	1.800
	酚醛树脂稀释剂		kg	1.500	1.750	2.001
	电力复合脂		kg	0.050	0.060	0.060
	钢垫板 δ1~2		kg	7.000	7.500	7.500
	其他材料费		%	1.80	1.80	1.80
机械	汽车式起重机 16t		台班	0.467	0.488	0.521
	载货汽车 – 普通货车 12t		台班	0.164	0.198	0.220
	弧焊机 20kV·A		台班	0.374	0.384	0.384
仪表	高压绝缘电阻测试仪		台班	0.925	0.966	1.060
	变压器直流电阻测试仪		台班	2.666	2.710	2.770
	YDQ 充气式试验变压器		台班	0.925	0.966	0.966
	高压试验变压器配套操作箱、调压器		台班	1.850	1.960	1.960
	自动介损测试仪		台班	0.925	0.925	0.966
	TPFRC 电容分压器交直流高压测量系统		台班	1.234	1.366	1.425
	直流高压发生器		台班	0.925	0.966	1.063

三、绝缘油过滤

工作内容：过滤前准备、过滤后清理、油过滤、配合试验等。 **计量单位：**t

编号				4-1-15
项目				绝缘油过滤
名称			单位	消耗量
人工	合计工日		工日	1.714
	其中	普工	工日	0.943
		一般技工	工日	0.407
		高级技工	工日	0.364
材料	镀锌铁丝 ϕ2.5~4.0		kg	0.400
	钢板（综合）		kg	26.530
	碎布		kg	0.300
	低碳钢焊条（综合）		kg	0.745
	取样瓶（袋）		个	0.240
	电气绝缘胶带 18mm×10m×0.13mm		卷	0.080
	滤油纸 300×300		张	72.000
	其他材料费		%	1.80
机械	汽车式起重机 8t		台班	0.056
	弧焊机 20kV·A		台班	0.149
	滤油机 LX100 型		台班	0.785
	真空滤油机 6 000L/h		台班	0.436
仪表	绝缘油试验仪		台班	0.140

第二章　配电装置安装工程

说　明

一、本章内容包括断路器、隔离开关、负荷开关、互感器、熔断器、避雷器、电抗器、电容器、交流滤波装置组架（TJL 系列）、开闭所成套配电装置、成套配电柜、成套配电箱、组合式成套箱式变电站、电动汽车充电设备、配电智能设备的安装等内容。

二、有关说明：

1. 设备所需的绝缘油、SF_6 气体、液压油等均按照设备供货考虑。设备本体以外的加压设备和附属管道的安装，应执行相应项目另行计算。

2. 设备安装项目不包括端子箱安装、控制箱安装、设备支架制作及安装、绝缘油过滤、电抗器干燥、基础槽（角）钢安装、配电设备的端子板外部接线、预埋地脚螺栓、二次灌浆。

3. SF_6 断路器安装项目不包括 SF_6 气体的试验。

4. 避雷器单相安装，执行项目时乘以系数 0.40。

5. 干式空心电抗器安装项目也适用于混凝土电抗器。项目是按照三相叠放、三相平放和二叠一平放的安装方式综合考虑的，工程实际不同时，执行项目不做调整。

6. 限流电抗器安装根据设备形式，按照三相通过容量执行相应项目；串联电抗器安装根据设备形式，按照系统电压与三相电流乘积执行相应项目。

7. 电容器安装按照设备形式、容量执行相应项目，当电容器为三相时，执行相应容量项目乘以系数 1.20。

8. 交流滤波装置安装项目不包括铜母线安装。

9. 开闭所（开关站）成套配电装置安装项目综合考虑了开关的不同容量与形式，执行项目时不做调整。计算环网柜开关间隔单元数量时应计列母线设备间隔。

10. 高压成套配电柜安装项目综合考虑了不同形式，执行项目时不做调整。项目中不包括柜外至开关柜的母线配制及设备干燥。

11. 本项目的组合式成套箱式变电站主要是指电压等级小于或等于 10kV 的箱式变电站，一般是变压器布置在箱体中间，箱体一端布置高压开关，另一端布置低压开关，两端各装若干台配电箱（屏）。在结构上采用高压开关柜、低压开关柜、变压器组成方式的箱式变电站称为欧式箱式变电站；在结构上将负荷开关、环网开关、熔断器等结构简化放入变压器油箱中且变压器取消油枕方式的箱式变电站称为美式箱式变电站。项目是按照欧式箱式变电站编制的，美式箱式变电站执行项目乘以系数 0.70。

12. 开闭所（开关站）成套配电装置、成套配电柜和箱式变电站安装不包括基础槽（角）钢安装、保护测控等二次装置的调试；成套配电柜安装不包括柜外母线及引下线的配制与安装。

13. 成品配套空箱体安装执行相应的成套配电箱安装项目乘以系数 0.50。

14. 电动汽车充电设备是指非车载充电设备，根据设备类型、功率及安装方式执行相应项目；对于分体式直流充电机，充电机柜与充电桩分别执行相应项目。

15. 本章的配电智能设备安装调试仅适用于配电网自动化工程的相应设备，不适用于其他工程或专业的类似设备安装调试，项目中不包括光缆敷设、设备电源电缆（线）的敷设、配线架跳线的安装、焊（绕、卡）接与钻孔等；不包括系统试运行、电源系统安装测试、通信测试、软件生产和系统组态以及因设备质量问题而进行的修配改工作。

16. 开闭所配电采集器安装项目是按照分散式分布编制的，若实际采用集中组屏形式，执行时乘以系数 0.90；若为集中式配电终端安装，可执行环网柜配电采集器项目乘以系数 1.20；单独安装屏体可另外执行相关项目。

17. 环网柜配电采集器安装项目是按照集中式配电终端编制的，若实际采用分散式配电终端，执行开闭所配电采集器项目乘以系数 0.85。

18. 对应用综合自动化系统新技术的开闭所，其测控系统单体调试可另执行开闭所配电采集器项目乘以系数 0.60。

19. 配电智能设备项目中只考虑三遥（遥控、遥信、遥测）功能调试，若实际工程增加遥调功能时，执行相应项目乘以系数 1.20。

20. 电能表安装调试、抄表采集系统安装调试项目不包括箱体及固定支架安装、端子板与汇线槽及电气设备元件安装、通信线及保护管敷设、设备电源安装测试、通信测试等。

21. 变频柜安装、软启动柜安装可执行屏柜相关项目。

22. 本章除单独设置调试子目外，安装项目中均包括相应设备的单体调试；单体调试包括熟悉图纸及相关资料、核对设备、填写试验记录、整理试验报告等工作内容。

工程量计算规则

一、断路器、电流互感器、电压互感器、干式铁芯电抗器、油浸式电抗器、电力电容器的安装，根据设备容量，按照设计安装数量以“台”或“个”为计量单位。

二、隔离开关、负荷开关、熔断器、避雷器、干式空心电抗器的安装，根据设备容量，按照设计安装数量，以“组”为计量单位，每三相为一组。

三、并联补偿电抗器组架安装根据布置形式，按照设计安装数量以“台”为计量单位。

四、交流滤波装置组架安装根据设备功能，按照设计安装数量以“台”为计量单位。

五、开闭所成套配电装置安装，根据单元个数，按照设计安装数量以“座”为计量单位。计算单元个数时，断路器、负荷开关、母线设备间隔均应计列。

六、成套配电柜安装，根据设备功能与形式，按照设计安装数量以“台”为计量单位。

七、成套配电箱安装，根据箱体半周长，按照设计安装数量以“台”为计量单位。

八、箱式变电站安装，根据设备容量，按照设计安装数量以“座”为计量单位。

九、电动汽车充电设备安装，根据设备形式、容量及安装方式，按照设计安装数量以“台”为计量单位。

十、变压器配电采集器、柱上变压器配电采集器、环网柜配电采集器安装调试根据系统布置，按照设计安装变压器或环网柜数量，以“台”为计量单位。

十一、开闭所配电采集器安装调试根据系统布置，以“间隔”为计量单位，按设计安装数量计算。

十二、电压监控切换装置安装调试，根据系统布置，按照设计安装数量以“台”为计量单位。

十三、GPS时钟安装调试，根据系统布置，按照设计安装数量，以“套”为计量单位。天线系统不单独计算工程量。

十四、配电自动化子站调试、配电自动化主站系统本体调试根据管理需求，以“系统”为计量单位。

十五、配电自动化主站相关的软件安装调试、调制解调器安装调试，根据系统布置，按照设计安装数量，以“系统”为计量单位。

十六、电度表、中间继电器安装调试，根据系统布置，按照设计安装数量以“台”或“块”为计量单位。

十七、电表采集器、数据集中器安装调试，根据系统布置，按照设计安装数量以“台”为计量单位。

十八、各类服务器、工作站安装，根据系统布置，按照设计安装数量以“台”为计量单位。

一、断路器安装

1. 真空断路器安装

工作内容：开箱清点检查、安装及调整、传动装置安装调整、动作检查、接地、补漆、单体调试等。

计量单位：台

编号				4-2-1	4-2-2	4-2-3
项目				电流（A）		
				≤1 000	≤2 000	≤4 000
名称			单位	消耗量		
人工	合计工日		工日	2.828	3.248	3.603
	其中	普工	工日	0.799	0.844	0.937
		一般技工	工日	1.493	1.787	1.981
		高级技工	工日	0.536	0.617	0.685
材料	镀锌铁丝 ϕ2.5~4.0		kg	1.300	1.300	2.000
	镀锌扁钢（综合）		kg	2.500	2.500	2.500
	碎布		kg	0.150	0.200	0.250
	低碳钢焊条（综合）		kg	0.430	0.465	0.700
	钢锯条		条	1.500	2.000	2.000
	焊锡膏		kg	0.030	0.040	0.060
	焊锡丝（综合）		kg	0.150	0.200	0.300
	铁砂布 0#~2#		张	1.600	2.000	2.000
	酚醛调和漆		kg	0.100	0.120	0.180
	防锈漆		kg	0.100	0.120	0.180
	酚醛树脂稀释剂		kg	0.260	0.300	0.400
	电力复合脂		kg	0.050	0.070	0.100
	钢垫板 δ1~2		kg	1.000	1.000	2.000
	其他材料费		%	1.80	1.80	1.80
机械	汽车式起重机 8t		台班	—	—	0.063
	载货汽车－普通货车 4t		台班	0.050	0.050	0.063
	弧焊机 20kV·A		台班	0.086	0.093	0.140
仪表	高压绝缘电阻测试仪		台班	0.654	0.654	0.654
	断路器动特性综合测试仪		台班	0.467	0.467	0.467
	YDQ 充气式试验变压器		台班	0.491	0.491	0.491
	高压试验变压器配套操作箱、调压器		台班	0.491	0.491	0.491
	TPFRC 电容分压器交直流高压测量系统		台班	0.491	0.491	0.491

2. SF_6 断路器安装

工作内容：开箱清点检查、安装及调整、充气、传动装置安装调整、动作检查、接地、补漆、单体调试，配合气体试验等。

计量单位：台

编　号				4-2-4	4-2-5	4-2-6
项　目				电流（A）		
				≤1 000	≤2 000	≤4 000
名　称			单位	消　耗　量		
人工	合计工日		工日	3.136	3.437	3.838
	其中	普工	工日	0.799	0.894	0.998
		一般技工	工日	1.756	1.890	2.111
		高级技工	工日	0.581	0.653	0.729
材料	镀锌铁丝 ϕ2.5~4.0		kg	1.100	1.300	2.000
	镀锌扁钢（综合）		kg	2.500	2.500	2.500
	碎布		kg	0.170	0.200	0.250
	低碳钢焊条（综合）		kg	0.430	0.465	0.700
	钢锯条		条	2.000	2.000	2.000
	焊锡膏		kg	0.030	0.040	0.060
	焊锡丝（综合）		kg	0.160	0.200	0.300
	铁砂布 0#~2#		张	2.000	2.000	2.000
	酚醛调和漆		kg	0.090	0.120	0.180
	防锈漆		kg	0.090	0.120	0.180
	酚醛树脂稀释剂		kg	0.240	0.300	0.400
	电力复合脂		kg	0.050	0.070	0.100
	六氟化硫		kg	1.400	1.800	2.800
	钢垫板 δ1~2		kg	1.000	1.000	2.000
	其他材料费		%	1.80	1.80	1.80
机械	汽车式起重机 8t		台班	—	—	0.093
	载货汽车　普通货车 4t		台班	0.060	0.070	0.093
	弧焊机 20kV·A		台班	0.086	0.093	0.140
仪表	高压绝缘电阻测试仪		台班	0.654	0.654	0.654
	断路器动特性综合测试仪		台班	0.467	0.467	0.467
	YDQ 充气式试验变压器		台班	0.491	0.491	0.491
	高压试验变压器配套操作箱、调压器		台班	0.491	0.491	0.491
	TPFRC 电容分压器交直流高压测量系统		台班	0.491	0.491	0.491

3. 空气断路器安装

工作内容： 开箱检查、安装固定、绝缘柱杆组装、传动机构及接点调整、接地、补漆、单体调试等。

计量单位： 台

编号				4-2-7	4-2-8	4-2-9	4-2-10
项目				电流（A）			
				≤12 000	≤18 000	≤22 000	≤25 000
名称			单位	消耗量			
人工	合计工日		工日	8.744	10.236	11.869	13.530
	其中	普工	工日	2.274	2.661	3.086	3.518
		一般技工	工日	4.809	5.630	6.528	7.441
		高级技工	工日	1.661	1.945	2.255	2.571
材料	镀锌扁钢（综合）		kg	5.000	5.000	6.500	6.500
	钢板（综合）		kg	30.000	50.000	75.000	100.000
	碎布		kg	0.200	0.200	0.250	0.300
	低碳钢焊条（综合）		kg	1.600	1.800	2.100	2.300
	焊锡膏		kg	0.100	0.120	0.130	0.150
	焊锡丝（综合）		kg	0.500	0.600	0.650	0.700
	铁砂布 0#~2#		张	1.500	2.000	2.000	2.500
	酚醛调和漆		kg	0.400	0.400	0.400	0.400
	防锈漆		kg	0.400	0.400	0.400	0.400
	酚醛树脂稀释剂		kg	1.200	1.500	2.000	3.000
	机油		kg	0.300	0.300	0.300	0.300
	电力复合脂		kg	0.150	0.180	0.200	0.250
	氧气		m^3	1.500	2.000	3.000	4.000
	乙炔气		kg	0.577	0.769	1.154	1.538
	自黏性塑料带 20mm×20m		卷	0.550	0.750	1.050	1.400
	钢垫板 δ1~2		kg	6.000	8.000	10.000	12.000
	其他材料费		%	1.80	1.80	1.80	1.80
机械	汽车式起重机 8t		台班	0.187	0.187	0.187	0.187
	载货汽车－普通货车 4t		台班	0.187	0.187	0.187	0.187
	弧焊机 20kV·A		台班	0.320	0.360	0.420	0.460
仪表	高压绝缘电阻测试仪		台班	0.654	0.654	0.654	0.654
	断路器动特性综合测试仪		台班	0.467	0.467	0.467	0.467
	YDQ 充气式试验变压器		台班	0.491	0.491	0.491	0.491
	高压试验变压器配套操作箱、调压器		台班	0.491	0.491	0.491	0.491
	TPFRC 电容分压器交直流高压测量系统		台班	0.491	0.491	0.491	0.491

计量单位：台

编号				4-2-11	4-2-12
项目				真空接触器	
				≤1 140V/630A	≤6 300V/630A
名称			单位	消耗量	
人工	合计工日		工日	2.814	2.961
	其中	普工	工日	0.732	0.770
		一般技工	工日	1.548	1.628
		高级技工	工日	0.534	0.563
材料	镀锌扁钢（综合）		kg	3.200	3.200
	碎布		kg	0.100	0.100
	低碳钢焊条（综合）		kg	0.465	0.465
	焊锡膏		kg	0.020	0.020
	焊锡丝（综合）		kg	0.100	0.100
	铁砂布 $0^{\#}$~$2^{\#}$		张	1.000	1.000
	酒精		kg	0.100	0.100
	机油		kg	0.200	0.200
	电力复合脂		kg	0.050	0.050
	自黏性塑料带 20mm×20m		卷	0.100	0.100
	钢垫板 δ1~2		kg	1.000	1.000
	其他材料费		%	1.80	1.80
机械	弧焊机 20kV·A		台班	0.093	0.093
仪表	高压绝缘电阻测试仪		台班	0.654	0.654
	断路器动特性综合测试仪		台班	0.467	0.467
	YDQ 充气式试验变压器		台班	0.491	0.491
	高压试验变压器配套操作箱、调压器		台班	0.491	0.491
	TPFRC 电容分压器交直流高压测量系统		台班	0.491	0.491

二、隔离开关、负荷开关安装

工作内容：开箱检查、安装固定、调整、拉杆配制和安装、操作机构联锁装置和信号装置检查、接地、补漆、单体调试等。

计量单位：组

编号				4-2-13	4-2-14	4-2-15	4-2-16	4-2-17
项目				隔离开关、负荷开关				
				电流(A)				
				≤1 000	≤2 000	≤4 000	≤8 000	≤15 000
名称			单位	消耗量				
人工	合计工日		工日	1.591	1.995	2.806	3.515	4.473
	其中	普工	工日	0.414	0.519	0.706	0.914	1.182
		一般技工	工日	0.875	1.097	1.561	1.933	2.416
		高级技工	工日	0.302	0.379	0.539	0.668	0.875
材料	型钢(综合)		kg	26.000	26.000	31.000	31.000	39.000
	镀锌扁钢(综合)		kg	3.200	3.200	5.000	5.000	10.000
	碎布		kg	0.100	0.100	0.200	0.300	0.400
	低碳钢焊条(综合)		kg	0.620	0.620	1.220	1.510	2.520
	钢锯条		条	1.000	1.000	1.500	2.000	2.000
	焊锡膏		kg	0.020	0.040	0.060	0.080	0.100
	焊锡丝(综合)		kg	0.100	0.200	0.300	0.400	0.500
	铁砂布 0#~2#		张	1.000	2.000	3.000	4.000	6.000
	酚醛调和漆		kg	0.200	0.200	0.300	0.300	0.500
	防锈漆		kg	0.200	0.200	0.300	0.300	0.500
	酚醛树脂稀释剂		kg	0.200	0.200	0.300	0.500	0.500
	机油		kg	0.100	0.100	0.100	0.100	0.100
	电力复合脂		kg	0.050	0.080	0.100	0.120	0.150
	钢管 $D32$		kg	4.800	4.800	6.300	6.300	6.300
	钢垫板 $\delta 1 \sim 2$		kg	1.000	1.000	4.000	4.000	4.300
	其他材料费		%	1.80	1.80	1.80	1.80	1.80
机械	汽车式起重机 8t		台班	—	—	—	0.056	0.093
	载货汽车－普通货车 5t		台班	—	—	—	0.056	0.093
	弧焊机 20kV·A		台班	0.124	0.124	0.244	0.302	0.504
仪表	高压绝缘电阻测试仪		台班	0.505	0.505	0.505	0.505	0.505
	YDQ 充气式试验变压器		台班	0.252	0.252	0.252	0.252	0.252
	高压试验变压器配套操作箱、调压器		台班	0.252	0.252	0.252	0.252	0.252
	TPFRC 电容分压器交直流高压测量系统		台班	0.252	0.252	0.252	0.252	0.252

计量单位：组

编号				4-2-18	4-2-19
项目				隔离开关、负荷开关	
				二段传动装置	接地开关
名称			单位	消耗量	
人工	合计工日		工日	1.203	1.157
	其中	普工	工日	0.313	0.301
		一般技工	工日	0.662	0.636
		高级技工	工日	0.228	0.220
材料	型钢（综合）		kg	6.000	5.000
	镀锌扁钢（综合）		kg	3.120	2.460
	碎布		kg	0.500	0.400
	低碳钢焊条（综合）		kg	0.935	1.080
	钢锯条		条	1.000	0.500
	焊锡膏		kg	—	0.010
	焊锡丝（综合）		kg	—	0.050
	铁砂布 0#~2#		张	—	0.050
	轴承 ϕ32		个	1.000	—
	酚醛调和漆		kg	0.100	0.080
	防锈漆		kg	0.100	0.080
	酚醛树脂稀释剂		kg	0.050	0.040
	机油		kg	0.100	0.050
	电力复合脂		kg	—	0.020
	钢管 D32		kg	12.240	—
	钢垫板 δ1~2		kg	6.500	5.500
	双叉连接器 ϕ32		个	2.000	—
	其他材料费		%	1.80	1.80
机械	普通车床 400×1 000mm		台班	0.120	—
	弧焊机 20kV·A		台班	0.187	0.216
仪表	高压绝缘电阻测试仪		台班	0.202	0.103

三、互感器安装

工作内容：开箱检查、安装固定、接地、补漆、单体调试等。 **计量单位：**台

编号			4-2-20	4-2-21	4-2-22	4-2-23	4-2-24	4-2-25	4-2-26
项目			电压互感器		电流互感器				零序、中性点电流互感器
			三相	单相	电流(A)				
					≤1 000	≤2 000	≤8 000	≤15 000	
名称		单位	消耗量						
人工	合计工日	工日	1.505	0.861	0.815	0.939	1.190	1.304	0.419
人工	其中 普工	工日	0.391	0.224	0.210	0.244	0.310	0.339	0.021
人工	其中 一般技工	工日	0.828	0.473	0.458	0.516	0.654	0.718	0.386
人工	其中 高级技工	工日	0.286	0.164	0.147	0.179	0.226	0.247	0.012
材料	镀锌扁钢(综合)	kg	3.850	2.200	2.200	2.200	2.200	3.500	1.400
材料	碎布	kg	0.123	0.070	0.070	0.100	0.150	0.200	0.050
材料	低碳钢焊条(综合)	kg	0.820	0.465	0.380	0.465	0.700	1.170	0.380
材料	钢锯条	条	0.100	0.050	0.070	0.100	0.500	1.000	0.070
材料	焊锡膏	kg	0.053	0.030	0.030	0.040	0.080	0.100	0.030
材料	焊锡丝(综合)	kg	0.263	0.150	0.150	0.200	0.400	0.500	0.150
材料	铁砂布 0#~2#	张	0.350	0.200	0.150	0.200	0.500	1.000	0.120
材料	酚醛调和漆	kg	0.175	0.100	0.080	0.120	0.250	0.250	0.080
材料	防锈漆	kg	0.175	0.100	0.080	0.120	0.250	0.250	0.080
材料	酚醛树脂稀释剂	kg	0.350	0.200	0.150	0.200	0.500	1.030	0.150
材料	电力复合脂	kg	0.088	0.050	0.050	0.080	0.120	0.150	0.050
材料	钢垫板 δ1~2	kg	0.875	0.500	0.300	0.400	0.500	1.000	0.200
材料	其他材料费	%	1.80	1.80	1.80	1.80	1.80	1.80	1.80
机械	弧焊机 20kV·A	台班	0.164	0.093	0.076	0.093	0.140	0.234	0.076
仪表	高压绝缘电阻测试仪	台班	0.442	0.252	0.024	0.024	0.024	0.024	0.024
仪表	变压器直流电阻测试仪	台班	0.442	0.252	0.024	0.024	0.024	0.024	0.024
仪表	互感器测试仪	台班	0.442	0.252	0.024	0.024	0.024	0.024	0.024
仪表	全自动变比组别测试仪	台班	0.442	0.252	0.024	0.024	0.024	0.024	0.024
仪表	YDQ 充气式试验变压器	台班	0.442	0.252	0.420	0.420	0.420	0.420	0.420
仪表	高压试验变压器配套操作箱、调压器	台班	0.442	0.252	0.024	0.024	0.024	0.024	0.024
仪表	TPFRC 电容分压器交直流高压测量系统	台班	0.442	0.252	0.024	0.024	0.024	0.024	0.024

四、熔断器、避雷器安装

工作内容：开箱检查、安装固定、接地、补漆、单体调试等。　　　　**计量单位：**组

编　号				4-2-27	4-2-28	4-2-29
项　目				熔断器	避雷器（kV）	
					≤1	≤10
名　称			单位	消　耗　量		
人工	合计工日		工日	0.279	0.252	1.012
	其中	普工	工日	0.072	0.066	0.263
		一般技工	工日	0.154	0.139	0.557
		高级技工	工日	0.053	0.047	0.192
材料	镀锌扁钢（综合）		kg	2.200	2.200	2.200
	碎布		kg	0.050	0.200	0.300
	低碳钢焊条（综合）		kg	0.700	0.465	0.465
	钢锯条		条	0.500	0.500	1.000
	焊锡膏		kg	0.030	0.030	0.035
	焊锡丝（综合）		kg	0.150	0.150	0.211
	铁砂布 0#~2#		张	0.200	0.100	0.100
	酚醛调和漆		kg	0.100	0.100	0.150
	防锈漆		kg	0.100	0.100	0.150
	酚醛树脂稀释剂		kg	0.050	0.100	0.150
	电力复合脂		kg	0.060	0.050	0.100
	硬铜绞线 TJ-35mm²		kg	—	0.500	0.500
	钢垫板 δ1~2		kg	0.300	1.200	1.200
	其他材料费		%	1.80	1.80	1.80
机械	弧焊机 20kV·A		台班	0.140	0.093	0.093
仪表	高压绝缘电阻测试仪		台班	0.303	0.374	0.748
	YDQ 充气式试验变压器		台班	0.151	—	—
	高压试验变压器配套操作箱、调压器		台班	0.151	—	—
	TPFRC 电容分压器交直流高压测量系统		台班	0.151	—	0.374
	直流高压发生器		台班	—	0.187	0.374

五、电抗器安装

1. 干式空心电抗器安装

工作内容：开箱检查、底座绝缘子安装、安装固定、接地、补漆、单体调试等。　　**计量单位**：组

编号				4-2-30	4-2-31	4-2-32	4-2-33
项目				干式空心电抗器			
				容量（kV·A）			
				≤3 000	≤6 000	≤12 000	≤18 000
名称			单位	消耗量			
人工	合计工日		工日	4.671	5.771	6.646	7.375
	其中	普工	工日	2.411	2.807	3.424	3.572
		一般技工	工日	1.886	2.503	2.729	3.161
		高级技工	工日	0.374	0.461	0.493	0.642
材料	镀锌扁钢（综合）		kg	11.200	12.200	13.300	13.300
	碎布		kg	0.280	0.280	0.300	0.300
	焊锡丝（综合）		kg	0.263	0.263	0.282	0.282
	焊锡膏		kg	0.053	0.053	0.056	0.056
	低碳钢焊条（综合）		kg	1.700	2.300	2.710	2.710
	钢锯条		条	1.400	1.600	1.900	1.900
	水泥 P·C 32.5		kg	22.000	25.000	28.500	28.500
	砂子 中砂		m^3	0.016	0.018	0.020	0.020
	酚醛调和漆		kg	0.280	0.320	0.380	0.380
	防锈漆		kg	0.280	0.320	0.380	0.380
	酚醛树脂稀释剂		kg	0.300	0.350	0.400	0.400
	电力复合脂		kg	0.040	0.050	0.050	0.080
	无石棉橡胶垫 δ2		m^2	1.050	1.050	1.050	1.050
	钢垫板 δ1~2		kg	2.200	2.600	2.900	2.900
	其他材料费		%	1.80	1.80	1.80	1.80
机械	汽车式起重机 8t		台班	0.145	0.170	0.193	0.229
	载货汽车－普通货车 5t		台班	0.145	0.170	0.193	0.229
	弧焊机 20kV·A		台班	0.340	0.460	0.542	0.542
仪表	直流高压发生器		台班	0.300	0.300	0.300	0.300
	高压绝缘电阻测试仪		台班	0.300	0.300	0.300	0.300
	自动介损测试仪		台班	0.300	0.300	0.300	0.300
	高压试验变压器配套操作箱、调压器		台班	0.600	0.600	0.600	0.600
	变压器直流电阻测试仪		台班	1.060	1.060	1.060	1.060

2. 干式铁芯电抗器安装

工作内容：开箱检查、本体就位、垫铁制作与安装、附件安装、接地、补漆、单体调试等。

计量单位：台

编　号				4-2-34	4-2-35	4-2-36	4-2-37
项　目				干式铁芯电抗器			
				容量（kV·A）			
				≤250	≤500	≤1 000	≤3 150
名　称			单位	消　耗　量			
人工	合计工日		工日	3.292	4.322	5.910	7.547
	其中	普工	工日	1.232	1.503	1.860	2.324
		一般技工	工日	1.573	2.124	2.981	3.763
		高级技工	工日	0.487	0.695	1.069	1.460
材料	镀锌扁钢（综合）		kg	4.500	4.500	6.500	6.500
	钢垫板 δ1~2		kg	3.000	4.000	5.000	6.000
	碎布		kg	0.500	0.600	0.700	0.800
	低碳钢焊条（综合）		kg	1.400	1.400	1.600	1.750
	镀锌铁丝 ϕ2.5~4.0		kg	1.000	1.000	1.500	2.000
	焊锡丝（综合）		kg	0.120	0.140	0.160	0.180
	焊锡膏		kg	0.024	0.028	0.032	0.036
	钢锯条		条	1.000	1.000	1.500	2.000
	防锈漆		kg	0.300	0.500	0.700	1.000
	酚醛调和漆		kg	0.300	0.500	0.700	1.000
	酚醛树脂稀释剂		kg	0.600	1.000	1.200	1.800
	电力复合脂		kg	0.050	0.050	0.070	0.080
	其他材料费		%	1.80	1.80	1.80	1.80
机械	载货汽车－普通货车 5t		台班	0.093	0.093	0.126	0.155
	汽车式起重机 8t		台班	0.093	0.093	0.126	0.155
	弧焊机 20kV·A		台班	0.280	0.280	0.320	0.350
仪表	直流高压发生器		台班	0.300	0.300	0.300	0.300
	高压绝缘电阻测试仪		台班	0.300	0.300	0.300	0.300
	自动介损测试仪		台班	0.300	0.300	0.300	0.300
	高压试验变压器配套操作箱、调压器		台班	0.560	0.560	0.560	0.560
	变压器直流电阻测试仪		台班	0.830	0.830	0.830	0.830

3. 油浸式电抗器安装

工作内容: 开箱检查、本体就位、器身检查;附件清洁;油柱试验、风扇油泵电机检查接线、附件安装、垫铁制作与安装、补充注油及安装后整体密封试验、接地、补漆、单体调试等。

计量单位:台

编号				4-2-38	4-2-39	4-2-40	4-2-41
项目				油浸式电抗器			
				容量(kV·A)			
				≤100	≤500	≤1 000	≤3 150
名称			单位	消耗量			
人工	合计工日		工日	2.627	4.966	6.088	7.690
	其中	普工	工日	1.438	1.866	2.158	2.253
		一般技工	工日	0.772	2.371	2.988	4.108
		高级技工	工日	0.417	0.729	0.942	1.329
材料	镀锌扁钢(综合)		kg	8.800	8.800	10.000	11.300
	橡胶垫 δ2		m^2	0.100	0.100	0.100	0.100
	三色塑料带(综合)		kg	0.200	0.250	0.300	0.350
	碎布		kg	0.200	0.200	0.300	0.500
	低碳钢焊条(综合)		kg	1.620	1.620	2.085	2.085
	钢锯条		条	1.000	1.000	1.000	1.000
	焊锡膏		kg	0.020	0.040	0.060	0.060
	焊锡丝(综合)		kg	0.100	0.200	0.300	0.300
	铁砂布 0#~2#		张	2.000	2.000	2.000	2.000
	枕木 2 500×200×160		根	—	0.320	0.320	0.480
	酚醛调和漆		kg	0.300	0.300	0.400	0.600
	防锈漆		kg	0.100	0.100	0.150	0.200
	酚醛树脂稀释剂		kg	0.300	0.400	0.500	1.000
	变压器油		kg	7.000	20.000	35.000	50.000
	电力复合脂		kg	7.000	0.080	0.100	0.120
	氧气		m^3	0.600	0.600	0.750	0.900
	乙炔气		kg	0.231	0.231	0.288	0.346
	自黏性塑料带 20mm×20m		卷	—	0.150	0.200	0.200
	青壳纸 δ0.1~1.0		kg	0.150	0.150	0.300	0.350
	白纱布带 20mm×20m		卷	0.300	0.300	0.400	0.400
	钢垫板 δ1~2		kg	3.000	4.000	4.500	5.000
	其他材料费		%	1.80	1.80	1.80	1.80
机械	汽车式起重机 8t		台班	—	0.173	—	—
	汽车式起重机 12t		台班	—	—	0.273	0.346
	载货汽车-普通货车 5t		台班	0.173	0.173	—	—
	载货汽车-普通货车 10t		台班	—	—	0.273	0.346
	弧焊机 20kV·A		台班	0.324	0.324	0.417	0.417
仪表	YDQ 充气式试验变压器		台班	0.123	0.123	0.123	0.123
	高压试验变压器配套操作箱、调压器		台班	0.123	0.123	0.123	0.123
	自动介损测试仪		台班	0.108	0.108	0.108	0.108
	直流高压发生器		台班	0.123	0.123	0.123	0.123
	高压绝缘电阻测试仪		台班	0.123	0.123	0.123	0.123
	绝缘油试验仪		台班	0.112	0.112	0.112	0.112

六、电容器安装

1. 金属化膜型(浸渍剂型)电容器安装

工作内容:开箱检查、安装固定、连接线及附件安装、接地、补漆、单体调试等。 **计量单位:**个

编号				4-2-42	4-2-43	4-2-44	4-2-45
项目				容量(kvar)			
				≤50	≤100	≤200	200以上
名称			单位	消耗量			
人工	合计工日		工日	0.489	0.701	1.013	1.100
	其中	普工	工日	0.284	0.407	0.601	0.623
		一般技工	工日	0.165	0.237	0.333	0.385
		高级技工	工日	0.040	0.057	0.079	0.092
材料	钢锯条		条	1.040	1.040	2.080	2.080
	焊锡膏		kg	0.021	0.021	0.021	0.021
	焊锡丝(综合)		kg	0.021	0.042	0.062	0.083
	酚醛调和漆		kg	0.104	0.104	0.136	0.158
	防锈漆		kg	0.104	0.104	0.208	0.208
	酚醛树脂稀释剂		kg	0.052	0.052	0.068	0.079
	电力复合脂		kg	0.021	0.021	0.042	0.042
	镀锡裸铜软绞线 TJRX $16mm^2$		kg	0.624	0.624	0.624	0.624
	其他材料费		%	1.80	1.80	1.80	1.80
机械	汽车式起重机 8t		台班	0.011	0.013	0.017	0.020
仪表	直流高压发生器		台班	0.021	0.021	0.021	0.021
	高压绝缘电阻测试仪		台班	0.021	0.021	0.021	0.021
	YDQ 充气式试验变压器		台班	0.021	0.021	0.021	0.021
	高压试验变压器配套操作箱、调压器		台班	0.021	0.021	0.021	0.021

2. 密集式电容器安装

工作内容： 开箱检查、本体就位、器身检查；附件清洁、附件安装；垫铁制作与安装、补充注油及安装后整体密封试验、接地、补漆、单体调试等。

计量单位： 台

编号				4-2-46	4-2-47	4-2-48	4-2-49
项目				容量（kvar）			
				≤1 000	≤2 000	≤3 000	≤5 000
名称			单位	消耗量			
人工	合计工日		工日	5.993	8.304	11.497	13.627
	其中	普工	工日	3.828	5.678	8.139	9.570
		一般技工	工日	1.358	1.771	2.362	3.011
		高级技工	工日	0.807	0.855	0.996	1.046
材料	镀锌扁钢（综合）		kg	14.400	15.360	19.200	24.000
	低碳钢焊条（综合）		kg	4.160	4.770	6.240	7.550
	钢锯条		条	4.800	4.800	4.800	4.800
	焊锡膏		kg	0.034	0.048	0.048	0.048
	焊锡丝（综合）		kg	0.168	0.240	0.240	0.240
	酚醛调和漆		kg	0.960	1.440	1.440	1.920
	防锈漆		kg	0.960	1.440	1.440	1.920
	酚醛树脂稀释剂		kg	0.672	0.960	0.960	1.200
	电力复合脂		kg	0.115	0.144	0.192	0.240
	其他材料费		%	1.80	1.80	1.80	1.80
机械	汽车式起重机 8t		台班	0.485	0.546	0.701	—
	汽车式起重机 10t		台班	—	—	—	0.842
	载货汽车－普通货车 5t		台班	0.485	0.548	0.701	—
	载货汽车－普通货车 10t		台班	—	—	—	0.842
	弧焊机 20kV·A		台班	0.832	0.954	1.248	1.510
仪表	直流高压发生器		台班	0.248	0.248	0.248	0.248
	YDQ 充气式试验变压器		台班	0.248	0.248	0.248	0.248
	高压试验变压器配套操作箱、调压器		台班	0.248	0.248	0.248	0.248
	绝缘油试验仪		台班	0.116	0.116	0.116	0.116
	高压绝缘电阻测试仪		台班	0.248	0.248	0.248	0.248

3. 并联补偿电容器组架安装

工作内容：开箱检查、安装固定、接地等。　　　　**计量单位：**台

编号				4-2-50	4-2-51	4-2-52	4-2-53	4-2-54
项目				单列两层	单列三层	双列两层	双列三层	小型组合
名称			单位	消耗量				
人工	合计工日		工日	1.747	1.814	2.317	2.452	1.881
	其中	普工	工日	0.450	0.467	0.597	0.632	0.484
		一般技工	工日	1.048	1.088	1.390	1.471	1.129
		高级技工	工日	0.249	0.259	0.330	0.349	0.268
材料	镀锌扁钢（综合）		kg	5.000	5.000	6.200	6.800	5.000
	碎布		kg	0.100	0.100	0.100	0.100	0.050
	低碳钢焊条（综合）		kg	1.635	1.635	1.870	2.105	0.935
	钢锯条		条	1.000	1.000	1.000	1.000	0.500
	焊锡膏		kg	0.020	0.030	0.030	0.030	0.020
	焊锡丝（综合）		kg	0.100	0.120	0.150	0.170	0.100
	铁砂布 $0^{\#}$~$2^{\#}$		张	0.500	0.500	0.500	0.500	0.500
	电力复合脂		kg	0.050	0.050	0.050	0.050	0.050
	氧气		m^3	0.890	0.978	1.157	1.273	0.444
	乙炔气		kg	0.342	0.376	0.445	0.489	0.171
	其他材料费		%	1.80	1.80	1.80	1.80	1.80
机械	汽车式起重机 8t		台班	0.047	0.047	0.047	0.047	0.047
	弧焊机 20kV·A		台班	0.327	0.327	0.374	0.421	0.187

七、交流滤波装置组架(TJL 系列)安装

工作内容:开箱检查、安装固定、接线、接地等。 **计量单位:**台

编号				4-2-55	4-2-56	4-2-57
项目				电抗组架安装	放电组架安装	连线组架安装
名称			单位	消耗量		
人工	合计工日		工日	1.007	0.739	0.305
	其中	普工	工日	0.262	0.192	0.079
		一般技工	工日	0.554	0.407	0.168
		高级技工	工日	0.191	0.140	0.058
材料	镀锌扁钢(综合)		kg	3.000	3.000	3.000
	碎布		kg	0.050	0.050	0.050
	低碳钢焊条(综合)		kg	0.700	0.465	0.465
	钢锯条		条	0.500	0.500	0.500
	焊锡膏		kg	0.010	0.010	0.020
	焊锡丝(综合)		kg	0.060	0.060	0.100
	铁砂布 0#~2#		张	0.500	0.500	0.500
	电力复合脂		kg	0.050	0.050	0.050
	氧气		m^3	0.436	0.367	0.328
	乙炔气		kg	0.168	0.141	0.126
	其他材料费		%	1.80	1.80	1.80
机械	汽车式起重机 8t		台班	0.093	0.047	0.047
	弧焊机 20kV·A		台班	0.140	0.093	0.093

八、开闭所成套配电装置安装

工作内容：开箱清点检查、就位、找正、固定、设备调整、联锁装置检查、二次元件拆装、导体接触面检查、接地、补漆、单体调试等。

计量单位：座

编　号				4-2-58	4-2-59	4-2-60	4-2-61
项　目				开关间隔单元（个）			
				3	5	7	>7
名　称			单位	消　耗　量			
人工	合计工日		工日	5.002	10.005	11.257	12.510
	其中	普工	工日	1.300	2.601	2.928	3.253
		一般技工	工日	2.752	5.504	6.191	6.881
		高级技工	工日	0.950	1.900	2.138	2.376
材料	镀锌扁钢（综合）		kg	103.680	103.680	103.680	103.680
	碎布		kg	1.152	1.440	1.440	1.440
	低碳钢焊条（综合）		kg	1.390	1.390	1.390	1.630
	平垫铁（综合）		kg	20.880	26.100	26.100	26.100
	调和漆		kg	0.864	1.080	1.080	1.080
	防锈漆		kg	0.864	1.080	1.080	1.080
	醇酸漆稀释剂		kg	1.152	1.440	1.440	1.440
	电力复合脂		kg	0.288	0.360	0.360	0.360
	其他材料费		%	1.80	1.80	1.80	1.80
机械	汽车式起重机　8t		台班	0.557	0.557	0.694	0.778
	载货汽车－普通货车　5t		台班	0.557	0.675	0.694	0.778
	弧焊机　20kV·A		台班	0.278	0.278	0.278	0.326
仪表	YDQ 充气式试验变压器		台班	0.708	0.850	0.978	1.190
	高压绝缘电阻测试仪		台班	0.708	0.850	0.978	1.190
	断路器动特性综合测试仪		台班	0.482	0.482	0.675	0.675
	高压试验变压器配套操作箱、调压器		台班	0.708	0.850	0.978	1.190
	全自动变比组别测试仪		台班	0.850	1.020	1.183	1.428
	变压器直流电阻测试仪		台班	0.850	1.020	1.183	1.428
	互感器测试仪		台班	0.850	1.020	1.183	1.428

九、成套配电柜安装

1. 高压成套配电柜安装

工作内容： 开箱清点检查、就位、找正、固定、柜间连接、柜内及柜间母线安装、联锁装置检查、二次元器件安装、断路器调整、其他设备检查、导体接触面检查、二次元件拆装、接地、补漆、单体调试等。

计量单位： 台

编号				4-2-62	4-2-63	4-2-64	4-2-65	4-2-66
项目				单母线柜				
				附真空断路器柜	附 SF_6 断路器柜	电压互感器、避雷器柜	电容器柜	其他电气柜
名称			单位	消耗量				
人工	合计工日		工日	6.693	7.422	3.742	3.300	2.375
	其中	普工	工日	1.723	1.911	0.964	0.850	0.611
		一般技工	工日	4.016	4.453	2.245	1.980	1.426
		高级技工	工日	0.954	1.058	0.533	0.470	0.338
材料	镀锌扁钢（综合）		kg	5.200	5.200	5.200	5.200	5.200
	碎布		kg	0.100	0.100	0.100	0.100	0.100
	砂轮片 ϕ400		片	0.500	0.500	0.500	0.500	0.500
	低碳钢焊条（综合）		kg	0.465	0.465	0.465	0.465	0.465
	平垫铁（综合）		kg	0.500	0.500	0.500	0.500	0.500
	调和漆		kg	0.500	0.500	0.500	0.500	0.500
	防锈漆		kg	0.500	0.500	0.500	0.500	0.500
	醇酸漆稀释剂		kg	0.250	0.250	0.250	0.250	0.250
	电力复合脂		kg	0.300	0.300	0.312	0.312	0.208
	酒精 工业用 99.5%		kg	0.500	0.500	0.500	0.500	0.500
	铜芯塑料绝缘电线 BV-3×2.5mm^2		m	2.000	2.000	1.040	1.040	0.862
	其他材料费		%	1.80	1.80	1.80	1.80	1.80
机械	汽车式起重机 8t		台班	0.075	0.075	0.075	0.075	0.075
	载货汽车－普通货车 5t		台班	0.140	0.140	0.140	0.140	0.140
	弧焊机 20kV·A		台班	0.093	0.093	0.093	0.093	0.093
仪表	高压绝缘电阻测试仪		台班	0.981	0.981	0.472	0.472	0.472
	变压器直流电阻测试仪		台班	—	—	0.567	—	—
	断路器动特性综合测试仪		台班	0.491	0.491	—	—	—
	互感器测试仪		台班	—	—	0.567	—	—
	电感电容测试仪		台班	—	—	—	0.472	—
	全自动变比组别测试仪		台班	—	—	0.567	—	—
	YDQ 充气式试验变压器		台班	0.736	0.736	0.472	0.472	0.472
	高压试验变压器配套操作箱、调压器		台班	0.736	0.736	0.472	0.472	0.472
	直流高压发生器		台班	—	—	—	0.472	—

计量单位：台

编　号				4-2-67	4-2-68	4-2-69	4-2-70	4-2-71
项　目				双母线柜				
				附真空断路器柜	附 SF_6 断路器柜	电压互感器、避雷器柜	电容器柜	其他电气柜
名　称			单位	消　耗　量				
人工	合计工日		工日	8.033	8.908	4.565	4.024	2.904
	其中	普工	工日	2.069	2.294	1.175	1.036	0.748
		一般技工	工日	4.819	5.345	2.739	2.415	1.742
		高级技工	工日	1.145	1.269	0.651	0.573	0.414
材料	镀锌扁钢（综合）		kg	5.500	5.500	5.500	5.500	5.500
	碎布		kg	0.110	0.110	0.110	0.110	0.110
	砂轮片 ϕ400		片	0.550	0.550	0.550	0.550	0.550
	低碳钢焊条（综合）		kg	0.560	0.560	0.560	0.560	0.560
	平垫铁（综合）		kg	0.550	0.550	0.550	0.550	0.550
	调和漆		kg	0.550	0.550	0.550	0.550	0.550
	防锈漆		kg	0.550	0.550	0.550	0.550	0.550
	醇酸漆稀释剂		kg	0.275	0.275	0.283	0.283	0.113
	电力复合脂		kg	0.330	0.330	0.330	0.330	0.330
	酒精　工业用 99.5%		kg	0.550	0.550	0.550	0.550	0.550
	铜芯塑料绝缘电线 BV-3×2.5mm^2		m	2.200	2.200	2.200	2.200	2.200
	其他材料费		%	1.80	1.80	1.80	1.80	1.80
机械	汽车式起重机 8t		台班	0.090	0.090	0.090	0.090	0.090
	载货汽车－普通货车 5t		台班	0.168	0.168	0.168	0.168	0.168
	弧焊机 20kV·A		台班	0.112	0.112	0.112	0.112	0.112
仪表	高压绝缘电阻测试仪		台班	1.178	1.178	0.572	0.572	0.572
	变压器直流电阻测试仪		台班	—	—	0.686	—	—
	互感器测试仪		台班	—	—	0.686	—	—
	真空断路器测试仪		台班	0.589	0.589	—	—	—
	电感电容测试仪		台班	—	—	—	0.572	—
	全自动变比组别测试仪		台班	—	—	0.686	—	—
	YDQ 充气式试验变压器		台班	0.884	0.884	0.572	0.572	0.572
	高压试验变压器配套操作箱、调压器		台班	0.561	0.561	0.572	0.572	0.572
	直流高压发生器		台班	—	—	—	0.572	—

2. 低压成套配电柜安装

工作内容： 开箱清点检查、就位、找正、固定、柜间连接、柜内及柜间母线安装、二次元器件安装、开关及机构调整、接地、补漆、单体调试等。

计量单位： 台

编号				4-2-72	4-2-73	4-2-74	4-2-75	4-2-76	4-2-77
项目				计量柜	进线柜	出线柜		智能化低压综合配电柜（JP 柜）	电容器柜
						四路以下	四路以上		
名称			单位	消耗量					
人工	合计工日		工日	3.040	2.988	3.040	3.379	3.268	3.551
	其中	普工	工日	0.768	0.770	0.816	0.930	0.845	1.008
		一般技工	工日	1.832	1.792	1.792	1.879	1.963	2.068
		高级技工	工日	0.440	0.426	0.432	0.570	0.460	0.475
材料	镀锌扁钢（综合）		kg	3.000	3.000	3.000	3.000	3.090	3.090
	碎布		kg	0.500	0.500	0.500	0.500	0.515	0.515
	低碳钢焊条（综合）		kg	0.465	0.465	0.465	0.465	0.475	0.475
	钢锯条		条	1.000	1.000	1.000	1.000	1.030	1.030
	调和漆		kg	0.224	0.226	0.226	0.226	0.206	0.206
	醇酸漆稀释剂		kg	0.112	0.112	0.112	0.112	0.102	0.102
	硬铜绞线 TJ-2.5~4mm^2		m	0.800	0.800	1.000	1.300	0.824	0.824
	铜接线端子 DT-25		个	2.030	2.030	2.200	2.400	2.091	2.091
	钢垫板（综合）		kg	0.300	0.300	0.300	0.300	0.309	0.309
	其他材料费		%	1.80	1.80	1.80	1.80	1.80	1.80
机械	汽车式起重机 8t		台班	0.131	0.131	0.131	0.131	0.134	0.134
	载货汽车－普通货车 5t		台班	0.131	0.131	0.131	0.131	0.134	0.134
	弧焊机 20kV·A		台班	0.093	0.093	0.093	0.093	0.095	0.095
仪表	电感电容测试仪		台班	—	—	—	—	—	0.200
	高压绝缘电阻测试仪		台班	0.226	0.226	0.226	0.246	0.226	0.226
	2 000A 大电流发生器		台班	0.260	0.361	0.420	0.480	0.269	0.288

十、成套配电箱安装

工作内容： 测定、打孔、安装固定、接线、开关及机构调整、接地、补漆、单体调试等。　**计量单位：** 台

编号				4-2-78	4-2-79	4-2-80	4-2-81	4-2-82	4-2-83
项目				落地式	悬挂、嵌入式（半周长 m）				
					0.5	1.0	1.5	2.5	3.0
名称			单位	消耗量					
人工	合计工日		工日	1.312	0.434	0.715	1.086	1.328	1.594
	其中	普工	工日	0.338	0.112	0.184	0.279	0.341	0.410
		一般技工	工日	0.788	0.260	0.429	0.652	0.798	0.957
		高级技工	工日	0.186	0.062	0.102	0.155	0.189	0.227
材料	镀锌扁钢（综合）		kg	1.836	1.132	1.132	1.132	1.530	1.530
	碎布		kg	0.102	0.082	0.102	0.102	0.122	0.147
	低碳钢焊条（综合）		kg	0.315	0.118	0.211	0.329	0.475	0.570
	松香焊锡丝（综合）		m	0.153	0.051	0.071	0.082	0.102	0.102
	平垫铁（综合）		kg	0.306	0.153	0.153	0.153	0.204	0.245
	酚醛调和漆 各色		kg	0.051	0.031	0.031	0.031	0.051	0.061
	酚醛树脂稀释剂		kg	0.031	0.021	0.021	0.021	0.036	0.043
	防锈漆		kg	0.020	0.010	0.010	0.010	0.020	0.024
	电力复合脂		kg	0.051	0.418	0.418	0.418	0.418	0.502
	自黏性塑料带 20mm×20m		卷	0.204	0.102	0.102	0.153	0.204	0.245
	塑料管（综合）		kg	0.306	0.133	0.153	0.184	0.255	0.306
	硬铜绞线 TJ-2.5~4mm^2		m	—	3.195	5.730	6.590	8.486	13.138
	铜接线端子 DT-6		个	—	2.071	2.071	2.071	2.071	4.141
	其他材料费		%	1.80	1.80	1.80	1.80	1.80	1.80
机械	汽车式起重机 8t		台班	0.086	—	0.042	0.089	0.124	0.153
	载货汽车－普通货车 4t		台班	0.051	—	0.025	0.051	0.074	0.089
	弧焊机 20kV·A		台班	0.063	0.024	0.042	0.066	0.095	0.114

十一、组合式成套箱式变电站安装

工作内容： 开箱清点检查、就位、找正、固定、设备调整、联锁装置检查、导体接触面检查、二次元件拆装、接地、补漆、单体调试等。

计量单位：座

编号				4-2-84	4-2-85	4-2-86	4-2-87
项目				变压器容量（kV·A）			
				≤100	≤315	≤630	≤1 000
名称			单位	消耗量			
人工	合计工日		工日	11.406	14.970	17.681	21.803
	其中	普工	工日	2.937	3.856	4.553	5.614
		一般技工	工日	6.844	8.982	10.608	13.081
		高级技工	工日	1.625	2.132	2.520	3.108
材料	镀锌扁钢（综合）		kg	135.360	157.920	178.600	203.040
	碎布		kg	0.705	0.705	0.705	0.799
	低碳钢焊条（综合）		kg	0.900	0.900	0.900	0.900
	平垫铁（综合）		kg	10.340	13.630	17.390	19.740
	调和漆		kg	0.564	0.564	0.564	0.752
	防锈漆		kg	0.564	0.564	0.564	0.752
	酚醛树脂稀释剂		kg	0.382	0.382	0.382	0.491
	电力复合脂		kg	0.188	0.188	0.282	0.282
	其他材料费		%	1.80	1.80	1.80	1.80
机械	汽车式起重机 8t		台班	0.288	0.288	0.288	0.288
	载货汽车 - 普通货车 5t		台班	0.360	0.360	0.360	—
	载货汽车 - 普通货车 8t		台班	—	—	—	0.360
	弧焊机 20kV·A		台班	0.180	0.180	0.180	0.180
仪表	YDQ 充气式试验变压器		台班	0.557	0.557	0.705	0.811
	高压试验变压器配套操作箱、调压器		台班	0.557	0.557	0.705	0.811
	变压器直流电阻测试仪		台班	0.595	0.672	0.728	0.784
	TPFRC 电容分压器交直流高压测量系统		台班	0.557	0.557	0.705	0.811
	自动介损测试仪		台班	0.557	0.557	0.705	0.811
	直流高压发生器		台班	0.557	0.557	0.705	0.811
	高压绝缘电阻测试仪		台班	0.557	0.557	0.705	0.811
	绝缘油试验仪		台班	0.046	0.046	0.046	0.046
	断路器动特性综合测试仪		台班	0.160	0.160	0.242	0.242
	全自动变比组别测试仪		台班	0.227	0.227	0.227	0.227
	互感器测试仪		台班	0.393	0.393	0.468	0.468

计量单位：座

编号				4-2-88	4-2-89	4-2-90	4-2-91
项目				变压器容量(kV·A)			
				≤1 600	≤2 000	2×400 以下	2×630 以下
名称			单位	消耗量			
人工	合计工日		工日	27.731	33.639	22.547	33.638
	其中	普工	工日	7.607	9.128	6.737	9.127
		一般技工	工日	15.915	19.460	12.081	19.460
		高级技工	工日	4.209	5.051	3.729	5.051
材料	镀锌扁钢(综合)		kg	221.840	244.400	203.040	221.840
	碎布		kg	0.799	0.846	0.893	0.893
	低碳钢焊条(综合)		kg	0.900	0.900	1.080	1.080
	平垫铁(综合)		kg	23.500	26.320	19.740	23.500
	调和漆		kg	0.752	0.940	0.752	0.752
	防锈漆		kg	0.752	0.940	0.752	0.752
	醇酸漆稀释剂		kg	1.410	1.692	1.128	1.410
	变压器油		kg	1.410	1.692	1.128	1.410
	电力复合脂		kg	0.329	0.376	0.282	0.329
	其他材料费		%	1.80	1.80	1.80	1.80
机械	汽车式起重机 8t		台班	0.360	0.360	0.360	0.432
	载货汽车－普通货车 8t		台班	0.360	0.360	0.360	0.432
	弧焊机 20kV·A		台班	0.180	0.180	0.216	0.216
仪表	YDQ 充气式试验变压器		台班	0.811	0.923	0.855	0.942
	TPFRC 电容分压器交直流高压测量系统		台班	0.811	0.923	0.855	0.942
	自动介损测试仪		台班	0.811	0.923	0.855	0.942
	直流高压发生器		台班	0.811	0.923	0.855	0.942
	高压绝缘电阻测试仪		台班	0.811	0.923	0.855	0.942
	绝缘油试验仪		台班	0.046	0.046	0.057	0.057
	高压试验变压器配套操作箱、调压器		台班	0.811	0.923	0.855	0.942
	变压器直流电阻测试仪		台班	0.784	0.784	0.962	0.962
	断路器动特性综合测试仪		台班	0.242	0.242	0.324	0.324
	全自动变比组别测试仪		台班	0.227	0.227	0.336	0.336
	互感器测试仪		台班	0.568	0.568	0.789	0.789

十二、电动汽车充电设备安装

1. 直流整车充电机

工作内容：开箱清点检查、就位、找正、固定、联锁装置检查、导体接触面检查、二次元件拆装、接地、补漆、单体调试等。

计量单位：台

编号				4-2-92	4-2-93	4-2-94	4-2-95	4-2-96	4-2-97
项目				一体式					
				1 机 1 充			1 机 2 充		
				功率（kW 以下）					
				60	120	180	60	120	180
名称			单位	消耗量					
人工	合计工日		工日	3.749	6.811	9.291	6.188	9.225	11.648
	其中	普工	工日	1.808	2.531	3.263	2.350	2.712	3.616
		一般技工	工日	1.218	3.399	5.034	3.024	5.552	6.992
		高级技工	工日	0.723	0.881	0.994	0.814	0.961	1.040
材料	镀锌扁钢（综合）		kg	1.860	1.970	2.110	3.210	3.430	3.540
	低碳钢焊条（综合）		kg	1.300	1.600	1.935	2.650	2.900	3.150
	平垫铁（综合）		kg	0.440	0.520	0.600	0.528	0.624	0.720
	调和漆		kg	0.600	0.600	0.600	0.720	0.720	0.960
	防锈漆		kg	0.480	0.680	0.880	0.760	0.890	0.970
	醇酸漆稀释剂		kg	0.600	0.600	0.600	0.720	0.720	0.960
	电力复合脂		kg	0.040	0.060	0.080	0.048	0.072	0.096
	其他材料费		%	1.80	1.80	1.80	1.80	1.80	1.80
机械	汽车式起重机 8t		台班	0.074	0.080	0.100	0.096	0.104	0.130
	载货汽车－普通货车 5t		台班	0.074	0.080	0.100	0.096	0.104	0.130
	弧焊机 20kV·A		台班	0.260	0.320	0.387	0.530	0.580	0.630
仪表	回路电阻测试仪		台班	0.240	0.240	0.240	0.312	0.312	0.312
	电能校验仪		台班	0.240	0.240	0.240	0.312	0.312	0.312

计量单位：台

编号				4-2-98	4-2-99	4-2-100	4-2-101	4-2-102	4-2-103	4-2-104
项目				一体式		分体式				分体式
				1 机 4 充		充电机柜				充电桩
				功率（kW 及以下）						
				120	240	60	120	240	300	
名称			单位	消耗量						
人工	合计工日		工日	11.944	14.769	3.995	7.023	9.007	12.577	2.599
人工	其中	普工	工日	3.616	4.339	1.446	2.170	2.893	3.797	0.904
人工	其中	一般技工	工日	7.130	9.074	1.848	4.017	5.187	7.718	1.469
人工	其中	高级技工	工日	1.198	1.356	0.701	0.836	0.927	1.062	0.226
材料	镀锌扁钢（综合）		kg	4.520	4.890	1.970	2.110	2.540	2.720	1.860
材料	低碳钢焊条（综合）		kg	3.245	3.870	1.300	1.600	1.900	2.100	1.100
材料	平垫铁（综合）		kg	0.749	0.864	0.400	0.500	0.720	0.880	0.400
材料	调和漆		kg	0.864	1.152	0.560	0.640	0.960	1.160	0.200
材料	防锈漆		kg	1.152	1.267	0.440	0.760	1.000	1.280	0.300
材料	醇酸漆稀释剂		kg	0.864	1.152	0.560	0.640	0.960	1.160	0.200
材料	电力复合脂		kg	0.086	0.115	0.040	0.060	0.080	0.120	0.040
材料	其他材料费		%	1.80	1.80	1.80	1.80	1.80	1.80	1.80
机械	汽车式起重机 8t		台班	0.128	1.560	0.068	0.080	0.140	0.142	0.080
机械	载货汽车 – 普通货车 5t		台班	0.128	1.560	0.068	0.080	0.140	0.142	0.080
机械	弧焊机 20kV·A		台班	0.649	0.774	0.260	0.320	0.380	0.420	0.220
仪表	电能校验仪		台班	0.499	0.499	0.200	0.280	0.520	0.560	0.120
仪表	回路电阻测试仪		台班	0.499	0.499	0.200	0.280	0.520	0.560	0.120

2. 交流充电桩

工作内容： 开箱清点检查、就位、找正、固定、联锁装置检查、导体接触面检查、二次元件折装、接地、补漆、单体调试等。

计量单位： 台

编号				4-2-105	4-2-106	4-2-107	4-2-108	4-2-109	4-2-110
项目				壁挂式			立式		
				功率（kW）					
				≤7	≤22	≤42	≤7	≤22	≤42
名称			单位	消耗量					
人工	合计工日		工日	2.011	2.984	4.000	2.938	3.616	4.271
	其中	普工	工日	0.723	1.085	1.627	1.085	1.446	1.808
		一般技工	工日	1.107	1.650	2.079	1.695	1.944	2.192
		高级技工	工日	0.181	0.249	0.294	0.158	0.226	0.271
材料	镀锌扁钢（综合）		kg	3.200	4.670	5.210	2.280	3.154	4.240
	低碳钢焊条（综合）		kg	0.300	0.460	0.700	0.300	1.100	1.900
	平垫铁（综合）		kg	—	—	—	0.384	0.440	0.630
	调和漆		kg	0.620	0.760	0.860	0.720	0.870	0.960
	防锈漆		kg	0.760	0.890	1.020	0.780	0.920	0.990
	醇酸漆稀释剂		kg	0.620	0.760	0.860	0.720	0.870	0.960
	其他材料费		%	1.80	1.80	1.80	1.80	1.80	1.80
机械	载货汽车－普通货车 5t		台班	0.022	0.024	0.025	0.023	0.026	0.028
	手动液压叉车		台班	0.016	0.022	0.026	0.032	0.048	0.080
	弧焊机 20kV·A		台班	0.060	0.092	0.140	0.060	0.220	0.380
仪表	电能校验仪		台班	0.096	0.096	0.096	0.096	0.096	0.096
	回路电阻测试仪		台班	0.096	0.096	0.096	0.096	0.096	0.096

十三、配电智能设备安装调试

1. 配电自动化终端设备安装调试

工作内容： 技术准备、开箱检查、清洁、安装固定、接地；通电初步检查、装置参数检查、采集功能、自动功能、通信功能检测、接口检查、三遥功能测试、故障识别和控制功能测试、传动试验等。

计量单位： 台

编号				4-2-111	4-2-112	4-2-113
项目				变压器配电采集器	开闭所配电采集器	环网柜配电采集器
名称			单位	消耗量		
人工	合计工日		工日	2.922	5.196	5.344
	其中	普工	工日	0.622	1.210	1.242
		一般技工	工日	1.607	2.633	2.714
		高级技工	工日	0.693	1.353	1.388
材料	扁钢（综合）		kg	2.000	2.000	2.000
	碎布		kg	0.100	0.100	0.500
	低碳钢焊条（综合）		kg	—	—	1.250
	铜芯塑料绝缘电线 BV-3×2.5mm^2		m	—	—	1.000
	脱脂棉		kg	0.500	0.500	0.100
	其他材料费		%	1.80	1.80	1.80
机械	载货汽车－普通货车 5t		台班	0.028	0.047	0.187
	弧焊机 20kV·A		台班	—	—	0.250
仪表	笔记本电脑		台班	0.200	0.200	0.200

计量单位：台

编号				4-2-114	4-2-115	4-2-116
项目				杆上变压器配电采集器	电压监控切换装置	故障指示器
名称			单位	消耗量		
人工	合计工日		工日	6.075	11.380	5.370
	其中	普工	工日	1.397	2.630	0.925
		一般技工	工日	3.116	5.809	2.958
		高级技工	工日	1.562	2.941	1.487
材料	扁钢（综合）		kg	2.000	2.500	2.000
	绝缘导线		m	3.000	3.000	3.000
	色带		盒	0.150	0.150	0.150
	碎布		kg	0.100	0.100	—
	脱脂棉		kg	0.500	0.500	0.500
	其他材料费		%	1.80	1.80	1.80
机械	载货汽车－普通货车 5t		台班	0.047	0.047	0.047
仪表	笔记本电脑		台班	0.200	0.200	0.200

2. 配电自动化子站设备安装调试

工作内容：1. GPS 时钟：开箱检查、清洁、安装、固定、接地、安装天线、通电检查、性能测试、对时等。
2. 配电自动化子站柜安装（也称中压监控单元）：开箱检查、清洁、安装、固定、接地、软件安装等。
3. 配电自动化子站柜调试：技术准备、屏幕显示及打印制表测试、遥测量采集及显示试验，状态量采集及显示告警试验、事件顺序记录分辨率测试、遥控功能测试、画面响应时间测试等。

编号				4-2-117	4-2-118	4-2-119
项目				GPS 时钟	配电自动化子站柜安装	配电自动化子站柜调试
				套	台	系统
名称			单位	消耗量		
人工	合计工日		工日	8.067	2.699	11.564
	其中	普工	工日	1.648	0.574	2.458
		一般技工	工日	3.631	1.484	6.360
		高级技工	工日	2.788	0.641	2.746
材料	扁钢（综合）		kg	—	2.000	—
	碎布		kg	0.500	0.500	—
	半圆头铜螺钉带螺母 M4 × 10		套	—	3.000	—
	低碳钢焊条（综合）		kg	—	1.250	—
	铜接线端子 20A		个	2.000	—	—
	铜芯塑料绝缘电线 BV-3 × 2.5mm^2		m	3.000	1.000	—
	其他材料费		%	1.80	1.80	1.80
机械	载货汽车 – 普通货车 5t		台班	0.150	0.140	
	弧焊机 20kV · A		台班	—	0.250	—
仪表	笔记本电脑		台班	0.400	—	0.400
	网络测试仪		台班	1.500	—	1.402
	误码率测试仪		台班	0.700	—	0.935

3. 配电自动化主站系统设备安装调试

工作内容： 1. 服务器、工作站等主站设备：开箱检查、清洁、定位安装、互联、接口检查、设备加电、本体调试；操作系统、应用软件等安装检测，包括数据库软件、人机交互软件、通信软件、配电监控、管理应用软件等。

2. 安全隔离装置安装、物理防火墙：技术准备、开箱检查、清洁、定位安装、互联、接口检查，设备加电调试、安全策略设置、功能检查等。

3. 调制解调器、路由器：技术准备、开箱检查、清洁、定位安装、互联、接口检查，设备加电调试、安全策略设置、功能调试等。

编号				4-2-120	4-2-121	4-2-122	4-2-123	4-2-124	4-2-125
项目				服务器及系统软件	前置服务器	工作站及系统软件	安全隔离装置、防火墙	公共安全接入装置	调制解调器
				系统	台	系统		台	系统
名称			单位	消耗量					
人工	合计工日		工日	3.488	2.652	3.141	2.601	3.436	1.368
	其中	普工	工日	0.741	0.725	0.667	0.529	0.622	0.267
		一般技工	工日	1.919	1.477	1.728	1.368	1.866	0.690
		高级技工	工日	0.828	0.450	0.746	0.704	0.948	0.411
材料	铜接线端子 DT-2.5		个	4.000	4.000	4.000	4.000	4.000	2.000
	绝缘导线		m	3.000	3.000	3.000	3.000	3.000	2.000
	脱脂棉		kg	0.040	0.040	0.020	0.040	0.040	0.020
	其他材料费		%	1.80	1.80	1.80	1.80	1.80	1.80
机械	载货汽车－普通货车 5t		台班	0.047	0.047	—	—	0.047	—
仪表	网络测试仪		台班	—	—	—	1.300	1.500	—
	综合测试仪		台班	0.350	0.320	0.340	0.250	0.340	0.054
	笔记本电脑		台班	0.200	0.200	0.200	0.200	0.200	0.200

编　号			4-2-126	4-2-127	4-2-128	4-2-129	4-2-130	4-2-131	4-2-132
项　目			路由器	数字透传设备	多计算机切换器	KVM 延长器	双机切换装置设备	局域网交换机	配电自动化主站系统本体调试
			台			对	台		系统
名　称		单位	消　耗　量						
人工	合计工日	工日	1.745	3.551	4.956	1.183	1.242	2.454	55.833
	其中 普工	工日	0.371	0.644	0.672	0.313	0.264	0.445	11.864
	其中 一般技工	工日	0.959	1.978	3.036	0.686	0.683	1.365	30.708
	其中 高级技工	工日	0.415	0.929	1.248	0.184	0.295	0.644	13.261
材料	脱脂棉	kg	0.040	0.020	0.020	0.020	0.020	0.040	0.200
	其他材料费	%	1.80	1.80	1.80	1.80	1.80	1.80	1.80
	铜接线端子 DT-2.5	个	2.000	4.000	4.000	3.000	4.000	4.000	10.000
	绝缘导线	m	2.000	3.000	3.000	2.000	2.600	3.000	8.000
机械	载货汽车－普通货车 5t	台班	0.022	0.022	0.021	0.022	0.025	0.064	—
仪表	笔记本电脑	台班	0.327	0.200	0.180	—	0.561	0.561	28.037
	网络测试仪	台班	3.260	—	0.560	—	0.467	0.487	13.619
	误码率测试仪	台班	—	0.460	—	—	0.467	—	13.619
	综合测试仪	台班	0.520	—	—	—	—	—	0.566

编号				4-2-133	4-2-134	4-2-135	4-2-136	4-2-137	4-2-138
项目				通道箱	通道板	终端服务器	磁盘阵列	磁带存储	光盘存储
				台	块	台			
名称			单位	消耗量					
人工	合计工日		工日	1.993	1.247	2.628	2.499	4.333	4.725
	其中	普工	工日	0.399	0.197	0.596	0.166	0.525	0.520
		一般技工	工日	1.170	0.818	1.381	1.382	2.391	2.599
		高级技工	工日	0.424	0.232	0.651	0.951	1.417	1.606
材料	铜接线端子 DT-6		个	2.000	2.000	2.000	2.000	2.000	2.000
	铜接线端子 DT-16		个	—	—	—	2.000	2.000	2.000
	塑料绝缘导线		m	3.000	3.000	3.000	6.000	6.000	6.000
	松香焊锡丝 ϕ2.3		kg	0.050	—	—	—	—	—
	酒精		kg	0.500	0.200	0.100	0.200	0.200	0.200
	脱脂棉		kg	0.100	0.300	0.200	0.360	0.360	0.300
	其他材料费		%	1.80	1.80	1.80	1.80	1.80	1.80
仪表	综合测试仪		台班	0.400	—	1.200	0.260	0.350	0.130
	PCM 数字通道分析仪		台班	0.500	0.200	—	—	—	—
	数据分析仪		台班	0.500	—	0.500	—	—	—
	存储器测试仪		台班	—	—	—	—	1.000	0.800

4. 电能表安装调试

工作内容：技术准备、开箱检查、清洁、安装、固定、校接线、挂牌、通电初步检查、载波通信、继电器控制功能测试等。

计量单位：块

编号				4-2-139	4-2-140	4-2-141
项目				单相电度表	三相电度表	关口电度表
名称			单位	消耗量		
人工	合计工日		工日	0.502	0.695	1.744
	其中	普工	工日	0.106	0.148	0.148
		一般技工	工日	0.276	0.382	0.563
		高级技工	工日	0.120	0.165	1.033
材料	碎布		kg	0.100	0.100	0.050
	尼龙扎带(综合)		根	10.000	18.000	18.000
	标志牌 塑料扁形		个	1.000	1.000	1.000
	铅标志牌		个	3.000	4.000	4.000
	其他材料费		%	1.80	1.80	1.80
仪表	电能表校验仪		台班	0.030	0.030	0.070
	网络测试仪		台班	0.080	0.140	0.180
	现场测试仪 PLT301A		台班	0.280	0.374	0.674

5. 抄表采集系统安装调试

工作内容：1. 技术准备、开箱检查、清洁、安装、固定、通电测试、功能性能测试等。
2. 采集器、集中器的调试：通电初步检查、装置参数检查、测量功能、自动功能、通信功能检测等。
3. 服务器、工作站等主站设备安装调试：技术准备、开箱检查、清洁、定位安装、互联、接口检查，设备加电、本体测试；操作系统、应用软件安装检测等。

编号				4-2-142	4-2-143
项目				中间继电器	电表采集器
				块	台
名称			单位	消耗量	
人工	合计工日		工日	0.386	0.463
	其中	普工	工日	0.082	0.098
		一般技工	工日	0.212	0.255
		高级技工	工日	0.092	0.110
材料	碎布		kg	0.100	0.200
	尼龙扎带（综合）		根	5.000	4.000
	记号笔		支	0.200	0.200
	塑料号牌		个	2.200	2.200
	其他材料费		%	1.80	1.80
仪表	笔记本电脑		台班	—	0.187
	现场测试仪 PLT301A		台班	—	0.187
	网络测试仪		台班	—	0.093
	继电器检验仪		台班	0.100	—
	误码率测试仪		台班	—	0.187
	微机继电保护测试仪		台班	0.093	—

计量单位：台

编　号				4-2-144	4-2-145	4-2-146	4-2-147	4-2-148
项　目				数据集中器	无线中继器	通信前置机	数据库服务器	系统运行管理工作站
名　称			单位	消　耗　量				
人工	合计工日		工日	1.234	1.879	2.236	5.473	1.465
	其中	普工	工日	0.263	0.437	0.476	1.163	0.311
		一般技工	工日	0.678	1.049	1.229	3.010	0.806
		高级技工	工日	0.293	0.393	0.531	1.300	0.348
材料	碎布		kg	0.200	—	—	—	—
	尼龙扎带（综合）		根	6.000	6.000	10.000	10.000	10.000
	记号笔		支	0.200	0.200	0.200	0.200	0.200
	聚氯乙烯相色带 红、黄、绿、黑		卷	—	0.300	0.300	0.400	0.300
	脱脂棉		kg	—	0.100	0.100	0.200	0.100
	塑料号牌		个	1.200	2.000	2.000	3.000	4.000
	其他材料费		%	1.80	1.80	1.80	1.80	1.80
机械	叉式起重机 3t		台班	—	—	0.093	0.087	0.093
仪表	笔记本电脑		台班	0.935	0.320	0.467	3.364	0.561
	现场测试仪 PLT301A		台班	0.467	—	—	—	—
	网络测试仪		台班	—	0.220	1.121	0.421	1.402
	误码率测试仪		台班	0.635	0.180	0.561	0.122	0.748
	微机继电保护测试仪		台班	0.187	—	—	—	—

计量单位:台

编号			4-2-149	4-2-150	4-2-151	4-2-152
项目			集抄管理工作站	台变监控工作站	远程工作站	WEB 服务器
名称		单位	消耗量			
人工	合计工日	工日	1.426	1.426	1.388	1.543
	其中 普工	工日	0.303	0.303	0.295	0.328
	其中 一般技工	工日	0.784	0.784	0.763	0.849
	其中 高级技工	工日	0.339	0.339	0.330	0.366
材料	尼龙扎带(综合)	根	10.000	10.000	10.000	10.000
	记号笔	支	0.200	0.200	0.200	0.200
	聚氯乙烯相色带 红、黄、绿、黑	卷	0.250	0.250	0.250	0.250
	脱脂棉	kg	0.100	0.100	0.100	0.100
	塑料号牌	个	4.000	5.000	5.000	5.000
	其他材料费	%	1.80	1.80	1.80	1.80
机械	汽车式起重机 8t	台班	0.047	0.047	0.047	0.047
仪表	笔记本电脑	台班	0.467	0.561	0.748	0.467
	网络测试仪	台班	1.121	0.221	0.221	0.374

6. 用电监控设备安装调试

工作内容:开箱检查、清洁、安装、固定、通电测试、性能测试等。 计量单位:台

编号			4-2-153	4-2-154
项目			负荷管理终端	配变监测计量终端
名称		单位	消耗量	
人工	合计工日	工日	2.170	2.363
	其中 普工	工日	0.334	0.322
	其中 一般技工	工日	1.211	1.362
	其中 高级技工	工日	0.625	0.679
材料	塑料绝缘导线	m	3.000	3.000
	铜接线端子 DT-2.5	个	2.000	2.000
	记号笔	支	0.100	0.100
	脱脂棉	kg	0.100	0.100
	塑料号牌	个	2.000	2.000
	其他材料费	%	1.80	1.80
仪表	笔记本电脑	台班	0.234	0.234
	网络测试仪	台班	0.132	0.132

第三章　绝缘子、母线安装工程

说　　明

一、本章内容包括绝缘子、穿墙套管、软母线、矩形母线、槽形母线、管型母线、共箱母线、低压封闭式插接母线槽、重型母线、母线绝缘热缩安装等内容。

二、有关说明：

1. 项目不包括支架、铁构件的制作与安装。

2. 组合软母线安装项目不包括两端铁构件制作与安装及支持瓷瓶、矩形母线的安装。母线跨距是按照标准跨距综合编制的，如实际安装跨距与项目不符时，执行项目不做调整。

3. 软母线安装项目是按照单串绝缘子编制的，如设计为双串绝缘子，项目人工乘以系数 1.14。耐张绝缘子串的安装与调整已包含在软母线安装项目内。

4. 软母线引下线、跳线、经终端耐张线夹引下（不经过 T 形线夹或并沟线夹引下）与设备连接部分的导线应按照导线截面分别执行项目。软母线跳线安装项目综合考虑了耐张线夹的连接方式，执行项目时不做调整。

5. 矩形钢母线安装执行铜母线安装项目，矩形铝母线安装执行铜母线安装项目时乘以系数 0.70；矩形母线引下线安装按照相应规格执行铜母线安装项目，并根据材质按照母线安装的相应材质调整方法对项目进行调整。

6. 矩形母线伸缩节头和铜过渡板安装项目是按照成品安装编制，项目不包括加工配制及主材费。

7. 矩形母线、槽形母线、管形母线安装项目不包括支持绝缘子安装和钢构件配置安装。

8. 高压共箱母线和低压封闭式插接母线槽安装项目是按照成品安装编制，项目不包括加工配制及主材费，包括接地安装及材料费。

工程量计算规则

一、悬垂绝缘子安装是指垂直或V形安装的提挂导线、跳线、引下线、设备连线或设备所用的绝缘子串安装，根据工艺布置，按照设计图示安装数量以“串”为计量单位。V形串按照两串计算工程量。

二、支持绝缘子安装根据工艺布置和安装固定孔数，按照设计图示安装数量以“个”为计量单位。

三、穿墙套管安装不分水平、垂直安装，按照设计图示数量以“个”为计量单位。

四、软母线安装是指直接由耐张绝缘子串悬挂安装，根据母线形式和截面面积或根数，按照设计布置以“跨/三相”或“组/三相”为计量单位。

五、软母线引下线是指由T形线夹或并沟线夹从软母线引向设备的连线，其安装根据导线截面面积，按照设计布置以“组/三相”为计量单位。

六、两跨软母线间的跳线、引下线安装，根据工艺布置，按照设计图示安装数量以“组/三相”为计量单位。

七、设备连接线是指两设备间的连线。其安装根据工艺布置和导线截面面积，按照设计图示安装数量以“组/三相”为计量单位。

八、软母线及引下线、连接线安装预留长度按照设计规定计算，设计无规定时按照下表规定计算。

软母线安装预留长度 **单位：m/根**

项目	耐张	跳线	引下线	设备连接线
预留长度	2.5	0.8	0.6	0.6

九、绝缘子安装、穿墙套管安装及软母线安装的绝缘子、穿墙套管、导线和金具应按照安装数量加损耗量另行计算主材费，导线的预留长度作为计算导线损耗量的基数。

十、矩形与管形母线及母线引下线安装，根据母线每相片数、截面面积或直径，按照设计图示安装数量以“m/单相”为计量单位。计算长度时，应考虑母线挠度和连接需要增加的工程量，不计算安装损耗量。母线和母线金具按照安装数量加损耗量另行计算主材费。

十一、矩形母线伸缩节安装，根据伸缩节安装片数，按照设计图示安装数量以“个”为计量单位；矩形母线过渡板安装，按照设计图示安装数量以“块”为计量单位。

十二、槽形母线安装，根据母线根数与规格，按照设计图示安装数量以“m/单相”为计量单位。计算长度时，应考虑母线挠度和连接需要增加的工程量，不计算安装损耗量。母线和固定母线金具应按照安装数量加损耗量另行计算主材费。

十三、槽形母线与设备连接，根据连接的设备与接头数量及槽形母线规格，按照设计连接设备数量以“台”或“组”为计量单位。

十四、共箱母线安装根据箱体断面及导体截面面积和每相片数规格，按照设计图示安装轴线长度以“m”为计量单位，不计算安装损耗量。

十五、低压（电压等级小于或等于380V）封闭式插接母线槽安装，根据每相电流容量，按照设计图示安装轴线长度以“m”为计量单位；计算长度时，不计算安装损耗量。母线槽及母线槽专用配件按照安装数量计算主材费。分线箱、始端箱安装根据电流容量，按照设计图示安装数量以“台”为计量单位。

十六、重型母线安装，根据母线材质及截面面积或用途，按照设计图示安装成品重量以“t”为计量单位。计算重量时，不计算安装损耗量。母线、固定母线金具、绝缘配件应按照安装数量加损耗量另行计算主材费。

十七、重型母线伸缩器制作与安装，根据重型母线截面面积，按照设计图示安装数量以“个”为计量单位。铜带、伸缩节螺栓、垫板等单独计算主材费。

十八、重型母线导板制作与安装，根据材质与极性，按照设计图示安装数量以“束”为计量单位。铜带、导板等单独计算主材费。

十九、重型铝母线接触面加工是指对铸造件接触面的加工，根据重型铝母线接触面加工断面，按照实际加工数量以“片 / 单相”为计量单位。

二十、硬母线安装预留长度按照设计规定计算，设计无规定时按照下表规定计算。

硬母线安装预留长度

单位：m/ 根

序号	项目	预留长度	说明
1	矩形、槽形、管形母线终端	0.3	从最后一个支持点算起
2	矩形、槽形管形、母线与分支线连接	0.5	分支线预留
3	矩形、槽形母线与设备连接	0.5	从设备端子接口算起
4	多片重型母线与设备连接	1.0	从设备端子接口算起

一、绝缘子安装

工作内容：开箱检查、清扫、绝缘测试、组合安装、固定、刷漆等。

编号				4-3-1	4-3-2	4-3-3	4-3-4	4-3-5	4-3-6	4-3-7
项目				悬式绝缘子	户内式支持绝缘子			户外式支持绝缘子		
					1孔固定	2孔固定	4孔固定	1孔固定	2孔固定	4孔固定
				串	个					
名称			单位	消耗量						
人工	合计工日		工日	0.153	0.056	0.116	0.148	0.060	0.122	0.154
人工	其中	普工	工日	0.040	0.014	0.030	0.038	0.016	0.032	0.040
人工	其中	一般技工	工日	0.091	0.034	0.069	0.089	0.036	0.072	0.092
人工	其中	高级技工	工日	0.022	0.008	0.017	0.021	0.008	0.018	0.022
材料	悬式绝缘子串		串	(1.015)	—	—	—	—	—	—
材料	支持绝缘子		个	—	(1.015)	(1.015)	(1.015)	(1.015)	(1.015)	(1.015)
材料	镀锌扁钢(综合)		kg	—	1.260	1.260	1.260	1.550	1.550	1.550
材料	白布		kg	—	0.010	0.020	0.030	—	—	—
材料	碎布		kg	0.040	—	—	—	0.010	0.030	0.030
材料	低碳钢焊条(综合)		kg	—	0.070	0.070	0.070	0.095	0.095	0.095
材料	钢锯条		条	—	0.200	0.200	0.200	0.200	0.200	0.200
材料	酚醛调和漆		kg	—	0.003	0.003	0.003	0.004	0.004	0.004
材料	酚醛树脂稀释剂		kg	0.020	0.020	0.020	0.020	0.030	0.030	0.030
材料	其他材料费		%	1.80	1.80	1.80	1.80	1.80	1.80	1.80
机械	弧焊机 20kV·A		台班	—	0.014	0.014	0.014	0.019	0.019	0.019
仪表	YDQ 充气式试验变压器		台班	0.019	0.009	0.009	0.009	0.009	0.009	0.009
仪表	高压试验变压器配套操作箱、调压器		台班	0.019	0.009	0.009	0.009	0.009	0.009	0.009

二、穿墙套管安装

工作内容：开箱检查、清扫、安装、固定、接地、防腐刷漆、绝缘检测等。　　**计量单位：**个

编　号				4-3-8
项　目				穿墙套管
名　称			单位	消　耗　量
人工	合计工日		工日	0.211
	其中	普工	工日	0.065
		一般技工	工日	0.116
		高级技工	工日	0.030
材料	穿墙套管		个	(1.015)
	镀锌扁钢(综合)		kg	2.650
	白布		kg	0.030
	低碳钢焊条(综合)		kg	0.465
	钢锯条		条	0.100
	铁砂布 0#~2#		张	0.100
	酚醛调和漆		kg	0.040
	防锈漆		kg	0.040
	酚醛树脂稀释剂		kg	0.100
	电力复合脂		kg	0.010
	钢垫板 δ1~2		kg	0.500
	其他材料费		%	1.80
机械	弧焊机 20kV·A		台班	0.093
仪表	YDQ 充气式试验变压器		台班	0.093
	高压试验变压器配套操作箱、调压器		台班	0.009

三、软母线安装

1. 单导线安装

工作内容：检查下料、压接、金具及绝缘子组装、悬挂、调整弛度、紧固、绝缘子及金具检测等。

计量单位：跨/三相

编号				4-3-9	4-3-10	4-3-11
项目				导线截面（mm^2）		
				≤150	≤240	≤400
名称			单位	消耗量		
人工	合计工日		工日	3.643	3.797	4.263
	其中	普工	工日	1.120	1.168	1.311
		一般技工	工日	2.004	2.088	2.345
		高级技工	工日	0.519	0.541	0.607
材料	镀锌铁丝 ϕ0.7~0.9		kg	0.100	0.100	0.100
	铝包带 1×10		m	0.200	0.200	0.200
	碎布		kg	0.200	0.300	0.400
	尼龙砂轮片 ϕ400		片	0.300	0.300	0.300
	酚醛磁漆		kg	0.050	0.050	0.060
	防锈漆		kg	0.200	0.200	0.200
	酚醛树脂稀释剂		kg	0.100	0.100	0.120
	电力复合脂		kg	0.100	0.100	0.150
	其他材料费		%	1.80	1.80	1.80
机械	汽车式起重机 8t		台班	0.009	0.019	0.028
	载货汽车－普通货车 5t		台班	0.009	0.019	0.028
	液压压接机 200t		台班	—	0.280	0.561
仪表	YDQ 充气式试验变压器		台班	0.112	0.112	0.112
	高压试验变压器配套操作箱、调压器		台班	0.112	0.112	0.112

2. 组合母线安装

工作内容：检查下料、压接、组装、悬挂紧固、调整驰度、横联装置安装、绝缘子及金具检测等。

计量单位：组 / 三相

编号				4-3-12	4-3-13	4-3-14	4-3-15	4-3-16	4-3-17
项目				母线（根）					
				2	6	10	14	18	26
名称			单位	消耗量					
人工	合计工日		工日	6.075	11.725	19.106	24.531	28.907	35.976
	其中	普工	工日	1.868	3.605	5.875	7.543	8.889	11.063
		一般技工	工日	3.341	6.449	10.509	13.492	15.899	19.787
		高级技工	工日	0.866	1.671	2.722	3.496	4.119	5.126
材料	镀锌铁丝 ϕ0.7~0.9		kg	0.150	0.300	0.400	0.500	0.600	0.700
	铝包带 1×10		m	1.500	3.000	6.700	9.400	12.000	17.400
	碎布		kg	0.150	0.175	0.200	0.300	0.300	0.400
	尼龙砂轮片 ϕ400		片	0.400	0.900	1.200	1.400	1.800	2.000
	铁砂布 0#~2#		张	1.000	1.500	2.000	2.000	3.000	3.000
	酚醛磁漆		kg	0.090	0.210	0.450	0.630	0.810	1.170
	酚醛调和漆		kg	0.200	0.300	0.300	0.300	0.400	0.500
	防锈漆		kg	0.180	0.315	0.420	0.540	0.660	0.900
	酚醛树脂稀释剂		kg	0.100	0.300	0.700	1.000	1.500	2.000
	电力复合脂		kg	0.200	0.350	0.500	0.600	0.700	1.000
	其他材料费		%	1.80	1.80	1.80	1.80	1.80	1.80
机械	汽车式起重机 8t		台班	0.019	0.042	0.093	0.131	0.168	0.243
	载货汽车－普通货车 5t		台班	0.019	0.042	0.093	0.131	0.168	0.243
	液压压接机 200t		台班	1.121	1.823	2.336	2.748	3.533	5.103
仪表	YDQ 充气式试验变压器		台班	0.112	0.112	0.112	0.112	0.112	0.112
	高压试验变压器配套操作箱、调压器		台班	0.112	0.112	0.112	0.112	0.112	0.112

3. 软母线引下线、跳线、设备连线安装

工作内容：测量、下料、压接、安装连接、调整弛度等。 **计量单位：**组 / 三相

编号				4-3-18	4-3-19	4-3-20
项目				导线截面（mm^2）		
				≤150	≤240	≤400
名称			单位	消耗量		
人工	合计工日		工日	1.048	1.096	1.221
	其中	普工	工日	0.322	0.337	0.376
		一般技工	工日	0.577	0.603	0.671
		高级技工	工日	0.149	0.156	0.174
材料	镀锌铁丝 ϕ0.7~0.9		kg	0.100	0.100	0.100
	碎布		kg	0.100	0.100	0.100
	尼龙砂轮片 ϕ400		片	0.150	0.200	0.300
	焊锡膏		kg	0.070	0.080	0.090
	焊锡丝（综合）		kg	0.400	0.500	0.550
	铁砂布 0#~2#		张	0.500	0.500	1.000
	防锈漆		kg	0.200	0.200	0.200
	醇酸稀释剂		kg	0.100	0.100	0.100
	电力复合脂		kg	0.060	0.100	0.500
	其他材料费		%	1.80	1.80	1.80
机械	立式钻床 25mm		台班	0.140	0.234	0.234
	液压压接机 200t		台班	0.050	0.140	0.187

四、矩形母线安装

1. 矩形铜母线安装

工作内容：平直、下料、打孔、煨弯、母线安装、接头、刷分相漆等。　　**计量单位：**m/ 单相

编　号				4-3-21	4-3-22	4-3-23	4-3-24	4-3-25	4-3-26
项　目				每相一片（截面 mm²）				每相两片（截面 mm²）	
				≤360	≤800	≤1 000	≤1 250	≤1 000	≤1 250
名　称			单位	消　耗　量					
人工	合计工日		工日	0.141	0.198	0.227	0.254	0.411	0.458
	其中	普工	工日	0.043	0.061	0.070	0.078	0.126	0.140
		一般技工	工日	0.078	0.109	0.125	0.139	0.226	0.252
		高级技工	工日	0.020	0.028	0.032	0.037	0.059	0.066
材料	矩形铜母线		m·单片	(1.020)	(1.020)	(1.020)	(1.020)	(2.040)	(2.040)
	碎布		kg	0.005	0.006	0.007	0.007	0.014	0.014
	沉头螺钉 M16×25		10 个	0.071	0.071	0.071	0.071	0.071	0.071
	铜氩弧焊丝		kg	0.065	0.080	0.095	0.110	0.185	0.225
	钢锯条		条	0.070	0.100	0.120	0.150	0.240	0.300
	铁砂布 0#~2#		张	0.050	0.080	0.100	0.120	0.150	0.180
	酚醛磁漆		kg	0.035	0.045	0.055	0.066	0.066	0.079
	酚醛树脂稀释剂		kg	0.032	0.040	0.050	0.050	0.070	0.084
	电力复合脂		kg	0.002	0.002	0.003	0.003	0.006	0.006
	氩气		m³	0.182	0.224	0.266	0.308	0.518	0.630
	间隔垫 MJG 1~4		套	—	—	—	—	0.810	0.810
	铈钨棒		g	0.364	0.448	0.532	0.616	1.036	1.260
	油浸薄纸 8 开		张	—	—	—	—	0.008	0.009
	其他材料费		%	1.80	1.80	1.80	1.80	1.80	1.80
机械	立式钻床 25mm		台班	0.004	0.004	0.004	0.004	0.007	0.007
	万能母线煨弯机		台班	0.066	0.093	0.099	0.106	0.189	0.202
	氩弧焊机 500A		台班	0.013	0.016	0.019	0.022	0.037	0.045

计量单位：m/ 单相

编号				4-3-27	4-3-28	4-3-29	4-3-30
项目				每相三片（截面 mm^2）		每相四片（截面 mm^2）	
				≤1 000	≤1 250	≤1 000	≤1 250
名称			单位	消耗量			
人工	合计工日		工日	0.591	0.734	0.764	0.861
	其中	普工	工日	0.182	0.225	0.235	0.265
		一般技工	工日	0.325	0.405	0.420	0.474
		高级技工	工日	0.084	0.104	0.109	0.122
材料	矩形铜母线		m · 单片	（3.060）	（3.060）	（4.080）	（4.080）
	碎布		kg	0.021	0.021	0.028	0.028
	沉头螺钉 M16×25		10 个	0.071	0.071	0.071	0.071
	铜氩弧焊丝		kg	0.280	0.335	0.375	0.450
	钢锯条		条	0.360	0.450	0.400	0.500
	铁砂布 0#~2#		张	0.225	0.270	0.290	0.360
	酚醛磁漆		kg	0.079	0.086	0.089	0.092
	汽油（综合）		kg	0.090	0.100	0.100	0.110
	电力复合脂		kg	0.009	0.009	0.012	0.012
	氩气		m^3	0.784	0.938	1.050	1.261
	间隔垫 MJG 1~4		套	1.620	1.620	2.420	2.420
	铈钨棒		g	1.568	1.876	2.101	2.522
	油浸薄纸 8 开		张	0.010	0.012	0.013	0.015
	其他材料费		%	1.80	1.80	1.80	1.80
机械	立式钻床 25mm		台班	0.011	0.011	0.015	0.015
	万能母线煨弯机		台班	0.279	0.298	0.368	0.394
	氩弧焊机 500A		台班	0.056	0.067	0.075	0.090

2. 矩形母线伸缩节、过渡板安装

工作内容：钻孔、挫面、挂锡、安装等。　　　　**计量单位：**个

编　号				4-3-31	4-3-32	4-3-33	4-3-34
项　目				铜母线伸缩节			
				每相 1 片	每相 2 片	每相 3 片	每相 4 片
名　称			单位	消　耗　量			
人工	合计工日		工日	0.338	0.460	0.591	0.753
	其中	普工	工日	0.111	0.141	0.172	0.228
		一般技工	工日	0.182	0.255	0.337	0.417
		高级技工	工日	0.045	0.064	0.082	0.108
材料	铜母线伸缩节		个	(1.000)	(2.000)	(3.000)	(4.000)
	碎布		kg	0.020	0.020	0.030	0.030
	钢锯条		条	1.000	1.200	1.400	1.600
	焊锡膏		kg	0.040	0.050	0.060	0.070
	焊锡丝(综合)		kg	0.220	0.260	0.350	0.350
	铁砂布 0#~2#		张	2.000	2.400	2.800	3.200
	电力复合脂		kg	0.020	0.020	0.030	0.030
	其他材料费		%	1.80	1.80	1.80	1.80
机械	立式钻床 25mm		台班	0.028	0.037	0.047	0.047

计量单位：块

编号				4-3-35
项目				过渡板
名称			单位	消耗量
人工	合计工日		工日	0.367
	其中	普工	工日	0.113
		一般技工	工日	0.202
		高级技工	工日	0.052
材料	过渡板		个	（1.020）
	碎布		kg	0.010
	钢锯条		条	1.000
	焊锡膏		kg	0.030
	焊锡丝（综合）		kg	0.200
	铁砂布 0#~2#		张	1.000
	电力复合脂		kg	0.020
	其他材料费		%	1.80
机械	立式钻床 25mm		台班	0.047

五、槽形母线安装

1. 槽形母线安装

工作内容：平直、下料、煨弯、锯头、钻孔、对口、焊接、安装固定、刷分相漆等。　　**计量单位：**m/单相

编　号				4-3-36	4-3-37	4-3-38	4-3-39
项　目				2根			
				规格（mm）			
				≤100×45×5	≤150×65×7	≤200×90×12	≤250×115×12.5
名　称			单位	消　耗　量			
人工	合计工日		工日	0.282	0.331	0.408	0.509
	其中	普工	工日	0.087	0.102	0.125	0.157
		一般技工	工日	0.155	0.182	0.225	0.280
		高级技工	工日	0.040	0.047	0.058	0.072
材料	槽形母线		m·单相	（2.040）	（2.040）	（2.040）	（2.040）
	碎布		kg	0.004	0.005	0.006	0.007
	铜氩弧焊丝		kg	0.092	0.120	0.148	0.188
	钢锯条		条	0.200	0.250	0.300	0.400
	酚醛树脂稀释剂		kg	0.200	0.300	0.400	0.500
	酚醛磁漆		kg	0.100	0.150	0.200	0.250
	电力复合脂		kg	0.001	0.001	0.002	0.002
	氩气		m^3	0.258	0.336	0.414	0.526
	间隔垫 MJG 1~4		套	1.620	1.620	1.620	1.620
	钍钨极棒		g	0.516	0.672	0.828	1.052
	其他材料费		%	1.80	1.80	1.80	1.80
机械	牛头刨床 650mm		台班	0.028	0.028	0.033	0.033
	立式钻床 25mm		台班	0.009	0.009	0.019	0.019
	氩弧焊机 500A		台班	0.023	0.030	0.037	0.047

2. 槽形母线与设备连接

(1)与发电机连接

工作内容:平直、下料、煨弯、钻孔、挫面、连接固定等。　　**计量单位:**台

编号				4-3-40	4-3-41	4-3-42	4-3-43
项目				6个接头,2根			
				规格(mm)			
				≤100×45×5	≤150×65×7	≤200×90×12	≤250×115×12.5
名称			单位	消耗量			
人工	合计工日		工日	7.302	9.662	12.242	13.109
	其中	普工	工日	2.246	2.971	3.765	4.031
		一般技工	工日	4.016	5.314	6.733	7.210
		高级技工	工日	1.040	1.377	1.744	1.868
材料	碎布		kg	0.100	0.150	0.200	0.200
	焊锡膏		kg	0.100	0.120	0.150	0.150
	焊锡丝(综合)		kg	1.200	1.400	1.500	2.000
	电力复合脂		kg	0.050	0.080	0.100	0.120
	其他材料费		%	1.80	1.80	1.80	1.80
机械	牛头刨床 650mm		台班	0.093	0.140	0.187	0.234
	立式钻床 25mm		台班	0.234	0.280	0.327	0.374

（2）与变压器连接

工作内容：平直、下料、煨弯、钻孔、挫面、连接固定等。　　　　**计量单位：**台

编号				4-3-44	4-3-45	4-3-46	4-3-47
项目				3个接头，2根			
				规格（mm）			
				≤100×45×5	≤150×65×7	≤200×90×12	≤250×115×12.5
名称			单位	消耗量			
人工	合计工日		工日	6.169	8.215	11.411	12.322
	其中	普工	工日	1.897	2.526	3.509	3.789
		一般技工	工日	3.393	4.518	6.276	6.777
		高级技工	工日	0.879	1.171	1.626	1.756
材料	碎布		kg	0.050	0.080	0.100	0.120
	焊锡膏		kg	0.050	0.060	0.080	0.100
	焊锡丝（综合）		kg	0.600	0.700	0.800	1.000
	电力复合脂		kg	0.030	0.050	0.080	0.100
	其他材料费		%	1.80	1.80	1.80	1.80
机械	牛头刨床 650mm		台班	0.056	0.093	0.121	0.187
	立式钻床 25mm		台班	0.140	0.187	0.234	0.280

(3)与断路器、隔离开关连接

工作内容:平直、下料、煨弯、钻孔、挫面、连接固定等。 **计量单位:**组

编号				4-3-48	4-3-49	4-3-50	4-3-51
项目				3个接头,2根			
				规格(mm)			
				≤100×45×5	≤150×65×7	≤200×90×12	≤250×115×12.5
名称			单位	消耗量			
人工	合计工日		工日	7.304	9.361	12.322	13.462
	其中	普工	工日	2.246	2.879	3.789	4.139
		一般技工	工日	4.017	5.148	6.777	7.404
		高级技工	工日	1.041	1.334	1.756	1.919
材料	碎布		kg	0.150	0.200	0.250	0.300
	焊锡膏		kg	0.120	0.150	0.180	0.200
	焊锡丝(综合)		kg	1.500	1.800	2.200	2.500
	电力复合脂		kg	0.080	0.100	0.120	0.150
	其他材料费		%	1.80	1.80	1.80	1.80
机械	牛头刨床 650mm		台班	0.093	0.140	0.187	0.234
	立式钻床 25mm		台班	0.280	0.327	0.374	0.421

六、管形母线安装

1. 管形母线安装

工作内容：平直、下料、煨弯、锯头、对口、焊接、安装固定、刷分相漆等。　　**计量单位：**m/单相

编号				4-3-52	4-3-53	4-3-54	4-3-55
项目				铝管（直径 mm）			
				≤80	≤120	≤168	≤200
名称			单位	消耗量			
人工	合计工日		工日	0.075	0.088	0.150	0.216
	其中	普工	工日	0.023	0.027	0.046	0.066
		一般技工	工日	0.041	0.049	0.082	0.119
		高级技工	工日	0.011	0.012	0.022	0.031
材料	管形母线		m·单相	(1.020)	(1.020)	(1.020)	(1.020)
	碎布		kg	0.013	0.017	0.033	0.055
	铝焊丝 丝301 ϕ1~6		kg	0.068	0.112	0.188	0.256
	砂布		张	0.110	0.165	0.220	0.275
	砂轮切割片 ϕ400		片	0.022	0.033	0.055	0.110
	醇酸磁漆		kg	0.028	0.042	0.055	0.077
	醇酸漆稀释剂		kg	0.011	0.011	0.022	0.033
	氩气		m^3	0.190	0.314	0.526	0.717
	铈钨棒		g	0.380	0.628	1.052	1.434
	其他材料费		%	1.80	1.80	1.80	1.80
机械	汽车式起重机 16t		台班	0.014	0.014	0.019	0.023
	氩弧焊机 500A		台班	0.017	0.028	0.047	0.064

2. 管形母线引下线安装

工作内容：测量、下料、煨弯、安装固定、刷分相漆等。 **计量单位：**m/ 单相

编号				4-3-56	4-3-57	4-3-58	4-3-59
项目				铝管（直径 mm）			
				≤80	≤120	≤168	≤200
名称			单位	消耗量			
人工	合计工日		工日	0.670	0.992	1.341	1.744
	其中	普工	工日	0.206	0.305	0.412	0.536
		一般技工	工日	0.369	0.546	0.738	0.959
		高级技工	工日	0.095	0.141	0.191	0.249
材料	管形母线		m·单相	（1.020）	（1.020）	（1.020）	（1.020）
	铝焊丝 丝 301 ϕ1~6		kg	0.069	0.114	0.189	0.257
	酚醛磁漆		kg	0.025	0.044	0.057	0.078
	酚醛树脂稀释剂		kg	0.013	0.023	0.029	0.039
	氩气		m^3	0.193	0.319	0.529	0.072
	铜接线端子 400A		个	6.000	—	—	—
	铜接线端子 1 000A		个	—	6.000	—	—
	铜接线端子 1 500A		个	—	—	6.000	—
	铜接线端子 2 000A		个	—	—	—	6.000
	铈钨棒		g	0.386	0.638	1.058	1.439
	其他材料费		%	1.80	1.80	1.80	1.80
机械	汽车式高空作业车 21m		台班	0.187	0.234	0.281	0.327
	普通车床 400×2 000mm		台班	0.187	0.327	0.468	0.608
	氩弧焊机 500A		台班	0.017	0.029	0.047	0.064

七、共箱母线安装

1. 铜母线安装

工作内容：配合基础铁件安装、清点检查、吊装、调整箱体、连接固定、接地、刷漆、配合试验等。

计量单位：m

编　　号				4-3-60	4-3-61	4-3-62	4-3-63
项　　目				箱体 900×500（mm）	箱体 1 000×550（mm）	箱体 1 100×600（mm）	箱体 1 200×650（mm）
				导体 3 相单片 100×8（mm）	导体 3 相单片 100×10（mm）	导体 3 相 2 片 100×10（mm）	导体 3 相 3 片 100×10（mm）
名　　称			单位	消　耗　量			
人工	合计工日		工日	1.463	1.522	1.741	1.943
	其中	普工	工日	0.380	0.396	0.453	0.505
		一般技工	工日	0.805	0.837	0.957	1.069
		高级技工	工日	0.278	0.289	0.331	0.369
材料	镀锌扁钢（综合）		kg	2.021	2.021	2.021	2.021
	氩气		m^3	1.274	1.274	2.038	2.139
	氧气		m^3	0.040	0.040	0.040	0.050
	乙炔气		kg	0.015	0.015	0.015	0.019
	铈钨棒		g	2.548	2.548	4.076	4.278
	其他材料费		%	1.80	1.80	1.80	1.80
	共箱铜母线		m	（1.000）	（1.000）	（1.000）	（1.000）
	镀锌铁丝 ϕ2.5~4.0		kg	0.120	0.120	0.150	0.150
	碎布		kg	0.120	0.120	0.150	0.150
	低碳钢焊条（综合）		kg	0.610	0.610	0.610	0.610
	铜氩弧焊丝		kg	0.490	0.490	0.784	0.786
	钢锯条		条	0.300	0.300	0.300	0.300
	铁砂布 0#~2#		张	0.200	0.200	0.250	0.250
	酚醛调和漆		kg	0.200	0.200	0.200	0.200
	喷漆		kg	1.073	1.100	1.150	1.295
	汽油（综合）		kg	0.250	0.250	0.300	0.300
	电力复合脂		kg	0.070	0.070	0.075	0.080
	酚醛树脂稀释剂		kg	1.273	1.301	1.350	1.495
	钢垫板 δ1~2		kg	2.200	2.400	2.538	2.638
机械	载货汽车－普通货车 5t		台班	0.031	0.036	0.036	0.036
	弧焊机 20kV·A		台班	0.122	0.122	0.122	0.122
	电动空气压缩机 0.6m^3/min		台班	0.346	0.365	0.657	0.658
	氩弧焊机 500A		台班	0.098	0.098	0.157	0.157
	汽车式起重机 8t		台班	0.152	0.170	0.170	0.170

2. 铝母线安装

工作内容：配合基础铁件安装、清点检查、吊装、调整箱体、连接固定、接地、刷漆、配合试验等。

计量单位：m

编号			4-3-64	4-3-65	4-3-66	4-3-67
项目			箱体(mm)			
			900×500	1 000×550	1 100×600	1 200×650
			导体3相单片 120×10(mm)	导体3相2片 120×10(mm)	导体3相3片 120×10(mm)	导体3相4片 120×10(mm)
名称		单位	消耗量			
人工	合计工日	工日	1.398	1.490	1.604	1.738
人工	其中 普工	工日	0.364	0.388	0.417	0.452
人工	其中 一般技工	工日	0.769	0.819	0.882	0.956
人工	其中 高级技工	工日	0.265	0.283	0.305	0.330
材料	共箱铝母线	m	(1.000)	(1.000)	(1.000)	(1.000)
材料	镀锌铁丝 ϕ2.5~4.0	kg	0.120	0.120	0.150	0.150
材料	镀锌扁钢(综合)	kg	2.021	2.021	2.021	2.021
材料	碎布	kg	0.120	0.120	0.150	0.150
材料	低碳钢焊条(综合)	kg	0.136	0.143	0.143	0.143
材料	铝焊丝 丝301 ϕ1~6	kg	0.244	0.439	0.615	0.791
材料	钢锯条	条	0.200	0.200	0.300	0.300
材料	铁砂布 0#~2#	张	0.250	0.250	0.250	0.300
材料	酚醛调和漆	kg	0.150	0.170	0.180	0.200
材料	喷漆	kg	1.073	1.150	1.200	1.295
材料	酚醛树脂稀释剂	kg	0.250	0.250	0.300	0.300
材料	电力复合脂	kg	0.070	0.075	0.085	0.100
材料	稀释剂	kg	1.992	2.050	2.278	2.590
材料	氩气	m^3	0.683	1.229	1.722	2.215
材料	氧气	m^3	0.040	0.040	0.050	0.050
材料	乙炔气	kg	0.015	0.015	0.019	0.019
材料	铈钨棒	g	1.366	2.458	3.444	4.430
材料	钢垫板 δ1~2	kg	2.200	2.400	2.538	2.638
材料	其他材料费	%	1.80	1.80	1.80	1.80
机械	汽车式起重机 8t	台班	0.152	0.164	0.170	0.170
机械	载货汽车－普通货车 5t	台班	0.031	0.033	0.036	0.036
机械	氩弧焊机 500A	台班	0.061	0.088	0.153	0.198
机械	弧焊机 20kV·A	台班	0.027	0.029	0.029	0.029
机械	电动空气压缩机 0.6m^3/min	台班	0.186	0.334	0.468	0.602

八、低压封闭式插接母线槽安装

1. 低压封闭式插接母线槽安装

工作内容：开箱检查、接头清洗处理、绝缘测试、吊装就位、母线槽连接、配件连接、固定、接地、补漆等。

计量单位：m

编号				4-3-68	4-3-69	4-3-70	4-3-71	4-3-72	4-3-73
项目				每相电流（A）					
				≤400	≤800	≤1 250	≤2 000	≤4 000	≤5 000
名称			单位	消耗量					
人工	合计工日		工日	0.169	0.227	0.284	0.423	0.581	0.707
	其中	普工	工日	0.044	0.059	0.074	0.110	0.151	0.184
		一般技工	工日	0.093	0.125	0.156	0.233	0.320	0.389
		高级技工	工日	0.032	0.043	0.054	0.080	0.110	0.134
材料	母线槽		m	（1.000）	（1.000）	（1.000）	（1.000）	（1.000）	（1.000）
	镀锌铁丝 ϕ2.5~4.0		kg	0.030	0.030	0.030	0.030	0.030	0.030
	镀锌扁钢（综合）		kg	0.330	0.460	1.200	2.100	2.900	3.530
	碎布		kg	0.040	0.040	0.040	0.060	0.060	0.073
	尼龙砂轮片 ϕ400		片	0.010	0.025	0.035	0.045	0.053	0.065
	低碳钢焊条（综合）		kg	0.395	0.395	0.395	0.395	0.395	0.395
	铁砂布 $0^{\#}$~$2^{\#}$		张	0.100	0.200	0.250	0.300	0.400	0.500
	酚醛调和漆		kg	0.013	0.016	0.020	0.025	0.030	0.037
	酚醛树脂稀释剂		kg	0.007	0.008	0.010	0.013	0.015	0.019
	电力复合脂		kg	0.010	0.010	0.015	0.015	0.020	0.024
	铜芯塑料绝缘软电线 BVR-35mm^2		m	0.244	0.244	0.244	0.244	0.244	0.244
	铜接线端子 DT-35		个	0.812	0.812	0.812	0.812	0.812	0.812
	其他材料费		%	1.80	1.80	1.80	1.80	1.80	1.80
机械	叉式起重机 5t		台班	0.010	0.013	0.018	0.020	0.026	0.031
	弧焊机 20kV·A		台班	0.079	0.079	0.079	0.079	0.079	0.097

2. 封闭母线槽线箱安装

工作内容： 开箱检查、接头清洗处理、绝缘测试、吊装就位、线槽连接、固定、接地、补漆等。

计量单位： 台

编号				4-3-74	4-3-75	4-3-76	4-3-77
项目				分线箱（电流 A）			
				≤100	≤300	≤600	≤1 000
名称			单位	消耗量			
人工	合计工日		工日	0.426	0.649	0.729	0.912
	其中	普工	工日	0.111	0.169	0.189	0.237
		一般技工	工日	0.234	0.356	0.401	0.502
		高级技工	工日	0.081	0.124	0.139	0.173
材料	分线箱		个	（1.000）	（1.000）	（1.000）	（1.000）
	白布		kg	0.100	0.100	0.150	0.150
	酚醛树脂稀释剂		kg	0.008	0.009	0.011	0.013
	酚醛调和漆		kg	0.015	0.018	0.022	0.026
	钢锯条		条	1.050	1.050	1.500	2.100
	铁砂布 0#~2#		张	0.500	0.500	1.000	1.000
	汽油（综合）		kg	0.200	0.200	0.200	0.200
	电力复合脂		kg	0.010	0.010	0.010	0.010
	铜芯塑料绝缘软电线 BVR-35mm^2		m	0.620	0.620	0.620	0.620
	铜接线端子 DT-35		个	2.030	2.030	2.030	2.030
	其他材料费		%	1.80	1.80	1.80	1.80

计量单位：台

编 号				4-3-78	4-3-79	4-3-80	4-3-81	4-3-82	4-3-83
项 目				始端箱（电流A）					
				≤400	≤800	≤1 250	≤2 000	≤4 000	≤5 000
名 称			单位	消 耗 量					
人工	合计工日		工日	0.950	1.046	1.100	1.273	1.711	2.591
	其中	普工	工日	0.247	0.272	0.286	0.331	0.445	0.674
		一般技工	工日	0.523	0.575	0.605	0.700	0.941	1.425
		高级技工	工日	0.180	0.199	0.209	0.242	0.325	0.492
材料	始端箱		台	(1.000)	(1.000)	(1.000)	(1.000)	(1.000)	(1.000)
	橡胶片 δ3		kg	1.168	1.168	1.168	1.168	1.557	1.557
	碎布		kg	0.100	0.100	0.150	0.150	0.200	0.200
	尼龙砂轮片 φ400		片	0.200	0.200	0.250	0.300	0.350	0.350
	钢锯条		条	1.050	1.050	2.100	2.100	3.150	3.150
	铁砂布 0#~2#		张	1.000	1.000	1.500	1.500	2.000	2.500
	酚醛调和漆		kg	0.050	0.050	0.100	0.100	0.150	0.150
	酚醛树脂稀释剂		kg	0.300	0.300	0.350	0.350	0.400	0.450
	电力复合脂		kg	0.100	0.100	0.150	0.150	0.200	0.200
	铜芯塑料绝缘软电线 BVR-35mm^2		m	0.610	0.610	0.610	0.610	0.610	0.610
	铜接线端子 DT-35		个	2.030	2.030	2.030	2.030	2.030	2.030
	其他材料费		%	1.80	1.80	1.80	1.80	1.80	1.80

九、重型母线安装

1. 重型铜母线安装

工作内容：平直、下料、煨弯、钻孔、接触面搪锡、焊接、组合、安装等。　　　　计量单位：t

编号				4-3-84	4-3-85	4-3-86	4-3-87
项目				截面（mm^2）			
				≤2 500	≤3 500	≤5 000	≤7 500
名称			单位	消耗量			
人工	合计工日		工日	22.295	19.872	16.964	16.140
	其中	普工	工日	6.856	6.111	5.217	4.963
		一般技工	工日	12.262	10.929	9.330	8.877
		高级技工	工日	3.177	2.832	2.417	2.300
材料	重型铜母线		t	（1.005）	（1.005）	（1.005）	（1.005）
	石墨块		kg	5.290	4.500	4.270	4.180
	白布		kg	1.500	1.200	1.100	1.000
	铜氩弧焊丝		kg	20.465	29.580	35.325	39.250
	焊锡膏		kg	1.080	1.190	1.221	12.230
	焊锡丝（综合）		kg	10.800	11.900	12.212	12.231
	机油		kg	1.000	0.900	0.720	0.700
	电力复合脂		kg	0.200	0.220	0.262	0.283
	电极棒		根	1.730	1.830	3.555	3.980
	铈钨棒		g	114.604	165.648	197.820	219.800
	氩气		m^3	57.302	82.824	98.910	109.900
	木炭		kg	60.000	44.000	19.800	20.000
	其他材料费		%	1.80	1.80	1.80	1.80
机械	汽车式起重机 12t		台班	0.280	0.748	2.052	2.280
	弓锯床 250mm		台班	0.505	1.860	1.893	2.187
	氩弧焊机 500A		台班	4.093	5.916	7.065	7.850

2. 重型铝母线安装

工作内容：平直、下料、煨弯、钻孔、接触面搪锡、焊接、组合、安装等。　　**计量单位：**t

编　　号				4-3-88	4-3-89	4-3-90
项　　目				电解铝母线	电解镁母线	电解石墨母线
名　　称			单位	消　耗　量		
人工	合计工日		工日	14.056	19.872	33.442
	其中	普工	工日	4.322	6.111	10.284
		一般技工	工日	7.731	10.929	18.393
		高级技工	工日	2.003	2.832	4.765
材料	重型母线		t	(1.005)	(1.005)	(1.005)
	石墨块		kg	0.630	4.450	1.050
	白布		kg	0.800	1.200	1.600
	铝焊丝 丝301 ϕ1~6		kg	3.440	12.560	16.372
	机油		kg	0.500	0.700	1.100
	电力复合脂		kg	0.250	0.300	0.300
	氩气		m^3	9.632	35.168	45.842
	铈钨棒		g	19.264	70.336	91.683
	电极棒		根	1.000	3.310	1.930
	木炭		kg	4.600	15.000	25.800
	其他材料费		%	1.80	1.80	1.80
机械	汽车式起重机 12t		台班	0.355	0.607	1.206
	弓锯床 250mm		台班	0.355	0.794	1.785
	氩弧焊机 500A		台班	0.860	3.140	4.093

3. 重型母线伸缩器制作与安装

工作内容：加工制作、焊接、组装、安装等。　　　　**计量单位：**个

编号				4-3-91	4-3-92	4-3-93	4-3-94
项目				铜母线伸缩器（面积 mm^2）			
				3 000	5 000	7 500	10 000
名称			单位	消耗量			
人工	合计工日		工日	1.291	1.348	1.568	1.786
	其中	普工	工日	0.397	0.415	0.482	0.549
		一般技工	工日	0.710	0.741	0.862	0.982
		高级技工	工日	0.184	0.192	0.224	0.255
材料	石墨块		kg	0.620	0.620	0.620	0.630
	白布		kg	0.100	0.100	0.100	0.200
	铜氩弧焊丝		kg	0.750	0.935	1.170	1.400
	铁砂布 0#~2#		张	0.400	0.400	0.400	0.500
	氩气		m^3	2.100	2.618	3.276	3.920
	铈钨棒		g	4.200	5.236	6.552	7.840
	电力复合脂		kg	0.100	0.120	0.130	0.150
	电极棒		根	0.200	0.200	0.200	0.600
	其他材料费		%	1.80	1.80	1.80	1.80
机械	剪板机 20×2 000mm		台班	0.252	0.318	0.393	0.468
	氩弧焊机 500A		台班	0.150	0.187	0.234	0.280

4. 重型母线导板制作与安装

工作内容：加工制作、焊接、组装、安装等。　　　　**计量单位：**束

编　号				4-3-95	4-3-96	4-3-97	4-3-98
项　目				铜导板		铝导板	
				阳极	阴极	阳极	阴极
名　称			单位	消　耗　量			
人工	合计工日		工日	0.500	0.609	0.822	0.899
	其中	普工	工日	0.154	0.187	0.253	0.276
		一般技工	工日	0.275	0.335	0.452	0.495
		高级技工	工日	0.071	0.087	0.117	0.128
材料	石墨块		kg	2.470	1.660	1.930	1.430
	白布		kg	0.200	0.200	0.100	0.100
	铜氩弧焊丝		kg	1.310	1.215	—	—
	铝焊丝 丝301 ϕ1~6		kg	—	—	1.120	0.824
	氩气		m^3	3.668	3.402	3.136	2.307
	铈钨棒		g	7.336	6.804	6.272	4.614
	铁砂布 $0^{\#}$~$2^{\#}$		张	0.500	0.500	0.500	0.500
	电极棒		根	0.450	0.250	0.600	0.500
	其他材料费		%	1.80	1.80	1.80	1.80
机械	剪板机 20×2 000mm		台班	0.019	0.028	0.075	0.075
	万能母线煨弯机		台班	—	0.131	—	0.131
	氩弧焊机 500A		台班	0.262	0.243	0.280	0.206

5. 重型铝母线接触面加工

工作内容：接触面清洁、光洁度处理等。 **计量单位：**片 / 单相

编号				4-3-99	4-3-100	4-3-101	4-3-102	4-3-103	4-3-104
项目				加工面积（mm^2）					
				≤170×160	≤350×35	≤350×40	≤400×40	≤350×140	≤550×180
名称			单位	消耗量					
人工	合计工日		工日	0.355	0.525	0.663	0.559	0.752	1.360
	其中	普工	工日	0.109	0.162	0.188	0.172	0.231	0.418
		一般技工	工日	0.196	0.288	0.388	0.308	0.414	0.748
		高级技工	工日	0.050	0.075	0.087	0.079	0.107	0.194
材料	碎布		kg	0.060	0.100	0.100	0.100	0.100	0.140
	机油		kg	0.200	0.400	0.400	0.400	0.400	0.500
	洗涤剂		kg	0.030	0.050	0.050	0.050	0.050	0.070
	其他材料费		%	1.80	1.80	1.80	1.80	1.80	1.80
机械	牛头刨床 650mm		台班	0.280	0.280	0.280	0.280	—	—
	卧式铣床 400×1 600mm		台班	—	—	—	—	0.467	0.673

十、母线绝缘热缩安装

工作内容：清除母线毛刺、尖角、清洁母线、切割热缩管、母线套入、加热套管；热缩盒安装固定等。

编号				4-3-105	4-3-106	4-3-107
项目				截面（mm^2）		绝缘热缩盒
				≤800	≤1 400	
				m		个
名称			单位	消耗量		
人工	合计工日		工日	0.072	0.093	0.052
	其中	普工	工日	0.022	0.029	0.016
		一般技工	工日	0.039	0.051	0.026
		高级技工	工日	0.011	0.013	0.010
材料	热缩管		m	(1.030)	(1.030)	—
	热缩套（包）管		套	—	—	(1.030)
	碎布		kg	0.300	0.400	0.250
	酒精		kg	0.240	0.450	0.200
	自黏性橡胶带 25mm×20m		卷	0.500	0.700	0.300
	其他材料费		%	1.80	1.80	1.80

第四章　配电控制、保护、直流装置安装工程

说　　明

一、本章内容包括控制与保护屏、控制台、控制箱、端子箱、端子板及端子板外部接线、接线端子等内容。

二、有关说明：

1. 控制设备安装项目包括屏、柜、台、箱设备本体及其辅助设备安装，即标签框、光字牌、信号灯、附加电阻、连接片等。项目不包括支架制作与安装、二次喷漆及喷字、设备干燥、焊（压）接线端子、端子板外部二次接线、基础槽（角）钢制作与安装、设备上开孔。

2. 接线端子项目只适用于导线，电力电缆终端头制作安装项目中包括压接线端子，控制电缆终端头制作安装项目中包括终端头制作及接线至端子板，不得重复计算。

工程量计算规则

一、控制设备安装根据设备性能和规格,按照设计图示安装数量以“台”为计量单位。

二、端子板外部接线根据设备外部接线图,按照设计图示接线数量以“个”为计量单位。

一、控制、保护屏安装

工作内容： 开箱、检查、安装、电器、表计及继电器等附件的拆装、送交试验、盘内整理及一次校线、接线、补漆、接地等。

计量单位： 台

编　　号				4-4-1	4-4-2
项　　目				控制屏	保护屏
名　　称			单位	消　耗　量	
人工	合计工日		工日	2.292	2.659
	其中	普工	工日	0.596	0.691
		一般技工	工日	1.261	1.463
		高级技工	工日	0.435	0.505
材料	镀锌扁钢（综合）		kg	1.500	1.500
	低碳钢焊条（综合）		kg	0.150	0.150
	酚醛调和漆		kg	0.100	0.100
	电力复合脂		kg	0.050	0.050
	塑料软管 *De*5		m	1.200	1.500
	异型塑料管 ϕ2.5~5.0		m	6.000	6.000
	电气绝缘胶带 18mm×10m×0.13mm		卷	0.050	0.050
	尼龙扎带（综合）		根	20.000	20.000
	钢垫板 δ1~2		kg	0.200	0.200
	其他材料费		%	1.80	1.80
机械	汽车式起重机 8t		台班	0.070	0.070
	载货汽车－普通货车 4t		台班	0.120	0.120
	弧焊机 20kV·A		台班	0.030	0.030

二、控制台、控制箱安装

工作内容：开箱、检查、安装电器、表计等附件的拆装，送交试验，盘内整理，一次接线、补漆、接地等。

计量单位：台

编号				4-4-3	4-4-4	4-4-5	4-4-6
项目				控制台（宽度 m）		集中控制台（宽度 m）	同期小屏控制箱
				≤1	≤2	≤4	
名称			单位	消耗量			
人工	合计工日		工日	2.716	4.584	8.529	0.919
	其中	普工	工日	0.706	1.192	2.217	0.239
		一般技工	工日	1.494	2.521	4.691	0.506
		高级技工	工日	0.516	0.871	1.621	0.174
材料	镀锌扁钢（综合）		kg	3.000	4.500	6.000	1.000
	低碳钢焊条（综合）		kg	0.200	0.300	0.500	0.100
	酚醛磁漆		kg	0.030	0.050	0.100	0.010
	酚醛调和漆		kg	0.100	0.200	0.800	0.030
	塑料软管 *De*5		m	0.500	1.500	2.000	0.500
	异型塑料管 ϕ2.5~5.0		m	6.000	12.000	18.000	5.000
	尼龙扎带（综合）		根	20.000	40.000	60.000	10.000
	钢垫板 δ1~2		kg	0.300	0.600	1.200	0.150
	其他材料费		%	1.80	1.80	1.80	1.80
机械	汽车式起重机 8t		台班	0.056	0.093	0.140	0.047
	载货汽车－普通货车 4t		台班	0.056	0.093	0.186	0.047
	弧焊机 20kV·A		台班	0.040	0.060	0.100	0.020

三、端子箱、端子板安装及端子板外部接线

工作内容：开箱、检查、安装、表计拆装、试验、校线、套绝缘管、压焊端子、接线、补漆；送交试验等。

编号				4-4-7	4-4-8	4-4-9	4-4-10	4-4-11	4-4-12	4-4-13
项目				户外端子箱安装	户内端子箱安装	端子板安装	无端子外部接线（mm^2）		有端子外部接线（mm^2）	
							≤2.5	≤6	≤2.5	≤6
				台		组	个			
名称			单位	消耗量						
人工	合计工日		工日	1.248	1.049	0.038	0.009	0.015	0.015	0.021
	其中	普工	工日	0.325	0.273	0.010	0.002	0.004	0.004	0.006
		一般技工	工日	0.686	0.577	0.021	0.005	0.008	0.008	0.011
		高级技工	工日	0.237	0.199	0.007	0.002	0.003	0.003	0.004
材料	镀锌扁钢（综合）		kg	3.000	1.500	—	—	—	—	—
	角钢（综合）		kg	9.000	2.000	—	—	—	—	—
	白布		kg	0.200	0.200	0.100	0.010	0.010	0.015	0.015
	半圆头螺钉 M10×100		10套	—	—	0.410	—	—	—	—
	低碳钢焊条（综合）		kg	0.200	0.500	—	—	—	—	—
	钢锯条		条	0.500	1.000	—	—	—	—	—
	焊锡膏		kg	—	—	—	—	—	0.001	0.001
	焊锡丝（综合）		kg	—	—	—	—	—	0.005	0.005
	铁砂布 0#~2#		张	—	0.500	0.500	0.100	0.100	0.100	0.100
	酚醛调和漆		kg	0.200	0.300	—	—	—	—	—
	防锈漆 C53-1		kg	—	0.150	—	—	—	—	—
	清油		kg	—	0.150	—	—	—	—	—
	汽油（综合）		kg	—	—	—	—	—	0.010	0.020
	塑料软管 *De*6		m	—	—	—	0.100	0.100	0.100	0.100
	异型塑料管 ϕ2.5~5.0		m	—	—	—	0.025	0.025	0.025	0.025
	黄蜡带 20mm×10m		卷	—	—	—	0.252	0.252	0.252	0.252
	铜芯橡皮花 BXH 2×16/0.15mm^2		m	2.000	1.500	—	—		—	—
	铜接线端子 DT-2.5		个	—	—	—	—	—	1.015	—
	铜接线端子 DT-6		个	—	—	—	—	—	—	1.015
	钢垫板 δ1~2		kg	0.300	—	—	—	—	—	—
	其他材料费		%	1.80	1.80	1.80	1.80	1.80	1.80	1.80
机械	弧焊机 20kV·A		台班	0.040	0.100	—	—	—	—	—

四、接 线 端 子

1. 焊铜接线端子

工作内容：削线头、焊接头、包缠绝缘带等。　　　　**计量单位：**个

编号				4-4-14	4-4-15	4-4-16	4-4-17
项目				导线截面（mm^2）			
				≤16	≤35	≤70	≤120
名称			单位	消耗量			
人工	合计工日		工日	0.016	0.020	0.029	0.037
	其中	普工	工日	0.004	0.005	0.008	0.010
		一般技工	工日	0.009	0.011	0.016	0.020
		高级技工	工日	0.003	0.004	0.005	0.007
材料	白布		kg	0.020	0.030	0.035	0.040
	钢锯条		条	0.015	0.020	0.025	0.030
	焊锡膏		kg	0.002	0.002	0.006	0.008
	焊锡丝（综合）		kg	0.015	0.025	0.060	0.080
	铁砂布 0#~2#		张	0.050	0.100	0.120	0.150
	汽油（综合）		kg	0.040	0.060	0.080	0.100
	电气绝缘胶带 18mm×10m×0.13mm		卷	0.030	0.040	0.060	0.070
	黄蜡带 20mm×10m		卷	0.030	0.040	0.050	0.060
	电力复合脂		kg	0.001	0.002	0.003	0.004
	铜接线端子 DT-10		个	0.508	—	—	—
	铜接线端子 DT-16		个	0.508	—	—	—
	铜接线端子 DT-25		个	—	0.508	—	—
	铜接线端子 DT-35		个	—	0.508	—	—
	铜接线端子 DT-50		个	—	—	0.508	—
	铜接线端子 DT-70		个	—	—	0.508	—
	铜接线端子 DT-95		个	—	—	—	0.508
	铜接线端子 DT-120		个	—	—	—	0.508
	其他材料费		%	1.80	1.80	1.80	1.80

计量单位：个

编号			4-4-18	4-4-19	4-4-20	4-4-21
项目			导线截面（mm^2）			
			≤185	≤240	≤300	≤400
名称		单位	消耗量			
人工	合计工日	工日	0.042	0.053	0.070	0.088
	其中 普工	工日	0.011	0.014	0.018	0.023
	其中 一般技工	工日	0.023	0.029	0.039	0.048
	其中 高级技工	工日	0.008	0.010	0.013	0.017
材料	白布	kg	0.045	0.050	0.055	0.060
	钢锯条	条	0.032	0.035	0.040	0.045
	焊锡膏	kg	0.010	0.012	0.018	0.020
	焊锡丝（综合）	kg	0.100	0.120	0.160	0.200
	铁砂布 0#~2#	张	0.180	0.200	0.220	0.250
	汽油（综合）	kg	0.120	0.140	0.160	0.180
	电气绝缘胶带 18mm×10m×0.13mm	卷	0.900	0.100	0.120	0.130
	黄蜡带 20mm×10m	卷	0.080	0.100	0.150	0.170
	电力复合脂	kg	0.005	0.006	0.008	0.009
	铜接线端子 DT-150	个	0.508	—	—	—
	铜接线端子 DT-185	个	0.508	—	—	—
	铜接线端子 DT-240	个	—	1.016	—	—
	铜接线端子 DT-300	个	—	—	1.016	—
	铜接线端子 DT-400	个	—	—	—	1.016
	其他材料费	%	1.80	1.80	1.80	1.80

2. 压铜接线端子

工作内容：削线头、套绝缘管、压接头、包缠绝缘带等。 **计量单位：**个

编号				4-4-22	4-4-23	4-4-24	4-4-25
项目				导线截面（mm^2）			
				≤16	≤35	≤70	≤120
名称			单位	消耗量			
人工	合计工日		工日	0.025	0.035	0.089	0.127
	其中	普工	工日	0.006	0.009	0.023	0.033
		一般技工	工日	0.014	0.020	0.049	0.070
		高级技工	工日	0.005	0.006	0.017	0.024
材料	白布		kg	0.020	0.030	0.035	0.040
	钢锯条		条	0.015	0.020	0.025	0.030
	铁砂布 0#~2#		张	0.080	0.100	0.130	0.150
	汽油（综合）		kg	0.020	0.030	0.035	0.040
	电气绝缘胶带 18mm×10m×0.13mm		卷	0.030	0.040	0.060	0.070
	黄蜡带 20mm×10m		卷	0.030	0.040	0.050	0.060
	电力复合脂		kg	0.002	0.003	0.005	0.007
	铜接线端子 DT-10		个	0.508	—	—	—
	铜接线端子 DT-16		个	0.508	—	—	—
	铜接线端子 DT-25		个	—	0.508	—	—
	铜接线端子 DT-35		个	—	0.508	—	—
	铜接线端子 DT-50		个	—	—	0.508	—
	铜接线端子 DT-70		个	—	—	0.508	—
	铜接线端子 DT-95		个	—	—	—	0.508
	铜接线端子 DT-120		个	—	—	—	0.508
	其他材料费		%	1.80	1.80	1.80	1.80

计量单位：个

编号				4-4-26	4-4-27	4-4-28	4-4-29
项目				导线截面（mm^2）			
				≤185	≤240	≤300	≤400
名称			单位	消耗量			
人工	合计工日		工日	0.148	0.170	0.191	0.212
	其中	普工	工日	0.039	0.045	0.045	0.050
		一般技工	工日	0.081	0.093	0.101	0.112
		高级技工	工日	0.028	0.032	0.045	0.050
材料	白布		kg	0.045	0.050	0.055	0.060
	钢锯条		条	0.032	0.035	0.040	0.045
	铁砂布 0#~2#		张	0.180	0.200	0.220	0.250
	汽油（综合）		kg	0.045	0.050	0.060	0.065
	电气绝缘胶带 18mm×10m×0.13mm		卷	0.090	0.100	0.120	0.130
	黄蜡带 20mm×10m		卷	0.080	0.100	0.150	0.170
	电力复合脂		kg	0.010	0.013	0.020	0.028
	铜接线端子 DT-150		个	0.508	—	—	—
	铜接线端子 DT-185		个	0.508	—	—	—
	铜接线端子 DT-240		个	—	1.016	—	—
	铜接线端子 DT-300		个	—	—	1.016	—
	铜接线端子 DT-400		个	—	—	—	1.016
	接头专用枪子弹		发	—	—	1.015	1.015
	其他材料费		%	1.80	1.80	1.80	1.80

五、励磁、灭磁、切换屏安装

工作内容：开箱、检查、安装、电器、表计及继电器等附件的拆装、送交试验、盘内整理及一次接线、补漆等。

计量单位：台

编号				4-4-30	4-4-31	4-4-32	4-4-33
项目				自动调节励磁屏	励磁灭磁屏	事故照明切换屏	屏边
名称			单位	消耗量			
人工	合计工日		工日	2.490	3.099	1.741	0.084
	其中	普工	工日	0.648	0.806	0.453	0.022
		一般技工	工日	1.369	1.704	0.957	0.046
		高级技工	工日	0.473	0.589	0.331	0.016
材料	镀锌扁钢（综合）		kg	1.500	3.000	1.500	—
	白布		kg	—	—	0.100	—
	低碳钢焊条（综合）		kg	0.150	0.150	0.150	—
	酚醛调和漆		kg	—	—	0.050	0.200
	电力复合脂		kg	0.010	0.010	0.020	—
	电气绝缘胶带 18mm×10m×0.13mm		卷	0.050	0.050	0.050	—
	钢垫板 δ1~2		kg	0.200	0.300	0.300	—
	钢锯条		条	—	1.000	—	—
	铁砂布 0#~2#		张	—	0.500	1.000	—
	镀锌铁丝 ϕ1.2~1.6		kg	0.020	0.020	—	—
	尼龙绳 ϕ0.5~1.0		kg	0.030	0.010	—	—
	明角片		m^2	0.010	0.010	—	—
	酚醛磁漆		kg	0.010	0.010	0.020	—
	机油		kg	—	0.050	—	—
	塑料软管 *De*5		m	—	—	0.500	—
	异型塑料管 ϕ2.5~5.0		m	0.800	0.200	—	—
	电珠 2.5V		个	0.200	0.200	—	—
	道林纸		张	0.100	0.100	—	—
	电池		节	0.500	0.500	—	—
	标志牌 塑料扁形		个	1.000	1.000	—	—
	其他材料费		%	1.80	1.80	1.80	1.80
机械	汽车式起重机 8t		台班	0.037	0.037	0.056	—
	载货汽车－普通货车 4t		台班	0.037	0.037	0.056	—
	弧焊机 20kV·A		台班	0.030	0.030	0.030	—

六、单 体 调 试

1. 保护装置调试

工作内容： 1. 自动装置及各附属单元调试。
2. 盘内查线。
3. 定值整定。
4. 功能校验等。

计量单位： 套

编号				4-4-34	4-4-35	4-4-36	4-4-37	4-4-38
项目				发电机保护	变压器保护	母线保护		小电流接地保护
						400V	10kV	
名称			单位	消耗量				
人工	合计工日		工日	11.600	6.301	0.200	2.370	18.400
	其中	普工	工日	2.320	1.260	0.040	0.474	3.680
		一般技工	工日	6.902	3.749	0.119	1.410	10.948
		高级技工	工日	2.378	1.292	0.041	0.486	3.772
材料	焊锡		kg	0.070	0.081	0.068	0.086	0.090
	松香		kg	0.080	0.081	0.068	0.086	0.090
	绝缘胶带 20mm×20m		卷	0.700	0.810	0.855	0.855	0.828
	其他材料费		%	1.80	1.80	1.80	1.80	1.80
仪表	多功能校验仪		台班	0.800	0.270	—	0.100	1.650
	微机继电保护测试仪		台班	4.200	0.890	0.100	1.360	1.080
	变送器校验装置		台班	0.800	0.610	—	—	—

2. 自动装置调试

工作内容：1. 自动装置及各附属单元调试。
2. 盘内查线。
3. 定值整定。
4. 功能校验等。

计量单位：套

编号			4-4-39	4-4-40	4-4-41	4-4-42
项目			同期装置	变送器屏	励磁装置	ECMS 测控装置
名称		单位	消耗量			
人工	合计工日	工日	26.000	16.000	25.501	11.301
人工	其中 普工	工日	5.200	3.200	5.100	2.260
人工	其中 一般技工	工日	15.470	9.520	15.173	6.724
人工	其中 高级技工	工日	5.330	3.280	5.228	2.317
材料	绝缘胶带 20mm×20m	卷	0.810	0.810	0.810	0.810
材料	松香	kg	0.081	0.081	0.081	0.081
材料	焊锡	kg	0.081	0.081	0.081	0.081
材料	其他材料费	%	1.80	1.80	1.80	1.80
仪表	微机继电保护测试仪	台班	5.400	3.900	5.400	2.600
仪表	多功能校验仪	台班	4.620	3.450	4.620	2.300
仪表	标准信号发生器	台班	5.130	—	—	—

工作内容：1. 自动装置及各附属单元调试。
2. 盘内查线。
3. 定值整定。
4. 功能校验等。

计量单位：套

编号			4-4-43	4-4-44	4-4-45	4-4-46	4-4-47	4-4-48
项目			备自投装置			变频装置		故障录波装置
			400V	10kV（慢切）	10kV（快切）	400V	10kV	
名称		单位	消耗量					
人工	合计工日	工日	0.901	10.530	18.000	2.460	6.720	16.200
人工	其中 普工	工日	0.180	2.106	3.600	0.492	1.344	3.240
人工	其中 一般技工	工日	0.536	6.265	10.710	1.464	3.998	9.639
人工	其中 高级技工	工日	0.185	2.159	3.690	0.504	1.378	3.321
材料	绝缘胶带 20mm×20m	卷	0.810	0.810	0.810	0.810	0.810	0.810
材料	松香	kg	0.081	0.081	0.081	0.081	0.081	0.081
材料	焊锡	kg	0.081	0.081	0.081	0.081	0.081	0.081
材料	其他材料费	%	1.80	1.80	1.80	1.80	1.80	1.80
仪表	微机继电保护测试仪	台班	0.231	1.500	2.980	—	—	2.890
仪表	多功能校验仪	台班	—	—	—	—	—	3.240

第五章　交直流电源安装工程

说 明

一、本章内容包括蓄电池防震支架、免维护蓄电池安装、蓄电池组充放电、高频开关电源、电池屏、UPS、太阳能电池安装等内容。

二、有关说明：

1. 适用电压等级小于或等于 220V 各种容量的固定型蓄电池安装。不包括蓄电池抽头连接用电缆及电缆保护管的安装，工程实际发生时，执行相关项目。

2. 蓄电池防振支架安装项目是按照地坪打孔、膨胀螺栓固定编制，工程实际采用其他形式安装时，执行项目不做调整。

3. 蓄电池防振支架、电极连接条、紧固螺栓、绝缘垫按照设备供货编制。

4. 蓄电池充放电包括充电消耗的电量，不分电池类型均按照其电压和容量执行相关项目。

5. 电池屏、直流馈电屏安装不单独计算单体调试，其费用综合在分系统调试中。

6. UPS 不间断电源安装分单相（单相输入 / 单相输出）、三相（三相输入 / 三相输出），三相输入单相输出设备安装执行三相项目。EPS 应急电源安装根据容量执行相应的 UPS 安装项目。

7. 太阳能电池安装项目不包括小区路灯柱安装、太阳能电池板钢架混凝土地面与混凝土基础及地基处理、太阳能电池板钢架支柱与支架、防雷接地。

工程量计算规则

一、蓄电池防振支架安装根据设计布置形式,按照设计图示安装成品数量以“m”为计量单位。

二、免维护蓄电池安装根据电压等级及蓄电池容量,按照设计图示安装数量以“组件”为计量单位。

三、蓄电池充放电根据蓄电池容量,按照设计图示安装数量以“组”为计量单位。

四、高频开关电源安装根据设备电流容量,按照设计图示安装数量以“台”为计量单位。

五、UPS 安装根据单台设备容量及输入与输出相数,按照设计图示安装数量以“台”为计量单位。

六、太阳能电池板钢架安装根据安装的位置,按实际安装太阳能电池板和预留安装太阳能电池板面积之和计算工程量。不计算设备支架、不同高度与不同斜面太阳能电池板支撑架的面积;设备支架按照重量计算,执行本册第七章“金属构件、穿通板安装工程”相关项目。

七、小区路灯柱上安装太阳能电池,根据路灯柱高度,以“块”为计量单位。

八、太阳能电池组装与安装根据设计布置,功率小于或等于 1 500Wp 按照每组电池输出功率,以“组”为计量单位;功率大于 1 500Wp 时每增加 500Wp 计算一组增加工程量,功率小于 500Wp 按照 500Wp 计算。

九、太阳能电池与控制屏联测,根据设计布置,按照设计图示安装单方阵数量以“组”为计量单位。

十、光伏逆变器安装根据额定交流输出功率,按照设计图示安装数量以“台”为计量单位。功率大于 1 000kW 光伏逆变器根据组合安装方式,分解成若干台设备计算工程量。

十一、太阳能控制器根据额定系统电压,按照设计图示安装数量以“台”为计量单位。当控制器与逆变器组合为复合电气逆变器时,控制器不单独计算安装工程量。

一、蓄电池防震支架安装

工作内容：打眼、固定、组装、焊接、刷漆等。　　　　**计量单位：**m

编　号				4-5-1	4-5-2	4-5-3	4-5-4
项　目				单层支架		双层支架	
				单排	双排	单排	双排
名　称			单位	消　耗　量			
人工	合计工日		工日	0.268	0.446	0.688	1.193
	其中	普工	工日	0.083	0.137	0.212	0.367
		一般技工	工日	0.147	0.245	0.378	0.656
		高级技工	工日	0.038	0.064	0.098	0.170
材料	低碳钢焊条（综合）		kg	0.110	0.220	0.265	0.539
	耐酸漆		kg	0.250	0.300	0.400	0.600
	油漆溶剂油		kg	0.060	0.120	0.180	0.200
	其他材料费		%	1.80	1.80	1.80	1.80
机械	弧焊机 20kV·A		台班	0.022	0.044	0.053	0.178

二、免维护蓄电池安装

工作内容：搬运、开箱、检查、支架固定、蓄电池就位、整理检查、连接与接线、护罩安装、标志标号等。

计量单位：组件

编号				4-5-5	4-5-6	4-5-7	4-5-8	4-5-9
项目				蓄电池电压/容量[V/(A·h)]				
				12/100	12/200	12/290	12/500	12/570
名称			单位	消耗量				
人工	合计工日		工日	0.199	0.221	0.258	0.323	0.391
	其中	普工	工日	0.061	0.068	0.079	0.099	0.120
		一般技工	工日	0.109	0.122	0.142	0.177	0.215
		高级技工	工日	0.029	0.031	0.037	0.047	0.056
材料	三色塑料带 20mm×40m		m	0.128	0.137	0.155	0.137	0.202
	白布		kg	0.035	0.038	0.040	0.050	0.055
	肥皂水		kg	0.233	0.250	0.280	0.375	0.367
	钢锯条		条	0.350	0.375	0.415	0.500	0.550
	电力复合脂		kg	0.012	0.013	0.015	0.025	0.018
	其他材料费		%	1.80	1.80	1.80	1.80	1.80
机械	汽车式起重机 8t		台班	0.005	0.005	0.009	0.009	0.010
	载货汽车－普通货车 5t		台班	0.005	0.005	0.009	0.009	0.010

计量单位:组件

编　号				4-5-10	4-5-11	4-5-12	4-5-13
项　目				蓄电池电压/容量[V/(A·h)]			
				2/390	2/820	2/980	2/1 070
名　称			单位	消　耗　量			
人工	合计工日		工日	0.098	0.157	0.163	0.176
	其中	普工	工日	0.030	0.048	0.050	0.054
		一般技工	工日	0.054	0.086	0.090	0.097
		高级技工	工日	0.014	0.023	0.023	0.025
材料	三色塑料带 20mm × 40m		m	0.018	0.018	0.018	0.183
	白布		kg	0.005	0.007	0.007	0.007
	肥皂水		kg	0.033	0.050	0.050	0.050
	钢锯条		条	0.050	0.067	0.067	0.067
	电力复合脂		kg	0.002	0.003	0.003	0.003
	其他材料费		%	1.80	1.80	1.80	1.80
机械	汽车式起重机 8t		台班	0.005	0.009	0.009	0.009
	载货汽车－普通货车 5t		台班	0.005	0.009	0.009	0.009

三、蓄电池组充放电

工作内容：直流回路检查、放电设施准备、初充电、放电、再充电、测量、记录技术数据等。

计量单位：组

编号				4-5-14	4-5-15	4-5-16	4-5-17
项目				220V 以下蓄电池容量（A·h）			
				≤400	≤800	≤1 200	≤2 000
名称			单位	消耗量			
人工	合计工日		工日	3.404	3.404	3.404	3.404
	其中	普工	工日	1.047	1.047	1.047	1.047
		一般技工	工日	1.872	1.872	1.872	1.872
		高级技工	工日	0.485	0.485	0.485	0.485
材料	白布		kg	4.500	4.500	4.500	4.500
	碳酸氢钠		kg	3.000	3.000	3.000	3.000
	电气绝缘胶带 18mm×10m×0.13mm		卷	0.750	0.750	0.750	0.750
	电		kW·h	1 022.000	2 044.000	3 066.000	5 111.000
	其他材料费		%	1.80	1.80	1.80	1.80
仪表	蓄电池放电仪		台班	1.000	1.000	1.000	1.000
	蓄电池特性容量检测仪		台班	1.500	3.000	4.500	8.000

四、高频开关电源安装

工作内容：开箱检查、清洁搬运、划线定位、安装固定、调整垂直与水平、安装附件，绝缘测试、通电前检查、单机主要电气性能调试等。

计量单位：台

编号				4-5-18	4-5-19	4-5-20
项目				电流（A）		
				≤50	≤100	≤200
名称			单位	消耗量		
人工	合计工日		工日	2.391	3.814	5.559
	其中	普工	工日	0.622	0.992	1.446
		一般技工	工日	1.315	2.097	3.057
		高级技工	工日	0.454	0.725	1.056
材料	碎布		kg	0.200	0.200	0.200
	硬铜绞线 TJ-35mm^2		m	5.000	5.000	5.000
	铜接线端子 100A		个	4.000	4.000	4.000
	其他材料费		%	1.80	1.80	1.80
仪表	高压绝缘电阻测试仪		台班	0.935	0.935	0.935

五、电池屏、馈电屏安装

工作内容：开箱、检查、安装、电器、表计及继电器等附件的拆装、送交试验、盘内整理及一次接线、补漆、接地等。

计量单位：台

编号				4-5-21	4-5-22
项目				蓄电池屏（柜）	直流馈电屏
名称			单位	消耗量	
人工	合计工日		工日	3.752	2.032
	其中	普工	工日	0.975	0.528
		一般技工	工日	2.064	1.118
		高级技工	工日	0.713	0.386
材料	镀锌扁钢（综合）		kg	1.500	1.500
	低碳钢焊条（综合）		kg	0.150	0.150
	电力复合脂		kg	0.050	0.050
	电气绝缘胶带 18mm×10m×0.13mm		卷	0.050	0.050
	钢垫板 δ1~2		kg	0.300	0.200
	钢锯条		条	1.800	1.200
	铁砂布 0#~2#		张	1.000	1.000
	汽油（综合）		kg	0.100	0.050
	镀锌铁丝 ϕ1.2~1.6		kg	0.020	0.020
	尼龙绳 ϕ0.5~1.0		kg	0.010	—
	明角片		m^2	—	0.020
	酚醛磁漆		kg	0.010	0.020
	机油		kg	—	0.050
	天那水		kg	—	0.020
	异型塑料管 ϕ2.5~5.0		m	0.200	—
	电珠 2.5V		个	—	0.100
	道林纸		张	—	0.020
	电池		节	—	0.200
	标志牌 塑料扁形		个	1.000	—
	其他材料费		%	1.80	1.80
机械	汽车式起重机 8t		台班	0.037	0.037
	载货汽车－普通货车 4t		台班	0.037	0.037
	弧焊机 20kV·A		台班	0.030	0.030

六、UPS 安装

工作内容：开箱、检查、安装底座、接线、接地、动作试验等。 **计量单位：**台

编号				4-5-23	4-5-24	4-5-25	4-5-26
项目				单相不间断电源（kV·A）	三相不间断电源（kV·A）		
				≤30	≤100	≤500	>500
名称			单位	消耗量			
人工	合计工日		工日	2.582	4.985	6.153	8.616
	其中	普工	工日	0.794	1.533	1.892	2.649
		一般技工	工日	1.420	2.742	3.384	4.739
		高级技工	工日	0.368	0.710	0.877	1.228
材料	热塑管		m	0.310	0.440	0.572	0.870
	硬铜绞线 TJ-35mm^2		m	1.950	3.550	5.550	8.750
	铜接线端子 100A		个	3.300	6.600	8.580	12.700
	其他材料费		%	1.80	1.80	1.80	1.80
机械	叉式起重机 5t		台班	—	0.040	0.050	0.100
	载货汽车－普通货车 5t		台班	0.040	0.040	0.050	0.100

七、太阳能电池安装

1. 太阳能电池板钢架安装

工作内容：开箱检查、清洁搬运、起吊安装组件，调整方位和俯视角，测试，记录，钢架简易基础砌筑、钢架固定等。

计量单位：m^2

编　号				4-5-27	4-5-28	4-5-29
项　目				钢架安装		
				在地面上	在墙面、屋面上	在支架、支柱上
名　称			单位	消　耗　量		
人工	合计工日		工日	0.271	0.541	0.434
	其中	普工	工日	0.070	0.139	0.112
		一般技工	工日	0.163	0.325	0.260
		高级技工	工日	0.038	0.077	0.062
材料	白布		kg	0.030	0.030	0.040
	低碳钢焊条（综合）		kg	0.320	0.320	0.410
	钢锯条		条	0.210	0.210	0.180
	水泥（综合）		kg	0.505	0.505	—
	砂子		m^3	0.001	0.001	—
	标准砖 240×115×53		块	4.200	2.100	—
	调和漆		kg	0.060	0.050	0.060
	防锈漆		kg	0.090	0.080	0.090
	油漆溶剂油		kg	0.030	0.030	0.040
	水		m^3	0.001	0.001	—
	其他材料费		%	1.80	1.80	1.80
机械	电动单筒慢速卷扬机 30kN		台班	0.100	0.200	—
	汽车式高空作业车 21m		台班	—	—	0.105
	弧焊机 20kV·A		台班	0.064	0.064	0.082

2. 太阳能电池板安装

工作内容： 开箱检查、清洁搬运、起吊安装组件，调整方位和俯视角，测试，记录，安装接线盒，组件与接线盒电路连接；子方阵与接线盒电路连接，太阳能电池与控制屏联测等。

计量单位：块

编号				4-5-30	4-5-31	4-5-32
项目				路灯柱上安装		
				柱高≤5m	柱高≤12m	柱高≤20m
名称			单位	消耗量		
人工	合计工日		工日	0.152	0.227	0.303
	其中	普工	工日	0.039	0.058	0.078
		一般技工	工日	0.091	0.137	0.182
		高级技工	工日	0.022	0.032	0.043
材料	白布		kg	0.500	0.500	0.500
	电气绝缘胶带 18mm×10m×0.13mm		卷	0.200	0.200	0.200
	铜芯橡皮绝缘电线 BX-2.5mm^2		m	0.220	0.220	0.220
	其他材料费		%	1.80	1.80	1.80
机械	汽车式高空作业车 21m		台班	0.047	0.056	0.075
仪表	手持式万用表		台班	0.060	0.060	0.060

编　号				4-5-33	4-5-34	4-5-35	4-5-36	4-5-37
项　目				太阳能电池组装、安装（Wp）				太阳能电池与控制屏联测
				500	1 000	1 500	1 500 以上每增加 500	
				组				方阵组
名　称			单位	消　耗　量				
人工	合计工日		工日	2.708	3.169	4.022	1.219	1.354
	其中	普工	工日	0.697	0.816	1.036	0.314	0.349
		一般技工	工日	1.625	1.901	2.413	0.731	0.812
		高级技工	工日	0.386	0.452	0.573	0.174	0.193
材料	白布		kg	0.200	0.400	0.600	0.200	0.100
	电气绝缘胶带 18mm × 10m × 0.13mm		卷	0.200	0.200	0.250	0.100	0.100
	铜芯橡皮绝缘电线 BX-2.5mm^2		m	0.220	0.300	0.400	0.200	0.500
	其他材料费		%	1.80	1.80	1.80	1.80	1.80
机械	汽车式高空作业车 21m		台班	0.040	0.040	0.050	0.030	0.050
仪表	笔记本电脑		台班	—	—	—	—	0.500
	手持式万用表		台班	0.050	0.050	0.060	0.040	0.080
	高压绝缘电阻测试仪		台班	0.100	0.100	0.150	0.100	0.500
	微机继电保护测试仪		台班	—	—	—	—	0.300

3. 光伏逆变器安装

工作内容：开箱检查、清洁搬运，安装底座，设备安装，接地，单体调试等。　　计量单位：台

编号				4-5-38	4-5-39	4-5-40	4-5-41	4-5-42
项目				额定交流输出功率(kW)				
				≤10	≤100	≤250	≤500	≤1 000
名称			单位	消耗量				
人工	合计工日		工日	3.438	4.994	8.801	10.996	18.994
	其中	普工	工日	0.894	1.298	2.288	2.859	4.938
		一般技工	工日	1.891	2.747	4.841	6.048	10.447
		高级技工	工日	0.653	0.949	1.672	2.089	3.609
材料	型钢(综合)		kg	24.700	28.600	34.100	42.900	74.100
	镀锌扁钢(综合)		kg	3.040	3.520	5.500	11.000	19.000
	钢锯条		条	0.950	1.100	2.200	2.200	3.800
	低碳钢焊条(综合)		kg	0.285	0.330	1.430	2.200	3.800
	焊锡膏		kg	0.019	0.044	0.088	0.110	0.190
	焊锡丝(综合)		kg	0.095	0.220	0.440	0.550	0.950
	铁砂布 0#~2#		张	0.950	2.200	4.400	6.600	11.400
	酚醛调和漆		kg	0.190	0.220	0.330	0.550	0.950
	防锈漆 C53-1		kg	0.190	0.220	0.330	0.550	0.950
	汽油(综合)		kg	0.190	0.220	0.550	0.550	0.950
	机油		kg	0.095	0.110	0.110	0.110	0.190
	电力复合脂		kg	0.048	0.088	0.132	0.165	0.285
	钢管 $D32$		kg	4.560	5.280	6.930	6.930	11.970
	钢垫板 $\delta 1\sim 2$		kg	0.950	1.100	4.400	4.730	8.170
	其他材料费		%	1.80	1.80	1.80	1.80	1.80
机械	交流变压器		台	0.240	0.278	0.278	0.278	0.479
	汽车式起重机 8t		台班	—	—	0.062	0.103	0.178
	载货汽车 - 普通货车 5t		台班	—	—	0.062	0.103	0.178
	弧焊机 20kV·A		台班	0.057	0.066	0.286	0.440	0.760
仪表	高压绝缘电阻测试仪		台班	0.479	0.555	0.555	0.555	0.959
	高压试验变压器配套操作箱、调压器		台班	0.240	0.278	0.278	0.278	0.479
	TPFRC 电容分压器交直流高压测量系统		台班	0.240	0.278	0.278	0.278	0.479

4. 太阳能控制器安装

工作内容：开箱检查、清洁搬运，设备安装，测试，记录，接地，单体调试等。　　　　**计量单位：**台

编　号				4-5-43	4-5-44
项　目				电压等级（V）	
				≤96	≤110
名　称			单位	消　耗　量	
人工	合计工日		工日	0.500	0.732
	其中	普工	工日	0.130	0.190
		一般技工	工日	0.275	0.403
		高级技工	工日	0.095	0.139
材料	镀锌扁钢（综合）		kg	1.650	2.420
	钢锯条		条	0.375	0.550
	低碳钢焊条（综合）		kg	0.113	0.165
	焊锡膏		kg	0.023	0.033
	焊锡丝（综合）		kg	0.113	0.165
	铁砂布 0#~2#		张	0.150	0.220
	酚醛调和漆		kg	0.075	0.110
	防锈漆 C53-1		kg	0.075	0.110
	汽油（综合）		kg	0.038	0.055
	电力复合脂		kg	0.045	0.066
	钢垫板 δ1~2		kg	0.225	0.330
	其他材料费		%	1.80	1.80
机械	交流变压器		台	0.114	0.167
	弧焊机 20kV·A		台班	0.023	0.033
仪表	高压绝缘电阻测试仪		台班	0.227	0.333
	高压试验变压器配套操作箱、调压器		台班	0.114	0.167
	TPFRC 电容分压器交直流高压测量系统		台班	0.114	0.167

第六章　发电机、电动机检查接线工程

说　明

一、本章内容包括发电机、直流发电机检查接线及直流电动机、交流电动机、大（中）型电动机、微型电动机、变频机组、电磁调速电动机检查接线及空负荷试运转等内容。

二、有关说明：

1. 发电机检查接线项目包括发电机干燥。电动机检查接线项目不包括电动机干燥，工程实际发生时，另行计算费用。

2. 电机空转电源是按照施工电源编制的，项目中包括空转所消耗的电量及 6 000V 电机空转所需的电压转换设施费用。空转时间按照安装规范综合考虑，工程实际施工与项目不同时不做调整。当工程采用永久电源进行空转时，应根据项目中的电量进行费用调整。

3. 电动机根据重量分为大型、中型、小型。单台重量小于或等于 3t 电动机为小型电动机，单台重量大于 3t 且小于或等于 30t 电动机为中型电动机，单台重量大于 30t 电动机为大型电动机。小型电动机安装按照电动机类别和功率大小执行相应项目；大、中型电动机安装不分交、直流电动机，按照电动机重量执行相关项目。

4. 微型电机包括驱动微型电机、控制微型电机、电源微型电机三类。驱动微型电机是指微型异步电机、微型同步电机、微型交流换向器电机、微型直流电机等；控制微型电机是指自整角机、旋转变压器、交直流测速发电机、交 / 直流伺服电动机、步进电动机、力矩电动机等；电源微型电机是指微型电动发电机组和单枢变流机等。

5. 功率小于或等于 0.75kW 电机检查接线均执行微型电机检查接线项目。设备出厂时电动机带出线的，不计算电动机检查接线费用（如排风机、电风扇等）。

6. 电机检查接线项目不包括控制装置的安装和接线。

7. 电机接地材质是按照镀锌扁钢编制的，如采用铜接地时，可以调整接地材料，但安装人工和机械不变。

8. 本章不包括发电机与电动机的安装。包括电动机空载试运转所消耗的电量，工程实际与项目不同时，不做调整。

9. 电动机控制箱安装执行本册第二章“配电装置安装工程”中成套配电箱相关项目。

工程量计算规则

一、发电机、电动机检查接线，根据设备容量，按照设计图示安装数量以“台”为计量单位。单台电动机重量在30t以上时，按照重量计算检查接线工程量。

二、电动机检查接线项目中，每台电动机按照0.824m计算金属软管材料。电机电源线为导线时，其接线端子分导线截面按照“个”计算工程量，执行本册第四章“配电控制、保护、直流装置安装工程”相关项目。

一、发电机检查接线

工作内容：检查定子、转子、研磨电刷和滑环、安装电刷、测量轴承绝缘、配合密封试验、接地、干燥、整修整流子及清理等。

计量单位：台

编号				4-6-1	4-6-2	4-6-3	4-6-4
项目				单机容量（MW）			
				≤6	≤15	≤25	≤35
名称			单位	消耗量			
人工	合计工日		工日	30.600	34.312	37.094	40.547
	其中	普工	工日	4.973	5.576	6.028	6.589
		一般技工	工日	18.360	20.587	22.257	24.328
		高级技工	工日	7.267	8.149	8.809	9.630
材料	镀锌扁钢（综合）		kg	20.000	23.000	25.000	28.000
	聚四氟乙烯带		kg	0.500	0.600	0.700	0.800
	低碳钢焊条（综合）		kg	0.500	0.500	0.500	0.500
	焊锡膏		kg	0.100	0.120	0.140	0.160
	焊锡丝（综合）		kg	0.500	0.600	0.700	0.800
	酚醛调和漆		kg	0.500	0.500	1.200	1.200
	绝缘清漆		kg	0.500	0.500	1.200	1.200
	汽油（综合）		kg	0.500	0.500	2.500	2.500
	电力复合脂		kg	0.450	0.500	0.600	0.750
	无石棉纸		kg	0.450	0.550	1.000	1.250
	电气绝缘胶带 18mm×10m×0.13mm		卷	1.000	1.250	1.500	1.750
	青壳纸 δ0.1~1.0		kg	0.500	0.600	0.800	1.000
	铜芯塑料绝缘电线 BV-120mm^2		m	10.000	10.000	10.000	10.000
	白纱布带 20mm×20m		卷	0.900	1.000	1.000	1.100
	电		kW·h	1 315.000	3 310.000	5 490.000	6 271.000
	其他材料费		%	1.80	1.80	1.80	1.80
机械	弧焊机 20kV·A		台班	0.100	0.100	0.100	0.100
	电动空气压缩机 0.6m^3/min		台班	0.467	0.467	0.467	0.467

二、直流发电机检查接线

工作内容：电机检查、电刷架安装、电刷研磨安装、测量轴承绝缘、配合穿转子、配合密封试验、测量空气间隙、接地、干燥、励磁机检查等。

计量单位：台

编号				4-6-5	4-6-6	4-6-7	4-6-8	4-6-9
项目				单机容量（kW）				
				≤3	≤13	≤30	≤55	≤120
名称			单位	消耗量				
人工	合计工日		工日	1.392	1.916	2.240	2.710	3.323
	其中	普工	工日	0.226	0.311	0.364	0.441	0.540
		一般技工	工日	0.835	1.150	1.344	1.625	1.994
		高级技工	工日	0.331	0.455	0.532	0.644	0.789
材料	镀锌扁钢（综合）		kg	1.500	2.400	2.400	2.400	2.400
	低碳钢焊条（综合）		kg	0.100	0.100	0.100	0.100	0.100
	焊锡膏		kg	0.100	0.100	0.100	0.100	0.100
	焊锡丝（综合）		kg	0.202	0.202	0.202	0.202	0.304
	铁砂布 0#~2#		张	2.024	4.048	6.072	8.096	8.096
	白布		m	0.304	0.506	0.607	0.810	1.012
	汽油（综合）		kg	0.202	0.304	0.405	0.405	0.506
	机油		kg	0.304	0.304	0.607	0.607	1.012
	红外线灯泡 220V 1 000W		个	0.304	0.304	0.405	0.506	0.607
	电气绝缘胶带 18mm×10m×0.13mm		卷	2.126	2.631	2.834	3.340	3.946
	白纱布带 20mm×20m		卷	0.506	0.506	0.506	0.506	0.506
	电		kW·h	12.260	17.692	44.721	61.963	111.623
	其他材料费		%	1.80	1.80	1.80	1.80	1.80
机械	弧焊机 20kV·A		台班	0.020	0.020	0.020	0.020	0.020
	电动空气压缩机 $0.3m^3/min$		台班	0.123	0.123	0.123	0.164	0.164
仪表	高压绝缘电阻测试仪		台班	0.235	0.283	0.356	0.438	0.525
	交直流高压分压器（100kV）		台班	0.043	0.058	0.072	0.086	0.113

计量单位：台

编　　号				4-6-10	4-6-11
项　　目				单机容量（kW）	
				≤200	≤300
名　　称			单位	消　耗　量	
人工	合计工日		工日	4.674	6.791
	其中	普工	工日	0.759	1.103
		一般技工	工日	2.805	4.075
		高级技工	工日	1.110	1.613
材料	镀锌扁钢（综合）		kg	2.400	2.400
	低碳钢焊条（综合）		kg	0.100	0.100
	焊锡膏		kg	0.100	0.100
	焊锡丝（综合）		kg	0.354	0.405
	铁砂布 0#~2#		张	10.120	10.120
	白布		m	1.012	1.012
	汽油（综合）		kg	0.810	1.012
	机油		kg	1.518	1.720
	红外线灯泡 220V 1 000W		个	0.708	0.810
	电气绝缘胶带 18mm×10m×0.13mm		卷	4.959	5.971
	白纱布带 20mm×20m		卷	0.506	0.506
	电		kW·h	142.087	200.926
	其他材料费		%	1.80	1.80
机械	弧焊机 20kV·A		台班	0.020	0.020
	电动空气压缩机 $0.3m^3/min$		台班	0.411	0.411
仪表	高压绝缘电阻测试仪		台班	0.608	0.822
	交直流高压分压器（100kV）		台班	0.152	0.206

三、直流电动机检查接线

工作内容: 检查定子、转子和轴承、吹扫、调整和研磨电刷、金属软管安装、测量空气间隙、手动盘车检查电机转动情况、接地、空载试运转等。 **计量单位:** 台

编号				4-6-12	4-6-13	4-6-14	4-6-15	4-6-16
项目				功率(kW)				
				≤3	≤13	≤30	≤100	≤200
名称			单位	消耗量				
人工	合计工日		工日	0.720	1.377	2.152	3.437	4.524
	其中	普工	工日	0.117	0.224	0.350	0.559	0.735
		一般技工	工日	0.432	0.826	1.291	2.062	2.715
		高级技工	工日	0.171	0.327	0.511	0.816	1.074
材料	镀锌扁钢(综合)		kg	1.500	2.400	2.400	2.400	2.400
	低碳钢焊条(综合)		kg	0.100	0.100	0.100	0.100	0.100
	焊锡膏		kg	0.040	0.040	0.040	0.060	0.080
	焊锡丝(综合)		kg	0.200	0.200	0.200	0.300	0.400
	汽油(综合)		kg	0.200	0.300	0.400	0.800	1.000
	电力复合脂		kg	0.020	0.030	0.040	0.060	0.080
	金属软管 *D*25		m	0.824	0.824	—	—	—
	金属软管 *D*40		m	—	—	0.824	—	—
	金属软管 *D*50		m	—	—	—	0.824	0.824
	金属软管活接头 ϕ25		套	2.040	2.040	—	—	—
	金属软管活接头 ϕ40		套	—	—	2.040	—	—
	金属软管活接头 ϕ50		套	—	—	—	2.040	2.040
	电气绝缘胶带 18mm×10m×0.13mm		卷	0.150	0.200	0.250	0.500	0.700
	黄蜡带 20mm×10m		卷	1.720	2.120	2.400	3.200	4.000
	电		kW·h	2.000	6.000	12.000	30.000	60.000
	其他材料费		%	1.80	1.80	1.80	1.80	1.80
机械	弧焊机 20kV·A		台班	0.020	0.020	0.020	0.020	0.020
	电动空气压缩机 0.6m^3/min		台班	0.093	0.093	0.121	0.121	0.121

四、交流电动机检查接线

工作内容： 检查定子、转子和轴承、吹扫、测量空气间隙、调整和研磨电刷、手动盘车检查电机转动情况、接地、空载试运转等。　　**计量单位：** 台

编　号				4-6-17	4-6-18	4-6-19	4-6-20	4-6-21
项　目				功率（kW）				
				≤3	≤13	≤30	≤100	≤200
名　称			单位	消　耗　量				
人工	合计工日		工日	0.961	1.830	2.868	4.254	5.604
	其中	普工	工日	0.156	0.297	0.466	0.691	0.911
		一般技工	工日	0.577	1.098	1.721	2.552	3.362
		高级技工	工日	0.228	0.435	0.681	1.011	1.331
材料	镀锌扁钢（综合）		kg	1.500	2.400	2.400	2.400	2.400
	低碳钢焊条（综合）		kg	0.100	0.100	0.100	0.100	0.100
	焊锡膏		kg	0.020	0.040	0.050	0.050	0.070
	焊锡丝（综合）		kg	0.100	0.180	0.260	0.260	0.360
	汽油（综合）		kg	0.160	0.270	0.390	0.780	1.300
	电力复合脂		kg	0.020	0.030	0.040	0.060	0.080
	金属软管 $D25$		m	0.824	0.824	—	—	—
	金属软管 $D40$		m	—	—	0.824	—	—
	金属软管 $D50$		m	—	—	—	0.824	0.824
	金属软管活接头 $\phi25$		套	2.040	2.040	—	—	—
	金属软管活接头 $\phi40$		套	—	—	2.040	—	—
	金属软管活接头 $\phi50$		套	—	—	—	2.040	2.040
	电气绝缘胶带 18mm×10m×0.13mm		卷	0.200	0.260	0.325	0.650	0.910
	黄蜡带 20mm×10m		卷	1.120	1.960	2.800	2.800	2.800
	电		kW·h	2.000	6.000	12.000	30.000	60.000
	其他材料费		%	1.80	1.80	1.80	1.80	1.80
机械	弧焊机 20kV·A		台班	0.020	0.020	0.020	0.020	0.020
	电动空气压缩机 0.6m³/min		台班	0.093	0.093	0.121	0.121	0.121

五、大中型电动机检查接线

工作内容：检查定子、转子、吹扫、调整和研磨电刷、测量空气间隙、用机械盘车检查电机转动情况、接地、空载试运转等。

编号				4-6-22	4-6-23	4-6-24	4-6-25	4-6-26
项目				电动机重量（t/台）				
				≤5	≤10	≤20	≤30	>30 每增加一吨
				台				t
名称			单位	消耗量				
人工	合计工日		工日	6.395	9.039	13.114	17.128	0.716
	其中	普工	工日	1.039	1.468	2.131	2.783	0.116
		一般技工	工日	3.837	5.424	7.868	10.277	0.430
		高级技工	工日	1.519	2.147	3.115	4.068	0.170
材料	镀锌扁钢（综合）		kg	5.000	5.000	5.000	5.000	0.150
	聚四氟乙烯带		kg	0.300	0.420	0.700	0.850	0.030
	低碳钢焊条（综合）		kg	0.100	0.100	0.100	0.100	0.010
	焊锡膏		kg	0.080	0.100	0.120	0.140	0.010
	焊锡丝（综合）		kg	0.400	0.500	0.600	0.700	0.020
	电力复合脂		kg	0.100	0.200	0.250	0.300	0.010
	金属软管 $D75$		m	0.824	—	—	—	—
	金属软管 $D100$		m	—	0.824	1.648	2.472	0.090
	金属软管活接头 $\phi75$		套	2.040	—	—	—	—
	金属软管活接头 $\phi100$		套	—	2.040	4.080	6.120	0.200
	电气绝缘胶带 18mm×10m×0.13mm		卷	0.500	0.750	1.000	1.250	0.040
	电		kW·h	105.000	270.000	640.000	1 000.000	35.000
	其他材料费		%	1.80	1.80	1.80	1.80	1.80
机械	汽车式起重机 10t		台班	0.467	0.935	1.402	1.869	0.056
	弧焊机 20kV·A		台班	0.020	0.020	0.020	0.020	0.002
	电动空气压缩机 0.6m³/min		台班	0.467	0.935	1.402	1.869	0.056

六、微型电机、变频机组检查接线

工作内容：检查定子、转子和轴承、测量空气间隙、手动盘车检查电机转动情况、接地、空载试运转等。

计量单位：台

编　号				4-6-27	4-6-28	4-6-29	4-6-30	4-6-31
项　目				微型电机	变频机组（功率 kW）			
					≤4	≤8	≤15	≤20
名　称			单位	消　耗　量				
人工	合计工日		工日	0.383	2.208	2.295	2.679	3.437
	其中	普工	工日	0.062	0.359	0.373	0.436	0.559
		一般技工	工日	0.230	1.325	1.377	1.607	2.062
		高级技工	工日	0.091	0.524	0.545	0.636	0.816
材料	镀锌扁钢（综合）		kg	—	2.400	2.400	2.400	2.400
	低碳钢焊条（综合）		kg	—	0.100	0.100	0.100	0.100
	焊锡膏		kg	0.010	0.020	0.040	0.060	0.060
	焊锡丝（综合）		kg	0.050	0.100	0.200	0.300	0.300
	白布		kg	0.200	0.500	0.600	0.700	0.800
	电力复合脂		kg	0.010	0.020	0.040	0.060	0.060
	金属软管 *D*20		m	0.824	0.824	—	—	—
	金属软管 *D*25		m	—	—	0.824	0.824	0.824
	金属软管活接头 ϕ20		套	2.040	2.040	—	—	—
	金属软管活接头 ϕ25		套	—	—	2.040	2.040	2.040
	电气绝缘胶带 18mm×10m×0.13mm		卷	0.100	0.250	0.500	0.600	0.600
	黄蜡带 20mm×10m		卷	0.300	1.500	2.000	2.320	3.000
	镀锡裸铜软绞线 TJRX 6~10mm^2		kg	0.300	—	—	—	—
	电		kW·h	1.000	2.500	5.000	7.000	10.000
	其他材料费		%	1.80	1.80	1.80	1.80	1.80
机械	弧焊机 20kV·A		台班	—	0.020	0.020	0.020	0.020
	电动空气压缩机 0.6m^3/min		台班	—	0.093	0.093	0.093	0.093

七、电磁调速电动机检查接线

工作内容：检查定子、转子和轴承、吹扫、测量空气间隙、手动盘车检查电机转动情况、接地、空载试运转等。

计量单位：台

编号			单位	4-6-32	4-6-33	4-6-34	4-6-35	4-6-36
项目				功率≤2.2kW	功率≤10kW	功率≤15kW	功率≤30kW	功率≤45kW
名称			单位	消耗量				
人工	合计工日		工日	1.636	2.342	3.220	3.722	4.424
人工	其中	普工	工日	0.266	0.381	0.523	0.605	0.719
人工	其中	一般技工	工日	0.981	1.405	1.932	2.233	2.654
人工	其中	高级技工	工日	0.389	0.556	0.765	0.884	1.051
材料	镀锌扁钢（综合）		kg	2.400	2.400	2.400	2.400	2.400
材料	低碳钢焊条（综合）		kg	0.100	0.100	0.100	0.100	0.100
材料	焊锡膏		kg	0.020	0.030	0.030	0.040	0.040
材料	焊锡丝（综合）		kg	0.100	0.150	0.150	0.200	0.200
材料	白布		kg	0.200	0.300	0.300	0.400	0.500
材料	汽油（综合）		kg	0.200	0.300	0.300	0.400	0.500
材料	电力复合脂		kg	0.020	0.030	0.030	0.040	0.040
材料	金属软管 *D*25		m	0.824	0.824	0.824	—	—
材料	金属软管 *D*40		m	—	—	—	0.824	0.824
材料	金属软管活接头 ϕ25		套	2.040	2.040	2.040	—	—
材料	金属软管活接头 ϕ40		套	—	—	—	2.040	2.040
材料	电气绝缘胶带 18mm×10m×0.13mm		卷	0.100	0.125	0.150	0.175	0.200
材料	黄蜡带 20mm×10m		卷	1.800	2.320	2.320	2.760	3.240
材料	电		kW·h	2.000	5.000	7.000	12.000	20.000
材料	其他材料费		%	1.80	1.80	1.80	1.80	1.80
机械	弧焊机 20kV·A		台班	0.020	0.020	0.020	0.020	0.020
机械	电动空气压缩机 0.6m^3/min		台班	0.093	0.093	0.093	0.093	0.093

第七章　金属构件、穿通板安装工程

说　　明

一、本章内容包括金属构件、穿墙板、金属围网、网门的制作与安装等内容。

二、有关说明:

1. 电缆桥架支撑架制作与安装适用于电缆桥架的立柱、托臂现场制作与安装,如果生产厂家成套供货时,只计算安装。

2. 铁构件制作与安装项目适用于本册范围内除电缆桥架支撑架、沿墙支架以外的各种支架、构件的制作与安装。

3. 铁构件制作项目不包括镀锌、镀锡、镀铬、喷塑等其他金属防护费用,工程实际发生时,执行相关项目另行计算。

4. 轻型铁构件是指铁构件的主体结构厚度小于或等于 3mm 的铁构件。单件重量大于 100kg 的铁构件制作安装执行第三册《静止设备与工艺金属结构制作安装工程》相应项目。

5. 穿通板制作与安装项目综合考虑了板的规格与安装高度,执行项目时不做调整。项目中不包括电木板、环氧树脂板的主材,应按照安装用量加损耗量另行计算主材。

6. 金属围网、网门制作与安装项目包括网或门的边柱、立柱制作与安装。

7. 金属构件制作项目中包括除锈、刷油漆。

工程量计算规则

一、基础槽钢、角钢制作与安装，根据设备布置，按照设计图示安装数量以“m”为计量单位。

二、电缆桥架支撑架、沿墙支架、铁构件的制作与安装，按照设计图示安装成品重量以“t”为计量单位。计算重量时，计算制作螺栓及连接件重量，不计算制作与安装损耗量、焊条重量。

三、金属箱、盒制作按照设计图示安装成品重量以“kg”为计量单位。计算重量时，计算制作螺栓及连接件重量，不计算制作损耗量、焊条重量。

四、穿通板制作与安装根据工艺布置和套板材质，按照设计图示安装数量以“块”为计量单位。

五、围网、网门制作与安装根据工艺布置，按照设计图示安装成品数量以“m^2”为计量单位。计算面积时，围网长度按照中心线计算，围网高度按照实际高度计算，不计算围网底至地面的高度。

一、金属构件制作与安装

1. 基础槽钢、角钢制作与安装

工作内容：平直、下料、钻孔、安装、接地、油漆等。 **计量单位：**m

编号				4-7-1	4-7-2
项目				基础槽钢制作、安装	基础角钢制作、安装
名称			单位	消耗量	
人工	合计工日		工日	0.106	0.080
	其中	普工	工日	0.032	0.025
		一般技工	工日	0.059	0.044
		高级技工	工日	0.015	0.011
材料	基础槽（角）钢		m	（1.010）	（1.010）
	钢筋 ϕ10 以内		kg	0.411	0.411
	镀锌扁钢（综合）		kg	0.237	0.237
	钢板（综合）		kg	0.100	0.050
	砂轮片 ϕ400		片	0.010	0.010
	低碳钢焊条（综合）		kg	0.066	0.055
	酚醛调和漆		kg	0.010	0.010
	其他材料费		%	1.80	1.80
机械	弧焊机 20kV·A		台班	0.013	0.011

2. 桥架支撑架制作与安装

工作内容: 工作内容:平直、下料、钻孔、焊接、安装、接地、油漆等。 计量单位:t

编号				4-7-3	4-7-4
项目				电缆桥架支撑架制作	电缆桥架支撑架安装
名称			单位	消耗量	
人工	合计工日		工日	34.786	20.241
	其中	普工	工日	10.697	6.224
		一般技工	工日	19.132	11.133
		高级技工	工日	4.957	2.884
材料	槽钢(综合)		kg	(750.000)	—
	角钢(综合)		kg	(300.000)	—
	白布		kg	—	1.800
	砂轮片 ϕ400		片	1.500	0.010
	低碳钢焊条(综合)		kg	12.600	16.200
	钢锯条		条	—	9.000
	铁砂布 0#~2#		张	22.500	—
	胶木板		kg	2.523	0.841
	酚醛调和漆		kg	—	1.800
	防锈漆 C53-1		kg	—	2.700
	油漆溶剂油		kg	—	0.900
	其他材料费		%	1.80	1.80
机械	弧焊机 20kV·A		台班	2.520	3.240

3. 铁构件制作与安装

工作内容：制作、平直、划线、下料、钻孔、组对、焊接、刷油（喷漆）、安装、补刷油等。

编　号			4-7-5	4-7-6	4-7-7	4-7-8	4-7-9
项　目			一般铁构件制作	一般铁构件安装	轻型铁构件制作	轻型铁构件安装	金属箱、盒制作
			t				kg
名　称		单位	消　耗　量				
人工	合计工日	工日	16.706	12.146	19.231	14.169	0.153
	其中 普工	工日	5.137	3.735	5.914	4.357	0.047
	其中 一般技工	工日	9.188	6.680	10.577	7.793	0.084
	其中 高级技工	工日	2.381	1.731	2.740	2.019	0.022
材料	圆钢（综合）	kg	（80.000）	—	—	—	—
	扁钢（综合）	kg	（220.000）	—	—	—	—
	角钢（综合）	kg	（750.000）	—	—	—	（0.050）
	热轧薄钢板 δ1.0~1.5	kg	—	—	（1 040.000）	—	（1.040）
	白布	kg	1.000	2.000	2.000	2.000	0.002
	砂轮片 ϕ400	片	1.500	0.010	1.500	0.010	0.001
	低碳钢焊条（综合）	kg	14.000	8.000	12.000	6.000	0.015
	钢锯条	条	—	10.000	—	10.000	0.020
	铁砂布 0#~2#	张	25.000	—	15.000	—	0.030
	石膏粉	kg	—	—	—	—	0.007
	胶木板	kg	2.804	0.935	—	—	—
	酚醛调和漆	kg	2.000	0.200	2.000	0.200	—
	喷漆	kg	—	—	—	—	0.032
	防锈漆 C53-1	kg	3.000	0.300	3.700	0.300	0.036
	油漆溶剂油	kg	1.000	—	1.000	—	—
	其他材料费	%	1.80	1.80	1.80	1.80	1.80
机械	扳边机 2×1 500mm	台班	—	—	2.336	—	0.004
	弧焊机 20kV·A	台班	2.800	1.600	2.400	1.200	0.003
	电动空气压缩机 0.6m³/min	台班	—	—	3.738	—	0.006

二、穿墙板制作与安装

工作内容：穿通板平直、下料、制作、焊接、打洞、安装、接地、油漆等。　　**计量单位：**块

编号				4-7-10	4-7-11	4-7-12	4-7-13
项目				塑料板	电木板	环氧树脂板	钢板
名称			单位	消耗量			
人工	合计工日		工日	0.846	1.726	1.918	0.907
	其中	普工	工日	0.261	0.531	0.590	0.279
		一般技工	工日	0.465	0.949	1.055	0.499
		高级技工	工日	0.120	0.246	0.273	0.129
材料	环氧树脂板		块	—	—	(1.050)	—
	胶木板		kg	—	(5.119)	—	—
	镀锌扁钢(综合)		kg	1.580	2.400	2.400	1.550
	角钢(综合)		kg	8.000	17.000	17.000	9.150
	钢板(综合)		kg	—	—	—	12.360
	聚氯乙烯板(综合)		kg	5.220	—	—	—
	白布		kg	0.100	0.100	0.100	0.100
	碎布		kg	—	0.010	—	—
	低碳钢焊条(综合)		kg	0.280	0.350	0.350	0.330
	钢锯条		条	2.000	2.000	2.000	2.000
	铁砂布 0#~2#		张	0.100	0.100	0.100	0.100
	酚醛调和漆		kg	0.110	0.250	0.250	0.300
	防锈漆 C53-1		kg	0.130	0.080	0.080	0.400
	清油		kg	—	0.050	—	—
	氧气		m^3	—	—	—	0.520
	乙炔气		kg	—	—	—	0.200
	其他材料费		%	1.80	1.80	1.80	1.80
机械	立式钻床 25mm		台班	0.028	—	—	0.009
	弧焊机 20kV·A		台班	0.056	0.070	0.070	0.066

三、金属围网、网门制作与安装

工作内容：制作、平直、划线、下料、钻孔、组对、焊接、刷油（漆）、安装、补刷油等。　**计量单位：**m^2

编号				4-7-14	4-7-15	4-7-16	4-7-17
项目				金属围网制作	金属围网安装	金属网门制作	金属网门安装
名称			单位	消耗量			
人工	合计工日		工日	0.252	0.134	0.280	0.149
	其中	普工	工日	0.078	0.041	0.086	0.046
		一般技工	工日	0.138	0.074	0.154	0.082
		高级技工	工日	0.036	0.019	0.040	0.021
材料	角钢（综合）		kg	（31.000）	—	（26.900）	—
	门锁及五金		套	—	—	（0.625）	—
	镀锌钢丝网 $\phi1.6\times20\times20$		m^2	（1.100）	—	（1.100）	—
	钢管		kg	—	—	（6.800）	—
	镀锌铁丝 $\phi2.5\sim4.0$		kg	—	0.200	—	0.200
	紫铜板（综合）		kg	0.070	—	0.070	—
	白布		kg	—	0.100	—	0.100
	合页		副	—	2.000	—	2.000
	砂轮片 $\phi400$		片	0.010	—	0.015	—
	低碳钢焊条（综合）		kg	0.030	0.030	0.030	0.030
	钢锯条		条	0.300	0.200	0.300	0.200
	铁砂布 0#～2#		张	1.500	—	1.500	—
	酚醛调和漆		kg	0.070	0.030	0.070	0.030
	防锈漆 C53-1		kg	0.070	0.030	0.070	0.030
	清油		kg	0.100	—	0.100	—
	其他材料费		%	1.80	1.80	1.80	1.80
机械	弧焊机 20kV·A		台班	0.006	0.006	0.006	0.006

第八章　滑触线安装工程

说　明

一、本章内容包括轻型滑触线、安全节能型滑触线、型钢类滑触线、滑触线支架的安装及滑触线拉紧装置、挂式支持器的制作与安装，以及移动软电缆安装等内容。

二、有关说明：

1. 滑触线及滑触线支架安装项目包括下料、除锈、刷防锈漆与防腐漆，伸缩器、坐式电车绝缘子支持器安装。项目不包括预埋铁件与螺栓、辅助母线安装。

2. 滑触线及支架安装项目是按照安装高度小于或等于 10m 编制，若安装高度大于 10m 时，超出部分的安装工程量按照项目人工乘以系数 1.10。

3. 安全节能型滑触线安装不包括滑触线导轨、支架、集电器及其附件等材料，安全节能型滑触线为三相式时，执行单相滑触线安装项目乘以系数 2.00。

4. 移动软电缆安装项目不包括轨道安装及滑轮制作。

工程量计算规则

一、滑触线安装根据材质及性能要求，按照设计图示安装成品数量以"m/单相"为计量单位，计算长度时，应考虑滑触线挠度和连接需要增加的工程量，不计算下料、安装损耗量。滑触线另行计算主材费，滑触线安装预留长度按照设计规定计算，设计无规定时按照下表规定计算。

滑触线安装附加和预留长度表 **单位：**m/根

序号	项目	预留长度	说明
1	圆钢、铜母线与设备连接	0.2	从设备接线端子接口起算
2	圆钢、铜滑触线终端	0.5	从最后一个固定点起算
3	角钢滑触线终端	1.0	从最后一个支持点起算
4	扁钢滑触线终端	1.3	从最后一个固定点起算
5	扁钢母线分支	0.5	分支线预留
6	扁钢母线与设备连接	0.5	从设备接线端子接口起算
7	工字钢、槽钢、轻轨滑触线终端	0.8	从最后一个支持点起算
8	安全节能及其他滑触线终端	0.5	从最后一个固定点起算

二、滑触线支架、拉紧装置、挂式支持器安装根据构件形式及材质，按照设计图示安装成品数量以"副"或"套"为计量单位，三相一体为1副或1套。

三、沿钢索移动软电缆按照每根长度以"套"为计量单位，不足每根长度按照1套计算；沿轨道移动软电缆根据截面面积，以"m"为计量单位。

一、轻型滑触线安装

工作内容：平直、除锈、刷油、支架、滑触线、补偿器安装等。　　　　**计量单位：**10m/单相

编　号				4-8-1	4-8-2	4-8-3
项　目				铜质Ⅰ型	铜钢组合	沟型
名　称			单位	消　耗　量		
人工	合计工日		工日	5.902	5.800	1.229
	其中	普工	工日	1.817	1.785	0.375
		一般技工	工日	3.243	3.188	0.677
		高级技工	工日	0.842	0.827	0.177
材料	滑触线		m·单相	(10.050)	(10.050)	(10.050)
	型钢(综合)		kg	0.681	2.212	—
	白布		kg	0.085	0.085	0.085
	低碳钢焊条(综合)		kg	0.340	1.021	0.255
	钢锯条		条	0.425	0.425	0.170
	焊锡膏		kg	0.043	0.017	0.009
	焊锡丝(综合)		kg	0.357	0.136	0.017
	铁砂布 0#~2#		张	0.851	0.851	0.425
	酚醛调和漆		kg	0.511	0.681	0.085
	汽油(综合)		kg	0.085	0.085	0.085
	氧气		m^3	0.170	0.043	0.030
	乙炔气		kg	0.442	0.111	0.077
	硬铜绞线 TJ-95mm²		kg	0.204	0.145	—
	铜接线端子 DT-95		个	0.170	0.170	—
	其他材料费		%	1.80	1.80	1.80
机械	汽车式起重机 8t		台班	0.200	0.095	—
	型钢剪断机 500mm		台班	0.147	0.053	—
	弧焊机 20kV·A		台班	0.041	0.124	0.031

二、安全节能型滑触线安装

工作内容：开箱、检查、测位划线、组装、调直、固定、安装导电器及滑触线等。 **计量单位：**10m/单相

编号				4-8-4	4-8-5	4-8-6	4-8-7	4-8-8
项目				电流(A)				
				≤100	≤200	≤320	≤500	≤800
名称			单位	消耗量				
人工	合计工日		工日	1.609	1.913	2.022	2.263	2.613
	其中	普工	工日	0.494	0.590	0.622	0.694	0.805
		一般技工	工日	0.886	1.050	1.112	1.244	1.439
		高级技工	工日	0.229	0.273	0.288	0.325	0.369
材料	滑触线		m·单相	(10.050)	(10.050)	(10.050)	(10.050)	(10.050)
	型钢(综合)		kg	0.545	0.613	0.681	0.766	0.885
	白布		kg	0.043	0.043	0.060	0.060	0.077
	低碳钢焊条(综合)		kg	0.681	0.766	0.851	0.936	1.106
	钢锯条		条	0.170	0.170	0.255	0.255	0.340
	焊锡膏		kg	0.009	0.009	0.009	0.009	0.009
	焊锡丝(综合)		kg	0.017	0.026	0.026	0.026	0.034
	铁砂布 0#~2#		张	0.511	0.511	0.596	0.596	0.681
	酚醛调和漆		kg	0.204	0.230	0.255	0.289	0.332
	汽油(综合)		kg	0.068	0.068	0.068	0.085	0.085
	氧气		m^3	0.046	0.052	0.056	0.062	0.072
	乙炔气		kg	0.119	0.136	0.145	0.162	0.187
	硬铜绞线 TJ-95mm^2		kg	0.085	0.094	0.102	0.119	0.136
	铜接线端子 DT-95		个	0.170	0.170	0.170	0.170	0.170
	其他材料费		%	1.80	1.80	1.80	1.80	1.80
机械	汽车式起重机 8t		台班	0.074	0.084	0.095	0.116	0.126
	弧焊机 20kV·A		台班	0.083	0.093	0.103	0.114	0.134

计量单位：10m/ 单相

编　号				4-8-9
项　目				电流（A）
				≤1 250
名　称			单位	消　耗　量
人工	合计工日		工日	2.815
	其中	普工	工日	0.869
		一般技工	工日	1.547
		高级技工	工日	0.399
材料	滑触线		m·单相	（10.050）
	型钢（综合）		kg	0.953
	白布		kg	0.077
	低碳钢焊条（综合）		kg	1.191
	钢锯条		条	0.340
	焊锡膏		kg	0.009
	焊锡丝（综合）		kg	0.034
	铁砂布 0#~2#		张	0.681
	酚醛调和漆		kg	0.357
	汽油（综合）		kg	0.085
	氧气		m^3	0.079
	乙炔气		kg	0.204
	硬铜绞线 TJ-95mm^2		kg	0.145
	铜接线端子 DT-95		个	0.170
	其他材料费		%	1.80
机械	汽车式起重机 8t		台班	0.137
	弧焊机 20kV·A		台班	0.145

三、型钢类滑触线安装

1. 角钢滑触线安装

工作内容：平直、下料、除锈、刷漆、安装、连接伸缩器、装拉紧装置等。 **计量单位：**10m/ 单相

编号				4-8-10	4-8-11	4-8-12	4-8-13
项目				规格			
				40×4	50×5	63×6	75×8
名称			单位	消耗量			
人工	合计工日		工日	0.832	1.073	1.213	1.399
	其中	普工	工日	0.255	0.327	0.374	0.430
		一般技工	工日	0.459	0.591	0.669	0.770
		高级技工	工日	0.118	0.155	0.170	0.199
材料	滑触线		m·单相	(10.400)	(10.400)	(10.400)	(10.400)
	角钢(综合)		kg	0.545	0.817	1.353	1.889
	白布		kg	0.128	0.128	0.128	0.128
	砂轮片 ϕ400		片	0.002	0.002	0.003	0.003
	低碳钢焊条(综合)		kg	0.204	0.332	0.485	1.021
	铁砂布 0#~2#		张	0.511	0.511	0.681	0.681
	防锈漆		kg	0.187	0.230	0.272	0.349
	油漆溶剂油		kg	0.043	0.060	0.068	0.085
	电力复合脂		kg	0.051	0.068	0.085	0.102
	滑触线伸缩器		套	0.085	0.085	0.085	0.085
	其他材料费		%	1.80	1.80	1.80	1.80
机械	弧焊机 20kV·A		台班	0.025	0.040	0.059	0.124

2. 扁钢滑触线安装

工作内容：平直、下料、除锈、刷漆、安装、连接伸缩器、装拉紧装置等。　　**计量单位：**10m/ 单相

编　号				4-8-14	4-8-15	4-8-16
项　目				规格		
				40×4	50×5	60×6
名　称			单位	消　耗　量		
人工	合计工日		工日	0.366	0.466	0.567
	其中	普工	工日	0.112	0.143	0.175
		一般技工	工日	0.202	0.257	0.311
		高级技工	工日	0.052	0.066	0.081
材料	滑触线		m·单相	（10.300）	（10.300）	（10.300）
	镀锌扁钢（综合）		kg	0.417	0.613	0.893
	白布		kg	0.085	0.085	0.085
	低碳钢焊条（综合）		kg	0.136	0.213	0.289
	钢锯条		条	0.170	0.170	0.170
	铁砂布 0#~2#		张	0.255	0.255	0.340
	防锈漆		kg	0.090	0.110	0.130
	油漆溶剂油		kg	0.017	0.026	0.026
	电力复合脂		kg	0.026	0.034	0.034
	滑触线伸缩器		套	0.085	0.085	0.085
	滑触线拉紧装置		套	0.170	0.170	0.170
	其他材料费		%	1.80	1.80	1.80
机械	弧焊机 20kV·A		台班	0.017	0.026	0.035

3. 槽钢滑触线安装

工作内容： 平直、下料、除锈、刷漆、安装、连接伸缩器、装拉紧装置等。　　**计量单位：** 10m/ 单相

编号				4-8-17	4-8-18	4-8-19	4-8-20
项目				规格			
				65×40	80×43	100×48	120×53
名称			单位	消耗量			
人工	合计工日		工日	1.299	1.422	1.548	1.625
	其中	普工	工日	0.399	0.438	0.478	0.502
		一般技工	工日	0.715	0.785	0.848	0.894
		高级技工	工日	0.185	0.199	0.222	0.229
材料	滑触线		m·单相	（10.300）	（10.300）	（10.300）	（10.300）
	槽钢（综合）		kg	1.549	1.889	2.289	2.842
	白布		kg	0.034	0.034	0.034	0.034
	低碳钢焊条（综合）		kg	0.638	0.766	0.910	1.098
	钢锯条		条	0.298	0.298	0.374	0.374
	铁砂布 0#~2#		张	0.596	0.672	0.672	0.749
	防锈漆		kg	0.281	0.332	0.391	0.451
	调和漆		kg	0.264	0.340	0.408	0.468
	汽油（综合）		kg	0.068	0.085	0.094	0.111
	电力复合脂		kg	0.060	0.068	0.077	0.085
	其他材料费		%	1.80	1.80	1.80	1.80
机械	弧焊机 20kV·A		台班	0.078	0.093	0.111	0.133

4. 工字钢滑触线安装

工作内容：平直、下料、除锈、刷漆、安装、连接伸缩器、装拉紧装置等。　　**计量单位：**10m/ 单相

编　　号				4-8-21	4-8-22	4-8-23	4-8-24
项　　目				规格			
				8.5	10	12.6	14
名　　称			单位	消　耗　量			
人工	合计工日		工日	1.664	2.263	3.157	3.367
	其中	普工	工日	0.510	0.694	0.972	1.036
		一般技工	工日	0.918	1.244	1.734	1.851
		高级技工	工日	0.236	0.325	0.451	0.480
材料	滑触线		m·单相	(10.300)	(10.300)	(10.300)	(10.300)
	白布		kg	0.085	0.085	0.102	0.128
	低碳钢焊条(综合)		kg	1.515	1.702	2.008	2.127
	紫铜电焊条 T107 ϕ3.2		kg	0.026	0.026	0.026	0.026
	钢锯条		条	0.170	0.170	0.170	0.170
	焊锡膏		kg	0.009	0.009	0.009	0.009
	焊锡丝(综合)		kg	0.017	0.017	0.017	0.017
	铁砂布 0#~2#		张	0.213	0.340	0.587	0.766
	防锈漆		kg	0.647	0.681	0.740	0.766
	酚醛调和漆		kg	0.647	0.681	0.740	0.766
	油漆溶剂油		kg	0.238	0.255	0.272	0.298
	硼砂		kg	0.009	0.009	0.009	0.009
	氧气		m^3	0.092	0.111	0.150	0.170
	乙炔气		kg	0.238	0.289	0.391	0.442
	硬铜绞线 TJ-10mm²		kg	0.043	0.043	0.043	0.043
	钢垫板 δ1~2		kg	3.701	4.339	5.343	5.701
	其他材料费		%	1.80	1.80	1.80	1.80
机械	汽车式起重机 8t		台班	0.063	0.063	0.063	0.074
	弧焊机 20kV·A		台班	0.187	0.210	0.247	0.262

5. 圆钢滑触线安装

工作内容：平直、下料、除锈、刷漆、安装、连接伸缩器、装拉紧装置等。 **计量单位：**10m/单相

编号				4-8-25	4-8-26
项目				规格	
				$\phi8$	$\phi10$
名称			单位	消耗量	
人工	合计工日		工日	0.241	0.257
	其中	普工	工日	0.072	0.080
		一般技工	工日	0.132	0.140
		高级技工	工日	0.037	0.037
材料	滑触线		m·单相	(10.400)	(10.400)
	热轧圆盘条 $\phi10$ 以内		kg	0.170	0.213
	白布		kg	0.009	0.009
	低碳钢焊条(综合)		kg	0.111	0.145
	钢锯条		条	0.255	0.255
	铁砂布 $0^{\#}\sim2^{\#}$		张	0.170	0.213
	滑触线拉紧装置		套	0.170	0.170
	其他材料费		%	1.80	1.80
机械	弧焊机 20kV·A		台班	0.014	0.018

四、滑触线支架安装

工作内容：测位、放线、支架及支架器安装、底板钻眼、指示灯安装等。

编号				4-8-27	4-8-28	4-8-29	4-8-30	4-8-31	4-8-32
项目				3横架式支架		6横架式支架		工字钢、轻轨支架	指示灯安装
				螺栓固定	焊接固定	螺栓固定	焊接固定		
				副				套	
名称			单位	消耗量					
人工	合计工日		工日	0.164	0.164	0.244	0.244	0.460	0.118
	其中	普工	工日	0.050	0.050	0.075	0.075	0.141	0.036
		一般技工	工日	0.090	0.090	0.134	0.134	0.253	0.065
		高级技工	工日	0.024	0.024	0.035	0.035	0.066	0.017
材料	滑触线支架		副	（1.005）	（1.005）	（1.005）	（1.005）	（1.005）	—
	钢板（综合）		kg	—	—	—	—	—	0.383
	白布		kg	0.043	0.043	0.085	0.085	0.128	0.170
	低碳钢焊条（综合）		kg	—	0.149	—	0.213	0.425	0.085
	圆木台 63~138×22		块	—	—	—	—	—	2.550
	酚醛调和漆		kg	—	0.017	—	0.026	0.034	—
	氧气		m^3	—	—	—	—	0.033	—
	乙炔气		kg	—	—	—	—	0.085	—
	彩色灯泡 220V 35W		个	—	—	—	—	—	2.550
	座灯头		个	—	—	—	—	—	2.550
	滑触线支持器		套	2.550	2.550	5.100	5.100	5.100	—
	绕线电阻 300Ω 15W		个	—	—	—	—	—	2.550
	其他材料费		%	1.80	1.80	1.80	1.80	1.80	1.80
机械	汽车式起重机 8t		台班	—	—	—	—	0.056	—
	弧焊机 20kV·A		台班	—	0.018	—	0.026	0.052	0.010

五、滑触线拉紧装置及挂式支持器制作与安装

工作内容: 划线、下料、钻孔、刷油、绝缘子灌注螺栓、组装、固定、拉紧装置成套组装及安装。

计量单位: 套

编号				4-8-33	4-8-34	4-8-35	4-8-36
项目				滑触线拉紧装置			挂式滑触线支持器
				扁钢	圆钢	软滑线	
名称			单位	消耗量			
人工	合计工日		工日	0.093	0.108	0.448	0.031
	其中	普工	工日	0.029	0.033	0.138	0.010
		一般技工	工日	0.051	0.059	0.246	0.017
		高级技工	工日	0.013	0.016	0.064	0.004
材料	镀锌铁丝 ϕ2.5~4.0		kg	0.085	0.111	0.170	—
	角钢(综合)		kg	2.125	1.955	0.978	0.209
	白布		kg	0.255	0.255	0.255	0.034
	索具螺旋扣 M14×150		套	0.867	0.867	—	—
	索具螺旋扣 M14×270		套	0.867	0.867	—	—
	索具螺旋扣 M16×250		套	—	—	0.867	—
	水泥 P·O 42.5		kg	—	—	—	0.053
	防锈漆		kg	0.043	0.043	0.043	—
	酚醛调和漆		kg	0.051	0.051	0.051	—
	电车绝缘子 WX-01		个	—	—	—	0.876
	拉紧绝缘子 J-2		个	—	0.867	—	—
	拉紧绝缘子 J-4.5		个	0.867	—	—	—
	青壳纸 δ0.1~1.0		kg	—	—	—	0.044
	其他材料费		%	1.80	1.80	1.80	1.80
机械	台式钻床 16mm		台班	—	—	—	0.007

六、移动软电缆安装

工作内容：配钢索、装拉紧装置、吊挂、滑轮及托架、电缆敷设、接线等。　　**计量单位：**套

编　号				4-8-37	4-8-38	4-8-39
项　目				沿钢索		
				每根长度（m）		
				≤10	≤20	≤30
名　称			单位	消　耗　量		
人工	合计工日		工日	0.560	0.840	1.121
	其中	普工	工日	0.172	0.258	0.344
		一般技工	工日	0.308	0.462	0.617
		高级技工	工日	0.080	0.120	0.160
材料	软电缆		套	（1.010）	（1.010）	（1.010）
	钢丝绳 ϕ4.5		m	10.200	20.400	30.600
	钢丝绳 ϕ8.4		m	8.500	17.000	25.500
	白布		kg	0.085	0.128	0.128
	钢锯条		条	0.425	0.425	0.850
	钢索拉紧装置		套	0.850	0.850	0.850
	镀锌电缆吊挂 3.0×50		套	5.100	9.350	13.600
	其他材料费		%	1.80	1.80	1.80

计量单位：10m

编号				4-8-40	4-8-41	4-8-42	4-8-43
项目				沿轨道			
				电缆截面（mm^2）			
				≤16	≤35	≤70	≤120
名称			单位	消耗量			
人工	合计工日		工日	0.156	0.179	0.211	0.241
	其中	普工	工日	0.048	0.056	0.064	0.072
		一般技工	工日	0.086	0.101	0.117	0.132
		高级技工	工日	0.022	0.022	0.030	0.037
材料	软电缆		套	（10.100）	（10.100）	（10.100）	（10.100）
	钢丝绳 ϕ4.5		m	8.509	8.509	8.509	8.509
	白布		kg	0.017	0.017	0.026	0.026
	钢锯条		条	0.128	0.128	0.170	0.170
	镀锌电缆吊挂 3.0×50		套	2.808	2.808	2.808	2.808
	其他材料费		%	1.80	1.80	1.80	1.80

第九章　配电、输电电缆敷设工程

说　明

一、本章内容包括直埋电缆辅助设施、电缆保护管铺设、电缆桥架与槽盒安装、电力电缆敷设、电力电缆头制作与安装、控制电缆敷设、控制电缆终端头制作与安装、电缆防火设施安装、电缆分支箱安装、电力电缆试验等内容。

二、有关说明：

1. 直埋电缆辅助设施项目包括开挖与修复路面、沟槽挖填、铺砂与保护、揭或盖或移动盖保护板等内容。

(1)不包括电缆沟与电缆井的砌砖或浇筑混凝土、隔热层与保护层制作与安装，工程实际发生时，执行相应项目。

(2)开挖路面、修复路面项目包括安装警戒设施的搭拆、开挖、回填、路面修复、路缘石安装、余物外运、场地清理作内容。项目不包括施工场地的手续办理、秩序维护、临时通行设施搭拆等。

(3)开挖路面项目综合考虑了人工开挖、机械开挖，执行项目时不因施工组织与施工技术的不同而调整。

(4)修复路面项目综合考虑了不同材质的制备，执行项目时不做调整。

(5)沟槽挖填项目包括土石方开挖、回填、余土外运等，适用于电缆保护管土石方施工。项目是按照人工施工考虑的，工程实际采用机械施工时，执行人工施工项目不做调整。

(6)揭、盖、移动盖板项目综合考虑了不同的工序，执行项目时不因工序的多少而调整。

(7)项目中实际发生外运，执行《房屋建筑与装饰工程消耗量》TY 01-31-2021 相应项目。

2. 电缆保护管铺设定额分为地下铺设、地上铺设两个部分。入室后需要敷设电缆保护管时，执行本册第十二章“配管工程”相关项目。

(1)地下铺设不分人工或机械铺设、铺设深度，均执行项目，不做调整。

(2)地下顶管、拉管项目不包括入口、出口施工，应根据施工措施方案另行计算。

(3)地上铺设保护管项目不分角度与方向，综合考虑了不同壁厚与长度，执行项目时不做调整。

(4)多孔梅花管安装参照相应的塑料复合管项目执行。

3. 本章桥架安装项目适用于输电、配电及用电工程电力电缆与控制电缆的桥架安装。通信、热工及仪器仪表、建筑智能等弱电工程控制电缆桥架安装，根据其说明执行相应桥架安装项目。

4. 桥架安装项目包括组对、焊接、桥架开孔、隔板与盖板安装、接地、附件安装、修理等。项目不包括桥架支撑架安装，执行本册第七章“金属构件、穿通板安装工程”相关项目。项目综合考虑了螺栓、焊接和膨胀螺栓三种桥架固定方式，执行时项目不做调整。

(1)梯式桥架安装项目是按照不带盖考虑的，若梯式桥架带盖，则执行相应的槽式桥架项目。

(2)钢制桥架主结构设计厚度大于 3mm 时，执行相应安装项目的人工、机械乘以系数 1.20。

(3)不锈钢桥架安装执行相应的钢制桥架项目乘以系数 1.10。

(4)电缆桥架安装项目是按照厂家供应成品安装编制的，若现场需要制作桥架时，应执行本册第七章“金属构件、穿通板安装工程”相关项目。

(5)槽盒安装根据材质与规格，执行相应的槽式桥架安装项目，其中：人工、机械乘以系数 1.08。

5. 电力电缆敷设项目包括输电电缆敷设与配电电缆敷设项目，根据敷设环境执行相应项目。项目综合了裸包电缆、铠装电缆、屏蔽电缆等电缆类型，凡是电压等级小于或等于 10kV 电力电缆和控制电缆敷设不分结构形式和型号，一律按照相应的电缆截面和芯数执行项目。

(1)输电电力电缆敷设环境分为直埋式，电缆沟(隧)道内、排管内、街码金具上。输电电力电缆起点为电源点或变(配)电站，终点为用户端配电站。

（2）配电电力电缆敷设环境分为室内、竖井通道内。配电电力电缆起点为用户端配电站，终点为用电设备。室内敷设电力电缆项目综合考虑了用户区内室外电缆沟、室内电缆沟，室内桥架、室内支架、室内线槽、室内管道等不同环境敷设，执行项目时不做调整。

（3）预制分支电缆、控制电缆敷设项目综合考虑了不同的敷设环境，执行项目时不做调整。

（4）矿物绝缘电力电缆敷设根据电缆敷设环境与电缆截面执行相应的电力电敷设项目与接头项目。

（5）电缆敷设项目中综合考虑了电缆布放费用，当电缆布放穿过高度大于 20m 的竖井时，需要计算电缆布放增加费。电缆布放增加费按照穿过竖井电缆长度计算工程量，执行竖并通道内敷设电缆相关项目乘以系数 0.30。

（6）竖井通道内敷设电缆项目适用于单段高度大于 3.6m 的竖井。在单段高度小于或等于 3.6m 的竖井内敷设电缆时，应执行“室内敷设电力电缆”相应项目。

（7）预制分支电敷设项目中，包括电缆吊具、每个长度小于或等于 10m 分支电缆安装；不包括分支电缆头的制作安装，应根据设计图示数量与规格执行相应的电缆接头项目；每个长度大于 10m 分支电缆，应根据超出的数量与规格及敷设的环境执行相应的电缆敷设项目。

6. 室外电力电缆敷设项目是按照平原地区施工条件编制的，未考虑在积水区、水底、深井下等特殊条件下的电缆敷设。电缆在一般山地、丘陵地区敷设时，其项目人工乘以系数 1.30。该地段施工所需的额外材料（如固定桩、夹具等）应根据施工组织设计另行计算。

7. 电力电缆敷设、电力电缆中间头制作安装、电力电缆终端头制作安装以铜芯为主，铝芯人工、机械乘以调整系数 0.90。

8. 电力电缆敷设项目是按照三芯（包括三芯连地）编制的，电缆每增加一芯相应项目增加 15%。单芯电力电敷设按照同截面电缆敷设项目乘以系数 0.70，两芯电缆按照三芯电缆现项目执行。截面 $400mm^2$ 以上至 $800mm^2$ 的单芯电力电缆敷设，按照 $400mm^2$ 电力电缆敷设项目来乘以系数 1.35。截面 $800mm^2$ 以上至 1 $600mm^2$ 的单芯电力电缆敷设，按照 $400mm^2$ 电力电缆敷设项目乘以系数 1.85。

9. 电缆敷设需要钢索及拉紧装置安装时，应执行本册第十三章“配线工程”相关项目。

10. 电缆头制作安装项目中包括镀锡裸铜线、扎索管、螺栓等消耗性材料，项目不包括终端盒、中间盒、保护盒、插接式成品头、铅套管主材及支架安装。

11. 双屏蔽电缆头制作安装执行相应项目人工乘以系数 1.05。若接线端子为异型端子，需要单独加工时，应另行计算加工费。

12. 电缆防火设施安装不分规格、材质，执行项目时不做调整。

13. 阻燃槽盒安装项目按照单件槽盒 2.05m 长度考虑，项目中包括槽盒、接头部件的安装，包括接头防火处理。执行项目时不得因阻燃槽盒的材质、壁厚、单件长度而调整。

14. 电敷敷设项目中不包括支架的制作与安装，工程应用时，执行本册第七章“金属构件，穿通板安装工程”相关项目。

15. 铝合金电缆敷设及其附件安装根据规格执行相应的铝芯电缆敷设相关说明。

16. 电缆沟盖板采用金属盖板时，根据设计图纸分工执行相应的项目，属于电气安装专业设计范围的电缆沟金属盖板制作与安装，执行本册第七章“金属构件、穿通板安装工程”按相应项目乘以系数 0.60。

17. 电缆分支箱包括高压、低压电缆分支箱的安装。

18. 电力电缆包括了电力电缆绝缘摇测、直流耐压试验、交流耐压试验、电阻比试验、电缆局放试验。

19. 本章是按照区域内（含厂区、站区、生活区等）施工考虑，当工程在区域外施工时，按相应项目乘以系数 1.065。

20. 电缆沟道、隧道、工井工程，根据项目施工地点分别执行《房屋建筑与装饰工程消耗量》或《市政工程消耗量》相应项目。

（1）项目施工地点在区城内（含厂区、站区、生活区等）的工程，执行《房屋建筑与装饰工程消耗量》

相应项目。

（2）项目施工地点在区域外且城市内（含市区、郊区、开发区）的工程，执行《市政工程消耗量》相应项目。

（3）项目施工地点在区域外且城市外的工程，执行《房屋建筑与装饰工程消耗量》相应项目乘以系数1.05，所有材料按照第十一章“电压等级≤10kV架空线路输电工程”计算工地运输费。

工程量计算规则

一、开挖路面、修复路面根据混凝土、沥青混凝土、砂石碎石、人行道预制块、花岗岩路面材质与厚度，结合施工组织设计，按照实际开挖的数量以“m^2”为计量单位。钢筋混凝土路面开挖按混凝土路面定额乘以系数 1.18。恢复路面根据实际路面种类，以“m^2”为计量单位，路缘石以“m”为计量单位。需要单独计算渣土外运工作量时，按照路面开挖厚度乘以开挖面积计算，不考虑松散系数。

二、直埋电缆沟槽挖填根据电缆敷设路径，除特殊要求外，按照下表规定以“m^3”为计量单位。沟槽开挖长度按照电缆敷设路径长度计算。需要单独计算余土（余石）外运工程量时按照直埋电缆沟槽挖填量 12.5% 计算。

直埋电缆沟槽土石方挖填计算表

项目	电缆根数	
	1~2	每增一根
每米沟长挖方量（m^3）	0.45	0.153

注：1. 两根以内电缆沟，按照上口宽度 600mm、下口宽度 400mm、深 900mm 计算常规土方量（深度按规范的最低标准）。

2. 每增加一根电缆，其宽度增加 170mm。

3. 土石方量从自然地坪挖起，若挖深大于 900mm 时，按照开挖尺寸另行计算。

4. 挖淤泥、流砂按照表 9.1 数量乘以系数 1.50。

三、电缆沟揭、盖、移动盖板根据施工组织设计，以揭一次与盖一次或者移出一次与移回一次为计算基础，按照实际揭与盖或移出与移回的次数乘以其长度，以“m”为计量单位。

四、电缆保护管铺设根据电缆敷设路径，应区别不同敷设方式、敷设位置、管材材质、规格，按照设计图示敷设数量以“m”为计量单位。计算电缆保护管长度时，设计无规定者按照以下规定增加保护管长度。

1. 横穿马路时，按照路基宽度两端各增加 0.5m。

2. 保护管需要出地面时，弯头管口距地面增加 2m。

3. 穿过建（构）筑物外墙时，从基础外缘起增加 1m。

4. 穿过沟（隧）道时，从沟（隧）道壁外缘起增加 1m。

五、电缆保护管地下敷设，其土石方量按照设计图纸计算，无设计图纸的，沟深按照 0.9m 计算，沟宽按照保护管边缘每边各增加 0.3m 工作面计算。

六、电缆桥架安装根据桥架材质与规格按照设计图示安装数量以“m”为计量单位。

七、组合式桥架安装按照设计图示安装数量以“片”为计量单位；复合支架安装按照设计图示安装数量以“副”为计量单位。

八、电缆敷设根据电缆敷设环境与规格，按照设计图示单根敷设数量以“m”为计量单位。不计算电缆敷设损耗量。

1. 竖井通道内敷设电缆长度按照电缆敷设在竖井通道垂直高度以延长米计算工程量。

2. 预制分支电缆敷设长度按照敷设主电缆长度计算工程量，不计算分支电缆长度；电缆分支箱接出的分支电缆不属于预制分支电缆。

3. 计算电缆敷设长度时，应考虑因波形敷设、弛度、电缆绕梁（柱）所增加的长度以及电缆与设备连接、电缆接头等必要的预留长度。预留长度按照设计规定计算，设计无规定时按照下表规定计算。

电缆敷设附加长度计算表

序号	项目	预留长度（附加）	说明
1	电缆敷设弛度、波形弯度、交叉	2.5%	按电缆全长计算
2	电缆进入建筑物	2.0m	规范规定最小值
3	电缆进入沟内或吊架时引上（下）预留	1.5m	规范规定最小值
4	变电所进线、出线	1.5m	规范规定最小值
5	电力电缆终端头	1.5m	检修余量最小值
6	电缆中间接头盒	两端各留 2.0m	检修余量最小值
7	电缆进控制、保护屏及模拟盘等	高 + 宽	按盘面尺寸
8	高压开关柜及低压配电盘、柜	2.0m	盘下进出线
9	电缆至电动机	0.5m	从电机接线盒算起
10	厂用变压器	3.0m	从地坪起算
11	电缆绕过梁柱等增加长度	按实计算	按被绕物的断面情况计算增加长度
12	电梯电缆与电缆架固定点	每处 0.5m	范围最小值

九、电缆头制作与安装根据电压等级与电缆头形式及电缆截面，按照设计图示单根电缆接头数量以“个”为计量单位。

1. 电力电缆和控制电缆均按照一根电缆有两个终端头计算。

2. 电力电缆中间头按照设计规定计算；设计没有规定的以单根长度 400m 为标准，每增加 400m 计算一个中间头，增加长度小于 400m 时计算一个中间头。

十、电缆防火设施安装根据防火设施的类型及材料，按照设计用量分别以不同计量单位计算工程量。

十一、10kV 高压电缆分支箱分回路数以“台”为计量单位，1kV 低压电缆分支箱不分规格以“台”为计量单位。

十二、电力电缆试验绝缘遥测预试验按“盘”为计量单位；交接试验以“回路”为计量单位，在同一地点做两路及以上试验时，从第二回路起按 60% 计算。

一、直埋电缆辅助设施

1. 开挖与修复路面

（1）开 挖 路 面

工作内容：测量、划线、路面切割、路基挖掘、挖掘物堆放、渣土清理运输等。

计量单位：m^2

编　号			4-9-1	4-9-2	4-9-3	4-9-4
项　目			混凝土路面开挖		沥青混凝土路面开挖	
			厚度（mm）			
			≤180	≤300	≤70	≤150
名　称		单位	消　耗　量			
人工	合计工日	工日	0.249	0.383	0.064	0.111
	其中 普工	工日	0.222	0.343	0.054	0.094
	其中 一般技工	工日	0.027	0.040	0.010	0.017
机械	载货汽车－普通货车 5t	台班	0.037	0.073	0.020	0.029
	电动空气压缩机 $10m^3/min$	台班	0.040	0.143	0.027	0.061

计量单位：m^2

编　号			4-9-5	4-9-6	4-9-7	4-9-8	4-9-9
项　目			砂石路面开挖		预制块人行道开挖		花岗岩路面开挖
			厚度（mm）				
			≤100	≤300	≤60	≤120	
名　称		单位	消　耗　量				
人工	合计工日	工日	0.079	0.108	0.046	0.179	0.595
	其中 普工	工日	0.071	0.098	0.041	0.162	0.503
	其中 一般技工	工日	0.008	0.010	0.005	0.017	0.092
机械	载货汽车－普通货车 5t	台班	0.025	0.050	0.014	0.030	0.600
	电动空气压缩机 $10m^3/min$	台班	0.050	0.080	0.013	0.016	0.023

(2)修复路面

工作内容：清理、过滤原碎石、回填、夯实、铺面层、养护、标识等。 **计量单位：**m²

编号				4-9-10	4-9-11	4-9-12	4-9-13
项目				混凝土路面修复		沥青混凝土路面修复	
				厚度（mm）			
				≤180	≤300	≤70	≤150
名称			单位	消耗量			
人工	合计工日		工日	0.920	1.012	0.401	0.441
	其中	普工	工日	0.598	0.658	0.261	0.287
		一般技工	工日	0.322	0.354	0.140	0.154
材料	圆钉		kg	0.011	0.011	—	—
	铁件（综合）		kg	0.312	0.312	—	—
	碎石 30~50		m^3	（0.128）	（0.213）	（0.102）	（0.213）
	板枋材		m^3	0.003	0.003	—	—
	柴油		kg	—	—	0.003	0.003
	木柴		kg	—	—	14.144	14.144
	水		m^3	0.584	0.584	—	—
	混凝土 C25		m^3	（0.168）	（0.281）	—	—
	中粒式沥青混凝土		m^3	—	—	（0.065）	（0.140）
	其他材料费		%	1.80	1.80	1.80	1.80
机械	轮胎式装载机 $2m^3$		台班	0.072	0.072	—	—
	钢轮内燃压路机 8t		台班	—	—	0.015	0.016
	钢轮内燃压路机 15t		台班	0.012	0.021	0.009	0.010
	轮胎压路机 9t		台班	0.002	0.002	0.002	0.002
	混凝土振捣器（平台式）		台班	0.106	0.118	—	—

计量单位：m^2

编号			4-9-14	4-9-15	4-9-16	4-9-17
项目			砂石路面修复		预制块人行道修复	
			厚度（mm）			
			≤100	≤300	≤60	≤120
名称		单位	消耗量			
人工	合计工日	工日	0.382	0.419	0.075	0.083
	其中 普工	工日	0.248	0.273	0.049	0.054
	其中 一般技工	工日	0.134	0.146	0.026	0.029
材料	砂子 中砂	m^3	（0.108）	（0.323）	（0.039）	（0.039）
	碎石 30~50	m^3	（0.131）	（0.131）	—	—
	混凝土预制块	块	—	—	（14.025）	（14.025）
	水	m^3	0.329	0.329	0.026	0.026
	其他材料费	%	1.80	1.80	1.80	1.80
机械	履带式推土机 105kW	台班	0.006	0.006	—	—
	钢轮内燃压路机 12t	台班	—	—	0.003	0.003
	钢轮振动压路机 15t	台班	0.024	0.027	—	—
	机动翻斗车 1t	台班	—	—	0.002	0.002
	空气锤 400kg	台班	—	—	0.048	0.053

编　号				4-9-18	4-9-19	4-9-20
项　目				花岗岩路面	路缘石	
					安砌侧石	安砌平石
				m^2	m	
名　称			单位	消　耗　量		
人工	合计工日		工日	0.194	0.139	0.055
	其中	普工	工日	0.110	0.109	0.043
		一般技工	工日	0.084	0.030	0.012
材料	水泥砂浆 1∶3		m^3	（0.019）	—	—
	素水泥浆		m^3	（0.001）	—	—
	水泥砂浆 1∶1		m^3	（0.006）	—	—
	碎石 30~50		m^3	（0.051）	—	—
	水		m^3	0.026	0.014	0.015
	碎花岗岩		m^2	（1.020）	—	—
	预拌混凝土 C20		m^3	（0.085）	—	—
	砌筑水泥砂浆 M10		m^3	—	（0.003）	（0.003）
	混凝土立缘石		m	—	（1.030）	—
	水泥砂浆 1∶2.5		m^3	—	—	（0.003）
	混凝土连接型侧平石		m	—	—	（1.030）
	其他材料费		%	1.80	1.80	1.80
机械	钢轮内燃压路机 12t		台班	0.003	—	—
	空气锤 400kg		台班	0.080	—	—
	机动翻斗车 1t		台班	0.002	—	—
	岩石切割机 3kW		台班	0.001	—	—

2. 人工沟槽挖填

工作内容：测量、划线、挖掘、回填土、夯实、余土（余石）清理运输等。 **计量单位：**m^3

编号				4-9-21	4-9-22	4-9-23	4-9-24	4-9-25	4-9-26
项目				普通土	坚土	淤泥、流砂	冻土	松砂石	岩石
名称			单位	消耗量					
人工	合计工日		工日	0.307	0.377	0.399	0.786	0.605	0.944
	其中	普工	工日	0.276	0.339	0.359	0.707	0.544	0.661
		一般技工	工日	0.031	0.038	0.040	0.079	0.061	0.283
材料	生石灰		kg	0.128	0.128	0.128	0.128	0.128	—
	火雷管		个	—	—	—	—	—	1.461
	导火索		m	—	—	—	—	—	1.461
	硝铵炸药 2#		kg	—	—	—	—	—	0.533
	焦炭		kg	—	—	—	—	—	1.675
	其他材料费		%	1.80	1.80	1.80	1.80	1.80	1.80
机械	载货汽车－普通货车 5t		台班	0.030	0.030	0.030	0.030	0.030	0.030

3. 机械沟槽挖填

工作内容：测量、划线、开挖、修整、回填、清理、机械及工器具移运等。 **计量单位：**m^3

编号				4-9-27	4-9-28
项目				土方	松砂石
名称			单位	消耗量	
人工	合计工日		工日	0.049	0.055
	其中	普工	工日	0.046	0.051
		一般技工	工日	0.003	0.004
材料	生石灰		kg	0.128	0.128
	其他材料费		%	1.80	1.80
机械	载货汽车－普通货车 5t		台班	0.003	0.030
	履带式推土机 90kW		台班	—	0.001
	履带式单斗液压挖掘机 0.6m^3		台班	0.018	0.025
	载货汽车－平板拖车组 10t		台班	0.001	0.001

4. 铺砂、保护板

工作内容： 调整电缆间距、铺砂、盖保护板、敷设警示带、埋设标示桩（安装标示牌）、清理等。

计量单位： 10m

编号				4-9-29	4-9-30
项目				铺砂、盖保护板	
				电缆 1~2 根	每增加 1 根电缆
名称			单位	消耗量	
人工	合计工日		工日	0.307	0.086
	其中	普工	工日	0.245	0.063
		一般技工	工日	0.047	0.016
		高级技工	工日	0.015	0.007
材料	砂子 中砂		m^3	0.825	0.306
	混凝土保护板 300×150×30		块	—	(37.037)
	混凝土标桩 1 200×100×100		个	0.340	—
	混凝土保护板 300×250×30		块	(37.037)	—
	警示带		m	(10.500)	—
	其他材料费		%	1.80	1.80

5. 揭、盖、移动电缆沟盖板

工作内容： 盖板揭起、堆放、盖板覆盖、调整、清理、工器具移运等。

计量单位： 10m

编号				4-9-31	4-9-32	4-9-33
项目				盖板长度（mm）		
				≤500	≤1 000	≤1 500
名称			单位	消耗量		
人工	合计工日		工日	0.984	1.591	2.234
	其中	普工	工日	0.882	1.478	2.110
		一般技工	工日	0.102	0.113	0.124

二、电缆保护管铺设

1. 地下敷设

(1)钢管铺设

工作内容：沟底夯实、锯管、弯管、打喇叭口、接口、敷设、管卡固定、刷漆、堵管口、金属管接地等。

计量单位：10m

编号				4-9-34	4-9-35	4-9-36	4-9-37	4-9-38
项目				直径(mm)				
				≤50	≤100	≤150	≤200	≤300
名称			单位	消耗量				
人工	合计工日		工日	0.618	0.666	0.726	0.820	0.920
	其中	普工	工日	0.240	0.264	0.289	0.330	0.364
		一般技工	工日	0.347	0.369	0.402	0.451	0.509
		高级技工	工日	0.031	0.033	0.035	0.039	0.047
材料	钢管		m	(10.300)	(10.300)	(10.300)	(10.300)	(10.300)
	镀锌铁丝(综合)		kg	0.596	0.766	0.936	1.106	1.276
	钢板(综合)		kg	0.170	0.255	0.426	0.851	1.276
	低碳钢焊条(综合)		kg	0.340	0.425	0.511	0.596	0.681
	沥青清漆		kg	0.851	1.021	1.362	1.702	2.042
	氧气		m^3	0.065	0.075	0.089	0.098	0.108
	乙炔气		kg	0.170	0.196	0.230	0.255	0.281
	其他材料费		%	1.80	1.80	1.80	1.80	1.80
机械	半自动切割机 100mm		台班	0.200	0.200	0.020	0.020	0.020
	弧焊机 20kV·A		台班	0.041	0.052	0.062	0.072	0.083

（2）塑料复合（CPVC、UPVC、PVC、MPP、玻璃钢等）管铺设

工作内容：沟底夯实、锯管、弯管、接口、敷设、堵管口等。　　　　**计量单位：**10m

编号				4-9-39	4-9-40	4-9-41	4-9-42	4-9-43
项目				直径（mm）				
				≤50	≤100	≤150	≤200	≤300
名称			单位	消耗量				
人工	合计工日		工日	0.164	0.205	0.312	0.353	0.459
	其中	普工	工日	0.066	0.082	0.124	0.140	0.182
		一般技工	工日	0.090	0.115	0.172	0.197	0.254
		高级技工	工日	0.008	0.008	0.016	0.016	0.023
材料	塑料管		m	（10.300）	（10.300）	（10.300）	（10.300）	（10.300）
	锯条（各种规格）		根	0.170	0.170	0.170	0.170	0.170
	金刚石砂轮片 $\phi400$		片	0.005	0.007	0.010	0.012	0.015
	砂子 中砂		m^3	0.017	0.017	0.026	0.034	0.051
	其他材料费		%	1.80	1.80	1.80	1.80	1.80
机械	台式砂轮机		台班	0.020	0.020	0.030	0.030	0.030

（3）波纹管铺设

工作内容：沟底夯实、锯管、弯管、接口、敷设、堵管口等。　　　　**计量单位：**10m

编号				4-9-44	4-9-45	4-9-46	4-9-47	4-9-48
项目				直径（mm）				
				≤50	≤100	≤150	≤200	≤300
名称			单位	消耗量				
人工	合计工日		工日	0.178	0.218	0.322	0.362	0.466
	其中	普工	工日	0.073	0.089	0.130	0.146	0.186
		一般技工	工日	0.097	0.121	0.177	0.201	0.257
		高级技工	工日	0.008	0.008	0.015	0.015	0.023
材料	塑料波纹管		m	（10.300）	（10.300）	（10.300）	（10.300）	（10.300）
	锯条（各种规格）		根	0.170	0.170	0.170	0.170	0.170
	金刚石砂轮片 $\phi400$		片	0.005	0.007	0.010	0.012	0.015
	砂子 中砂		m^3	0.017	0.017	0.026	0.034	0.051
	其他材料费		%	1.80	1.80	1.80	1.80	1.80
机械	台式砂轮机		台班	0.020	0.020	0.030	0.030	0.030

(4)塑料矩形套管铺设

工作内容:沟底夯实、锯管、弯管、接口、敷设、堵管口等。 **计量单位:**10m

编号				4-9-49	4-9-50	4-9-51
项目				外轮廓截面(m^2)		
				≤0.05	≤0.1	>0.1
名称			单位	消耗量		
人工	合计工日		工日	0.346	0.450	0.498
	其中	普工	工日	0.138	0.178	0.202
		一般技工	工日	0.193	0.249	0.273
		高级技工	工日	0.015	0.023	0.023
材料	塑料管		m	(10.300)	(10.300)	(10.300)
	金刚石砂轮片 ϕ400		片	0.005	0.010	0.014
	砂子 中砂		m^3	0.034	0.051	0.060
	其他材料费		%	1.80	1.80	1.80
机械	台式砂轮机		台班	0.030	0.040	0.050

(5)混凝土(水泥)管铺设

工作内容:沟底夯实、锯管、接口、敷设、堵管口等。 **计量单位:**10m

编号				4-9-52	4-9-53
项目				直径(mm)	
				≤150	≤200
名称			单位	消耗量	
人工	合计工日		工日	0.482	1.029
	其中	普工	工日	0.194	0.392
		一般技工	工日	0.265	0.591
		高级技工	工日	0.023	0.046
材料	钢筋混凝土管		m	(10.500)	(10.500)
	水		t	0.031	0.037
	水泥 P·O 32.5		kg	8.509	9.359
	其他材料费		%	1.80	1.80

(6)地下顶管

工作内容:钢管刷油、下管、装机具、顶管、接管、清理、扫管、临时封堵管口等。 **计量单位:**10m

编号				4-9-54	4-9-55	4-9-56	4-9-57
项目				钢管直径≤150mm		钢管直径≤300mm	
				顶管距离(m)			
				≤10	>10	≤10	>10
名称			单位	消耗量			
人工	合计工日		工日	7.353	7.353	8.452	8.452
	其中	普工	工日	2.958	2.958	3.405	3.405
		一般技工	工日	4.047	4.047	4.647	4.647
		高级技工	工日	0.348	0.348	0.400	0.400
材料	钢管		m	(10.250)	(10.250)	(10.250)	(10.250)
	中厚钢板(综合)		kg	4.212	2.110	4.841	2.425
	低碳钢焊条(综合)		kg	0.034	0.034	0.034	0.034
	枕木 2 500×200×160		根	1.931	0.970	1.931	0.970
	沥青清漆		kg	2.978	2.978	3.429	3.429
	氧气		m^3	0.259	0.259	0.298	0.298
	乙炔气		kg	0.672	0.672	0.774	0.774
	无缝钢管 $D159\times6$		kg	4.365	3.642	—	—
	无缝钢管 $D219\times6$		kg	—	—	8.049	6.705
	水		t	32.332	31.481	37.182	36.204
	其他材料费		%	1.80	1.80	1.80	1.80
机械	立式油压千斤顶 100t		台班	4.563	4.350	4.775	4.563
	载货汽车-普通货车 5t		台班	2.971	1.984	2.971	1.984
	电动双筒慢速卷扬机 30kN		台班	2.281	2.175	2.387	2.281
	电动单级离心清水泵 50mm		台班	1.984	1.984	1.984	1.984
	污水泵 70mm		台班	2.971	2.483	3.417	3.417
	高压油泵 50MPa		台班	2.281	2.175	2.387	2.281
	弧焊机 20kV·A		台班	0.149	0.149	0.149	0.149

(7)拉管(非开挖水平钻定向穿越)

工作内容: 准备、测量定位、钻机锚固,水、电源接头等拆装、机具就(退)位、泥浆池挖填、造浆、钻孔、扩孔、注浆加固、清孔、导管装拆、接管、清理、临时堵管口等。

计量单位:10m

编号				4-9-58	4-9-59
项目				直径(mm)	
				≤200	≤300
名称			单位	消耗量	
人工	合计工日		工日	6.134	6.600
	其中	普工	工日	1.267	1.352
		一般技工	工日	3.395	3.479
		高级技工	工日	1.472	1.769
材料	回扩器 *DN*250		只	0.102	—
	回扩器 *DN*350		只	—	0.102
	HDPE 实壁管		m	(10.300)	(10.300)
	水		t	32.332	36.898
	其他材料费		%	1.80	1.80
机械	水平定向钻机(中型)		台班	0.180	0.200
	泥浆泵 50mm		台班	0.150	0.170
	载货汽车 - 普通货车 5t		台班	1.370	1.480
	电动单级离心清水泵 50mm		台班	1.872	1.981
	污水泵 70mm		台班	0.730	0.840
	热熔熔接机 DHJ-400		台班	0.030	—
	热熔熔接机 DHJ-600		台班	—	0.041
	导向仪		台班	0.013	0.017

2. 地 上 铺 设

工作内容：锯断、钢管摵管、打喇叭口、上抱箍、固定、刷油、堵管口等。　　　　**计量单位：**根

编号				4-9-60	4-9-61	4-9-62	4-9-63
项目				沿电杆敷设			
				钢管直径(mm)		硬塑料管直径(mm)	
				≤80	>80	≤80	>80
名称			单位	消耗量			
人工	合计工日		工日	0.619	0.847	0.343	0.520
	其中	普工	工日	0.249	0.341	0.138	0.209
		一般技工	工日	0.340	0.465	0.189	0.286
		高级技工	工日	0.030	0.041	0.016	0.025
材料	麻绳		kg	0.510	0.765	0.510	0.765
	沥青清漆		kg	0.255	0.255	—	—
	焊接钢管(综合)		kg	(23.680)	(41.410)	—	—
	硬塑料管 $\phi70$		m	—	—	(2.270)	—
	硬塑料管 $\phi150$		m	—	—	—	(2.270)
	镀锌U形抱箍		套	1.709	1.709	1.709	1.709
	防水水泥砂浆 1∶2		m^3	0.043	0.043	0.043	0.043
	其他材料费		%	1.80	1.80	1.80	1.80
机械	半自动切割机 100mm		台班	0.005	0.005	—	—
	台式砂轮机		台班	—	—	0.004	0.005
	钢材电动煨弯机 500mm 以内		台班	0.023	0.023	—	—

3. 人室密封电缆保护管安装

工作内容：下料、法兰制作、焊接、敷设、密封、紧固、刷油等。 **计量单位：**根

编 号				4-9-64	4-9-65	4-9-66	4-9-67
项 目				钢管直径(mm)			
				≤50	≤100	≤150	≤200
名 称			单位	消 耗 量			
人工	合计工日		工日	0.404	0.574	0.717	1.356
	其中	普工	工日	0.143	0.203	0.255	0.482
		一般技工	工日	0.223	0.316	0.394	0.745
		高级技工	工日	0.038	0.055	0.068	0.129
材料	钢板(综合)		kg	3.740	6.460	10.030	12.155
	麻绳		kg	0.425	0.595	0.765	0.935
	低碳钢焊条(综合)		kg	0.111	0.230	0.357	0.451
	沥青清漆		kg	0.340	0.680	1.020	1.360
	氧气		m^3	0.021	0.041	0.060	0.072
	乙炔气		kg	0.055	0.106	0.157	0.187
	焊接钢管 *DN*50		kg	(10.420)	—	—	—
	焊接钢管 *DN*100		kg	—	(27.158)	—	—
	焊接钢管 *DN*150		kg	—	—	(40.020)	—
	焊接钢管 *DN*200		kg	—	—	—	(61.630)
	防水水泥砂浆 1:1		m^3	0.043	0.043	0.043	0.043
	其他材料费		%	1.80	1.80	1.80	1.80
机械	半自动切割机 100mm		台班	0.026	0.026	0.034	0.043
	钢材电动煨弯机 500mm 以内		台班	0.017	0.022	0.026	0.034
	弧焊机 20kV·A		台班	0.014	0.028	0.043	0.055

三、电缆桥架安装

1. 钢制桥架安装

工作内容：组对、焊接或螺栓固定、弯头、三通或四通、盖板、隔板、附件安装、接地跨接，桥架整理等。

计量单位：10m

编号			4-9-68	4-9-69	4-9-70	4-9-71	4-9-72	4-9-73	4-9-74
项目			钢制槽式桥架（宽＋高 mm）						
			≤200	≤400	≤600	≤800	≤1 000	≤1 200	≤1 500
名称		单位	消耗量						
人工	合计工日	工日	0.887	1.478	2.364	3.198	4.070	4.846	5.457
人工	其中 普工	工日	0.273	0.454	0.727	0.984	1.250	1.491	1.679
人工	其中 一般技工	工日	0.488	0.813	1.300	1.758	2.238	2.667	3.003
人工	其中 高级技工	工日	0.126	0.211	0.337	0.456	0.582	0.688	0.775
材料	电缆桥架	m	(10.100)	(10.100)	(10.100)	(10.100)	(10.100)	(10.100)	(10.100)
材料	碎布	kg	0.026	0.043	0.085	0.102	0.128	0.170	0.213
材料	砂轮片 $\phi100$	片	0.009	0.009	0.017	0.017	0.026	0.026	0.028
材料	砂轮片 $\phi400$	片	0.009	0.009	0.017	0.017	0.026	0.034	0.039
材料	低碳钢焊条（综合）	kg	—	—	0.085	0.145	0.230	0.281	0.350
材料	酚醛防锈漆	kg	0.085	0.102	0.128	0.128	0.170	0.213	0.271
材料	汽油（综合）	kg	0.068	0.085	0.170	0.255	0.340	0.425	0.501
材料	铜芯塑料绝缘软电线 BVR-6mm^2	m	1.914	1.914	1.914	1.872	1.600	1.446	1.446
材料	其他材料费	%	1.80	1.80	1.80	1.80	1.80	1.80	1.80
机械	汽车式起重机 16t	台班	—	—	—	0.019	0.029	0.048	0.057
机械	载货汽车－普通货车 8t	台班	0.010	0.019	0.029	0.038	0.057	0.067	0.077
机械	半自动切割机 100mm	台班	0.010	0.010	0.010	0.010	0.019	0.019	0.021
机械	弧焊机 20kV·A	台班	—	—	0.010	0.018	0.028	0.034	0.043

计量单位：10m

编号				4-9-75	4-9-76	4-9-77	4-9-78	4-9-79	4-9-80	4-9-81
项目				钢制梯式桥架（宽＋高 mm）						
				≤200	≤400	≤600	≤800	≤1 000	≤1 200	≤1 500
名称			单位	消耗量						
人工	合计工日		工日	0.746	1.379	1.919	2.475	3.516	3.974	4.432
人工	其中	普工	工日	0.227	0.419	0.572	0.765	1.083	1.219	1.360
人工	其中	一般技工	工日	0.414	0.750	1.075	1.359	1.935	2.187	2.439
人工	其中	高级技工	工日	0.105	0.210	0.272	0.351	0.498	0.568	0.633
材料	电缆桥架		m	(10.100)	(10.100)	(10.100)	(10.100)	(10.100)	(10.100)	(10.100)
材料	碎布		kg	0.026	0.068	0.085	0.102	0.128	0.170	0.213
材料	砂轮片 ϕ100		片	0.009	0.009	0.009	0.009	0.017	0.017	0.017
材料	砂轮片 ϕ400		片	0.009	0.009	0.011	0.017	0.026	0.026	0.028
材料	低碳钢焊条（综合）		kg	—	0.136	0.150	0.170	0.238	0.425	0.542
材料	酚醛防锈漆		kg	0.085	0.102	0.115	0.128	0.170	0.213	0.253
材料	汽油（综合）		kg	0.068	0.085	0.182	0.255	0.340	0.425	0.486
材料	铜芯塑料绝缘软电线 BVR-6mm^2		m	1.914	1.914	1.872	1.872	1.600	1.446	1.446
材料	其他材料费		%	1.80	1.80	1.80	1.80	1.80	1.80	1.80
机械	汽车式起重机 16t		台班	—	—	—	0.010	0.029	0.048	0.057
机械	载货汽车－普通货车 8t		台班	0.010	0.019	0.024	0.029	0.038	0.057	0.067
机械	半自动切割机 100mm		台班	0.010	0.010	0.010	0.010	0.010	0.010	0.010
机械	弧焊机 20kV·A		台班	—	0.017	0.018	0.021	0.029	0.052	0.059

计量单位：10m

编号				4-9-82	4-9-83	4-9-84	4-9-85	4-9-86	4-9-87	4-9-88
项目				钢制托盘式桥架（宽＋高 mm）						
				≤200	≤400	≤600	≤800	≤1 000	≤1 200	≤1 500
名称			单位	消耗量						
人工	合计工日		工日	0.834	1.373	2.187	2.932	3.612	3.989	4.345
	其中	普工	工日	0.257	0.424	0.674	0.901	1.113	1.227	1.333
		一般技工	工日	0.458	0.753	1.204	1.610	1.987	2.194	2.391
		高级技工	工日	0.119	0.196	0.309	0.421	0.512	0.568	0.621
材料	电缆桥架		m	(10.100)	(10.100)	(10.100)	(10.100)	(10.100)	(10.100)	(10.100)
	碎布		kg	0.017	0.017	0.026	0.043	0.051	0.085	0.102
	砂轮片 ϕ100		片	0.009	0.009	0.009	0.009	0.017	0.017	0.019
	砂轮片 ϕ400		片	—	—	—	0.170	0.255	0.321	0.373
	低碳钢焊条（综合）		kg	—	—	—	0.111	0.170	0.213	0.373
	酚醛防锈漆		kg	0.043	0.043	0.085	0.128	0.170	0.213	0.253
	汽油（综合）		kg	0.043	0.068	0.085	0.170	0.340	0.425	0.486
	铜芯塑料绝缘软电线 BVR-6mm^2		m	1.914	1.914	1.914	1.872	1.600	1.446	1.446
	其他材料费		%	1.80	1.80	1.80	1.80	1.80	1.80	1.80
机械	汽车式起重机 16t		台班	—	—	0.010	0.019	0.029	0.038	0.047
	载货汽车－普通货车 8t		台班	0.010	0.019	0.019	0.029	0.029	0.038	0.048
	半自动切割机 100mm		台班	0.010	0.010	0.010	0.010	0.181	0.219	0.247
	弧焊机 20kV·A		台班	—	—	—	0.014	0.021	0.026	0.045

2. 玻璃钢桥架安装

工作内容：组对、螺栓固定、弯头、三通或四通、盖板、隔板、附件安装、桥架修理等。　　**计量单位**：10m

编号				4-9-89	4-9-90	4-9-91	4-9-92	4-9-93	4-9-94	4-9-95
项目				玻璃钢槽式桥架（宽 + 高 mm）						
				≤200	≤400	≤600	≤800	≤1 000	≤1 200	≤1 500
名称			单位	消耗量						
人工	合计工日		工日	0.879	1.366	2.106	3.531	3.922	4.121	4.352
	其中	普工	工日	0.273	0.417	0.644	1.083	1.204	1.264	1.336
		一般技工	工日	0.480	0.753	1.160	1.943	2.157	2.268	2.395
		高级技工	工日	0.126	0.196	0.302	0.505	0.561	0.589	0.621
材料	电缆桥架		m	(10.100)	(10.100)	(10.100)	(10.100)	(10.100)	(10.100)	(10.100)
	碎布		kg	0.017	0.026	0.043	0.085	0.170	0.204	0.231
	砂轮片 φ100		片	0.009	0.009	0.009	0.017	0.026	0.031	0.035
	砂轮片 φ400		片	0.009	0.009	0.009	0.017	0.017	0.020	0.023
	其他材料费		%	1.80	1.80	1.80	1.80	1.80	1.80	1.80
机械	汽车式起重机 8t		台班	—	—	0.010	0.019	0.029	0.029	0.029
	载货汽车－普通货车 8t		台班	0.010	0.010	0.019	0.038	0.057	0.059	0.060
	半自动切割机 100mm		台班	0.010	0.010	0.010	0.010	0.019	0.020	0.021

计量单位：10m

编　号			4-9-96	4-9-97	4-9-98	4-9-99	4-9-100	4-9-101	4-9-102
项　目			玻璃钢梯式桥架（宽＋高 mm）						
			≤200	≤400	≤600	≤800	≤1 000	≤1 200	≤1 500
名　称		单位	消　耗　量						
人工	合计工日	工日	0.666	1.127	1.659	2.528	3.065	3.664	4.124
人工	其中 普工	工日	0.202	0.348	0.509	0.780	0.941	1.128	1.270
人工	其中 一般技工	工日	0.367	0.618	0.911	1.386	1.685	2.017	2.270
人工	其中 高级技工	工日	0.097	0.161	0.239	0.362	0.439	0.519	0.584
材料	电缆桥架	m	(10.100)	(10.100)	(10.100)	(10.100)	(10.100)	(10.100)	(10.100)
材料	碎布	kg	0.020	0.020	0.051	0.102	0.204	0.288	0.326
材料	砂轮片 ϕ100	片	0.010	0.010	0.010	0.020	0.031	0.041	0.052
材料	砂轮片 ϕ400	片	0.010	0.010	0.010	0.020	0.020	0.022	0.022
材料	其他材料费	%	1.80	1.80	1.80	1.80	1.80	1.80	1.80
机械	汽车式起重机 16t	台班	—	—	0.010	0.019	0.029	0.029	0.029
机械	载货汽车－普通货车 8t	台班	0.010	0.010	0.019	0.038	0.048	0.052	0.063
机械	半自动切割机 100mm	台班	0.010	0.010	0.010	0.010	0.019	0.020	0.021

计量单位：10m

编　号			4-9-103	4-9-104	4-9-105	4-9-106	4-9-107	4-9-108	4-9-109
项　目			玻璃钢托盘式桥架（宽＋高 mm）						
			≤300	≤400	≤600	≤800	≤1 000	≤1 200	≤1 500
名　称		单位	消　耗　量						
人工	合计工日	工日	1.273	1.788	2.459	3.073	3.775	4.423	4.821
人工	其中 普工	工日	0.394	0.507	0.725	0.946	1.159	1.360	1.483
人工	其中 一般技工	工日	0.698	1.014	1.402	1.692	2.076	2.436	2.655
人工	其中 高级技工	工日	0.181	0.267	0.332	0.435	0.540	0.627	0.683
材料	电缆桥架	m	(10.100)	(10.100)	(10.100)	(10.100)	(10.100)	(10.100)	(10.100)
材料	碎布	kg	0.026	0.043	0.068	0.085	0.170	0.210	0.260
材料	砂轮片 ϕ100	片	0.009	0.009	0.014	0.017	0.026	0.026	0.026
材料	砂轮片 ϕ400	片	0.009	0.009	0.014	0.017	0.017	0.019	0.021
材料	其他材料费	%	1.80	1.80	1.80	1.80	1.80	1.80	1.80
机械	汽车式起重机 16t	台班	—	0.010	0.013	0.019	0.029	0.029	0.029
机械	载货汽车－普通货车 8t	台班	0.010	0.019	0.027	0.038	0.057	0.060	0.063
机械	半自动切割机 100mm	台班	0.010	0.010	0.010	0.010	0.019	0.200	0.210

3. 铝合金桥架安装

工作内容：组对、螺栓固定、弯头、三通或四通、盖板、隔板、附件安装、接地跨接，桥架修理等。

计量单位：10m

编号				4-9-110	4-9-111	4-9-112	4-9-113	4-9-114	4-9-115	4-9-116
项目				铝合金槽式桥架（宽＋高 mm）						
				≤200	≤400	≤600	≤800	≤1 000	≤1 200	≤1 500
名称			单位	消耗量						
人工	合计工日		工日	0.620	0.952	1.936	2.970	3.553	4.231	4.943
	其中	普工	工日	0.189	0.295	0.598	0.916	1.090	1.303	1.523
		一般技工	工日	0.340	0.524	1.064	1.633	1.958	2.328	2.719
		高级技工	工日	0.091	0.133	0.274	0.421	0.505	0.600	0.701
材料	电缆桥架		m	(10.100)	(10.100)	(10.100)	(10.100)	(10.100)	(10.100)	(10.100)
	碎布		kg	0.017	0.026	0.043	0.085	0.170	0.210	0.290
	砂轮片 $\phi100$		片	0.009	0.009	0.009	0.017	0.026	0.026	0.026
	砂轮片 $\phi400$		片	0.009	0.009	0.009	0.017	0.017	0.021	0.026
	铜芯塑料绝缘软电线 BVR-6mm^2		m	1.914	1.914	1.914	1.872	1.600	1.600	1.600
	其他材料费		%	1.80	1.80	1.80	1.80	1.80	1.80	1.80
机械	汽车式起重机 8t		台班	—	—	—	0.010	0.029	0.029	0.029
	载货汽车－普通货车 4t		台班	—	0.010	0.010	0.019	0.029	0.036	0.047
	半自动切割机 100mm		台班	0.010	0.010	0.010	0.010	0.019	0.020	0.021

计量单位：10m

编号				4-9-117	4-9-118	4-9-119	4-9-120	4-9-121	4-9-122	4-9-123
项目				铝合金梯式桥架（宽＋高 mm）						
				≤200	≤400	≤600	≤800	≤1 000	≤1 200	≤1 500
名称			单位	消耗量						
人工	合计工日		工日	0.613	0.687	1.470	2.209	2.955	3.554	4.121
	其中	普工	工日	0.189	0.212	0.454	0.681	0.909	1.093	1.267
		一般技工	工日	0.340	0.377	0.805	1.212	1.625	1.955	2.267
		高级技工	工日	0.084	0.098	0.211	0.316	0.421	0.506	0.587
材料	电缆桥架		m	(10.100)	(10.100)	(10.100)	(10.100)	(10.100)	(10.100)	(10.100)
	碎布		kg	0.043	0.043	0.068	0.085	0.170	0.021	0.029
	砂轮片 $\phi100$		片	0.009	0.009	0.009	0.009	0.017	0.021	0.026
	砂轮片 $\phi400$		片	—	—	0.009	0.017	0.017	0.021	0.027
	铜芯塑料绝缘软电线 BVR-6mm^2		m	1.914	1.914	1.914	1.872	1.600	1.600	1.600
	其他材料费		%	1.80	1.80	1.80	1.80	1.80	1.80	1.80
机械	汽车式起重机 8t		台班	—	—	—	0.010	0.019	0.019	0.019
	载货汽车－普通货车 4t		台班	0.010	0.010	0.010	0.019	0.029	0.036	0.043
	半自动切割机 100mm		台班	0.010	0.010	0.010	0.010	0.019	0.020	0.021

计量单位：10m

编号			4-9-124	4-9-125	4-9-126	4-9-127	4-9-128	4-9-129	4-9-130
项目			铝合金托盘式桥架(宽+高 mm)						
			≤200	≤400	≤600	≤800	≤1 000	≤1 200	≤1 500
名称		单位	消耗量						
人工	合计工日	工日	0.738	0.820	1.596	2.755	3.265	3.942	4.673
	其中 普工	工日	0.227	0.250	0.492	0.848	1.007	1.211	1.436
	其中 一般技工	工日	0.406	0.451	0.879	1.514	1.795	2.170	2.572
	其中 高级技工	工日	0.105	0.119	0.225	0.393	0.463	0.561	0.665
材料	电缆桥架	m	(10.100)	(10.100)	(10.100)	(10.100)	(10.100)	(10.100)	(10.100)
	碎布	kg	0.043	0.043	0.068	0.085	0.170	0.210	0.290
	砂轮片 ϕ100	片	0.009	0.009	0.009	0.009	0.017	0.021	0.026
	砂轮片 ϕ400	片	0.009	0.009	0.009	0.017	0.017	0.021	0.027
	铜芯塑料绝缘软电线 BVR-6mm^2	m	1.914	1.914	1.914	1.872	1.600	1.600	0.026
	其他材料费	%	1.80	1.80	1.80	1.80	1.80	1.80	1.80
机械	汽车式起重机 8t	台班	—	—	—	0.010	0.019	0.019	0.019
	载货汽车－普通货车 4t	台班	0.010	0.010	0.010	0.019	0.029	0.036	0.043
	半自动切割机 100mm	台班	0.010	0.010	0.010	0.010	0.019	0.020	0.021

4. 组合式桥架、复合支架安装

工作内容：组对、螺栓连接、安装固定、立柱、托臂膨胀螺栓或焊接固定、螺栓固定，桥架修理等。

编　号				4-9-131	4-9-132
项　目				组合式桥架	复合支架安装
				片	副
名　称			单位	消　耗　量	
人工	合计工日		工日	0.192	0.069
	其中	普工	工日	0.059	0.021
		一般技工	工日	0.106	0.038
		高级技工	工日	0.027	0.010
材料	组合式电缆桥架		片	(1.010)	—
	桥架支撑		个	—	(2.020)
	碎布		kg	0.001	—
	砂轮片 ϕ100		片	0.001	—
	砂轮片 ϕ400		片	0.001	—
	锯条(各种规格)		根	—	0.187
	汽油(综合)		kg	0.002	—
	其他材料费		%	1.80	1.80
机械	载货汽车 - 普通货车 4t		台班	0.001	—
	载货汽车 - 普通货车 5t		台班	—	0.001
	半自动切割机 100mm		台班	0.001	—

5. 防火桥架安装

工作内容： 划线、定位、打眼、槽体清扫、本体固定、配件安装、接地跨接、补漆，桥架修理等。

计量单位： 10m

编号			4-9-133	4-9-134	4-9-135	4-9-136	4-9-137	4-9-138	4-9-139
项目			防火桥架（宽 + 高 mm）						
			≤200	≤400	≤600	≤800	≤1 000	≤1 200	≤1 500
名称		单位	消耗量						
人工	合计工日	工日	0.967	1.626	2.608	3.516	4.484	5.334	6.213
其中	普工	工日	0.295	0.500	0.803	1.083	1.378	1.643	1.914
	一般技工	工日	0.532	0.894	1.433	1.935	2.467	2.933	3.416
	高级技工	工日	0.140	0.232	0.372	0.498	0.639	0.758	0.883
材料	电缆桥架	m	(10.100)	(10.100)	(10.100)	(10.100)	(10.100)	(10.100)	(10.100)
	砂轮片 ϕ100	片	0.017	0.017	0.026	0.026	0.026	0.034	0.042
	砂轮片 ϕ400	片	0.017	0.017	0.026	0.026	0.026	0.034	0.047
	铜芯塑料绝缘软电线 BVR-6mm^2	m	1.914	1.914	1.914	1.914	1.914	1.914	1.914
	其他材料费	%	1.80	1.80	1.80	1.80	1.80	1.80	1.80
机械	汽车式起重机 16t	台班	—	—	—	0.019	0.029	0.048	0.051
	载货汽车－普通货车 8t	台班	0.010	0.019	0.029	0.038	0.057	0.067	0.076
	半自动切割机 100mm	台班	0.010	0.010	0.010	0.010	0.019	0.020	0.021

四、电力电缆敷设

1. 直埋式电力电缆敷设

工作内容： 开盘、检查、架线盘、敷设、锯断、配合试验、临时封头、挂牌、牵引头安装等。

计量单位： 10m

编　　号				4-9-140	4-9-141	4-9-142	4-9-143
项　　目				电缆截面（mm^2）			
				≤10	≤25	≤50	≤70
名　　称			单位	消　耗　量			
人工	合计工日		工日	0.202	0.343	0.378	0.410
	其中	普工	工日	0.060	0.109	0.131	0.147
		一般技工	工日	0.122	0.195	0.209	0.225
		高级技工	工日	0.020	0.039	0.038	0.038
材料	电力电缆		m	（10.100）	（10.100）	（10.100）	（10.100）
	镀锌铁丝（综合）		kg	0.017	0.017	0.014	0.014
	钢丝绳 ϕ14.1~15.0		kg	0.068	0.068	0.058	0.072
	黄铜线（综合）		kg	0.009	0.009	0.007	0.007
	塑料带 20mm×40m		卷	0.017	0.017	0.014	0.022
	棉布 400g/m^2		kg	0.017	0.026	0.029	0.036
	热缩端帽不带气门		个	0.060	0.060	0.051	0.051
	汽油 100#		kg	0.170	0.170	0.022	0.022
	硬脂酸		kg	0.009	0.009	0.007	0.007
	自黏性塑料带 20mm×20m		卷	0.026	0.043	0.051	0.072
	其他材料费		%	1.80	1.80	1.80	1.80
机械	汽车式起重机 12t		台班	0.007	0.007	0.007	0.007
	载货汽车－普通货车 5t		台班	0.007	0.007	0.007	0.007

计量单位：10m

编号				4-9-144	4-9-145	4-9-146	4-9-147
项目				电缆截面（mm^2）			
				≤120	≤240	≤300	≤400
名称			单位	消耗量			
人工	合计工日		工日	0.571	0.732	0.820	0.917
	其中	普工	工日	0.204	0.261	0.294	0.326
		一般技工	工日	0.314	0.402	0.450	0.507
		高级技工	工日	0.053	0.069	0.076	0.084
材料	电力电缆		m	（10.100）	（10.100）	（10.100）	（10.100）
	镀锌铁丝（综合）		kg	0.022	0.022	0.022	0.022
	钢丝绳 ϕ14.1~15.0		kg	0.108	0.130	0.137	0.145
	黄铜线（综合）		kg	0.007	0.007	0.007	0.007
	塑料带 20mm×40m		卷	0.043	0.043	0.043	0.043
	棉布 400g/m^2		kg	0.043	0.043	0.043	0.043
	热缩端帽不带气门		个	0.051	0.051	0.051	0.051
	汽油 100#		kg	0.029	0.029	0.029	0.029
	硬脂酸		kg	0.007	0.007	0.007	0.007
	自黏性塑料带 20mm×20m		卷	0.145	0.145	0.145	0.145
	其他材料费		%	1.80	1.80	1.80	1.80
机械	汽车式起重机 12t		台班	0.007	0.013	0.013	0.013
	载货汽车－普通货车 5t		台班	0.013	0.013	0.013	0.013
	载货汽车－普通货车 8t		台班	0.013	0.013	0.013	0.020
	电缆输送机 JSD-1		台班	—	0.020	0.033	0.040

2. 电缆沟（隧道）内电力电缆敷设

工作内容： 开盘、检查、架线盘、敷设、锯断、配合试验、临时封头、挂牌、卡固、牵引头安装等。

计量单位： 10m

编　号				4-9-148	4-9-149	4-9-150	4-9-151
项　目				电缆截面（mm^2）			
				≤10	≤25	≤50	≤70
名　称			单位	消　耗　量			
人工	合计工日		工日	0.234	0.317	0.354	0.410
	其中	普工	工日	0.065	0.115	0.130	0.147
		一般技工	工日	0.146	0.179	0.193	0.225
		高级技工	工日	0.023	0.023	0.031	0.038
材料	电力电缆		m	（10.100）	（10.100）	（10.100）	（10.100）
	镀锌铁丝（综合）		kg	0.017	0.017	0.014	0.014
	钢丝绳 ϕ14.1~15.0		kg	0.068	0.068	0.058	0.072
	黄铜线（综合）		kg	0.009	0.009	0.007	0.007
	塑料带 20mm×40m		卷	0.017	0.017	0.014	0.022
	棉布 400g/m^2		kg	0.009	0.009	0.007	0.007
	热缩端帽不带气门		个	0.060	0.060	0.051	0.051
	汽油 100#		kg	0.170	0.170	0.022	0.022
	硬脂酸		kg	0.009	0.009	0.007	0.007
	自黏性塑料带 20mm×20m		卷	0.026	0.043	0.051	0.072
	其他材料费		%	1.80	1.80	1.80	1.80
机械	汽车式起重机 12t		台班	0.007	0.007	0.007	0.007
	载货汽车－普通货车 5t		台班	0.007	0.007	0.007	0.007

计量单位：10m

编号				4-9-152	4-9-153	4-9-154	4-9-155
项目				电缆截面（mm^2）			
				≤120	≤240	≤300	≤400
名称			单位	消耗量			
人工	合计工日		工日	0.515	0.659	0.812	0.853
	其中	普工	工日	0.187	0.236	0.286	0.302
		一般技工	工日	0.282	0.362	0.450	0.467
		高级技工	工日	0.046	0.061	0.076	0.084
材料	电力电缆		m	（10.100）	（10.100）	（10.100）	（10.100）
	镀锌铁丝（综合）		kg	0.022	0.022	0.022	0.022
	钢丝绳 ϕ14.1~15.0		kg	0.108	0.130	0.137	0.145
	黄铜线（综合）		kg	0.007	0.007	0.007	0.007
	塑料带 20mm×40m		卷	0.043	0.043	0.043	0.043
	棉布 400g/m^2		kg	0.007	0.007	0.007	0.007
	热缩端帽不带气门		个	0.051	0.051	0.051	0.051
	汽油 100#		kg	0.029	0.029	0.029	0.029
	硬脂酸		kg	0.007	0.007	0.007	0.007
	自黏性塑料带 20mm×20m		卷	0.145	0.145	0.145	0.145
	其他材料费		%	1.80	1.80	1.80	1.80
机械	汽车式起重机 12t		台班	0.007	0.013	0.013	0.013
	载货汽车－普通货车 5t		台班	0.013	0.013	0.013	0.013
	载货汽车－普通货车 8t		台班	0.013	0.013	0.013	0.020
	电缆输送机 JSD-1		台班	—	0.026	0.033	0.040

3. 排管内电力电缆敷设

工作内容：开盘、检查、穿引线、架线盘、敷设、锯断、配合试验、临时封头、挂标牌等。

计量单位：10m

编　号				4-9-156	4-9-157	4-9-158	4-9-159
项　目				电缆截面（mm^2）			
				≤10	≤25	≤50	≤70
名　称			单位	消　耗　量			
人工	合计工日		工日	0.208	0.385	0.442	0.482
	其中	普工	工日	0.060	0.133	0.155	0.171
		一般技工	工日	0.122	0.213	0.241	0.265
		高级技工	工日	0.026	0.039	0.046	0.046
材料	电力电缆		m	（10.100）	（10.100）	（10.100）	（10.100）
	镀锌铁丝（综合）		kg	0.017	0.017	0.014	0.014
	钢丝绳 ϕ14.1~15.0		kg	0.068	0.068	0.058	0.072
	圆钢 ϕ8~14		kg	—	—	0.217	0.217
	黄铜线（综合）		kg	0.009	0.009	0.007	0.007
	塑料带 20mm×40m		卷	0.017	0.017	0.014	0.022
	棉布 400g/m^2		kg	0.009	0.009	0.007	0.007
	热缩端帽不带气门		个	0.060	0.060	0.051	0.051
	汽油 $100^{\#}$		kg	0.170	0.170	0.022	0.022
	油脂		kg	0.340	0.425	0.362	0.434
	硬脂酸		kg	0.009	0.009	0.007	0.007
	自黏性塑料带 20mm×20m		卷	0.255	0.425	0.051	0.072
	其他材料费		%	1.80	1.80	1.80	1.80
机械	汽车式起重机 12t		台班	0.007	0.007	0.007	0.007
	载货汽车－普通货车 5t		台班	0.007	0.007	0.007	0.007

计量单位：10m

编号				4-9-160	4-9-161	4-9-162	4-9-163
项目				电缆截面（mm^2）			
				≤120	≤240	≤300	≤400
名称			单位	消耗量			
人工	合计工日		工日	0.748	0.982	1.150	1.287
	其中	普工	工日	0.269	0.351	0.408	0.457
		一般技工	工日	0.410	0.539	0.635	0.708
		高级技工	工日	0.069	0.092	0.107	0.122
材料	电力电缆		m	（10.100）	（10.100）	（10.100）	（10.100）
	镀锌铁丝（综合）		kg	0.022	0.022	0.022	0.022
	钢丝绳 ϕ14.1~15.0		kg	0.108	0.130	0.145	0.145
	圆钢 ϕ8~14		kg	0.231	0.231	0.231	0.231
	黄铜线（综合）		kg	0.007	0.007	0.007	0.007
	塑料带 20mm×40m		卷	0.043	0.043	0.043	0.043
	棉布 400g/m^2		kg	0.007	0.007	0.007	0.007
	热缩端帽不带气门		个	0.051	0.051	0.051	0.051
	汽油 100#		kg	0.029	0.029	0.029	0.029
	油脂		kg	0.579	0.868	1.013	1.157
	硬脂酸		kg	0.007	0.007	0.007	0.007
	自黏性塑料带 20mm×20m		卷	0.145	0.145	0.145	0.145
	其他材料费		%	1.80	1.80	1.80	1.80
机械	汽车式起重机 12t		台班	0.013	0.013	0.020	0.020
	载货汽车－普通货车 5t		台班	0.013	0.013	0.013	0.013
	载货汽车－普通货车 8t		台班	0.013	0.013	0.020	0.020
	电缆输送机 JSD-1		台班	—	0.013	0.013	0.013

4. 街码金具上电力电缆敷设

工作内容：开盘、检查、架线盘、敷设、锯断、卡固、配合试验、临时封头、挂标牌等。 **计量单位：**10m

编号				4-9-164	4-9-165	4-9-166	4-9-167
项目				电缆截面（mm^2）			
				≤10	≤25	≤50	≤70
名称			单位	消耗量			
人工	合计工日		工日	0.276	0.395	0.424	0.442
	其中	普工	工日	0.113	0.140	0.147	0.155
		一般技工	工日	0.122	0.213	0.233	0.241
		高级技工	工日	0.041	0.042	0.044	0.046
材料	电力电缆		m	（10.100）	（10.100）	（10.100）	（10.100）
	塑料带 20mm×40m		卷	0.017	0.017	0.022	0.022
	热缩端帽不带气门		个	0.060	0.060	0.051	0.051
	汽油 100#		kg	0.085	0.085	0.072	0.072
	棉布 400g/m^2		kg	0.009	0.009	0.007	0.007
	黄铜线（综合）		kg	0.009	0.009	—	—
	油脂		kg	0.009	0.009	0.007	0.007
	自黏性塑料带 20mm×20m		卷	0.026	0.043	0.051	0.072
	其他材料费		%	1.80	1.80	1.80	1.80
机械	汽车式起重机 12t		台班	0.007	0.007	0.007	0.007
	载货汽车－普通货车 5t		台班	0.007	0.007	0.007	0.007

计量单位：10m

编号				4-9-168	4-9-169	4-9-170	4-9-171
项目				电缆截面（mm^2）			
				≤120	≤240	≤300	≤400
名称			单位	消耗量			
人工	合计工日		工日	0.812	1.110	1.375	1.769
	其中	普工	工日	0.286	0.392	0.489	0.628
		一般技工	工日	0.450	0.611	0.756	0.973
		高级技工	工日	0.076	0.107	0.130	0.168
材料	电力电缆		m	（10.100）	（10.100）	（10.100）	（10.100）
	塑料带 20mm×40m		卷	0.043	0.043	0.043	0.043
	热缩端帽不带气门		个	0.051	0.051	0.051	0.051
	棉布 400g/m^2		kg	0.007	0.007	0.007	0.007
	汽油 100#		kg	0.072	0.072	0.108	0.108
	油脂		kg	0.007	0.007	0.007	0.007
	自黏性塑料带 20mm×20m		卷	0.145	0.145	0.145	0.145
	其他材料费		%	1.80	1.80	1.80	1.80
机械	汽车式起重机 12t		台班	0.007	0.013	0.013	0.013
	载货汽车－普通货车 8t		台班	0.013	0.013	0.013	0.020

5. 室内敷设电力电缆(铜芯)

工作内容: 开盘、检查、架线盘、敷设、锯断、排列、整理、固定、配合试验、收盘、临时封头、挂牌、电缆敷设设施安装及拆除等。

计量单位: 10m

编号				4-9-172	4-9-173	4-9-174	4-9-175	4-9-176	4-9-177	4-9-178
项目				电缆截面(mm²)						
				≤10	≤25	≤50	≤70	≤120	≤240	≤400
名称			单位	消耗量						
人工	合计工日		工日	0.209	0.378	0.482	0.595	0.708	0.982	1.495
	其中	普工	工日	0.073	0.135	0.171	0.212	0.253	0.351	0.530
		一般技工	工日	0.113	0.209	0.265	0.330	0.386	0.539	0.820
		高级技工	工日	0.023	0.034	0.046	0.053	0.069	0.092	0.145
材料	电力电缆		m	(10.100)	(10.100)	(10.100)	(10.100)	(10.100)	(10.100)	(10.100)
	封铅 含铅 65% 锡 35%		kg	0.043	0.065	0.087	0.101	0.116	0.145	0.203
	橡胶垫 δ2		m²	0.007	0.007	0.007	0.007	0.007	0.007	0.007
	白布		kg	0.022	0.029	0.036	0.036	0.043	0.058	0.072
	沥青绝缘漆		kg	0.007	0.007	0.007	0.007	0.014	0.014	0.022
	汽油(综合)		kg	0.036	0.047	0.058	0.058	0.072	0.072	0.108
	硬脂酸		kg	0.007	0.007	0.007	0.007	0.007	0.007	0.007
	镀锌电缆吊挂 3.0×50		套	0.369	0.441	0.513	0.513	0.485	—	—
	镀锌电缆吊挂 3.0×100		套	—	—	—	—	—	0.448	0.629
	镀锌电缆卡子 2×35		套	1.692	1.692	1.692	1.692	—	—	—
	镀锌电缆卡子 3×50		套	—	—	—	—	1.613	—	—
	镀锌电缆卡子 3×100		套	—	—	—	—	—	1.692	2.170
	标志牌 塑料扁形		个	0.434	0.434	0.434	0.434	0.434	0.434	0.608
	电缆敷设牵引头(综合)		只	—	—	—	—	0.007	0.007	0.007
	电缆敷设滚轮(综合)		个	—	—	—	—	0.014	0.014	0.014
	电缆敷设转向导轮(综合)		个	—	—	—	—	0.007	0.007	0.007
	其他材料费		%	1.80	1.80	1.80	1.80	1.80	1.80	1.80
机械	汽车式起重机 8t		台班	0.007	0.007	0.007	0.007	0.007	—	—
	汽车式起重机 10t		台班	—	—	—	—	—	0.020	0.046
	载货汽车-普通货车 5t		台班	0.007	0.007	0.007	0.007	0.007	0.020	0.046

6. 竖井通道内敷设电力电缆(铜芯)

工作内容: 开盘、检查、架线盘、敷设、锯断、排列、整理、固定、配合试验、收盘、临时封头、挂牌、电缆敷设设施安装及拆除等。

计量单位:10m

编号				4-9-179	4-9-180	4-9-181	4-9-182	4-9-183	4-9-184	4-9-185
项目				电缆截面(mm²)						
				≤10	≤25	≤50	≤70	≤120	≤240	≤400
名称			单位	消耗量						
人工	合计工日		工日	0.643	0.990	1.448	1.793	2.099	3.009	4.505
	其中	普工	工日	0.228	0.347	0.514	0.636	0.742	1.069	1.599
		一般技工	工日	0.354	0.551	0.796	0.989	1.158	1.657	2.478
		高级技工	工日	0.061	0.092	0.138	0.168	0.199	0.283	0.428
材料	电力电缆		m	(10.100)	(10.100)	(10.100)	(10.100)	(10.100)	(10.100)	(10.100)
	封铅 含铅 65% 锡 35%		kg	0.043	0.065	0.087	0.101	0.116	0.145	0.203
	橡胶垫 δ2		m²	0.007	0.007	0.007	0.007	0.007	0.007	0.007
	白布		kg	0.022	0.029	0.036	0.036	0.043	0.058	0.072
	沥青绝缘漆		kg	0.043	0.058	0.072	0.072	0.108	0.145	0.203
	汽油(综合)		kg	0.325	0.434	0.542	0.542	0.687	0.752	1.056
	硬脂酸		kg	0.022	0.029	0.036	0.036	0.058	0.072	0.094
	镀锌电缆吊挂 3.0×50		套	5.506	7.508	7.508	7.508	7.007	—	—
	镀锌电缆吊挂 3.0×100		套	—	—	—	—	—	0.621	0.871
	镀锌电缆卡子 2×35		套	11.211	11.211	11.211	11.211	—	—	—
	镀锌电缆卡子 3×50		套	—	—	—	—	11.011	—	—
	镀锌电缆卡子 3×100		套	—	—	—	—	—	11.812	12.613
	标志牌 塑料扁形		个	1.802	1.802	1.802	1.802	1.802	1.802	2.402
	电缆敷设牵引头(综合)		只	—	—	—	—	0.007	0.007	0.007
	电缆敷设滚轮(综合)		个	—	—	—	—	0.014	0.014	0.014
	电缆敷设转向导轮(综合)		个	—	—	—	—	0.007	0.007	0.007
	其他材料费		%	1.80	1.80	1.80	1.80	1.80	1.80	1.80
机械	汽车式起重机 8t		台班	0.007	0.007	0.020	0.033	0.046	—	—
	汽车式起重机 10t		台班	—	—	—	—	—	0.172	0.430
	载货汽车 - 普通货车 5t		台班	0.007	0.007	0.007	0.007	0.007	0.020	0.046

7. 预制分支电缆敷设

工作内容：开盘，检查，架线盘、安装挂具，吊装、收线盘、卡固、敷设、挂标牌等。　　**计量单位：**10m

编号				4-9-186	4-9-187	4-9-188	4-9-189	4-9-190
项目				主电缆截面（mm^2）				
				≤10	≤25	≤35	≤50	≤70
名称			单位	消耗量				
人工	合计工日		工日	0.667	1.287	1.657	1.987	2.317
	其中	普工	工日	0.236	0.457	0.588	0.702	0.824
		一般技工	工日	0.370	0.708	0.909	1.094	1.271
		高级技工	工日	0.061	0.122	0.160	0.191	0.222
材料	电力电缆		m	（10.000）	（10.000）	（10.000）	（10.000）	（10.000）
	橡胶垫 $\delta 2$		m^2	0.022	0.022	0.022	0.022	0.022
	柴油		kg	0.022	0.022	0.022	0.166	0.166
	汽油（综合）		kg	0.166	0.166	0.166	0.340	0.340
	汽油 $70^{\#}$~$90^{\#}$		kg	0.058	0.058	0.058	0.072	0.072
	镀锌电缆卡子 2×35		套	7.449	7.449	7.449	7.449	7.449
	标志牌		个	0.434	0.434	0.434	0.434	0.434
	其他材料费		%	1.80	1.80	1.80	1.80	1.80
机械	汽车式起重机 8t		台班	0.007	0.007	0.007	0.007	0.007
	载货汽车－普通货车 5t		台班	0.007	0.007	0.007	0.007	0.007

计量单位：10m

编号				4-9-191	4-9-192	4-9-193	4-9-194	4-9-195	4-9-196
项目				主电缆截面（mm^2）					
				≤95	≤120	≤150	≤185	≤240	≤300
名称			单位	消耗量					
人工	合计工日		工日	3.016	3.717	4.480	4.875	5.277	6.339
	其中	普工	工日	1.069	1.322	1.591	1.730	1.869	2.252
		一般技工	工日	1.657	2.043	2.461	2.679	2.904	3.483
		高级技工	工日	0.290	0.352	0.428	0.466	0.504	0.604
材料	电力电缆		m	(10.000)	(10.000)	(10.000)	(10.000)	(10.000)	(10.000)
	橡胶垫 δ2		m^2	0.022	0.022	0.022	0.022	0.022	0.022
	柴油		kg	0.992	1.099	1.880	2.090	2.517	4.585
	汽油 70#~90#		kg	0.072	0.072	0.072	0.072	0.072	0.108
	镀锌电缆卡子 3×35		套	7.449	7.449	—	—	—	—
	镀锌电缆卡子 3×100		套	—	—	7.449	7.449	7.449	7.449
	标志牌		个	0.434	0.434	0.434	0.434	0.434	0.434
	其他材料费		%	1.80	1.80	1.80	1.80	1.80	1.80
机械	汽车式起重机 8t		台班	0.007	0.007	—	—	—	—
	汽车式起重机 10t		台班	—	—	0.007	0.013	0.013	0.020
	载货汽车－普通货车 10t		台班	0.046	0.007	0.020	0.020	0.020	0.046

计量单位：10m

编　号				4-9-197
项　目				主电缆截面（mm^2）
				≤400
名　称			单位	消　耗　量
人工	合计工日		工日	7.384
	其中	普工	工日	2.619
		一般技工	工日	4.062
		高级技工	工日	0.703
材料	电力电缆		m	（10.000）
	橡胶垫 $\delta 2$		m^2	0.022
	柴油		kg	5.012
	汽油 70#~90#		kg	0.108
	镀锌电缆卡子 3×100		套	7.449
	标志牌		个	0.434
	其他材料费		%	1.80
机械	汽车式起重机 10t		台班	0.033
	载货汽车－普通货车 10t		台班	0.046

五、电力电缆头制作与安装

1. 电力电缆中间头制作安装

(1)1kV 以下干包式铜芯电力电缆

工作内容:定位、量尺寸、锯断、剥保护层及绝缘层、清洗、包缠绝缘、压接线管及接线端子、安装、接线等。

计量单位:个

编号				4-9-198	4-9-199	4-9-200	4-9-201	4-9-202	4-9-203	4-9-204
项目				电缆截面(mm^2)						
				≤10	≤25	≤50	≤70	≤120	≤240	≤400
名称			单位	消耗量						
人工	合计工日		工日	0.298	0.554	0.732	0.862	0.994	1.296	1.686
	其中	普工	工日	0.067	0.109	0.154	0.181	0.209	0.272	0.354
		一般技工	工日	0.162	0.331	0.439	0.517	0.596	0.778	1.012
		高级技工	工日	0.069	0.114	0.139	0.164	0.189	0.246	0.320
材料	封铅 含铅 65% 锡 35%		kg	0.253	0.336	0.445	0.524	0.602	0.724	0.724
	三色塑料带(综合)		kg	0.204	0.255	0.354	0.453	0.553	0.952	0.952
	白布		kg	0.245	0.306	0.374	0.442	0.510	0.816	0.816
	焊锡膏		kg	0.009	0.010	0.014	0.017	0.020	0.041	0.041
	焊锡丝(综合)		kg	0.026	0.042	0.068	0.085	0.102	0.204	0.204
	汽油(综合)		kg	0.224	0.306	0.476	0.544	0.612	0.816	0.816
	电力复合脂		kg	0.018	0.024	0.037	0.044	0.051	0.082	0.082
	电气绝缘胶带 18mm×10m×0.13mm		卷	0.323	0.043	0.595	0.680	0.765	1.063	1.063
	镀锡裸铜软绞线 TJRX 16mm^2		kg	0.213	0.213	0.213	0.213	0.213	0.298	0.298
	铜压接管 10mm^2		个	3.760	—	—	—	—	—	—
	铜压接管 35mm^2		个	—	3.760	—	—	—	—	—
	铜压接管 50mm^2		个	—	—	3.760	—	—	—	—
	铜压接管 70mm^2		个	—	—	—	3.760	—	—	—
	铜压接管 120mm^2		个	—	—	—	—	3.760	—	—
	铜压接管 240mm^2		个	—	—	—	—	—	3.760	—
	铜压接管 400mm^2		个	—	—	—	—	—	—	3.760
	铜接线端子 DT-10		个	1.020	—	—	—	—	—	—
	铜接线端子 DT-25		个	—	1.020	—	—	—	—	—
	铜接线端子 DT-50		个	—	—	1.020	—	—	—	—
	铜接线端子 DT-70		个	—	—	—	1.020	—	—	—
	铜接线端子 DT-120		个	—	—	—	—	1.020	—	—
	铜接线端子 DT-240		个	—	—	—	—	—	1.020	—
	铜接线端子 DT-400		个	—	—	—	—	—	—	1.020
	其他材料费		%	1.80	1.80	1.80	1.80	1.80	1.80	1.80

(2)1kV以下热(冷)缩式铜芯电力电缆

工作内容: 定位、量尺寸、锯断、剥切清洗、内屏蔽层处理、焊接地线、套热缩管、压接线端子、加热成形、安装等。

计量单位:个

编号				4-9-205	4-9-206	4-9-207	4-9-208	4-9-209	4-9-210	4-9-211
项目				电缆截面(mm²)						
				≤10	≤25	≤50	≤70	≤120	≤240	≤400
名称			单位	消耗量						
人工	合计工日		工日	0.203	0.385	0.568	0.661	0.752	0.973	1.360
	其中	普工	工日	0.048	0.080	0.119	0.139	0.158	0.205	0.286
		一般技工	工日	0.115	0.230	0.341	0.396	0.451	0.583	0.816
		高级技工	工日	0.040	0.075	0.108	0.126	0.143	0.185	0.258
材料	热缩式电缆中间接头		套	(1.020)	(1.020)	(1.020)	(1.020)	(1.020)	(1.020)	(1.020)
	聚四氟乙烯带		kg	0.150	0.202	0.318	0.376	0.434	0.607	0.867
	三色塑料带 20mm×40m		m	0.143	0.188	0.274	0.324	0.374	0.521	0.745
	白布		kg	0.260	0.347	0.520	0.607	0.694	0.867	1.127
	焊锡膏		kg	0.006	0.009	0.012	0.014	0.017	0.035	0.043
	焊锡丝(综合)		kg	0.029	0.043	0.058	0.072	0.087	0.173	0.217
	沥青绝缘漆		kg	0.506	0.636	0.809	0.918	1.012	1.301	1.734
	汽油(综合)		kg	0.318	0.376	0.491	0.549	0.607	0.780	0.867
	电力复合脂		kg	0.021	0.026	0.032	0.038	0.043	0.069	0.087
	电气绝缘胶带 18mm×10m×0.13mm		卷	0.145	0.181	0.265	0.349	0.434	0.741	1.120
	镀锡裸铜软绞线 TJRX 16mm²		kg	0.217	0.217	0.217	0.253	0.253	0.253	0.361
	其他材料费		%	1.80	1.80	1.80	1.80	1.80	1.80	1.80

（3）10kV以下热（冷）缩式铜芯电力电缆

工作内容：定位、量尺寸、锯断、剥切清洗、内屏蔽层处理、焊接地线、套热缩管、压接线端子、加热成形、安装等。

计量单位：个

编号				4-9-212	4-9-213	4-9-214	4-9-215	4-9-216	4-9-217
项目				电缆截面（mm^2）					
				≤35	≤50	≤70	≤120	≤240	≤400
名称			单位	消耗量					
人工	合计工日		工日	1.019	1.202	1.386	1.573	2.007	2.812
	其中	普工	工日	0.215	0.253	0.291	0.330	0.421	0.591
		一般技工	工日	0.610	0.721	0.832	0.944	1.204	1.687
		高级技工	工日	0.194	0.228	0.263	0.299	0.382	0.534
材料	热缩式电缆中间接头		套	（1.020）	（1.020）	（1.020）	（1.020）	（1.020）	（1.020）
	聚四氟乙烯带		kg	0.184	0.225	0.266	0.307	0.430	0.614
	三色塑料带 20mm×40m		m	0.307	0.368	0.430	0.491	0.614	0.921
	白布		kg	0.368	0.442	0.516	0.590	0.958	1.105
	焊锡膏		kg	0.007	0.010	0.012	0.015	0.029	0.037
	焊锡丝（综合）		kg	0.037	0.049	0.061	0.074	0.147	0.184
	沥青绝缘漆		kg	0.737	0.835	0.933	1.032	1.327	1.769
	汽油（综合）		kg	0.442	0.491	0.540	0.590	0.737	0.884
	电力复合脂		kg	0.022	0.027	0.032	0.037	0.059	0.074
	电气绝缘胶带 18mm×10m×0.13mm		卷	0.215	0.295	0.356	0.461	0.743	1.155
	镀锡裸铜软绞线 TJRX 16mm^2		kg	0.154	0.154	0.184	0.184	0.215	0.307
	其他材料费		%	1.80	1.80	1.80	1.80	1.80	1.80

2. 电力电缆终端头制作安装

（1）1kV 以下干包式铜芯电力电缆

工作内容：定位、量尺寸、锯断、剥保护层及绝缘层、清洗、包缠绝缘、压接线管及接线端子、安装、接线等。

计量单位：个

编号				4-9-218	4-9-219	4-9-220	4-9-221	4-9-222	4-9-223	4-9-224
项目				电缆截面（mm²）						
				≤10	≤25	≤50	≤70	≤120	≤240	≤400
名称			单位	消耗量						
人工	合计工日		工日	0.151	0.285	0.426	0.499	0.570	0.748	0.823
	其中	普工	工日	0.032	0.060	0.089	0.105	0.120	0.157	0.173
		一般技工	工日	0.090	0.171	0.256	0.299	0.342	0.449	0.494
		高级技工	工日	0.029	0.054	0.081	0.095	0.108	0.142	0.156
材料	三色塑料带 20mm×40m		m	0.067	0.107	0.207	0.295	0.383	0.595	0.765
	白布		kg	0.170	0.275	0.374	0.442	0.510	0.816	0.898
	焊锡膏		kg	0.006	0.009	0.014	0.017	0.020	0.041	0.048
	焊锡丝（综合）		kg	0.029	0.459	0.068	0.085	0.102	0.204	0.306
	汽油（综合）		kg	0.170	0.275	0.323	0.340	0.357	0.408	0.425
	电力复合脂		kg	0.018	0.027	0.037	0.044	0.051	0.082	0.090
	固定卡子 ϕ90		个	0.981	1.576	2.060	2.060	2.060	2.060	2.060
	电气绝缘胶带 18mm×10m×0.13mm		卷	0.170	0.230	0.255	0.255	0.340	0.425	0.510
	镀锡裸铜软绞线 TJRX 16mm²		kg	0.102	0.153	0.235	0.215	0.238	0.298	0.327
	铜接线端子 DT-10		个	3.760	—	—	—	—	—	—
	铜接线端子 DT-25		个	—	3.760	—	—	—	—	—
	铜接线端子 DT-50		个	—	—	3.760	—	—	—	—
	铜接线端子 DT-70		个	—	—	—	3.760	—	—	—
	铜接线端子 DT-120		个	—	—	—	—	3.760	—	—
	铜接线端子 DT-240		个	—	—	—	—	—	3.760	—
	铜接线端子 DT-400		个	—	—	—	—	—	—	3.760
	塑料手套 ST 型		个	0.893	1.050	1.050	1.050	1.050	1.050	1.050
	其他材料费		%	1.80	1.80	1.80	1.80	1.80	1.80	1.80

(2)1kV 室内热(冷)缩式铜芯电力电缆

工作内容:定位、量尺寸、锯断、剥切清洗、内屏蔽层处理、焊接地线、压接线端子、装热缩管、加热成形、安装、接线等。

计量单位:个

编号				4-9-225	4-9-226	4-9-227	4-9-228	4-9-229	4-9-230	4-9-231
项目				电缆截面(mm²)						
				≤10	≤25	≤50	≤70	≤120	≤240	≤400
名称			单位	消耗量						
人工	合计工日		工日	0.142	0.272	0.415	0.492	0.567	0.755	1.057
	其中	普工	工日	0.030	0.057	0.087	0.103	0.119	0.159	0.222
		一般技工	工日	0.085	0.163	0.249	0.295	0.340	0.453	0.634
		高级技工	工日	0.027	0.052	0.079	0.094	0.108	0.143	0.201
材料	户内热缩式电缆终端头		套	(1.020)	(1.020)	(1.020)	(1.020)	(1.020)	(1.020)	(1.020)
	三色塑料带 20mm×40m		m	0.217	0.325	0.434	0.506	0.578	0.723	1.084
	白布		kg	0.145	0.234	0.318	0.376	0.434	0.694	0.867
	焊锡膏		kg	0.029	0.047	0.055	0.058	0.061	0.078	0.087
	焊锡丝(综合)		kg	0.145	0.234	0.275	0.289	0.303	0.390	0.434
	汽油(综合)		kg	0.289	0.468	0.578	0.636	0.694	0.867	1.127
	电力复合脂		kg	0.014	0.024	0.032	0.038	0.043	0.069	0.087
	丙酮		kg	0.246	0.390	0.520	0.607	0.694	0.867	1.214
	固定卡子 ϕ90		个	1.488	1.488	2.060	2.060	2.060	2.060	2.060
	电气绝缘胶带 18mm×10m×0.13mm		卷	0.145	0.195	0.318	0.419	0.520	0.867	1.344
	镀锡裸铜软绞线 TJRX 16mm²		kg	0.087	0.130	0.145	0.145	0.217	0.253	0.361
	其他材料费		%	1.80	1.80	1.80	1.80	1.80	1.80	1.80

（3）10kV 室内热（冷）缩式铜芯电力电缆

工作内容： 定位、量尺寸、锯断、剥切清洗、内屏蔽层处理、焊接地线、压接线端子、装热缩管、加热成形、安装、接线等。

计量单位： 个

编　号				4-9-232	4-9-233	4-9-234	4-9-235	4-9-236	4-9-237
项　目				电缆截面（mm^2）					
				≤35	≤50	≤70	≤120	≤240	≤400
名　称			单位	消　耗　量					
人工	合计工日		工日	0.452	0.534	0.615	0.699	0.900	1.267
	其中	普工	工日	0.095	0.112	0.129	0.147	0.189	0.266
		一般技工	工日	0.271	0.320	0.369	0.419	0.540	0.760
		高级技工	工日	0.086	0.102	0.117	0.133	0.171	0.241
材料	户内热缩式电缆终端头		套	（1.020）	（1.020）	（1.020）	（1.020）	（1.020）	（1.020）
	聚四氟乙烯带		kg	0.116	0.145	0.173	0.202	0.289	0.361
	三色塑料带 20mm×40m		m	0.397	0.491	0.564	0.636	0.780	1.149
	白布		kg	0.260	0.318	0.376	0.434	0.694	0.954
	焊锡膏		kg	0.052	0.055	0.058	0.061	0.078	0.087
	焊锡丝（综合）		kg	0.260	0.275	0.289	0.303	0.390	0.434
	汽油（综合）		kg	0.520	0.578	0.636	0.694	0.867	1.127
	电力复合脂		kg	0.026	0.032	0.038	0.043	0.069	0.087
	丙酮		kg	0.434	0.520	0.607	0.694	0.867	1.301
	固定卡子 ϕ90		个	1.488	2.060	2.060	2.060	2.060	2.060
	电气绝缘胶带 18mm×10m×0.13mm		卷	0.253	0.397	0.491	0.592	1.127	1.777
	镀锡裸铜软绞线 TJRX 16mm^2		kg	0.145	0.145	0.217	0.217	0.253	0.361
	其他材料费		%	1.80	1.80	1.80	1.80	1.80	1.80

（4）10kV以下室外热（冷）缩式铜芯电力电缆

工作内容：定位、量尺寸、锯断、剥切清洗、内屏蔽层处理、焊接地线、套热缩管、压接线端子、装终端盒、配料浇注、安装、接线等。

计量单位：个

编号				4-9-238	4-9-239	4-9-240	4-9-241	4-9-242	4-9-243
项目				电缆截面（mm²）					
				≤35	≤50	≤70	≤120	≤240	≤400
名称			单位	消耗量					
人工	合计工日		工日	1.279	1.476	1.674	1.870	2.273	2.947
	其中	普工	工日	0.269	0.310	0.352	0.393	0.477	0.619
		一般技工	工日	0.767	0.886	1.004	1.122	1.364	1.768
		高级技工	工日	0.243	0.280	0.318	0.355	0.432	0.560
材料	户外热缩式电缆终端头		套	（1.020）	（1.020）	（1.020）	（1.020）	（1.020）	（1.020）
	聚四氟乙烯带		kg	0.129	0.162	0.194	0.226	0.323	0.404
	三色塑料带 20mm×40m		m	0.040	0.048	0.057	0.065	0.081	0.121
	白布		kg	0.485	0.581	0.678	0.775	0.969	1.260
	焊锡膏		kg	0.010	0.013	0.016	0.019	0.039	0.048
	焊锡丝（综合）		kg	0.048	0.065	0.081	0.097	0.194	0.242
	汽油（综合）		kg	0.775	0.856	0.937	1.017	1.163	1.454
	电力复合脂		kg	0.029	0.036	0.042	0.048	0.078	0.097
	固定卡子 ϕ90		个	1.663	2.060	2.060	2.060	2.060	2.060
	电气绝缘胶带 18mm×10m×0.13mm		卷	0.202	0.283	0.363	0.485	0.828	1.252
	镀锡裸铜软绞线 TJRX 16mm²		kg	0.162	0.162	0.202	0.202	0.283	0.404
	其他材料费		%	1.80	1.80	1.80	1.80	1.80	1.80

3. 成套型电缆头安装

(1)10kV 以下电缆中间头安装

工作内容: 定位、量尺寸、锯断、剥切清洗、内屏蔽层处理、焊接地线、中间头安装等。　**计量单位:** 个

编　号				4-9-244	4-9-245	4-9-246	4-9-247	4-9-248	4-9-249
项　目				电缆截面(mm²)					
				≤35	≤50	≤70	≤120	≤240	≤400
名　称			单位	消　耗　量					
人工	合计工日		工日	0.801	0.944	1.090	1.234	1.580	2.210
	其中	普工	工日	0.168	0.198	0.229	0.259	0.332	0.464
		一般技工	工日	0.481	0.567	0.654	0.741	0.948	1.326
		高级技工	工日	0.152	0.179	0.207	0.234	0.300	0.420
材料	成套型电缆中间接头		套	(1.020)	(1.020)	(1.020)	(1.020)	(1.020)	(1.020)
	白布		kg	0.408	0.490	0.571	0.653	1.061	1.224
	焊锡膏		kg	0.008	0.011	0.014	0.016	0.033	0.041
	焊锡丝(综合)		kg	0.041	0.055	0.068	0.082	0.163	0.204
	沥青绝缘漆		kg	4.080	4.080	4.896	5.712	7.344	9.792
	汽油(综合)		kg	0.490	0.490	0.571	0.653	0.816	0.979
	电力复合脂		kg	0.024	0.024	0.033	0.041	0.065	0.082
	其他材料费		%	1.80	1.80	1.80	1.80	1.80	1.80

(2)10kV以下室内电缆终端头安装

工作内容:定位、量尺寸、锯断、剥切清洗、内屏蔽层处理、焊接地线、安装、接线等。 **计量单位:**个

编号				4-9-250	4-9-251	4-9-252	4-9-253	4-9-254	4-9-255
项目				电缆截面(mm²)					
				≤35	≤50	≤70	≤120	≤240	≤400
名称			单位	消耗量					
人工	合计工日		工日	0.524	0.621	0.717	0.816	1.056	1.513
	其中	普工	工日	0.110	0.130	0.150	0.171	0.222	0.318
		一般技工	工日	0.314	0.373	0.431	0.490	0.634	0.908
		高级技工	工日	0.100	0.118	0.136	0.155	0.200	0.287
材料	成套型电缆终端头		套	(1.020)	(1.020)	(1.020)	(1.020)	(1.020)	(1.020)
	白布		kg	0.245	0.245	0.326	0.408	0.653	0.898
	焊锡膏		kg	0.049	0.049	0.057	0.057	0.073	0.082
	焊锡丝(综合)		kg	0.245	0.245	0.286	0.286	0.367	0.408
	汽油(综合)		kg	0.490	0.490	0.571	0.653	0.816	1.061
	电力复合脂		kg	0.024	0.033	0.041	0.041	0.065	0.082
	丙酮		kg	0.408	0.490	0.571	0.653	0.816	1.224
	其他材料费		%	1.80	1.80	1.80	1.80	1.80	1.80

（3）10kV以下室外电缆终端头安装

工作内容：定位、量尺寸、锯断、剥切清洗、内屏蔽层处理、焊接地线、终端盒安装、接线等。

计量单位：个

编号				4-9-256	4-9-257	4-9-258	4-9-259	4-9-260	4-9-261
项目				电缆截面（mm^2）					
				≤35	≤50	≤70	≤120	≤240	≤400
名称			单位	消耗量					
人工	合计工日		工日	1.242	1.438	1.632	1.827	2.217	2.875
	其中	普工	工日	0.261	0.302	0.343	0.384	0.466	0.604
		一般技工	工日	0.745	0.863	0.979	1.096	1.330	1.725
		高级技工	工日	0.236	0.273	0.310	0.347	0.421	0.546
材料	成套型电缆终端头		套	（1.020）	（1.020）	（1.020）	（1.020）	（1.020）	（1.020）
	白布		kg	0.408	0.490	0.571	0.653	0.816	1.061
	焊锡膏		kg	0.008	0.008	0.016	0.016	0.033	0.041
	焊锡丝（综合）		kg	0.408	0.490	0.653	0.816	0.979	1.020
	汽油（综合）		kg	0.653	0.721	0.789	0.857	0.979	1.224
	电力复合脂		kg	0.024	0.024	0.033	0.041	0.065	0.024
	其他材料费		%	1.80	1.80	1.80	1.80	1.80	1.80

六、控制电缆敷设

1. 控制电缆敷设

工作内容：开盘、检查、架线盘、敷设、切断、排列整理、固定、收盘、临时封头、挂牌等。

计量单位：10m

编号				4-9-262	4-9-263	4-9-264	4-9-265	4-9-266
项目				电缆芯数（芯）				
				≤6	≤14	≤24	≤37	≤48
名称			单位	消耗量				
人工	合计工日		工日	0.214	0.236	0.244	0.317	0.458
	其中	普工	工日	0.075	0.082	0.090	0.112	0.165
		一般技工	工日	0.118	0.133	0.133	0.177	0.251
		高级技工	工日	0.021	0.021	0.021	0.028	0.042
材料	控制电缆		m	（10.150）	（10.150）	（10.150）	（10.150）	（10.150）
	白布		kg	0.017	0.026	0.034	0.034	0.043
	钢锯条		条	0.085	0.085	0.094	0.094	0.094
	汽油（综合）		kg	0.026	0.060	0.068	0.077	0.085
	电气绝缘胶带 18mm×10m×0.13mm		卷	0.009	0.009	0.009	0.009	0.009
	镀锌电缆卡子 2×35		套	2.342	2.342	2.342	2.342	2.342
	标志牌 塑料扁形		个	0.601	0.601	0.601	0.601	0.601
	其他材料费		%	1.80	1.80	1.80	1.80	1.80
机械	汽车式起重机 8t		台班	—	0.011	0.011	0.011	0.011
	载货汽车－普通货车 5t		台班	—	0.011	0.011	0.011	0.011

2. 竖井通道内铜芯控制电缆敷设

工作内容：开盘、检查、架线盘、敷设、切断、排列整理、固定、收盘、临时封头、挂牌等。

计量单位：10m

编号				4-9-267	4-9-268	4-9-269	4-9-270	4-9-271
项目				电缆芯数（芯）				
				≤6	≤14	≤24	≤37	≤48
名称			单位	消耗量				
人工	合计工日		工日	0.319	0.363	0.805	0.982	1.389
	其中	普工	工日	0.113	0.128	0.285	0.352	0.495
		一般技工	工日	0.174	0.200	0.443	0.539	0.761
		高级技工	工日	0.032	0.035	0.077	0.091	0.133
材料	控制电缆		m	(10.150)	(10.150)	(10.150)	(10.150)	(10.150)
	白布		kg	0.017	0.026	0.034	0.034	0.043
	钢锯条		条	0.085	0.085	0.094	0.094	0.094
	汽油（综合）		kg	0.026	0.060	0.068	0.077	0.085
	电气绝缘胶带 18mm×10m×0.13mm		卷	0.009	0.009	0.009	0.017	0.017
	镀锌电缆卡子 2×35		套	11.211	11.211	11.211	11.211	11.211
	标志牌 塑料扁形		个	1.802	1.802	1.802	1.802	1.802
	其他材料费		%	1.80	1.80	1.80	1.80	1.80
机械	汽车式起重机 8t		台班	—	0.011	0.011	0.011	0.053
	载货汽车－普通货车 5t		台班	—	0.011	0.011	0.011	0.011

七、控制电缆终端头制作安装

工作内容：定位、量尺寸、锯断、剥切、包缠绝缘、安装、校接线等。 **计量单位：**个

编号				4-9-272	4-9-273	4-9-274	4-9-275	4-9-276
项目				电缆芯数（芯）				
				≤6	≤14	≤24	≤37	≤48
名称			单位	消耗量				
人工	合计工日		工日	0.217	0.351	0.478	0.695	1.057
	其中	普工	工日	0.046	0.074	0.100	0.146	0.222
		一般技工	工日	0.130	0.210	0.287	0.417	0.634
		高级技工	工日	0.041	0.067	0.091	0.132	0.201
材料	三色塑料带 20mm×40m		m	0.170	0.425	0.680	0.850	1.275
	白布		kg	0.170	0.255	0.298	0.340	0.425
	焊锡膏		kg	0.017	0.026	0.026	0.034	0.043
	焊锡丝（综合）		kg	0.085	0.128	0.145	0.162	0.204
	汽油（综合）		kg	0.085	0.128	0.153	0.170	0.213
	塑料软管 *De*5		m	0.034	0.162	0.272	0.485	0.629
	固定卡子 ϕ40		个	1.030	1.030	1.030	1.030	1.030
	电气绝缘胶带 18mm×10m×0.13mm		卷	0.085	0.170	0.255	0.340	0.383
	尼龙扎带（综合）		根	10.000	10.000	15.000	15.000	15.000
	镀锡裸铜软绞线 TJRX 16mm^2		kg	0.119	0.119	0.119	0.119	0.119
	套管 KT2 型		个	0.893	0.893	0.893	0.893	0.893
	端子号牌		个	5.000	12.000	21.000	32.000	41.000
	其他材料费		%	1.80	1.80	1.80	1.80	1.80

八、电缆防火设施安装

工作内容：清扫、堵洞、安装防火槽盒（隔板）、防火涂料、防火包、防火带、清理现场等。

编号				4-9-277	4-9-278	4-9-279	4-9-280	4-9-281
项目				阻燃槽盒（宽＋高 mm）		防火隔板安装	防火槽安装	防火带安装
				≤550	>550			
				10m		m^2	10m	
名称			单位	消耗量				
人工	合计工日		工日	6.960	10.679	0.844	0.419	0.187
	其中	普工	工日	2.490	3.815	0.302	0.151	0.065
		一般技工	工日	3.480	5.343	0.422	0.207	0.094
		高级技工	工日	0.990	1.521	0.120	0.061	0.028
材料	防火隔板		m^2	—	—	（1.080）	—	—
	防火带		m	—	—	—	—	（10.200）
	阻燃槽盒		m	（10.050）	（10.050）	—	（10.500）	—
	镀锌铁丝 ϕ4.0		kg	0.383	0.468	—	—	—
	钢锯条		条	—	—	1.700	—	—
	锯条（各种规格）		根	6.892	9.359	—	—	—
	其他材料费		%	1.80	1.80	1.80	1.80	1.80

编号				4-9-282	4-9-283	4-9-284	4-9-285
项目				防火墙安装	防火包安装	防火堵料	防火涂料
				m^2	t		kg
名称			单位	消耗量			
人工	合计工日		工日	0.318	13.634	36.979	0.184
	其中	普工	工日	0.114	4.874	13.220	0.066
		一般技工	工日	0.159	6.817	18.489	0.092
		高级技工	工日	0.045	1.943	5.270	0.026
材料	防火涂料		kg	—	—	—	(1.080)
	防火包		t	—	(1.080)	—	—
	防火墙		m^2	(1.080)	—	—	—
	防火堵料		t	—	—	(1.080)	—
	镀锌铁丝(综合)		kg	—	—	5.100	—
	板枋材		m^3	—	—	0.128	—
	汽油 100#		kg	—	—	—	0.298
	水		t	—	—	0.170	—
	其他材料费		%	1.80	1.80	1.80	1.80

九、电缆分支箱安装

工作内容：开箱、清扫、检查、测位、划线、本体安装、接地等。　　**计量单位：**台

编　号				4-9-286	4-9-287	4-9-288	4-9-289
项　目				高压电缆分支箱(回路)			低压电缆分支箱
				6	8	10	
名　称			单位	消　耗　量			
人工	合计工日		工日	2.043	2.480	2.919	0.922
	其中	普工	工日	1.058	1.240	1.423	0.456
		一般技工	工日	0.547	0.675	0.803	0.274
		高级技工	工日	0.438	0.565	0.693	0.192
材料	镀锌铁丝(综合)		kg	0.383	0.383	0.391	0.255
	其他材料费		%	1.80	1.80	1.80	1.80
	平垫铁(综合)		kg	0.255	0.255	0.255	0.136
	低碳钢焊条(综合)		kg	0.128	0.128	0.128	—
	调和漆		kg	0.055	0.055	0.055	—
	垫圈 M10~20		10个	—	—	—	0.673
	软铜绞线 TJR 7/1.33		kg	0.042	0.042	0.041	0.025
	自黏性橡胶带 25mm×20m		卷	10.092	10.092	10.092	—
机械	载货汽车－普通货车 4t		台班	0.060	0.060	0.060	0.040
	弧焊机 20kV·A		台班	0.016	0.016	0.016	—

十、电 缆 试 验

工作内容：试验设备移运及布置、接电及布线，电缆试验、核相、电阻比试验、试验后复位等。

<table>
<tr><td colspan="3">编　　号</td><td>4-9-290</td><td>4-9-291</td><td>4-9-292</td><td>4-9-293</td><td>4-9-294</td></tr>
<tr><td colspan="3" rowspan="3">项　　目</td><td rowspan="2">绝缘遥测</td><td colspan="4">10kV 电缆试验</td></tr>
<tr><td>直流
耐压试验</td><td>交流
耐压试验</td><td>电阻比
试验</td><td>局放
试验</td></tr>
<tr><td>盘、回路</td><td colspan="4">回路</td></tr>
<tr><td colspan="2">名　　称</td><td>单位</td><td colspan="5">消　耗　量</td></tr>
<tr><td rowspan="4">人工</td><td>合计工日</td><td>工日</td><td>0.557</td><td>2.474</td><td>3.249</td><td>1.218</td><td>4.158</td></tr>
<tr><td>其中 普工</td><td>工日</td><td>0.109</td><td>0.210</td><td>0.511</td><td>0.128</td><td>0.146</td></tr>
<tr><td>其中 一般技工</td><td>工日</td><td>0.222</td><td>1.090</td><td>1.308</td><td>0.524</td><td>1.968</td></tr>
<tr><td>其中 高级技工</td><td>工日</td><td>0.226</td><td>1.174</td><td>1.430</td><td>0.566</td><td>2.044</td></tr>
<tr><td rowspan="3">材料</td><td>其他材料费</td><td>%</td><td>1.80</td><td>1.80</td><td>1.80</td><td>1.80</td><td>1.80</td></tr>
<tr><td>黄铜丝 $\phi 3$</td><td>kg</td><td>—</td><td>0.213</td><td>0.213</td><td>—</td><td>0.213</td></tr>
<tr><td>塑料带 20mm×40m</td><td>卷</td><td>—</td><td>0.765</td><td>0.765</td><td>—</td><td>0.765</td></tr>
<tr><td rowspan="3">机械</td><td>汽车式起重机 8t</td><td>台班</td><td>—</td><td>—</td><td>1.000</td><td>—</td><td>1.000</td></tr>
<tr><td>载货汽车－普通货车 5t</td><td>台班</td><td>—</td><td>0.700</td><td>—</td><td>0.200</td><td>—</td></tr>
<tr><td>载货汽车－普通货车 8t</td><td>台班</td><td>—</td><td>—</td><td>1.000</td><td>—</td><td>1.000</td></tr>
<tr><td rowspan="7">仪表</td><td>高压核相仪</td><td>台班</td><td>—</td><td>—</td><td>0.650</td><td>—</td><td>—</td></tr>
<tr><td>绝缘电阻测试仪</td><td>台班</td><td>0.280</td><td>—</td><td>—</td><td>—</td><td>—</td></tr>
<tr><td>交流耐压仪</td><td>台班</td><td>—</td><td>—</td><td>1.151</td><td>—</td><td>—</td></tr>
<tr><td>QJ84 数字直流（双臂）电桥</td><td>台班</td><td>—</td><td>—</td><td>—</td><td>0.130</td><td>—</td></tr>
<tr><td>ZGS-20 高压试验设备</td><td>台班</td><td>—</td><td>0.310</td><td>—</td><td>—</td><td>—</td></tr>
<tr><td>脉冲定位仪</td><td>台班</td><td>—</td><td>—</td><td>—</td><td>—</td><td>0.650</td></tr>
<tr><td>振荡波试验设备</td><td>台班</td><td>—</td><td>—</td><td>—</td><td>—</td><td>0.576</td></tr>
</table>

第十章　防雷与接地装置安装工程

说　明

一、本章内容包括避雷针制作与安装、避雷引下线敷设，避雷网安装、接地极（板）制作与安装、接地母线敷设、接地跨接线安装、桩承台接地、设备防雷装置安装、阴极保护接地、等电位装置安装及接地系测试等内容。

二、有关说明：

1. 本章适用于建筑物与构筑物的防雷接地、变配电系统接地、设备接地以及避雷针（塔）接地装置安装。

2. 接地极安装与接地母线敷设项目不包括采用爆破法施工、接地电阻率高的土质换土、接地电阻测定工作，工程实际发生时，执行相关项目。

3. 避雷针制作、安装项目不包括避雷针底座及埋件的制作与安装，工程实际发生时，应根据设计划分，分别执行相关项目。

4. 避雷针安装项目综合考虑了高空作业因素，执行项目时不做调整。避雷针安装在木杆和水泥杆上时，包括了其避雷引下线安装。

5. 独立避雷针安装包括避雷针塔架、避雷引下线安装，不包括基础浇筑。塔架制作执行本册第七章“金属构件、穿通板安装工程”制作项目。

6. 利用建筑结构钢筋作为接地引下线安装项目是按照每根柱子内焊接两根主筋编制的，当焊接主筋超过两根时，可按照比例调整项目安装费。防雷均压环是利用建筑物梁内主筋作为防雷接地连接线考虑的，每一梁内按焊接两根主筋编制，当焊接主筋数超过两根时，可按比例调整项目安装费。如果采用单独扁钢或圆钢明敷设作为均压环时，可执行户内接地母线敷设相关项目。

7. 利用铜绞线作为接地引下线时，其配管、穿铜绞线执行同规格相关项目。

8. 高层建筑物屋顶防雷接地装置安装应执行避雷网安装项目。避雷网安装沿折板支架敷设项目包括了支架制作与安装，不得另行计算。电缆支架的接地线安装执行“户内接地母线敷设”项目。

9. 利用基础梁内两根主筋焊接连通作为接地母线时，执行“均压环敷设”项目。

10. 户外接地母线敷设定额是按照室外整平标高和一般土质综合编制的，包括地沟挖填土和夯实，执行项目时不再计算土方工程量。户外接地沟挖深为 0.75m，每米沟长土方量为 $0.34m^3$。如设计要求埋设深度与项目不同时，应按照实际土方量调整。如遇有石方、矿渣、积水、障碍物等情况时应另行计算。

11. 利用建（构）筑物梁、柱、桩承台等接地时，柱内主筋与梁、柱内主筋与桩承台跨接不另行计算，其工作量已经综合在相应项目中。

12. 阴极保护接地等项目适用于接地电阻率高的土质地区接地施工。包括挖接地井、安装接地电极、安装接地模块，换填降阻剂、安装电解质离子接地极等。

13. 本章不包括固定防雷接地设施所用的预制混凝土块制作（或购置混凝土块）与安装费用。工程实际发生时，执行《房屋建筑与装饰工程消耗量》TY 01-03-2021 相应项目。

工程量计算规则

一、避雷针制作根据材质及针长，按照设计图示安装成品数量以“根”为计量单位。

二、避雷针、避雷小短针安装根据安装地点及针长，按照设计图示安装成品数量以“根”为计量单位。

三、独立避雷针安装根据安装高度，按照设计图示安装成品数量以“基”为计量单位。

四、避雷引下线敷设根据引下线采取的方式，按照设计图示敷设数量以“m”为计量单位。

五、断接卡子制作与安装按照设计规定装设的断接卡子数量以“套”为计量单位。检查井内接地的断接卡子安装按照每井一套计算。

六、均压环敷设长度按照设计需要作为均压接地梁的中心线长度以“m”为计量单位。

七、接地极制作与安装根据材质与土质，按照设计图示安装数量以“根”为计量单位。接地极长度按照设计长度计算，设计无规定时，每根按照 2.5m 计算。

八、避雷网、接地母线敷设按照设计图示敷设数量以“m”为计量单位。计算长度时，按照设计图示水平和垂直规定长度 3.9% 计算附加长度（包括转弯、上下波动、避绕障碍物、搭接头等长度），当设计有规定时，按照设计规定计算。

九、接地跨接线安装根据跨接线位置，结合规程规定，按照设计图示跨接数量以“处”为计量单位。户外配电装置构架按照设计要求需要接地时，每组构架计算一处；钢窗、铝合金窗按照设计要求需要接地时，每一金属窗计算一处。

十、桩承台接地根据桩连接根数，按照设计图示数量以“基”为计量单位。

十一、电子设备防雷接地装置安装根据需要避雷的设备，按照个数计算工程量。

十二、阴极保护接地根据设计采取的措施，按照设计用量计算工程量。

十三、等电位装置安装根据接地系统布置，按照安装数量以“套”为计量单位。

十四、接地网测试：

1. 工程项目连成一个母网时，按照一个系统计算测试工程量；单项工程或单位工程自成母网不与工程项目母网相连的独立接地网，单独计算一个系统测试工程量。

2. 工厂、车间、大型建筑群各自有独立的接地网（按照设计要求），在最后将各接地网连在一起时需要根据具体的测试情况计算系统测试工程量。

一、避雷针制作与安装

1. 避雷针制作

工作内容：下料、针尖针体加工、挂锡、校正、组焊、刷漆等（不包括底座加工）。　　　　**计量单位：**根

编　号			4-10-1	4-10-2	4-10-3	4-10-4	4-10-5	4-10-6	4-10-7
项　目			钢管避雷针						圆钢避雷针
			针长（m）						
			≤2	≤5	≤7	≤10	≤12	≤14	≤2
名　称		单位	消　耗　量						
人工	合计工日	工日	0.353	0.888	0.983	1.125	1.277	1.443	0.308
	其中 普工	工日	0.109	0.273	0.302	0.346	0.393	0.444	0.095
	其中 一般技工	工日	0.194	0.488	0.541	0.619	0.702	0.793	0.169
	其中 高级技工	工日	0.050	0.127	0.140	0.160	0.182	0.206	0.044
材料	型钢（综合）	kg	—	—	—	—	—	（47.900）	（0.500）
	圆钢（综合）	kg	—	—	—	—	—	—	（4.980）
	中厚钢板（综合）	kg	（0.700）	（6.500）	（11.100）	（25.100）	（35.400）	—	—
	避雷针	根	（1.000）	（1.000）	（1.000）	（1.000）	（1.000）	（1.000）	（1.000）
	低碳钢焊条（综合）	kg	0.145	0.196	0.247	0.298	0.357	0.434	—
	焊锡膏	kg	0.170	0.170	0.170	0.170	0.170	0.170	0.170
	焊锡丝（综合）	kg	0.170	0.170	0.170	0.170	0.170	0.170	0.170
	防锈漆	kg	0.009	0.026	0.040	0.040	0.050	0.050	
	酚醛银粉漆	kg	0.009	0.026	0.034	0.034	0.043	0.043	—
	汽油（综合）	kg	0.196	0.196	0.213	0.213	0.221	0.221	—
	其他材料费	%	1.80	1.80	1.80	1.80	1.80	1.80	1.80
机械	弧焊机 20kV·A	台班	0.018	0.024	0.030	0.036	0.043	0.053	—

2. 避雷针安装

工作内容：配合预埋铁件、螺栓或支架；安装固定、补漆等。 **计量单位：**根

编号			4-10-8	4-10-9	4-10-10	4-10-11	4-10-12	4-10-13
项目			装在烟囱上					
			安装高度（m）					
			≤25	≤50	≤75	≤100	≤150	≤250
名称		单位	消耗量					
人工	合计工日	工日	0.615	1.492	2.007	2.469	3.452	6.451
	其中 普工	工日	0.189	0.459	0.617	0.759	1.061	1.983
	其中 一般技工	工日	0.338	0.820	1.104	1.358	1.899	3.548
	其中 高级技工	工日	0.088	0.213	0.286	0.352	0.492	0.920
材料	低碳钢焊条（综合）	kg	0.145	0.213	0.255	0.298	0.408	0.731
	防锈漆	kg	0.017	0.017	0.017	0.017	0.017	0.017
	铅油（厚漆）	kg	0.017	0.017	0.017	0.017	0.017	0.017
	清油	kg	0.009	0.009	0.009	0.009	0.009	0.009
	其他材料费	%	1.80	1.80	1.80	1.80	1.80	1.80
机械	弧焊机 20kV·A	台班	0.018	0.018	0.018	0.018	0.018	0.018

计量单位：根

编号			4-10-14	4-10-15	4-10-16	4-10-17	4-10-18	4-10-19
项目			装在平屋面上					
			针长（m）					
			≤2	≤5	≤7	≤10	≤12	≤14
名称		单位	消耗量					
人工	合计工日	工日	0.396	0.455	0.606	0.708	0.876	1.003
	其中 普工	工日	0.122	0.140	0.186	0.218	0.269	0.308
	其中 一般技工	工日	0.218	0.250	0.334	0.389	0.482	0.552
	其中 高级技工	工日	0.056	0.065	0.086	0.101	0.125	0.143
材料	低碳钢焊条（综合）	kg	0.476	0.476	0.476	0.476	0.476	0.476
	钢板底座 300×300×6	kg	3.825	3.825	3.825	3.825	3.825	3.825
	钢肋板 6	kg	3.536	3.536	3.536	3.536	3.536	3.536
	其他材料费	%	1.80	1.80	1.80	1.80	1.80	1.80
机械	弧焊机 20kV·A	台班	0.058	0.058	0.058	0.058	0.058	0.058

计量单位：根

编　　号				4-10-20	4-10-21	4-10-22	4-10-23	4-10-24	4-10-25
项　　目				装在墙上					
				针长（m）					
				≤2	≤5	≤7	≤10	≤12	≤14
名　　称			单位	消　耗　量					
人工	合计工日		工日	0.391	0.487	0.633	0.762	0.907	1.085
	其中	普工	工日	0.120	0.150	0.194	0.234	0.279	0.333
		一般技工	工日	0.216	0.268	0.349	0.419	0.499	0.597
		高级技工	工日	0.055	0.069	0.090	0.109	0.129	0.155
材料	角钢（综合）		kg	20.230	20.230	20.230	20.230	20.230	20.230
	低碳钢焊条（综合）		kg	0.102	0.102	0.102	0.102	0.102	0.102
	其他材料费		%	1.80	1.80	1.80	1.80	1.80	1.80
机械	弧焊机 20kV·A		台班	0.012	0.012	0.012	0.012	0.012	0.012

计量单位：根

编　　号				4-10-26	4-10-27	4-10-28	4-10-29
项　　目				装在金属容器顶上		装在金属容器壁上	
				针长（m）			
				≤3	≤7	≤3	≤7
名　　称			单位	消　耗　量			
人工	合计工日		工日	0.654	0.876	0.391	0.606
	其中	普工	工日	0.201	0.269	0.120	0.186
		一般技工	工日	0.360	0.482	0.216	0.334
		高级技工	工日	0.093	0.125	0.055	0.086
材料	钢板（综合）		kg	3.358	3.358	—	—
	低碳钢焊条（综合）		kg	0.238	0.238	0.238	0.238
	铅油（厚漆）		kg	0.034	0.034	0.017	0.017
	防锈漆		kg	0.034	0.034	0.017	0.017
	清油		kg	0.017	0.017	0.009	0.009
	氧气		m^3	0.065	0.065	—	—
	乙炔气		kg	0.170	0.170	—	—
	其他材料费		%	1.80	1.80	1.80	1.80
机械	弧焊机 20kV·A		台班	0.029	0.029	0.029	0.029

计量单位：根

编号				4-10-30	4-10-31
项目				装在构筑物上	
				水泥杆上	金属构架上
名称			单位	消耗量	
人工	合计工日		工日	0.843	0.291
	其中	普工	工日	0.259	0.089
		一般技工	工日	0.464	0.160
		高级技工	工日	0.120	0.042
材料	热轧圆盘条 ϕ10 以内		kg	8.186	—
	钢板（综合）		kg	14.459	—
	低碳钢焊条（综合）		kg	0.114	0.238
	铅油（厚漆）		kg	0.051	0.017
	防锈漆		kg	0.051	0.017
	清油		kg	0.026	0.009
	氧气		m^3	0.082	—
	乙炔气		kg	0.213	—
	镀锌扁钢抱箍 −40×4		副	1.709	—
	其他材料费		%	1.80	1.80
机械	弧焊机 20kV·A		台班	0.014	0.029

计量单位：组

编号				4-10-32
项目				拉线安装
				3 根拉线
名称			单位	消耗量
人工	合计工日		工日	0.886
	其中	普工	工日	0.273
		一般技工	工日	0.487
		高级技工	工日	0.126
材料	镀锌铁丝 ϕ2.5~4.0		kg	2.040
	拉环		套	2.550
	索具螺旋扣		套	2.550
	拉扣		只	2.550
	其他材料费		%	1.80

3. 独立避雷针塔安装

工作内容：组装、焊接、吊装、找正、固定、补漆等。　　**计量单位：**基

编　号				4-10-33	4-10-34	4-10-35	4-10-36
项　目				安装高度（m）			
				≤18	≤24	≤30	≤40
名　称			单位	消　耗　量			
人工	合计工日		工日	4.132	4.664	5.137	5.835
	其中	普工	工日	1.270	1.434	1.580	1.794
		一般技工	工日	2.273	2.565	2.825	3.209
		高级技工	工日	0.589	0.665	0.732	0.832
材料	热轧圆盘条 ϕ10 以内		kg	28.475	28.475	28.475	28.475
	镀锌铁丝 ϕ2.5~4.0		kg	2.125	2.975	4.250	5.525
	低碳钢焊条（综合）		kg	0.850	1.063	1.275	1.700
	酚醛调和漆		kg	0.425	0.850	0.850	0.850
	钢垫板 δ1~2		kg	5.100	5.100	5.100	5.100
	其他材料费		%	1.80	1.80	1.80	1.80
机械	汽车式起重机 8t		台班	0.291	0.291	—	—
	汽车式起重机 12t		台班	—	—	0.291	—
	汽车式起重机 16t		台班	—	—	—	0.291
	载货汽车－普通货车 5t		台班	0.194	0.194	0.194	0.291
	弧焊机 20kV·A		台班	0.103	0.129	0.155	0.207

4. 避雷小短针制作与安装

工作内容： 下料、针尖针体加工、挂锡、校正、组焊、刷漆等；预埋铁件、螺栓或支架、安装固定、补漆等。

计量单位： 根

编 号				4-10-37	4-10-38
项 目				避雷小短针制作	避雷小短针在避雷网上安装
名 称			单位	消 耗 量	
人工	合计工日		工日	0.065	0.054
	其中	普工	工日	0.020	0.017
		一般技工	工日	0.036	0.029
		高级技工	工日	0.009	0.008
材料	镀锌圆钢		kg	(0.250)	—
	热轧圆盘条 ϕ10 以内		kg	—	0.331
	低碳钢焊条(综合)		kg	—	0.117
	钢锯条		条	—	0.085
	焊锡膏		kg	0.034	—
	焊锡丝(综合)		kg	0.034	—
	铅油(厚漆)		kg	—	0.003
	防锈漆		kg	—	0.005
	清油		kg	—	0.003
	其他材料费		%	1.80	1.80
机械	弧焊机 20kV·A		台班	—	0.014

二、避雷引下线敷设

工作内容：平直、下料、测位、打眼、埋卡子、焊接、固定、刷漆等。

<table>
<tr><td colspan="4">编　号</td><td>4-10-39</td><td>4-10-40</td><td>4-10-41</td><td>4-10-42</td></tr>
<tr><td colspan="4" rowspan="2">项　目</td><td>利用金属构件引下</td><td>沿建筑物、构筑物引下</td><td>利用建筑结构钢筋引下</td><td>断接卡子制作与安装</td></tr>
<tr><td colspan="3">m</td><td>套</td></tr>
<tr><td colspan="3">名　称</td><td>单位</td><td colspan="4">消　耗　量</td></tr>
<tr><td rowspan="4">人工</td><td colspan="2">合计工日</td><td>工日</td><td>0.010</td><td>0.050</td><td>0.043</td><td>0.193</td></tr>
<tr><td rowspan="3">其中</td><td>普工</td><td>工日</td><td>0.003</td><td>0.015</td><td>0.013</td><td>0.059</td></tr>
<tr><td>一般技工</td><td>工日</td><td>0.005</td><td>0.028</td><td>0.024</td><td>0.106</td></tr>
<tr><td>高级技工</td><td>工日</td><td>0.002</td><td>0.007</td><td>0.006</td><td>0.028</td></tr>
<tr><td rowspan="11">材料</td><td colspan="2">避雷线</td><td>m</td><td>—</td><td>(1.050)</td><td>—</td><td>—</td></tr>
<tr><td colspan="2">热轧圆盘条 $\phi10$ 以内</td><td>kg</td><td>—</td><td>—</td><td>0.085</td><td>—</td></tr>
<tr><td colspan="2">镀锌扁钢(综合)</td><td>kg</td><td>—</td><td>—</td><td>—</td><td>0.400</td></tr>
<tr><td colspan="2">低碳钢焊条(综合)</td><td>kg</td><td>0.013</td><td>0.043</td><td>0.060</td><td>—</td></tr>
<tr><td colspan="2">钢锯条</td><td>条</td><td>—</td><td>—</td><td>0.013</td><td>0.085</td></tr>
<tr><td colspan="2">铅油(厚漆)</td><td>kg</td><td>0.002</td><td>0.006</td><td>—</td><td>—</td></tr>
<tr><td colspan="2">防锈漆</td><td>kg</td><td>0.004</td><td>0.012</td><td>—</td><td>—</td></tr>
<tr><td colspan="2">清油</td><td>kg</td><td>0.001</td><td>0.003</td><td>—</td><td>—</td></tr>
<tr><td colspan="2">钢管 $D25$</td><td>kg</td><td>—</td><td>0.088</td><td>—</td><td>—</td></tr>
<tr><td colspan="2">镀锌扁钢卡子 25×4</td><td>kg</td><td>0.044</td><td>0.044</td><td>—</td><td>—</td></tr>
<tr><td colspan="2">其他材料费</td><td>%</td><td>1.80</td><td>1.80</td><td>1.80</td><td>1.80</td></tr>
<tr><td rowspan="2">机械</td><td colspan="2">台式钻床 16mm</td><td>台班</td><td>—</td><td>—</td><td>—</td><td>0.002</td></tr>
<tr><td colspan="2">弧焊机 20kV·A</td><td>台班</td><td>0.002</td><td>0.005</td><td>0.007</td><td>—</td></tr>
</table>

三、避雷网安装

工作内容： 平直、下料、测位、打眼、埋卡子、焊接、固定、刷漆、拉拔试验等。

编号				4-10-43	4-10-44	4-10-45	4-10-46
项目				沿混凝土块敷设	沿折板支架敷设	均压环敷设 利用圈梁钢筋	柱主筋与圈梁钢筋焊接
				m			处
名称			单位	消耗量			
人工	合计工日		工日	0.073	0.146	0.022	0.203
	其中	普工	工日	0.022	0.045	0.007	0.062
		一般技工	工日	0.041	0.080	0.012	0.122
		高级技工	工日	0.010	0.021	0.003	0.019
材料	镀锌圆钢 ϕ16		m	(1.050)	(1.050)	—	—
	热轧圆盘条 ϕ10 以内		kg	—	—	0.085	—
	圆钢 ϕ10~14		kg	—	—	—	0.383
	低碳钢焊条(综合)		kg	0.021	0.085	0.028	0.170
	钢锯条		条	—	0.170	—	0.170
	水泥 P·C 32.5		kg	0.066	—	—	—
	砂子 中砂		m^3	0.001	—	—	—
	铅油(厚漆)		kg	0.002	0.003	—	—
	防锈漆		kg	0.003	0.004	—	—
	清油		kg	0.001	0.001	—	—
	扁钢卡子 25×4		kg	0.116	0.043	—	—
	镀锌扁钢支架 40×3		kg	—	0.238	—	—
	其他材料费		%	1.80	1.80	1.80	—
机械	弧焊机 20kV·A		台班	0.003	0.010	0.003	0.021

四、接地极(板)制作与安装

工作内容：尖端及加固帽加工、接地极打入地下及埋设、下料、加工、焊接等。　　　　**计量单位：**根

编　号				4-10-47	4-10-48	4-10-49	4-10-50	4-10-51
项　目				钢管接地极		角钢接地极		圆钢接地极
				普通土	坚土	普通土	坚土	普通土
名　称			单位	消　耗　量				
人工	合计工日		工日	0.246	0.279	0.171	0.198	0.124
	其中	普工	工日	0.076	0.086	0.052	0.061	0.038
		一般技工	工日	0.135	0.153	0.094	0.109	0.068
		高级技工	工日	0.035	0.040	0.025	0.028	0.018
材料	镀锌钢管 *DN*50		kg	(6.880)	(6.880)	—	—	—
	镀锌角钢(综合)		kg	—	—	(9.150)	(9.150)	—
	镀锌圆钢		kg	—	—	—	—	(10.100)
	镀锌扁钢(综合)		kg	0.221	0.221	0.221	0.221	0.111
	低碳钢焊条(综合)		kg	0.170	0.170	0.128	0.128	0.136
	钢锯条		条	1.275	1.275	0.850	0.850	0.145
	沥青清漆		kg	0.017	0.017	0.017	0.017	0.009
	其他材料费		%	1.80	1.80	1.80	1.80	1.80
机械	弧焊机 20kV·A		台班	0.021	0.021	0.016	0.016	0.017

编　号				4-10-52	4-10-53	4-10-54
项　目				圆钢接地极	接地极板	
				坚土	铜板	钢板
				根	块	
名　称			单位	消　耗　量		
人工	合计工日		工日	0.231	1.342	1.431
	其中	普工	工日	0.071	0.413	0.440
		一般技工	工日	0.127	0.738	0.787
		高级技工	工日	0.033	0.191	0.204
材料	镀锌圆钢		kg	（10.100）	—	—
	接地铜板		块	—	（1.005）	—
	接地钢板		块	—	—	（1.005）
	镀锌扁钢（综合）		kg	0.111	—	—
	低碳钢焊条（综合）		kg	0.136	—	0.255
	紫铜电焊条 T107 ϕ3.2		kg	—	0.357	—
	铜焊粉		kg	—	0.102	—
	钢锯条		条	0.145	—	—
	沥青清漆		kg	0.009	—	—
	汽油（综合）		kg	—	0.850	0.850
	氧气		m^3	—	0.592	—
	乙炔气		kg	—	1.539	—
	其他材料费		%	1.80	1.80	1.80
机械	弧焊机 20kV·A		台班	0.017	0.043	0.031

五、接地母线敷设

工作内容：挖地沟、接地母线平直、下料、测位、打眼、埋卡子、煨弯、敷设、焊接、回填土夯实、刷漆等。

编　号			4-10-55	4-10-56	4-10-57	4-10-58
项　目			户内接地母线敷设	户外接地母线敷设	户外铜接地绞线敷设	热熔焊接
			m			处
名　称		单位	消　耗　量			
人工	合计工日	工日	0.074	0.215	0.211	0.162
	其中 普工	工日	0.022	0.066	0.065	0.021
	其中 一般技工	工日	0.041	0.118	0.116	0.011
	其中 高级技工	工日	0.011	0.031	0.030	0.130
材料	镀锌扁钢（综合）	kg	（2.500）	（3.200）	—	—
	接地铜导线	m	—	—	（1.050）	—
	碎布	kg	0.001	—	—	—
	低碳钢焊条（综合）	kg	0.018	0.026	—	—
	铜焊粉	kg	—	—	0.002	—
	钢锯条	条	0.085	0.085	0.085	—
	铁砂布 0#~2#	张	—	—	0.085	—
	酚醛调和漆	kg	0.004	—	—	—
	沥青清漆	kg	—	0.005	—	—
	氧气	m^3	—	—	0.030	—
	乙炔气	kg	—	—	0.077	—
	钢管保护管 $\phi40\times400$	根	0.085	—	—	—
	其他材料费	%	1.80	1.80	1.80	1.80
	尢石棉手套	副	—	—	—	0.109
	液化气	kg	—	—	—	0.043
	钢丝刷子	把	—	—	—	0.084
	机械熔粉	kg	—	—	—	0.220
	热熔焊接模具	kg	—	—	—	0.400
机械	弧焊机 20kV·A	台班	0.002	0.003	—	—
	喷枪	台班	—	—	—	0.060

六、接地跨接线安装

工作内容：下料、钻孔、煨弯、敷设、挖填土、固定、刷漆。　　　　**计量单位：**处

编号				4-10-59	4-10-60	4-10-61
项目				接地网	构架接地	钢制、铝制窗接地
名称			单位	消耗量		
人工	合计工日		工日	0.058	1.239	0.125
	其中	普工	工日	0.018	0.381	0.038
		一般技工	工日	0.032	0.682	0.069
		高级技工	工日	0.008	0.176	0.018
材料	热轧圆盘条 $\phi10$ 以内		kg	—	—	0.415
	镀锌扁钢（综合）		kg	0.390	6.188	—
	低碳钢焊条（综合）		kg	0.034	0.111	0.060
	钢锯条		条	0.085	0.850	0.085
	酚醛调和漆		kg	—	0.043	—
	铅油（厚漆）		kg	0.002	—	0.003
	防锈漆		kg	0.003	—	0.007
	清油		kg	0.001	—	0.002
	镀锌接地线板 40×5×120		个	—	0.961	—
	镀锌接地端子板 双孔		个	—	—	0.863
	其他材料费		%	1.80	1.80	1.80
机械	弧焊机 20kV·A		台班	0.004	0.014	0.007

七、桩承台接地

工作内容：下料、煨弯、固定、焊接、补漆等。　　　　**计量单位：**基

编号				4-10-62	4-10-63	4-10-64
项目				≤3 根桩连接	≤7 根桩连接	≤10 根桩连接
名称			单位	消耗量		
人工	合计工日		工日	1.318	1.860	2.738
	其中	普工	工日	0.405	0.572	0.842
		一般技工	工日	0.725	1.023	1.506
		高级技工	工日	0.188	0.265	0.390
材料	镀锌扁钢（综合）		kg	10.174	14.366	21.149
	低碳钢焊条（综合）		kg	0.887	1.251	1.843
	钢锯条		条	1.899	2.682	3.948
	铅油（厚漆）		kg	0.044	0.063	0.092
	防锈漆		kg	0.088	0.125	0.184
	清油		kg	0.026	0.036	0.053
	其他材料费		%	1.80	1.80	1.80
机械	弧焊机 20kV·A		台班	0.108	0.152	0.224

八、设备防雷装置安装

工作内容：开箱、检查、划线、打孔、安装、固定、接线、检验等。　　　　**计量单位：**个

编号				4-10-65	4-10-66	4-10-67	4-10-68
项目				计算机信号避雷器	总电源避雷器	分电源避雷器	直流电源避雷器
名称			单位	消耗量			
人工	合计工日		工日	0.102	0.272	0.272	0.168
	其中	普工	工日	0.026	0.070	0.070	0.043
		一般技工	工日	0.061	0.163	0.163	0.101
		高级技工	工日	0.015	0.039	0.039	0.024
材料	碎布		kg	0.043	0.043	0.043	0.043
	热缩管 $\phi50$		m	—	0.128	0.085	0.085
	其他材料费		%	1.80	1.80	1.80	1.80

九、阴极保护接地

工作内容：井壁钢管配制、焊接、配合钻井，塑料管配制、固定、钻孔、井盖制作、安装、防腐、土方施工等。

计量单位：口

编号				4-10-69
项目				阴极保护井
名称			单位	消耗量
人工	合计工日		工日	34.929
	其中	普工	工日	24.451
		一般技工	工日	8.732
		高级技工	工日	1.746
材料	钢板（综合）		kg	（87.600）
	焊接钢管（综合）		kg	（223.600）
	碎布		kg	1.683
	砂轮片（综合）		片	0.421
	低碳钢焊条（综合）		kg	9.087
	防偏撑条		副	0.935
	石英砂（综合）		kg	0.716
	环氧沥青漆		kg	7.038
	环氧富锌漆		kg	4.089
	汽油（综合）		kg	4.208
	氧气		m^3	0.138
	乙炔气		kg	0.359
	硬塑料管 $\phi70$		m	1.195
	其他材料费		%	1.80
机械	弧焊机 20kV·A		台班	1.104

编　　号			4-10-70	4-10-71
项　　目			阴极保护镁合金阳极安装	阴极保护测试桩及参比电极安装
			套	处
名　　称		单位	消　耗　量	
人工	合计工日	工日	1.505	2.257
	其中 普工	工日	0.452	0.677
	其中 一般技工	工日	1.053	1.580
材料	铝焊粉	kg	0.115	0.115
	环氧树脂	kg	0.612	0.650
	液化气	kg	0.042	0.042
	其他材料费	%	1.80	1.80
机械	载货汽车－普通货车 4t	台班	0.052	0.052

工作内容：下料、电缆安装、铜螺丝安装、电极安装。　　**计量单位：**根

编　　号			4-10-72
项　　目			阴极保护井电极安装
名　　称		单位	消　耗　量
人工	合计工日	工日	2.791
	其中 普工	工日	0.858
	其中 一般技工	工日	1.535
	其中 高级技工	工日	0.398
材料	塑料带 20mm×40m	卷	0.252
	尼龙绳 ϕ0.5~1.0	kg	0.084
	白布	m	0.084
	碎布	kg	0.168
	石油沥青 10#	kg	0.337
	酒精	kg	0.084
	终端填充剂环氧树脂冷浇剂	kg	2.104
	玻璃丝布	m^2	2.693
	热缩管 ϕ15	m	0.127
	白纱布带 20mm×20m	卷	0.337
	其他材料费	%	1.80
机械	普通车床 400×2 000mm	台班	0.052

工作内容：钻孔、开挖、高能回填料回填、连接线焊接等。

编号				4-10-73	4-10-74	4-10-75
项目				接地模块安装	化学降阻剂铺设	电解质离子接地极
				个	kg	套
名称			单位	消耗量		
人工	合计工日		工日	1.492	0.014	3.727
	其中	普工	工日	0.459	0.007	1.146
		一般技工	工日	0.820	0.005	2.050
		高级技工	工日	0.213	0.002	0.531
材料	降阻剂		kg	—	(1.050)	—
	电解质离子接地极		套	—	—	(1.000)
	接地模块		块	(1.000)	—	—
	镀锌角钢(综合)		kg	4.250	—	—
	热轧薄钢板(综合)		kg	—	0.007	—
	碎布		kg	0.043	—	0.043
	低碳钢焊条(综合)		kg	0.213	—	—
	紫铜电焊条 T107 $\phi3.2$		kg	—	—	0.850
	铜焊粉		kg	—	—	0.102
	黏土		m^3	—	0.009	—
	沥青清漆		kg	0.085	—	—
	氧气		m^3	—	—	0.138
	乙炔气		kg	—	—	1.539
	橡胶手套		副	—	0.017	—
	水		t	—	0.003	0.026
	其他材料费		%	1.80	1.80	1.80
机械	载货汽车－普通货车 5t		台班	—	0.002	—
	取芯钻孔设备		台班	—	—	0.224
	弧焊机 20kV·A		台班	0.026	—	0.103

十、等电位装置安装

工作内容：除锈、下料、焊、压接线端子、接线、接地等。

编　号				4-10-76	4-10-77
项　目				等电位末端金属体与绝缘导线连接	等电位端子盒安装
				处	套
名　称			单位	消　耗　量	
人工	合计工日		工日	0.033	0.065
	其中	普工	工日	0.008	0.017
		一般技工	工日	0.020	0.039
		高级技工	工日	0.005	0.009
材料	等电位端子盒安装		个	—	(1.005)
	镀锌自攻螺钉 ST4~6×10~16		10个	0.133	—
	焊锡		kg	0.004	—
	焊锡膏		kg	0.001	—
	汽油 93#~97#		kg	0.017	—
	电力复合脂		kg	0.001	—
	铜芯塑料绝缘电线 BV-4mm^2		m	0.638	0.638
	铜线端子 20A		个	0.865	—
	其他材料费		%	1.80	1.80

十一、接地系统测试

编号				4-10-78	4-10-79
项目				独立接地装置 ≤6 根接地极	接地网
				组	系统
名称			单位	消耗量	
人工	合计工日		工日	1.970	4.926
	其中	普工	工日	0.227	0.567
		一般技工	工日	1.182	2.955
		高级技工	工日	0.561	1.404
材料	金属清洗剂		kg	0.553	1.173
	白布		kg	0.238	0.459
	铜芯塑料绝缘电线 BV-4mm^2		m	1.828	4.641
	其他材料费		%	1.80	1.80
仪表	接地电阻测试仪		台班	1.749	4.374

第十一章　电压等级≤10kV架空线路输电工程

说　明

一、本章内容包括工地运输工程、土石方工程、基础与地基处理工程、杆及塔组立，横担与绝缘子安装、架线工程、杆上变配电设备安装等内容。项目中已包括需要搭拆脚手架的费用，执行时不做调整。

二、地形特征划分：

平地：指地形比较平坦、开阔，地面土质含水率小于或等于 40% 的地带。

丘陵：指地形有起伏的地貌，水平距离小于或等于 1km，地形起伏小于或等于 50m 的地带。

一般山地：指一般山岭或沟谷地带、高原台地，水平距离小于或等于 250m，地形起状在 50~150m 的地带。

泥沼地带：指经常积水的田地或泥水淤积的地带。

沙漠：指沙漠边缘地带。

高山：指人力、牲畜攀登困难，水平距离小于或等于 250m，地形起伏在 150~250m 的地带。

三、本章是按照平地施工条件考虑的，如在其他地形条件下施工时，其人工，机械按照下表规定地形系数调整。

地形系数调整表

地形类别	丘陵	一般山地、泥沼地带、沙漠	高山
系数调整	1.20	1.60	2.20

四、地形系数根据工程设计条件和工程实际情况执行。

1. 输电线路全线路径分几种地形时，可按照各种地形线路长度所占比例计算综合系数。

2. 在确定运输地形时，应按照运输路径的实际地形划分。

3. 在西北地区高原台地上建设小于或等于 2km 线路工程时，地形按照一般山地标准计算。

4. 在城市市区建设线路工程时，地形按照丘陵标准计算。城市市区界定按照相应标准执行。

五、有关说明：

1. 工地运输包括材料自存放仓库或集中堆放点运至沿线各杆或塔位的装卸、运输及空载回程等全部工作。项目包括人力运输、汽车运输，船舶运输。

(1)人力运输运距按照卸料点至各杆塔位的实际距离计算；高山地带进行人力工地运输时，运距应以山地垂直高差平均值作为直角边，按照斜长计算，不按照实际运输距离计算。杆上设备如发生人力运输时，参照相应的线材运输项目执行。计算人力运输时，结果保两位小数。

(2)汽车、船舶运输项目综合考虑了车或船的性能与运载能力、路面或水域级别以及一次装、分次卸等因素，执行项目时不做调整。计算汽车、船舶运输距离时，按照公里计算，运输距离小于 1km 时按照 1km 计算。

(3)汽车利用盘山公路行驶进行工地运输时，其运输地形按照一般山地考虑。

(4)本章工地运输项目中各类材料的含义如下：

混凝土杆：指以离心式机制的整根及分段混凝土杆等。

混凝土预制品：指以人工浇制、机械振捣的混凝土制成品或半成品，如底盘、拉盘、卡盘、盖板等。

木杆：指原木进行防腐加工等处理的电线杆。

线材：指导线、避雷线、拉线、电缆、光缆。

塔材：指铁塔钢材，分为角钢塔材和钢管塔材。

钢管杆：指以钢板压制、焊接形成的整根或分段钢管杆。

金具、绝缘子、零星钢材：指金具、绝缘子、电杆用的横担、地线支架、拉棒、拉杆、抱箍、连接金具、防振锤、铸铁重锤、接地钢材、基础钢材、地脚螺栓、其他螺栓、垫圈等。

塑料制品：指采用塑料为主要原料加工而成的用品，包括塑料保护管（槽）、膨胀螺栓、管箍、弯头等。

其他材料制品：指除上述以外的材料。

2. 土石方工程项目包括施工定位、杆（塔）位及施工基面平整、基坑人工土方施工、基坑机械土方施工、基坑石方施工、沟槽人工土方施工、沟槽机械土方施工、沟槽石方施工、施工排地下水。

（1）施工定位项目中包括复测桩位、测定基坑与施工基面，厚度小于或等于 ±300mm 杆（塔）基位及施工基面范围内土石方平整。厚度大于 ±300mm 土石方量，执行“杆（塔）基位及施工基面平整”项目。

（2）杆（塔）位及施工基面平整、基坑与沟槽土石方施工项目包据土石方开挖、边坡修整、回填、余土外运距离小于或等于 100m 及平整。当余土外运距离大于 100m 时，执行“工地运输工程”相应的项目另行计算费用，项目不包括对原地形与地貌的恢复及保护、施工排水，工程实际发生时，根据有关规定或标准执行相关项目。

（3）土质分类：

普通土：指种植土、黏砂土、黄土和盐碱土等，主要用锹、铲挖掘，少许用铁镐翻松后即能挖掘的土质。

坚土：指土质坚硬难挖的红土、板状黏土、重块土、高岭土，必须用铁镐、条锄挖松，再用锹、铲挖掘的土质。

松砂石：指碎石、卵石和土的混合体，各种不坚实砾岩、叶岩、风化岩，节理较多的岩石（不需要爆破可以开采的岩石），需要用镐、撬棍、大锤、楔子等工具配合才能挖掘的土质。

岩石：指不能用一般挖掘工具进行开挖的各类岩石，必须采用打眼、爆破或部分用风镐打凿才能开挖的土质。

泥水：指坑周围经常积水，坑的土质松散，如淤泥和沼泽地等，挖掘时因水渗入和浸润而成泥浆，容易坍塌，需要用挡土板和适量排水才能开挖的土质。

流砂：指坑的土质为砂质或分层砂质，挖掘过程中砂层有上涌现象并容易坍塌的土质，挖掘时需排水和采用挡土板或采取井点设备降水才能开挖的土质。不需要排水使之成为干砂坑。

水坑：指土质较密实，开挖中坑壁不易坍塌，但有地下水涌出，挖掘过程中需用机械排水才能开挖的土质。

（4）土质类别根据设计地质资料确定，同一坑、槽出现不同土质类别时，分层计算。出现流砂层时，全坑均按照流砂坑计算。

（5）项目包括挖掘过程中因少量坍塌而多挖土方量，或石方爆破过程中因人力不易控制而多爆破石方量，执行项目时不做调整。

（6）泥水坑、水坑、流砂坑的土方施工项目综合考虑了必要的挡土板安拆，执行项目时不做调整。施工需要排地下水时，应单独计算。

（7）人工开凿岩石项目适用于受现场地形或客观条件限制，施工组织设计要求不能采用爆破施工的项目。

（8）工程出现冻土厚度大于或等于 300mm 时，冻土层的挖方费用执行坚土挖方项目乘以系数 2.50，其他土层仍按照地质资料执行原定额标准。

3. 基础与地基处理工程项目包括预制基础、现场搅拌混凝土现浇基础、商品混凝土浇制杆塔基础、岩石嵌固基础、钢筋混凝土灌注桩、钢筋混凝土预制桩、钢管桩、桩头处理、钢筋铁件制作与安装、基础与拉线棒防腐、排洪沟与护坡及挡土墙。桩定额中不包括桩基检测费。

（1）工程采用商品混凝土浇筑岩石嵌固基础、灌注混凝土桩时，在综合考虑混凝土搅拌费、运输费、损耗量、材料费、材料价差等因素后，按照价差处理。

（2）浇制杆塔基础项目是按照有筋基础编制的，工程实际若为无筋基础时，执行相应项目乘以系数 0.95。

（3）项目中现场搅拌混凝土用水平均运距是按照 100m 编制的，工程实际运距大于 100m 时，超过部分运距可按照每立方米混凝土 500kg 用水量执行工地运输项目。500kg 用水量标准综合考虑了清洗石子、养护、淋湿模板、清洗机具等用水量。

（4）岩石嵌固基础项目是按照单杆单孔编制的，工程采用双杆单孔时，执行项目乘以系数 1.75。

（5）凡一孔中有不同土质时，应按照设计提供的地质资料分层计算。灌注桩成孔土质分类：

砂土、亚黏土：指亚砂土和中、轻亚黏土。

黏土：指重亚黏土、黏土和松散黄土。

砂砾土：指重亚黏土、僵石黏土，并伴有含量大于或等于 20%、粒径小于或等于 15cm 砾石或卵石。

（6）钢筋混凝土灌注桩形孔项目包括机具移动与搬运、形孔、入岩、孔内照明。

（7）灌注桩项目不包括基础防沉台、承台板、承台梁的浇筑，工程实际发生时，执行浇制杆塔基础项目。

（8）灌注桩项目中不包括余土清理，工程实际发生时，执行相应的施工基面平整项目。

（9）钢管桩项目不包括浇制混凝土承台板及垫层，应执行“现浇基础”相关项目。

（10）排洪沟、护坡、挡土墙项目不包括土方施工，应执行“沟槽土方”相关项目。

（11）锥形护坡和挡土墙内侧如需要填土时，可执行沟槽普通土施工项目和相应的工地运输项目。

（12）钢筋加工项目中不包括钢筋热镀锌。

4. 杆、塔组立项目包括木杆组立、混凝土圆杆组立，混凝土方杆组立、钢管杆组立、铁塔组立、拉线制作与安装、接地安装等。杆塔组立项目是按照工程施工电杆大于 5 基考虑的，如果工程施工电杆小于或等于 5 基时，执行项目的人工、机械乘以系数 1.30。

（1）项目中杆长包括埋入基础部分杆长。

（2）离心杆、钢管杆组立项目中，单基重量系指杆身自重加横担与螺栓等全部杆身组合构件的总重量。

（3）钢管杆组立项目是按照螺栓连接编制的，插入式钢管杆执行项目时人工、机械乘以系数 0.90。

（4）铁塔组立项目中，单基重量系指铁塔总重量，包括铁塔本体型钢、连接板、螺栓、脚钉、爬梯、基座等重量。

（5）拉线制作与安装项目综合考虑了不同材质、规格，执行项目时不做调整。定额是按照单根拉线考虑，当工程实际采用 V 形、Y 形或双拼型拉线时，按照两根计算。

（6）接地安装项目仅适用于铁塔、钢管杆接地以及长距离线路的接地。柱上设备及配电装置的接地执行本册第十章“防雷及接地装置安装工程”相应项目。接地安装项目不包括接地槽土方挖填；项目中接地极长度是按照 2.5m 考虑的，工程实际长度大于 2.5m 时，执行项目乘以系数 1.25。

5. 横担与绝缘子安装项目包括横担安装、绝缘子安装、街码金具安装。

（1）横担安装项目包括本体、支撑、支座安装。项目是按照单杆安装横担编制的，工程实际采用双杆安装横担时，执行相应项目乘以系数 2.00。

（2）10kV 横担安装项目是按照单回路架线编制的，当工程实际为单杆双回路架线时，垂直排列挂线执行相应项目乘以系数 2.00；水平排列挂线执行相应项目乘以系数 1.60。

（3）街码金具安装项目适用于沿建（构）筑物外墙架设的输电线路工程。

6. 架线工程项目包括裸铝绞线架设、钢铝芯绞线架设、绝缘铝绞线架设，钢绞线架设、1kV 以下低压电力电缆架设、集束导线架设，导线跨越、进户线架设。

（1）导线架设项目中导线是按照三相交流单回线路编制的，当工程实际为单杆双回路架线时，垂直排列同时挂线执行相关项目材料乘以系数 2.00、人工与机械（仪器仪表）乘以系数 1.80；垂直排列非同时挂线执行相关项目材料乘以系数 2.00、人工与机械（仪器仪表）乘以系数 1.95；水平排列同时挂线执行相关项目材料乘以系数 2.00、人工与机械（仪器仪表）乘以系数 1.70；水平排列非同时挂线执行相关项目材料乘以系数 2.00、人工与机械（仪器仪表）乘以系数 1.90。

（2）导线架设项目综合考虑了耐张杆塔的数量以及耐张终端头制作和挂线、耐张（转角）杆塔的平衡挂线、跳线及跳线串的安装等工作。工程实际与项目不同时不做调整，金具材料费按设计用量加0.5% 另行计算。

（3）钢绞线架设项目适用于架空电缆承力线架设。

（4）导线跨越项目的计量单位“处”系指在一个挡距内，对一种被跨越物所必须搭设的跨越设施而言。如同一挡距内跨越多种（或多次）跨越物时，应根据跨越物种类分别执行项目。

（5）导线跨越项目仅考虑因搭拆跨越设施而消耗的人工、材料和机械。在计算架线工程量时，其跨越挡的长度不予扣除。

（6）导线跨越项目不包括被跨越物产权部门提出的咨询、监护、路基占用等费用，如工程实际需要时，可按照政府或有关部门的规定另行计算。

（7）跨越电气化铁路时，执行跨越铁路项目乘以系数 1.20。

（8）跨越电力线项目是按照停电跨越编制的，如工程实际需要带电跨越，按照下表规定另行计列带电跨越措施费，如被跨越电力线为双回路、多线（4 线以上）时，措施费乘以系数 1.50。带电跨越措施费以增加人工消耗量为计算基础，参加取费。

带电跨越措施费用表

单位：元 / 处

电压等级（kV）	10	6	0.38	0.22
增加工日数量 （普通 / 一般技工 / 高级技工）	7/12/4	6/11/3	3/4/0	3/3/0

（9）跨越河流项目仅适用于有水的河流、湖泊（水库）的一般跨越。在架线期间，凡属于人能涉水而过的河道，或处于干燥的河流、湖泊（水库）均不计算跨越河流费用。对于通航河道必须采取封航措施或水流湍急施工难度较大的峡谷，其导线跨越可根据审定的施工组织设计采取的措施，另行计算。

（10）导线跨越项目是按照单回路线路建设编制的，若为同杆塔架设双回路线路时，执行相关项目人工、机械乘以系数 1.50。

（11）进户线是指供电线路从杆线或分线箱接出至用户计量表箱间的线路。

7. 杆上变配电设备安装项目包括变压器安装、配电设备安装、接地环安装、绝缘护罩等安装。安装设备所需要的钢支架主材、连引线、线夹、金具等主材应另行计算。

（1）杆上变压器安装项目不包括变压器抽芯与干燥、检修平台与防护栏杆及设备接地装置安装。

（2）杆上配电箱安装项目不包括焊（压）接线端子、带电搭接头措施费。

（3）杆上设备安装包括设备单体调试、配合电气设备试验。

（4）“防鸟刺”“防鸟占位器”安装执行驱鸟器项目。

工程量计算规则

一、工地运输根据运输距离与运输物品种类，区分人力、汽车、船舶运输方式，按照工程施工组织设计以“t·km”为计量单位。

1. 单位工程汽车运输材料重量不足 3t 时，按照 3t 计算。材料运输工程量计算公式如下：

$$材料运输工程量 = 施工图用量 \times (1+ 损耗率) + 包装物重量$$

其中：材料包括工程施工所用的自然材料、人工材料、构件成品，构件半成品、周转性材料、消耗性材料、线路工程设备等。损耗量包括材料堆放保管损耗量、运输损耗量、加工损耗量、施工损耗量。工程量转换成材料量时包括施工措施用材量、材料密实量、材料充盈量。

不需要包装的材料不计算包装物重量。

2. 主要材料运输重量按照下表计算。

主要材料运输重量表

材料名称		单位	运输重量(kg)	备注
混凝土制品	人工浇制	m^3	2 600	包括钢筋
	离心浇制	m^3	2 860	包括钢筋
线材	导线(有线盘)	kg	$W\times1.15$	
	导线(无线盘)	kg	$W\times1.04$	
	光缆(有线盘)	kg	$W\times1.20$	
	电缆	kg	$W+G$	无线盘
木杆材料		m^3	500	包括木横担
商品混凝土		m^3	2 560	
土方		m^3	1 500	自然方
块石、碎石、卵石		m^3	1 600	
石灰		m^3	1 200	
黄砂(干中砂)		m^3	1 550	
水泥、降阻剂		kg	$W\times1.01$	袋装
水		kg	$W\times1.2$	
金具、绝缘子(瓷、玻璃)		kg	$W\times1.07$	
螺栓、垫圈、脚钉		kg	$W\times1.01$	

注：1. W 为理论重量；

2. 未列入的其他材料，按照净重计算。

3. 塔材、钢管杆装卸与运输重量应计算螺栓、脚钉、垫圈等重量。

二、土石方工程量根据土质类别和开挖条件，区分坑与槽、开挖深度，按照工程设计图示尺寸以“m^3”为计量单位。

1. 杆塔位或施工基面平整根据设计地坪标高与区域布置，按照方格网法或断面法计算工程量。

2. 基坑或沟槽土方开挖起点标高为杆塔位或施工基面整平标高。整平标高以上的土方按照杆塔位施工基面平整工程量计算。

3. 需要放坡开挖的基坑按照棱台体积计算工程量；不放坡开挖的基坑按照矩形柱体积计算工程量。

4. 需要放坡开挖的沟槽按照梯形断面面积乘以开挖长度计算工程量，计算开挖长度时应增加开挖深度乘以放坡系数值；不需要放坡开挖的沟槽按照矩形面积乘以开挖长度计算工程量。

5. 开挖基坑或沟槽深度大于1.2m时，各类土质放坡系数按照下表规定计算。

土方开挖放坡系数表

项目名称	普通土坑或槽	坚土坑或槽	松砂石坑或槽	泥水、流砂、岩石坑或槽
2.0m 以内	1：0.35	1：0.25	1：0.3	不放坡
2.0m 以外	1：0.5	1：0.35	1：0.4	不放坡

6. 基础（不包括垫层）施工工作面每边增加宽度：

普通土，坚土坑、水坑、松砂石坑为0.20m；

泥水坑、流砂坑、干砂坑为0.30m；

岩石坑支模板为0.2m，若石坑不支模板为0.10m。

7. 塔基坑坡道土、石方量计算：挖深小于或等于1.2m基坑，每坑计算0.3m³；挖深小于或等于2m基坑，每坑计算0.8m³；挖深大于2m基坑，每坑计算1.5m³。

8. 带卡盘的基坑，如原计算的尺寸不能满足卡盘安装时，因卡盘超长而增加的土（石）方量另行计。

9. 接地装置需要增加降阻剂时，沟槽开挖宽度按照设计规定计算；当设计无规定时，开挖槽宽可按0.6m计算。

10. 特殊情况下余土运输工程量按照下列规定计算。

灌注桩钻孔渣土为：设计整平标高以下桩体积（m³）× 1.7t/m³。

现浇和预制基础占基坑土为：混凝土体积（m³）× 1.5t/m³ × 58%。

11. 施工排地下水根据排水泵出口直径，按照排水泵实际运行时间以“台班”为计量单位。排水泵运行时间应以现场签证记录为准，连续运行5h计算一个台班。

三、预制基础根据种类和单块重量，按照设计图示安装数量以“块”为计量单位，不计算制作、运输、安装损耗量。计算主材费、材料运输时，应计算相应的损耗量。

四、现浇基础底层、垫层根据材料种类，按照设计图示尺寸浇筑数量以“m³”为计量单位。

五、浇制杆塔基础根据单基混凝土量，按照设计图示尺寸浇筑数量以“m³”为计量单位。

六、岩石嵌固基础根据钻孔深度，按照设计图示钻孔数量以“孔”为计量单位。铁塔基础结合腿数计算孔数。

七、钢筋混凝土灌注桩形孔根据孔深和孔直径，区分土质按照设计图示钻孔深度以“m”为计量单位。钻孔深度从钻孔地面标高计算至桩入岩底标高。

八、计算浇筑桩芯混凝土工程量时，应计算混凝土超灌量。

1. 桩芯混凝土按照设计成桩数量以“m³”为计量单位。成桩直径按照设计单桩承载力的直径计算，成桩长度从桩顶标高计算至桩入岩底标高。

2. 灌注柱超灌量按照设计规定计算，当设计无规定时，按照下列规定计算：

灌注柱超灌量为设计工程量17%；

岩石嵌固基础超灌量为设计工程量的7%。

九、钢筋混凝土预制桩根据桩入土方式和设计桩长，按照设计图示打桩数量以“m³”为计量单位。

1. 打预制桩体积按照设计桩长乘以桩截面面积计算，不扣除桩尖虚体积。不计算制作、运输、打桩损耗量。计算桩主材费、运输重量时，应计算相应的损耗量。

2. 送桩体积按照桩截面面积乘以设计桩顶标高至打桩地坪标高另加 0.5m 计算。

十、破桩头根据桩型，按照实际破桩头数量以“m^3”为计量单位。

1. 预制钢筋混凝土管柱、方桩破桩头的高度应小于或等于 0.75m，高度大于 0.75m 时应先截桩后破桩。被截桩断面面积小于或等于 $0.2m^2$ 时，每截一个桩头增加普通工 0.358 个工日；被截桩断面面积大于 $0.2m^2$ 时，每截一个头增加普通工 0.598 个工日，截植头按照被截桩根数计算。

2. 灌注桩破桩头按照超灌长度乘以设计桩截面面积计算，超灌长度按照 0.25m 计算（特殊情况下按照相应规定）；破桩护壁按照实际体积计算，并入破桩头工程量中。

十一、钢筋加工与安装、铁件制作与安装，按照设计成品重量以“t”为计量单位。不计算加工、制作运输、安装损耗量以及焊条、铅丝重量。钢筋成品重量应包括搭接用量。计算钢材主材费、运输重量时应计算相应的损耗量、施工措施量。

十二、排洪沟、护坡、挡土墙根据材质及结构形式，按照设计图示体积以“m^3”为计量单位。

十三、杆塔组立根据材质和杆长，区别杆塔组立形式、重量，按照设计图示安装数量以“基”为计量单位。

十四、拉线制作与安装根据拉线形式与截面面积，按照设计图示安装数量以“根”为计量单位。拉线长度按照设计全根长度计算，当设计无规定时，按照下表规定计算。

拉线长度计算表　　　　**单位：m/ 根**

项目		普通拉线	V（Y）形拉线	弓形拉线
杆高（m）	8	11.47	22.94	9.33
	9	12.61	25.22	10.10
	10	13.74	27.48	10.92
	11	15.10	30.20	11.82
	12	16.14	32.28	12.62
	13	18.69	37.38	13.42
	14	19.68	39.36	15.12
水平拉线		26.47	—	—

十五、接地安装根据接地组成部分，区分土质、接地线单根敷设长度、降阻接地方式，按照设计图示数量计算工程量。

十六、横担安装根据材质、安装根数，区分电压等级、杆的位置、导线根数，按照设计图示安装数量以“组”为计量单位。

十七、绝缘子安装根据绝缘子性质，按照设计图示安装数量以“片”或“只”为计量单位。

十八、街码金具安装根据电压等级与配线方式，按照设计图示安装数量以“组”为计量单位。

十九、架线工程按照设计图示单根架设数量以“km”为计量单位。计算架线长度时，应考虑弛度、弧垂，导线与设备连接、导线接头等必要的预留长度，预留长度按照设计规定计算，设计无规定时按照下表规定计算。计算主材费、运输重量时，应计算损耗量。

1. 导线架设应区别导线材质与截面面积计算工程量。

2. 电压等级小于或等于 1kV 电力电缆架设应区别电缆芯数与单芯截面面积计算工程量。

3. 集束导线架设应区别导线芯数与单芯截面面积计算工程量。

导线、电缆、集束导线预留长度表 单位：m/ 根

项目名称		长度
高压	转角	2.5
	分支、终端	2.0
低压	分支、终端	0.5
	交叉跳线转角	1.5
与设备连线		0.5
进户线		2.5

二十、导线跨越根据被跨越物的种类、规格，按照施工组织设计实际跨越的数量以“处”为计量单位。定额中每个跨越距离按照小于或等于 50m 考虑，当跨越距离每增加 50m 时，计算 1 处跨越，增加距离小于 50m 时按照 1 处计算。

二十一、杆上变配电设备安装根据安装设备的种类与规格，按照设计图示安装数量以“台、组、个”为计量单位。

一、工 地 运 输

1. 人 力 运 输

工作内容：线路器材外观检查，绑扎及运送卸至指定地点，运毕返回等。　　**计量单位：**t·km

编　　号				4-11-1	4-11-2	4-11-3	4-11-4	4-11-5
项　　目				混凝土杆	混凝土预制品	木杆	钢管杆	塔材
名　　称			单位	消　耗　量				
人工	合计工日		工日	3.676	3.165	2.594	3.309	2.066
	其中	普工	工日	2.941	2.532	2.075	2.647	1.653
		一般技工	工日	0.735	0.633	0.519	0.662	0.413
机械	小型工程车		台班	0.067	0.053	0.044	0.061	0.040

计量单位：t·km

编　　号				4-11-6	4-11-7	4-11-8	4-11-9	4-11-10
项　　目				线材	金具、绝缘子、零星钢材	砂、石、石灰、水泥、砖、土、水	塑料制品	其他材料制品
名　　称			单位	消　耗　量				
人工	合计工日		工日	4.650	1.696	1.410	1.517	1.436
	其中	普工	工日	3.720	1.357	1.128	1.201	1.139
		一般技工	工日	0.930	0.339	0.282	0.316	0.297
机械	小型工程车		台班	0.091	0.029	0.024	0.028	0.026

2. 汽车运输

工作内容：线路器材外观检查，材料在20m以内的短距离移运，装车支垫并绑扎稳固，运至指定地点卸车及返回等。

编号				4-11-11	4-11-12	4-11-13	4-11-14
项目				混凝土杆装卸	混凝土杆运输	混凝土预制品装卸	混凝土预制品运输
				t	t·km	t	t·km
名称			单位	消耗量			
人工	合计工日		工日	0.144	0.007	0.186	0.004
	其中	普工	工日	0.115	0.005	0.149	0.003
		一般技工	工日	0.029	0.002	0.037	0.001
材料	钢丝绳 ϕ14.1~15.0		kg	0.130	—	—	—
	草袋		个	0.034	—	0.196	—
	板枋材		m^3	0.002	—	—	—
	钢支架、平台及连接件		kg	0.695	—	—	—
	其他材料费		%	1.80	1.80	1.80	1.80
机械	汽车式起重机 8t		台班	0.058	—	0.027	—
	载货汽车-普通货车 5t		台班	0.036	0.003	0.031	0.003
	小型工程车		台班	0.042	—	0.038	—

编 号				4-11-15	4-11-16	4-11-17	4-11-18
项 目				木杆装卸	木杆运输	钢管杆装卸	钢管杆运输
				t	t·km	t	t·km
名 称			单位	消 耗 量			
人工	合计工日		工日	0.087	0.006	0.210	0.007
	其中	普工	工日	0.069	0.005	0.168	0.005
		一般技工	工日	0.018	0.001	0.042	0.002
材料	钢丝绳 ϕ14.1~15.0		kg	0.089	—	0.145	—
	草袋		个	0.024	—	0.077	—
	板枋材		m^3	0.001	—	0.004	—
	钢支架、平台及连接件		kg	0.464	—	0.083	—
	其他材料费		%	1.80	1.80	1.80	1.80
机械	汽车式起重机 8t		台班	0.060	—	—	—
	汽车式起重机 20t		台班	—	—	0.065	—
	载货汽车-普通货车 5t		台班	0.025	0.003	—	—
	载货汽车-平板拖车组 20t		台班	—	—	0.042	0.003
	小型工程车		台班	0.028	—	0.031	—

编 号				4-11-19	4-11-20	4-11-21	4-11-22
项 目				塔材装卸	塔材运输	线材装卸	线材运输
				t	t·km	t	t·km
名 称			单位	消 耗 量			
人工	合计工日		工日	0.166	0.008	0.160	0.008
	其中	普工	工日	0.133	0.006	0.128	0.006
		一般技工	工日	0.033	0.002	0.032	0.002
材料	钢丝绳 ϕ14.1~15.0		kg	0.085	—	—	—
	草袋		个	—	—	0.077	—
	板枋材		m^3	0.001	—	0.001	—
	其他材料费		%	1.80	1.80	1.80	1.80
机械	汽车式起重机 8t		台班	0.023	—	0.063	—
	载货汽车-普通货车 5t		台班	0.033	0.003	0.039	0.003
	小型工程车		台班	0.040	—	0.048	—

<table>
<tr><td colspan="3">编　　号</td><td>4-11-23</td><td>4-11-24</td><td>4-11-25</td></tr>
<tr><td colspan="3" rowspan="2">项　　目</td><td>金具、绝缘子、零星钢材装卸</td><td>金具、绝缘子、零星钢材运输</td><td>砂、石、石灰、水泥、砖、土、水装卸</td></tr>
<tr><td>t</td><td>t·km</td><td>t</td></tr>
<tr><td colspan="2">名　　称</td><td>单位</td><td colspan="3">消　耗　量</td></tr>
<tr><td rowspan="3">人工</td><td>合计工日</td><td>工日</td><td>0.165</td><td>0.007</td><td>0.125</td></tr>
<tr><td>其中 普工</td><td>工日</td><td>0.132</td><td>0.005</td><td>0.100</td></tr>
<tr><td>其中 一般技工</td><td>工日</td><td>0.033</td><td>0.002</td><td>0.025</td></tr>
<tr><td rowspan="2">机械</td><td>载货汽车-普通货车 5t</td><td>台班</td><td>0.055</td><td>0.003</td><td>0.044</td></tr>
<tr><td>小型工程车</td><td>台班</td><td>0.051</td><td>—</td><td>0.036</td></tr>
</table>

<table>
<tr><td colspan="3">编　　号</td><td>4-11-26</td><td>4-11-27</td><td>4-11-28</td><td>4-11-29</td><td>4-11-30</td></tr>
<tr><td colspan="3" rowspan="2">项　　目</td><td>砂、石、石灰、水泥、砖、土、水运输</td><td>塑料制品装卸</td><td>塑料制品运输</td><td>其他材料装卸</td><td>其他材料运输</td></tr>
<tr><td colspan="3">t·km</td><td>t</td><td>t·km</td></tr>
<tr><td colspan="2">名　　称</td><td>单位</td><td colspan="5">消　耗　量</td></tr>
<tr><td rowspan="3">人工</td><td>合计工日</td><td>工日</td><td>0.005</td><td>0.145</td><td>0.007</td><td>0.137</td><td>0.005</td></tr>
<tr><td>其中 普工</td><td>工日</td><td>0.004</td><td>0.115</td><td>0.005</td><td>0.109</td><td>0.004</td></tr>
<tr><td>其中 一般技工</td><td>工日</td><td>0.001</td><td>0.030</td><td>0.002</td><td>0.028</td><td>0.001</td></tr>
<tr><td rowspan="2">机械</td><td>载货汽车-普通货车 5t</td><td>台班</td><td>0.003</td><td>0.050</td><td>0.003</td><td>0.052</td><td>0.003</td></tr>
<tr><td>小型工程车</td><td>台班</td><td>—</td><td>0.045</td><td>—</td><td>0.042</td><td>—</td></tr>
</table>

3. 船 舶 运 输

工作内容： 线路器材外观检查，材料在 20m 以内的短距离移运，装船支垫并绑扎稳固，运至指定地点卸船及返回等。

编　号				4-11-31	4-11-32	4-11-33	4-11-34
项　目				混凝土杆装卸	混凝土杆运输	混凝土预制品装卸	混凝土预制品运输
				t	t·km	t	t·km
名　称			单位	消　耗　量			
人工	合计工日		工日	0.517	0.006	0.588	0.004
	其中	普工	工日	0.413	0.005	0.471	0.003
		一般技工	工日	0.104	0.001	0.117	0.001
材料	钢丝绳 ϕ14.1~15.0		kg	0.057	—	—	—
	板枋材		m^3	0.001	—	0.001	—
	其他材料费		%	1.80	1.80	1.80	1.80
机械	船舶（民船）装载质量 10t		台班	—	—	0.088	0.007
	船舶（民船）装载质量 15t		台班	0.100	0.006	—	—
	小型工程车		台班	0.048	—	0.048	—

编　号				4-11-35	4-11-36
项　目				钢管杆装卸	钢管杆运输
				t	t·km
名　称			单位	消　耗　量	
人工	合计工日		工日	0.775	0.008
	其中	普工	工日	0.620	0.006
		一般技工	工日	0.155	0.002
材料	钢丝绳 ϕ14.1~15.0		kg	0.063	—
	板枋材		m^3	0.001	—
	其他材料费		%	1.80	1.80
机械	船舶（民船）装载质量 15t		台班	0.110	0.006
	小型工程车		台班	0.048	—

编　号				4-11-37	4-11-38	4-11-39	4-11-40
项　目				塔材装卸	塔材运输	线材装卸	线材运输
				t	t·km	t	t·km
名　称			单位	消　耗　量			
人工	合计工日		工日	0.455	0.007	0.997	0.007
	其中	普工	工日	0.364	0.005	0.798	0.005
		一般技工	工日	0.091	0.002	0.199	0.002
材料	钢丝绳 ϕ14.1~15.0		kg	—	—	0.170	—
	板枋材		m^3	—	—	0.001	—
	其他材料费		%	1.80	1.80	1.80	1.80
机械	船舶(民船)装载质量 10t		台班	0.099	0.008	—	—
	船舶(民船)装载质量 15t		台班	—	—	0.159	0.007
	小型工程车		台班	0.048	—	0.048	—

编　号				4-11-41	4-11-42	4-11-43	4-11-44
项　目				金具、绝缘子、零星钢材装卸	金具、绝缘子、零星钢材运输	砂、石、石灰、水泥、砖、土、水装卸	砂、石、石灰、水泥、砖、土、水运输
				t	t·km	t	t·km
名　称			单位	消　耗　量			
人工	合计工日		工日	0.365	0.007	0.202	0.003
	其中	普工	工日	0.292	0.005	0.162	0.002
		一般技工	工日	0.073	0.002	0.040	0.001
机械	船舶(民船)装载质量 10t		台班	0.093	0.008	0.072	0.007
	小型工程车		台班	0.048	—	0.048	—

编　　号			4-11-45	4-11-46	4-11-47	4-11-48
项　　目			塑料制品装卸	塑料制品运输	其他材料制品装卸	其他材料制品运输
			t	t·km	t	t·km
名　　称		单位	消　耗　量			
人工	合计工日	工日	0.310	0.005	0.280	0.004
	其中 普工	工日	0.252	0.004	0.226	0.003
	其中 一般技工	工日	0.058	0.001	0.054	0.001
机械	船舶(民船)装载质量 10t	台班	0.840	0.013	0.083	0.015

二、土石方工程

1.施 工 定 位

工作内容：复测桩位及档距，测定坑位、坑界及施工基面，主桩或辅助桩遗失或变动后的恢复，平、断面的校核，工器具移运等。

计量单位：基

编　　号			4-11-49	4-11-50	4-11-51	4-11-52	4-11-53
项　　目			单杆	直线双杆	耐张、转角双杆	直线自立塔	耐张、转角自立塔
名　　称		单位	消　耗　量				
人工	合计工日	工日	0.178	0.255	0.378	0.438	0.657
	其中 普工	工日	0.047	0.067	0.099	0.115	0.172
	其中 一般技工	工日	0.089	0.127	0.189	0.219	0.329
	其中 高级技工	工日	0.042	0.061	0.090	0.104	0.156
材料	圆钉	kg	0.007	0.007	0.007	0.007	0.007
	木桩	个	3.400	5.100	6.800	8.500	6.800
	竹桩	个	10.200	17.000	23.800	10.200	10.200
	酚醛磁漆	kg	0.014	0.014	0.020	0.017	0.020
	其他材料费	%	1.80	1.80	1.80	1.80	1.80
机械	小型工程车	台班	0.004	0.006	0.007	0.008	0.012

2. 杆(塔)位及施工基面平整

工作内容: 挖方或爆破,开凿及边坡处理,清理及工器具移运等。　　**计量单位:** m^3

编号				4-11-54	4-11-55	4-11-56	4-11-57	4-11-58
项目				普通土	坚土	松砂石	爆破岩石	人工开凿岩石
名称			单位	消耗量				
人工	合计工日		工日	0.143	0.185	0.328	0.526	0.958
	其中	普工	工日	0.107	0.167	0.295	0.368	0.671
		一般技工	工日	0.036	0.018	0.033	0.158	0.287
材料	电雷管		个	—	—	—	1.691	—
	导火线 120s/m		m	—	—	—	1.691	—
	硝铵炸药 2#		kg	—	—	—	0.446	—
	焦炭		kg	—	—	—	1.343	2.383
	其他材料费		%	1.80	1.80	1.80	1.80	1.80
机械	小型工程车		台班	0.001	0.002	0.002	0.007	0.022

3. 基坑人工土方施工

工作内容: 挖方,修整、排水、装拆挡土板及回填,工器具移运等。　　**计量单位:** m^3

编号				4-11-59	4-11-60	4-11-61	4-11-62	4-11-63	4-11-64
项目				普通土			坚土		
				挖深(m)					
				≤2	≤3	>3	≤2	≤3	>3
名称			单位	消耗量					
人工	合计工日		工日	0.286	0.343	0.399	0.356	0.425	0.513
	其中	普工	工日	0.257	0.309	0.359	0.320	0.383	0.461
		一般技工	工日	0.029	0.034	0.040	0.036	0.042	0.052
机械	小型工程车		台班	0.004	0.005	0.006	0.005	0.006	0.007

计量单位：m^3

编　号				4-11-65	4-11-66	4-11-67	4-11-68	4-11-69	4-11-70
项　目				泥水坑			水坑		
				挖深（m）					
				≤2	≤3	>3	≤2	≤3	>3
名　称			单位	消　耗　量					
人工	合计工日		工日	0.443	0.543	0.624	0.367	0.466	0.576
	其中	普工	工日	0.399	0.489	0.562	0.330	0.419	0.519
		一般技工	工日	0.044	0.054	0.062	0.037	0.047	0.057
材料	镀锌铁丝（综合）		kg	0.143	0.143	0.143	—	—	—
	板枋材		m^3	0.014	0.014	0.014	—	—	—
	其他材料费		%	1.80	1.80	1.80	1.80	1.80	—
机械	小型工程车		台班	0.013	0.014	0.016	0.006	0.007	0.009
	污水泵 100mm		台班	0.092	0.107	0.172	0.082	0.100	0.163

计量单位：m^3

编　号				4-11-71	4-11-72	4-11-73	4-11-74
项　目				流砂坑			干砂坑
				挖深（m）			
				≤2	≤3	>3	≤2
名　称			单位	消　耗　量			
人工	合计工日		工日	0.781	0.984	1.312	0.608
	其中	普工	工日	0.703	0.886	1.181	0.547
		般技工	工日	0.078	0.098	0.131	0.061
材料	镀锌铁丝（综合）		kg	0.143	0.143	0.143	0.143
	板枋材		m^3	0.014	0.014	0.014	0.014
	其他材料费		%	1.80	1.80	1.80	1.80
机械	小型工程车		台班	0.015	0.017	0.019	0.011
	污水泵 100mm		台班	0.181	0.212	0.244	—

计量单位：m³

编号			4-11-75	4-11-76	4-11-77	4-11-78	4-11-79
项目			干砂坑		松砂石		
			挖深（m）				
			≤3	>3	≤2	≤3	>3
名称		单位	消耗量				
人工	合计工日	工日	0.720	0.948	0.562	0.669	0.805
	其中 普工	工日	0.648	0.853	0.506	0.602	0.725
	其中 一般技工	工日	0.072	0.095	0.056	0.067	0.080
材料	镀锌铁丝（综合）	kg	0.143	0.143	0.143	0.143	0.143
	板枋材	m³	0.014	0.014	0.014	0.014	0.014
	其他材料费	%	1.80	1.80	1.80	1.80	1.80
机械	小型工程车	台班	0.014	0.016	0.007	0.008	0.011

4. 基坑机械土方施工

工作内容：挖土、堆土、推土、修整、排水、回填、清理、工器具移运等。

计量单位：m³

编号			4-11-80	4-11-81	4-11-82	4-11-83	4-11-84	4-11-85
项目			普通土			坚土		
			挖深（m）					
			≤2	≤3	>3	≤2	≤3	>3
名称		单位	消耗量					
人工	合计工日	工日	0.047	0.052	0.060	0.055	0.061	0.072
	其中 普工	工日	0.042	0.046	0.053	0.050	0.055	0.065
	其中 一般技工	工日	0.005	0.006	0.007	0.005	0.006	0.007
机械	小型工程车	台班	0.004	0.004	0.005	0.005	0.006	0.007
	履带式推土机 75kW	台班	0.001	0.001	0.001	0.001	0.001	0.001
	履带式单斗挖掘机液压 斗容量 0.3m³	台班	0.007	0.008	0.011	0.009	0.012	0.014
	载货汽车－平板拖车组 10t	台班	0.001	0.001	0.001	0.001	0.001	0.001

计量单位：m^3

编号				4-11-86	4-11-87	4-11-88	4-11-89	4-11-90	4-11-91
项目				干砂坑			松砂石		
				挖深（m）					
				≤2	≤3	>3	≤2	≤3	>3
名称			单位	消耗量					
人工	合计工日		工日	0.089	0.093	0.103	0.069	0.073	0.083
	其中	普工	工日	0.081	0.084	0.093	0.062	0.065	0.074
		一般技工	工日	0.008	0.009	0.010	0.007	0.008	0.009
机械	小型工程车		台班	0.005	0.006	0.008	0.005	0.006	0.008
	履带式推土机 75kW		台班	0.002	0.003	0.004	0.001	0.001	0.001
	履带式单斗挖掘机液压 斗容量 $0.3m^3$		台班	0.015	0.019	0.023	0.010	0.014	0.018
	载货汽车－平板拖车组 10t		台班	0.001	0.001	0.001	0.001	0.001	0.001

5. 基坑石方施工

计量单位：m^3

编号				4-11-92	4-11-93	4-11-94	4-11-95	4-11-96	4-11-97
项目				爆破岩石			人工开凿岩石		
				挖深（m）					
				≤2	≤3	>3	≤2	≤3	>3
名称			单位	消耗量					
人工	合计工日		工日	0.974	1.037	1.095	2.159	2.301	2.408
	其中	普工	工日	0.682	0.726	0.767	1.511	1.611	1.685
		一般技工	工日	0.292	0.311	0.328	0.648	0.690	0.723
材料	电雷管		个	1.680	1.680	1.680	—	—	—
	导火线 120s/m		m	1.680	1.680	1.680	—	—	—
	硝铵炸药 2#		kg	0.613	0.629	0.645	—	—	—
	焦炭		kg	1.927	1.927	1.927	4.888	4.888	4.888
	其他材料费		%	1.80	1.80	1.80	1.80	1.80	1.80
机械	小型工程车		台班	0.020	0.020	0.020	0.048	0.049	0.050

6. 沟槽人工土方施工

工作内容： 挖掘、修整；回填、夯实；余土清理及工器具移运等。

计量单位：m^3

编号				4-11-98	4-11-99	4-11-100	4-11-101	4-11-102
项目				普通土		坚土		泥水沟
				挖深（m）				
				≤1.5	>1.5	≤1.5	>1.5	≤1.5
名称			单位	消耗量				
人工	合计工日		工日	0.130	0.234	0.186	0.290	0.304
	其中	普工	工日	0.117	0.210	0.167	0.261	0.273
		一般技工	工日	0.013	0.024	0.019	0.029	0.031
机械	小型工程车		台班	0.002	0.004	0.002	0.004	0.004

计量单位：m^3

编号				4-11-103	4-11-104	4-11-105	4-11-106	4-11-107
项目				泥水沟	干砂		松砂石	
				挖深（m）				
				>1.5	≤1.5	>1.5	≤1.5	>1.5
名称			单位	消耗量				
人工	合计工日		工日	0.427	0.479	0.597	0.294	0.577
	其中	普工	工日	0.384	0.430	0.536	0.265	0.520
		一般技工	工日	0.043	0.049	0.061	0.029	0.057
材料	其他材料费		%	—	1.80	1.80	—	—
	板枋材		m^3	—	0.014	0.014	—	—
	镀锌铁丝（综合）		kg	—	0.143	0.143	—	—
机械	小型工程车		台班	0.004	0.010	0.010	0.004	0.005

7. 沟槽机械土方施工

工作内容：挖掘、堆土、推土、修整；排水、回填、夯实；余土清理及工器具移运等。　　**计量单位：**m^3

编号				4-11-108	4-11-109	4-11-110	4-11-111
项目				普通土		坚土	
				挖深（m）			
				≤1.5	>1.5	≤1.5	>1.5
名称			单位	消耗量			
人工	合计工日		工日	0.036	0.051	0.045	0.053
	其中	普工	工日	0.032	0.046	0.041	0.048
		一般技工	工日	0.004	0.005	0.004	0.005
机械	小型工程车		台班	0.003	0.003	0.004	0.005
	履带式推土机 75kW		台班	0.001	0.001	0.001	0.001
	履带式单斗挖掘机液压 斗容量 $0.3m^3$		台班	0.006	0.007	0.009	0.012
	载货汽车－平板拖车组 10t		台班	0.001	0.001	0.001	0.001

计量单位：m^3

编号				4-11-112	4-11-113	4-11-114	4-11-115
项目				干砂		松砂石	
				挖深（m）			
				≤1.5	>1.5	≤1.5	>1.5
名称			单位	消耗量			
人工	合计工日		工日	0.078	0.080	0.058	0.072
	其中	普工	工日	0.071	0.072	0.052	0.065
		一般技工	工日	0.007	0.008	0.006	0.007
材料	其他材料费		%	—	—	—	1.80
机械	小型工程车		台班	0.004	0.005	0.004	0.005
	履带式推土机 75kW		台班	0.002	0.003	0.001	0.001
	履带式单斗挖掘机液压 斗容量 $0.3m^3$		台班	0.015	0.019	0.010	0.014
	载货汽车－平板拖车组 10t		台班	0.001	0.001	0.001	0.001

8. 沟槽石方施工

工作内容: 挖掘或爆破,修整,回填、夯实、余石清理及工器具移运等。

计量单位: m^3

编号				4-11-116	4-11-117	4-11-118	4-11-119
项目				爆破岩石		人工开凿岩石	
				挖深(m)			
				≤1.5	>1.5	≤1.5	>1.5
名称			单位	消耗量			
人工	合计工日		工日	0.572	0.863	1.170	1.544
	其中	普工	工日	0.400	0.604	0.819	1.081
		一般技工	工日	0.172	0.259	0.351	0.463
材料	火雷管		个	2.652	2.321	—	—
	导火索		m	2.040	1.785	—	—
	硝铵炸药 2#		kg	1.154	1.011	—	—
	焦炭		kg	1.469	1.285	1.904	1.785
	其他材料费		%	1.80	1.80	1.80	1.80
机械	小型工程车		台班	0.005	0.006	0.015	0.017

9. 施工排地下水

工作内容: 安装排水泵及管道;排水设施运行维护;场地清理、工器具及设备移运等。

计量单位: 套·天

编号				4-11-120	4-11-121
项目				污水泵	
				出口直径 50mm	出口直径 100mm
名称			单位	消耗量	
人工	合计工日		工日	0.755	0.755
	其中	普工	工日	0.343	0.343
		一般技工	工日	0.340	0.340
		高级技工	工日	0.072	0.072
机械	污水泵 70mm		台班	2.804	—
	污水泵 100mm		台班	—	2.804
	小型工程车		台班	0.004	0.004

三、基础与地基处理工程

1. 预 制 基 础

工作内容： 底盘与卡盘坑口移动、吊装、找正，底盘基坑操平、四周填土，卡盘螺栓紧固；拉线盘基坑整理、组装、吊装、调整；工器具移运等。

计量单位：块

编　号			4-11-122	4-11-123	4-11-124	4-11-125	4-11-126
项　目			底盘安装				
			单块重量（kg）				
			≤100	≤200	≤300	≤500	>500
名　称		单位	消　耗　量				
人工	合计工日	工日	0.118	0.182	0.235	0.470	0.764
	其中 普工	工日	0.042	0.065	0.084	0.168	0.273
	其中 一般技工	工日	0.059	0.091	0.117	0.235	0.382
	其中 高级技工	工日	0.017	0.026	0.034	0.067	0.109
材料	预制基础（综合）	块	（1.010）	（1.010）	（1.010）	（1.010）	（1.010）
机械	汽车式起重机 8t	台班	—	—	0.005	0.006	0.008
	小型工程车	台班	0.002	0.003	0.006	0.007	0.009

计量单位：块

编　号			4-11-127	4-11-128	4-11-129	4-11-130	4-11-131
项　目			卡盘安装		拉线盘安装		
			单块重量（kg）				
			≤200	>200	≤200	≤300	>300
名　称		单位	消　耗　量				
人工	合计工日	工日	0.095	0.216	0.070	0.126	0.280
	其中 普工	工日	0.034	0.077	0.025	0.045	0.100
	其中 一般技工	工日	0.047	0.108	0.035	0.063	0.140
	其中 高级技工	工日	0.014	0.031	0.010	0.018	0.040
材料	预制基础（综合）	块	（1.010）	（1.010）	（1.010）	（1.010）	（1.010）
机械	汽车式起重机 8t	台班	—	—	0.003	0.004	0.004
	小型工程车	台班	0.002	0.003	0.003	0.004	0.007

2. 现 浇 基 础

（1）基础底层、垫层

工作内容：砂、石筛选，坑底铺石或铺石灌浆，铺石加浇混凝土，灰土垫层，操平，工器具转移等。

计量单位：m^3

编号				4-11-132	4-11-133	4-11-134	4-11-135	4-11-136
项目				干铺碎石、块石	碎石灌浆	铺块石灌混凝土	夯填灰土	浇制混凝土
名称			单位	消耗量				
人工	合计工日		工日	0.316	0.815	0.443	0.718	1.522
	其中	普工	工日	0.129	0.332	0.181	0.293	0.620
		一般技工	工日	0.142	0.367	0.199	0.323	0.685
		高级技工	工日	0.045	0.116	0.063	0.102	0.217
材料	砂子 中砂		m^3	（0.285）	—	—	—	—
	碎石（综合）		m^3	（0.556）	（1.112）	—	—	—
	生石灰		kg	—	—	—	（264.500）	—
	素土		m^3	—	—	—	（1.226）	—
	块石		m^3	（0.612）	—	（1.224）	—	—
	砌筑水泥砂浆 M5.0		m^3	—	（0.284）	—	—	—
	混凝土 C15		m^3	—	—	（0.303）	—	（1.015）
	聚氯乙烯薄膜		m^2	—	—	—	—	2.125
	水		t	—	0.085	0.085	0.174	0.085
	其他材料费		%	1.80	1.80	1.80	1.80	1.80
机械	电动夯实机 250N·m		台班	—	—	—	0.075	—
	小型工程车		台班	0.005	0.009	0.007	0.008	—
	单卧轴式混凝土搅拌机 250L		台班	—	0.028	0.020	—	0.056

(2)现场搅拌混凝土浇制杆塔基础

工作内容：模板安装及拆除，筛洗砂石，混凝土搅拌及浇制，捣固，养护，基面抹平，工器具转移等。

计量单位：m^3

编号				4-11-137	4-11-138	4-11-139	4-11-140
项目				杆塔单基混凝土量（m^3）			
				≤10	≤20	≤40	>40
名称			单位	消耗量			
人工	合计工日		工日	1.764	1.361	1.332	1.080
	其中	普工	工日	0.719	0.554	0.619	0.440
		一般技工	工日	0.794	0.613	0.541	0.486
		高级技工	工日	0.251	0.194	0.172	0.154
材料	混凝土 C25		m^3	(1.015)	(1.015)	(1.015)	(1.015)
	镀锌铁丝（综合）		kg	0.488	0.485	0.456	0.430
	聚氯乙烯薄膜		m^2	1.088	0.893	0.693	0.574
	圆钉		kg	0.372	0.294	0.251	0.228
	扒钉		kg	0.331	0.326	0.234	0.201
	原木		m^3	0.009	0.007	0.007	0.006
	板枋材		m^3	0.033	0.031	0.030	0.027
	枕木 2 500×200×160		根	0.010	0.009	0.007	0.006
	水		t	0.085	0.085	0.085	0.085
	其他材料费		%	1.80	1.80	1.80	1.80
机械	小型工程车		台班	0.047	0.043	0.040	0.039
	单卧轴式混凝土搅拌机 250L		台班	0.045	0.045	—	—
	双卧轴式混凝土搅拌机 350L		台班	—	—	0.056	0.056
	混凝土振捣器（插入式）		台班	0.018	0.017	0.016	0.016

(3)商品混凝土浇制杆塔基础

工作内容:模板安装及拆除,混凝土运输浇制,捣固,养护,基面抹平,工器具转移等。 **计量单位:**m^3

编号				4-11-141	4-11-142	4-11-143	4-11-144
项目				杆塔单基混凝土量(m^3)			
				≤10	≤20	≤40	>40
名称			单位	消耗量			
人工	合计工日		工日	1.543	1.331	1.147	1.070
	其中	普工	工日	0.846	0.732	0.619	0.565
		一般技工	工日	0.504	0.399	0.338	0.314
		高级技工	工日	0.193	0.200	0.190	0.191
材料	混凝土 C25		m^3	(1.015)	(1.015)	(1.015)	(1.015)
	镀锌铁丝(综合)		kg	0.488	0.485	0.456	0.430
	聚氯乙烯薄膜		m^2	1.088	0.893	0.693	0.574
	圆钉		kg	0.372	0.294	0.251	0.228
	扒钉		kg	0.331	0.326	0.234	0.201
	原木		m^3	0.009	0.007	0.007	0.006
	板枋材		m^3	0.033	0.031	0.030	0.027
	水		t	0.085	0.085	0.085	0.085
	其他材料费		%	1.80	1.80	1.80	1.80
机械	小型工程车		台班	0.047	0.043	0.040	0.039
	混凝土振捣器(插入式)		台班	0.018	0.017	0.016	0.016

3. 岩石嵌固基础

工作内容：清基定孔、钻孔、洗孔；安装地脚螺栓及埋件；拌制混凝土、浇筑、密实、养护；基面抹平、工器具移运等。

计量单位：孔

编　号				4-11-145	4-11-146
项　目				孔深（m）	
				≤1.5	>1.5
名　称			单位	消　耗　量	
人工	合计工日		工日	1.083	1.496
	其中	普工	工日	0.442	0.610
		一般技工	工日	0.487	0.673
		高级技工	工日	0.154	0.213
材料	混凝土 C25		m^3	（0.207）	（0.345）
	角钢（综合）		kg	1.020	1.020
	水		t	0.017	0.017
	硫黄胶泥		m^3	0.020	0.020
	其他材料费		%	1.80	1.80
机械	岩石钻孔机 ϕ500/800		台班	0.212	0.290
	小型工程车		台班	0.009	0.014
	单卧轴式混凝土搅拌机 250L		台班	0.013	0.015
	弧焊机 32kV·A		台班	0.048	0.048

4. 钢筋混凝土灌注桩基础

(1)机械推钻形孔

工作内容: 准备、钻台、钻架、水、电源、护筒等装拆、机具就(退)位,泥浆池挖、填,钻孔,供水,出土,造浆,清空,工器具转移等。

计量单位:m

编号				4-11-147	4-11-148	4-11-149	4-11-150	4-11-151	4-11-152
项目				孔深≤10m					
				孔径≤0.8m			孔径≤1.2m		
				砂土、亚黏土	黏土	砂砾土	砂土、亚黏土	黏土	砂砾土
名称			单位	消耗量					
人工	合计工日		工日	2.084	2.191	5.000	2.915	3.346	6.902
	其中	普工	工日	0.849	0.893	2.037	1.188	1.363	2.813
		一般技工	工日	0.938	0.986	2.250	1.312	1.506	3.106
		高级技工	工日	0.297	0.312	0.713	0.415	0.477	0.983
材料	型钢(综合)		kg	0.269	0.269	0.269	0.374	0.374	0.374
	黏土		m^3	0.729	0.337	1.196	1.019	0.473	1.675
	水		t	1.955	2.040	1.785	2.295	2.295	2.040
	其他材料费		%	1.80	1.80	1.80	1.80	1.80	1.80
机械	回旋钻机 1 000mm		台班	0.073	0.101	0.340	0.096	0.143	0.378
	小型工程车		台班	0.050	0.048	0.070	0.069	0.074	0.109
	污水泵 70mm		台班	0.080	0.112	0.162	0.107	0.159	0.201
	机动绞磨 3t		台班	0.205	0.310	0.447	0.205	0.310	0.447

计量单位：m

编　号				4-11-153	4-11-154	4-11-155	4-11-156	4-11-157	4-11-158
项　目				孔深≤15m					
				孔径≤0.8m			孔径≤1.2m		
				砂土、亚黏土	黏土	砂砾土	砂土、亚黏土	黏土	砂砾土
名　称			单位	消　耗　量					
人工	合计工日		工日	2.315	2.433	5.553	3.238	3.717	7.669
	其中	普工	工日	0.943	0.991	2.263	1.320	1.515	3.125
		一般技工	工日	1.042	1.095	2.499	1.457	1.673	3.451
		高级技工	工日	0.330	0.347	0.791	0.461	0.529	1.093
材料	型钢（综合）		kg	0.269	0.269	0.269	0.374	0.374	0.374
	黏土		m^3	0.729	0.337	1.196	1.019	0.473	1.675
	水		t	1.955	2.040	1.785	2.295	2.295	2.040
	其他材料费		%	1.80	1.80	1.80	1.80	1.80	1.80
机械	回旋钻机 1 000mm		台班	0.080	0.112	0.318	0.107	0.159	0.421
	小型工程车		台班	0.050	0.048	0.070	0.069	0.074	0.109
	污水泵 70mm		台班	0.080	0.112	0.162	0.107	0.159	0.201
	机动绞磨 3t		台班	0.236	0.344	0.496	0.346	0.344	0.496

(2)浇制桩芯混凝土

工作内容: 筛洗砂石,混凝土搅拌及浇制(或商品混凝土运输浇制),捣固,养护,基面抹平,工器具转移等。

计量单位: m^3

编号				4-11-159
项目				浇制桩芯混凝土
名称			单位	消耗量
人工	合计工日		工日	1.419
	其中	普工	工日	0.466
		一般技工	工日	0.790
		高级技工	工日	0.163
材料	混凝土 C25		m^3	(1.015)
	镀锌铁丝(综合)		kg	0.141
	扒钉		kg	0.085
	板枋材		m^3	0.005
	水		t	0.128
	其他材料费		%	1.80
机械	小型工程车		台班	0.030
	单卧轴式混凝土搅拌机 250L		台班	0.056

5. 钢筋混凝土预制桩

工作内容：测量、放桩位线、准备打桩机械、100m 以内的运桩、吊装就位、安卸桩帽、校正、打桩；吊安送桩器、打送桩及拔放送桩器等。

计量单位：m^3

编号				4-11-160	4-11-161	4-11-162
项目				打桩		
				桩长（m）		
				≤8	≤12	>12
名称			单位	消耗量		
人工	合计工日		工日	1.212	0.957	0.702
	其中	普工	工日	0.494	0.390	0.286
		一般技工	工日	0.545	0.431	0.316
		高级技工	工日	0.173	0.136	0.100
材料	预制钢筋混凝土方桩		m^3	（1.010）	（1.010）	（1.010）
	聚氯乙烯薄膜		m^2	1.080	1.080	0.893
	草袋		个	0.425	0.468	0.510
	铁件（综合）		kg	0.255	0.255	0.255
	板枋材		m^3	0.004	0.004	0.003
	其他材料费		%	1.80	1.80	1.80
机械	履带式柴油打桩机 2.5t		台班	0.140	0.112	—
	履带式柴油打桩机 3.5t		台班	0.105	0.085	0.075
	汽车式起重机 12t		台班	0.093	0.089	0.075
	小型工程车		台班	0.075	0.065	0.056

计量单位：m^3

编号				4-11-163	4-11-164	4-11-165	4-11-166
项目				静力压桩			送桩
				桩长（m）			
				≤8	≤12	>12	
名称			单位	消耗量			
人工	合计工日		工日	0.358	0.358	0.358	3.511
	其中	普工	工日	0.146	0.146	0.146	1.431
		一般技工	工日	0.161	0.161	0.161	1.580
		高级技工	工日	0.051	0.051	0.051	0.500
材料	预制钢筋混凝土方桩		m^3	（1.010）	（1.010）	（1.010）	—
	橡胶板 $\delta 3$		kg	0.006	0.006	0.006	—
	聚氯乙烯薄膜		m^2	1.080	1.080	0.893	—
	草袋		个	0.425	0.468	0.510	—
	铁件（综合）		kg	0.203	0.203	0.203	—
	板枋材		m^3	0.011	0.011	0.011	0.004
	其他材料费		%	1.80	1.80	1.80	1.80
机械	履带式柴油打桩机 3.5t		台班	—	—	—	0.187
	静力压桩机 1 200kN		台班	0.055	0.055	0.055	—
	汽车式起重机 12t		台班	0.055	0.055	0.055	—
	小型工程车		台班	0.075	0.065	0.056	0.093

6. 钢　管　桩

工作内容：打桩机具布置、移动打桩机、桩吊装就位、安卸桩帽、校正、打桩；测定标高、桩内排水等。

编　号				4-11-167	4-11-168	4-11-169	4-11-170
项　目				桩长≤6m	桩径≤500mm	桩长≤6m	桩径≤800mm
				桩径≤500mm	每增加1m	桩径≤800mm	每增加1m
				根	m	根	m
名　称			单位	消　耗　量			
人工	合计工日		工日	3.510	0.958	5.106	1.148
	其中	普工	工日	1.255	0.343	1.825	0.410
		一般技工	工日	1.755	0.479	2.553	0.574
		高级技工	工日	0.500	0.136	0.728	0.164
材料	钢管桩 直径 400mm 长 6m		根	（1.005）	（0.168）	（1.005）	（0.168）
	镀锌铁丝（综合）		kg	4.250	0.850	8.500	1.105
	聚氯乙烯薄膜		m^2	5.823	0.893	8.721	1.403
	草袋		个	4.250	0.850	6.800	1.275
	枕木		m^3	0.315	0.085	0.400	0.102
	其他材料费		%	1.80	1.80	1.80	1.80
机械	履带式柴油打桩机 2.5t		台班	0.138	0.030	0.182	0.040
	汽车式起重机 8t		台班	0.150	0.020	0.180	0.030
	小型工程车		台班	0.206	—	0.421	—
	风割机		台班	0.150	0.020	0.180	0.030

7. 桩头处理

工作内容：凿桩头、钢筋修整、块体清理；截除钢管、设箍、安装桩帽等。

编号				4-11-171	4-11-172	4-11-173	4-11-174
项目				破预制钢筋混凝土桩头	破灌注混凝土桩头	钢管桩割焊盖帽	
						桩径(mm)	
						≤500	≤800
				m^3		个	
名称			单位	消耗量			
人工	合计工日		工日	3.255	2.912	0.759	1.149
	其中	普工	工日	1.644	1.470	0.234	0.353
		一般技工	工日	1.302	1.165	0.417	0.632
		高级技工	工日	0.309	0.277	0.108	0.164
材料	低碳钢焊条(综合)		kg	—	—	1.346	2.657
	氧气		m^3	—	—	0.015	0.018
	乙炔气		kg	—	—	0.038	0.046
	钢桩帽 ϕ400		只	—	—	0.850	—
	钢桩帽 ϕ900		只	—	—	—	0.850
	其他材料费		%	—	—	1.80	1.80
机械	履带式起重机 15t		台班	—	—	0.037	0.076
	台式砂轮机		台班	—	—	0.295	0.393
	风割机		台班	—	—	0.065	0.131
	弧焊机 20kV·A		台班	—	—	0.164	0.323
	小型工程车		台班	0.060	0.050	0.010	0.010

8. 钢筋、铁件

工作内容：准备，截割，焊接，制弯，整理，捆扎等。　　　　**计量单位：**t

编　号				4-11-175	4-11-176	4-11-177	4-11-178	4-11-179
项　目				钢筋加工		钢筋加工	钢筋安装	钢筋笼安装
				直径（mm）		钢筋笼		
				≤10	>10			
名　称			单位	消　耗　量				
人工	合计工日		工日	6.257	4.143	6.538	2.687	1.832
	其中	普工	工日	1.908	1.264	1.994	0.961	0.655
		一般技工	工日	3.754	2.486	3.923	1.343	0.916
		高级技工	工日	0.595	0.393	0.621	0.383	0.261
材料	钢筋　ϕ10 以内		kg	（1 020.000）	—	（210.000）	—	—
	钢筋　ϕ10 以外		kg	—	（1 040.000）	（830.000）	—	—
	镀锌铁丝　ϕ0.7~1.2		kg	7.480	1.938	2.482	—	—
	低碳钢焊条（综合）		kg	—	1.403	4.990	0.918	1.080
	预埋铁件		kg	—	—	—	5.857	7.582
	其他材料费		%	1.80	1.80	1.80	1.80	1.80
机械	汽车式起重机　8t		台班	—	—	—	0.263	—
	汽车式起重机　16t		台班	—	—	—	—	0.305
	小型工程车		台班	0.045	0.045	0.045	0.008	0.008
	载货汽车－普通货车　6t		台班	—	—	—	0.421	0.376
	钢筋切断机　40mm		台班	0.120	0.090	0.105	—	—
	钢筋切断机　50mm		台班	0.608	0.246	0.206	—	—
	弧焊机　20kV·A		台班	—	—	—	0.112	0.131
	弧焊机　32kV·A		台班	—	0.171	0.606	—	—

计量单位：t

编号				4-11-180	4-11-181	4-11-182	4-11-183
项目				铁件制作	铁件安装	钢管桩钢筋托盘制作	钢管桩钢筋托盘安装
名称			单位	消耗量			
人工	合计工日		工日	11.056	6.414	12.268	4.737
	其中	普工	工日	3.925	2.276	3.772	1.457
		一般技工	工日	6.081	3.528	6.748	2.605
		高级技工	工日	1.050	0.610	1.748	0.675
材料	型钢（综合）		kg	（880.000）	—	（105.000）	—
	钢筋（综合）		kg	（220.000）	—	（205.000）	—
	槽钢 16#		kg	—	—	（120.500）	—
	中厚钢板 δ15 以外		kg	—	—	（649.500）	—
	镀锌铁丝 ϕ4.0		kg	—	—	—	0.013
	低碳钢焊条（综合）		kg	27.880	12.240	40.035	3.426
	防锈漆		kg	—	1.838	7.591	—
	汽油 100#		kg	—	—	2.316	—
	氧气		m^3	0.909	—	0.667	0.124
	乙炔气		kg	2.363	—	1.734	0.323
	其他材料费		%	1.80	1.80	1.80	1.80
机械	汽车式起重机 8t		台班	—	0.017	—	—
	汽车式起重机 16t		台班	—	—	—	0.354
	载货汽车－普通货车 6t		台班	—	—	—	0.034
	载货汽车－普通货车 8t		台班	—	0.034	—	—
	摇臂钻床 50mm		台班	0.047	—	0.131	—
	剪板机 6.3×2 000		台班	—	—	0.019	—
	剪板机 40×3 100		台班	0.002	—	—	—
	板料校平机 16×2 500		台班	—	—	0.019	—
	型钢剪断机 500mm		台班	0.010	—	0.103	—
	弧焊机 20kV·A		台班	3.387	1.487	4.864	0.416
	小型工程车		台班	0.045	0.009	0.045	0.010

9. 基础、拉线棒防腐

工作内容：涂刷沥青漆，工器具转移；融化沥青，缠绕麻布片，涂刷沥青漆，工器具转移等。

编　号				4-11-184	4-11-185	4-11-186	4-11-187
项　目				基础刷沥青漆	基础刷抗渗防腐涂料	拉线棒刷沥青漆	拉线棒涂三油二麻沥青
				m^2		根	
名　称			单位	消　耗　量			
人工	合计工日		工日	0.033	0.048	0.020	0.095
	其中	普工	工日	0.015	0.022	0.009	0.043
		一般技工	工日	0.015	0.021	0.009	0.043
		高级技工	工日	0.003	0.005	0.002	0.009
材料	镀锌铁丝（综合）		kg	—	—	—	0.051
	麻袋布　宽 600		m	—	—	—	1.658
	沥青清漆		kg	—	—	0.157	—
	石油沥青　10#		kg	0.221	—	—	2.125
	木柴		kg	—	—	—	8.500
	其他材料费		%	1.80	1.80	1.80	1.80
机械	小型工程车		台班	0.001	0.001	0.001	0.001

10. 排洪沟、护坡、挡土墙

工作内容：制备砂浆、砌筑、勾缝；制备混凝土，安拆模板，浇筑混凝土、密实、养护；安放钢筋；工器具移运等。

计量单位：m^3

编号				4-11-188	4-11-189	4-11-190	4-11-191	4-11-192	4-11-193
项目				排洪沟		护坡、挡土墙		浇制钢筋混凝土	浇制素混凝土
				干砌石	浆砌石	干砌石	浆砌石		
名称			单位	消耗量					
人工	合计工日		工日	0.604	0.933	0.772	1.067	2.524	2.235
	其中	普工	工日	0.356	0.378	0.410	0.549	1.587	1.392
		一般技工	工日	0.208	0.466	0.304	0.435	0.787	0.739
		高级技工	工日	0.040	0.089	0.058	0.083	0.150	0.104
材料	砂子 中砂		m^3	(0.294)	—	(0.372)	—	—	—
	毛石 综合		m^3	(1.204)	(1.173)	(1.173)	(1.125)	—	—
	砌筑水泥砂浆 M5.0		m^3	—	(0.401)	—	(0.393)	—	—
	混凝土 C15		m^3	—	—	—	—	—	(1.010)
	混凝土 C25		m^3	—	—	—	—	(1.015)	—
	聚氯乙烯薄膜		m^2	—	—	—	—	0.260	0.260
	圆钉		kg	—	—	—	—	0.276	0.276
	板枋材		m^3	—	—	—	—	0.034	0.068
	水		t	—	0.067	—	0.067	0.170	0.170
	复合模板		m^2	—	—	—	—	3.366	—
	其他材料费		%	1.80	1.80	1.80	1.80	1.80	1.80
机械	汽车式起重机 8t		台班	—	—	—	—	0.016	0.005
	机动翻斗车 1t		台班	—	—	—	—	0.129	0.129
	小型工程车		台班	0.009	0.017	0.009	0.017	0.007	0.007
	单卧轴式混凝土搅拌机 250L		台班	—	0.025	—	0.025	0.056	0.056
	木工圆锯机 500mm		台班	—	—	—	—	0.010	0.010

四、杆、塔组立

1. 木 杆 组 立

工作内容： 立杆、找正、绑地横木、根部刷漆、工器具转移等。　　　　**计量单位：** 基

编　号				4-11-194	4-11-195	4-11-196
项　目				杆长（m）		
				≤9	≤11	≤13
名　称			单位	消　耗　量		
人工	合计工日		工日	0.282	0.426	0.609
	其中	普工	工日	0.087	0.131	0.187
		一般技工	工日	0.155	0.234	0.335
		高级技工	工日	0.040	0.061	0.087
材料	木杆		根	（1.005）	（1.005）	（1.005）
	镀锌铁丝（综合）		kg	0.863	0.863	0.863
	醇酸磁漆		kg	0.017	0.017	0.017
	石油沥青 10#		kg	0.425	0.425	0.425
	其他材料费		%	1.80	1.80	1.80
机械	小型工程车		台班	0.047	0.051	0.056

2. 混凝土圆杆组立

工作内容: 电杆排列支垫、立杆、找正、补刷油漆,装拆临时拉线,清场、工器具转移等。 **计量单位:** 基

编号				4-11-197	4-11-198	4-11-199	4-11-200
项目				混凝土			
				整根式杆长(m)			
				10 以内	12 以内	15 以内	18 以内
名称			单位	消耗量			
人工	合计工日		工日	2.491	2.818	3.416	3.773
	其中	普工	工日	1.130	1.178	1.493	1.583
		一般技工	工日	1.066	1.260	1.457	1.639
		高级技工	工日	0.295	0.380	0.466	0.551
材料	水泥电杆		根	(1.005)	(1.005)	(1.005)	(1.005)
	镀锌铁丝(综合)		kg	0.157	0.171	0.196	0.218
	板枋材		m^3	0.003	0.003	0.003	0.003
	酚醛磁漆		kg	0.014	0.014	0.015	0.017
	其他材料费		%	1.80	1.80	1.80	1.80
机械	载货汽车-普通货车 4t		台班	0.251	0.273	—	—
	载货汽车-普通货车 8t		台班	—	—	0.296	0.306
	机动绞磨 3t		台班	0.075	0.085	0.094	0.110
	小型工程车		台班	0.072	0.084	0.096	0.107

计量单位：基

编　号			4-11-201	4-11-202	4-11-203	4-11-204
项　目			混凝土			
			分段式单基重量(t)			
			≤2.5	≤3.5	≤5.0	>5.0
名　称		单位	消　耗　量			
人工	合计工日	工日	3.037	4.615	5.715	6.903
人工	其中 普工	工日	0.934	1.419	1.902	2.388
人工	其中 一般技工	工日	1.670	2.538	3.022	3.503
人工	其中 高级技工	工日	0.433	0.658	0.791	1.012
材料	水泥电杆	根	(1.005)	(1.005)	(1.005)	(1.005)
材料	镀锌铁丝(综合)	kg	0.193	0.211	0.229	0.252
材料	板枋材	m^3	0.003	0.003	0.004	0.005
材料	酚醛磁漆	kg	0.023	0.031	0.040	0.049
材料	其他材料费	%	1.80	1.80	1.80	1.80
机械	载货汽车-普通货车 4t	台班	0.336	0.493	—	—
机械	载货汽车-普通货车 8t	台班	—	—	0.543	0.686
机械	机动绞磨 3t	台班	0.082	0.092	0.114	0.126
机械	小型工程车	台班	0.082	0.136	0.148	0.161

3. 混凝土方杆组立

工作内容：电杆排列支垫、立杆、找正、补刷油漆，装拆临时拉线，清场、工器具转移等。 **计量单位：**基

编号				4-11-205	4-11-206
项目				混凝土	
				方杆	
				15 以内	15 以上
名称			单位	消耗量	
人工	合计工日		工日	2.371	2.661
	其中	普工	工日	1.354	1.416
		一般技工	工日	0.625	0.748
		高级技工	工日	0.392	0.497
材料	水泥电杆		根	（1.005）	（1.005）
	镀锌铁丝（综合）		kg	0.265	0.360
	板枋材		m^3	0.003	0.004
	酚醛磁漆		kg	0.023	0.031
	其他材料费		%	1.80	1.80
机械	小型工程车		台班	0.015	0.168
	汽车式起重机 20t		台班	0.157	0.188

4. 铁塔组立

工作内容：清点配料，地面支垫，组合，按施工技术措施进行现场布置，吊装，塔身调整，螺栓固定及防松防盗，零星补刷油漆，清场、工器具转移等。

计量单位：基

编号				4-11-207	4-11-208	4-11-209	4-11-210	4-11-211
项目				单基重量（t）				
				≤1.5	≤3	≤5	≤7	>7
名称			单位	消耗量				
人工	合计工日		工日	11.177	15.870	22.681	30.794	40.683
	其中	普工	工日	2.878	4.087	5.840	7.929	10.476
		一般技工	工日	6.706	9.522	13.609	18.477	24.410
		高级技工	工日	1.593	2.261	3.232	4.388	5.797
材料	铁塔		基	（1.005）	（1.005）	（1.005）	（1.005）	（1.005）
	镀锌铁丝（综合）		kg	0.452	0.528	0.590	0.862	1.054
	板枋材		m^3	0.015	0.016	0.017	0.024	0.032
	酚醛磁漆		kg	0.835	0.978	1.092	1.556	1.600
	其他材料费		%	1.80	1.80	1.80	1.80	1.80
机械	小型工程车		台班	0.240	0.280	0.300	0.412	0.521
	载货汽车－普通货车 5t		台班	0.081	0.106	0.146	0.211	0.237
	机动绞磨 3t		台班	0.140	0.180	0.286	0.330	0.400
	汽车式起重机 10t		台班	0.280	0.480	0.580	—	—
	汽车式起重机 12t		台班	—	—	—	0.678	—
	汽车式起重机 25t		台班	—	—	—	—	0.763

5. 钢管杆组立

工作内容: 地面排列、支垫、组合连接、零星补刷油漆,立杆准备,吊装和整理,清场、工器具转移等。

计量单位: 基

编号				4-11-212	4-11-213	4-11-214	4-11-215	4-11-216	4-11-217	4-11-218
项目				单杆整根式			单杆分段式			
				单基重量(t)						
				≤5	≤10	>10	≤5	≤10	≤15	>15
名称			单位	消耗量						
人工	合计工日		工日	7.298	9.093	12.741	8.102	10.144	14.040	17.875
	其中	普工	工日	2.244	2.796	3.918	2.491	3.119	4.318	5.497
		一般技工	工日	4.014	5.001	7.007	4.456	5.579	7.722	9.831
		高级技工	工日	1.040	1.296	1.816	1.155	1.446	2.000	2.547
材料	钢管杆		根	(1.002)	(1.002)	(1.002)	(1.002)	(1.002)	(1.002)	(1.002)
	镀锌铁丝(综合)		kg	0.792	0.880	0.968	0.938	0.938	1.126	1.408
	板枋材		m^3	0.016	0.017	0.020	0.019	0.019	0.022	0.028
	其他材料费		%	1.80	1.80	1.80	1.80	1.80	1.80	1.80
机械	汽车式起重机 25t		台班	0.306	—	—	0.335	—	—	—
	汽车式起重机 50t		台班	—	0.321	0.532	—	0.355	0.589	0.851
	载货汽车-普通货车 4t		台班	0.104	0.125	0.156	0.104	0.125	0.156	0.208
	小型工程车		台班	0.367	0.496	0.749	0.402	0.498	0.737	0.862

6.撑杆、钢圈焊接、离心混凝土杆封顶

工作内容：木杆加工、根部刷油、立杆、装抱箍、焊缝间隙轻微调整、挖焊接操作坑、焊接及焊口清理、钢圈防腐防锈处理、工器具转移等。

计量单位：基

编　号				4-11-219	4-11-220	4-11-221	4-11-222
项　目				木撑杆			混凝土撑杆
				杆长（m）			
				≤9	≤11	≤13	8
名　称			单位	消　耗　量			
人工	合计工日		工日	0.612	0.768	1.239	1.729
	其中	普工	工日	0.329	0.248	0.538	0.979
		一般技工	工日	0.196	0.383	0.512	0.550
		高级技工	工日	0.087	0.137	0.189	0.200
材料	木杆		根	（1.005）	（1.005）	（1.005）	—
	水泥电杆		根	—	—	—	（1.005）
	镀锌铁丝（综合）		kg	2.483	2.483	2.483	0.220
	板枋材		m^3	—	—	—	0.002
	酚醛磁漆		kg	—	—	—	0.016
	石油沥青 10#		kg	0.489	0.489	0.489	—
	其他材料费		%	1.80	1.80	1.80	1.80
机械	汽车式起重机 8t		台班	—	—	—	0.037
	小型工程车		台班	0.047	0.051	0.056	0.084
	载货汽车－普通货车 4t		台班	—	—	—	0.252
	机动绞磨 3t		台班	—	—	—	0.084

计量单位：基

编　　号			4-11-223	4-11-224	4-11-225
项　　目			混凝土撑杆		
			杆长（m）		
			10	12	15
名　　称		单位	消　耗　量		
人工	合计工日	工日	2.012	2.255	2.504
人工	其中 普工	工日	1.070	1.158	1.286
人工	其中 一般技工	工日	0.712	0.846	0.946
人工	其中 高级技工	工日	0.230	0.251	0.272
材料	水泥电杆	根	（1.005）	（1.005）	（1.005）
材料	镀锌铁丝（综合）	kg	0.220	0.220	0.240
材料	板枋材	m^3	0.003	0.003	0.003
材料	酚醛磁漆	kg	0.017	0.018	0.019
材料	其他材料费	%	1.80	1.80	1.80
机械	汽车式起重机　8t	台班	0.037	0.056	0.067
机械	小型工程车	台班	0.089	0.092	0.092
机械	载货汽车－普通货车　4t	台班	0.262	0.273	0.273
机械	机动绞磨　3t	台班	0.089	0.092	0.092

计量单位：个

编　号			4-11-226	4-11-227	4-11-228	4-11-229	4-11-230	4-11-231
项　目			电焊钢圈		气焊钢圈		离心混凝土杆封顶	
			钢圈直径（mm）				顶直径（mm）	
			≤300	＞300	≤300	＞300	≤300	＞300
名　称		单位	消　耗　量					
人工	合计工日	工日	0.188	0.293	0.388	0.519	0.125	0.152
人工	其中 普工	工日	0.049	0.075	0.100	0.134	0.032	0.039
人工	其中 一般技工	工日	0.112	0.176	0.232	0.311	0.075	0.091
人工	其中 高级技工	工日	0.027	0.042	0.056	0.074	0.018	0.022
材料	镀锌铁丝 ϕ4.0	kg	—	—	—	—	0.197	0.246
材料	低碳钢焊条（综合）	kg	1.872	2.836	—	—	—	—
材料	碳钢气焊条	kg	—	—	0.907	1.361	—	—
材料	酚醛磁漆	kg	0.113	0.193	0.113	0.193	—	—
材料	防锈漆	kg	0.283	0.340	0.283	0.340	—	—
材料	氧气	m^3	—	—	0.231	0.384	—	—
材料	乙炔气	kg	—	—	0.601	0.998	—	—
材料	其他材料费	%	1.80	1.80	1.80	1.80	1.80	1.80
机械	载货汽车－普通货车 4t	台班	0.099	0.148	0.291	0.375	0.002	0.003
机械	弧焊机 20kV·A	台班	0.227	0.345	—	—	—	—
机械	小型工程车	台班	0.010	0.010	0.010	0.010	0.010	0.010

7. 接地设施安装

工作内容：接地极及接地体敷设，降阻剂拌和，接地电阻测定，连接引下线，工器具转移等。

编号				4-11-232	4-11-233	4-11-234	4-11-235
项目				电线杆高空接地引下线安装	接地钢结构制作	接地极安装	
						土质地层	砂石土质地层
				根	t	根	
名称			单位	消耗量			
人工	合计工日		工日	0.218	17.012	0.144	0.211
	其中	普工	工日	0.067	6.424	0.066	0.097
		一般技工	工日	0.120	7.611	0.058	0.084
		高级技工	工日	0.031	2.977	0.020	0.030
材料	型钢（综合）		kg	—	（1 080.000）	—	—
	接地引线		m	（11.800）	—	—	—
	接地极		根	—	—	（1.005）	（1.005）
	镀锌铁丝（综合）		kg	2.444	—	—	—
	低碳钢焊条（综合）		kg	—	0.635	—	—
	氧气		m^3	—	0.790	—	—
	乙炔气		kg	—	2.053	—	—
	其他材料费		%	1.80	1.80	1.80	1.80
机械	小型工程车		台班	0.047	0.047	0.003	0.004
	管子切断机 60mm		台班	—	0.636	—	—
	型钢剪断机 500mm		台班	—	0.393	—	—
	弧焊机 20kV·A		台班	—	0.073	—	—

计量单位：基

编　号			单位	4-11-236	4-11-237	4-11-238
项　目				接地线敷设		
				单基长度（m）		
				≤50	≤100	>100
名　称			单位	消　耗　量		
人工	合计工日		工日	0.395	0.592	0.789
	其中	普工	工日	0.161	0.241	0.322
		一般技工	工日	0.178	0.266	0.355
		高级技工	工日	0.056	0.085	0.112
材料	接地线		m	(1.050)	(1.050)	(1.050)
	低碳钢焊条(综合)		kg	0.026	0.031	0.044
	氧气		m^3	0.040	0.049	0.057
	乙炔气		kg	0.104	0.127	0.147
	其他材料费		%	1.80	—	1.80
机械	小型工程车		台班	0.009	0.011	0.014
	弧焊机 20kV·A		台班	0.003	0.004	0.005

编号				4-11-239	4-11-240	4-11-241	4-11-242
项目				降阻接地			电阻测试
				换土质	加降阻剂	接地模块	
				m^3	kg	个	基
名称			单位	消耗量			
人工	合计工日		工日	0.790	0.014	1.676	0.158
	其中	普工	工日	0.592	0.007	0.444	0.018
		一般技工	工日	0.198	0.005	1.032	0.095
		高级技工	工日	—	0.002	0.200	0.045
材料	素土		m^3	(1.190)	—	—	—
	降阻剂		kg	—	(1.050)	—	—
	接地模块		块	—	—	(1.000)	—
	碎布		kg	—	—	0.052	—
	低碳钢焊条(综合)		kg	—	—	0.256	—
	沥青清漆		kg	—	—	0.103	—
	塑料手套 ST 型		个	—	0.021	—	—
	水		m^3	—	0.003	—	—
	其他材料费		%	1.80	1.80	1.80	—
机械	电动夯实机 250N·m		台班	0.075	—	—	—
	小型工程车		台班	0.008	0.008	0.010	0.050
	弧焊机 20kV·A		台班	—	—	0.031	—

8. 拉线制作与安装

工作内容：拉线长度实测、丈量与截割，上下端头制作，安装及调整，工器具转移等。　　**计量单位：**根

编　号			4-11-243	4-11-244	4-11-245	4-11-246	4-11-247	4-11-248	4-11-249
项　目			普通拉线			水平及弓形拉线			拉线保护管
			截面（mm²）						
			35	≤70	≤120	35	≤70	≤120	
名　称		单位	消　耗　量						
人工	合计工日	工日	0.297	0.361	0.435	0.672	0.895	0.987	0.055
人工	其中：普工	工日	0.077	0.093	0.112	0.173	0.230	0.254	0.014
人工	其中：一般技工	工日	0.178	0.217	0.261	0.403	0.537	0.592	0.033
人工	其中：高级技工	工日	0.042	0.051	0.062	0.096	0.128	0.141	0.008
材料	拉线保护管	根	—	—	—	—	—	—	（1.030）
材料	拉线	根	（1.015）	（1.015）	（1.015）	（1.015）	（1.015）	（1.015）	—
材料	镀锌铁丝（综合）	kg	0.225	0.278	0.225	0.225	0.225	0.225	—
材料	钢锯条	条	0.489	0.978	1.466	0.489	0.978	1.466	—
材料	醇酸防锈漆 C53-1	kg	0.049	0.068	0.078	0.049	0.068	0.078	—
材料	其他材料费	%	1.80	1.80	1.80	1.80	1.80	1.80	1.80
机械	小型工程车	台班	0.042	0.042	0.042	0.042	0.042	0.042	0.042

五、横担与绝缘子安装

1. 横 担 安 装

（1）10kV 及以下横担安装

工作内容：量尺寸、定位、上抱箍、装横担、支撑及顶支座等。 **计量单位：**组

编号				4-11-250	4-11-251	4-11-252	4-11-253
项目				铁横担		瓷横担	
				单根	双根	直线杆	耐张、转角杆
名称			单位	消耗量			
人工	合计工日		工日	0.218	0.342	0.145	0.289
	其中	普工	工日	0.067	0.105	0.045	0.089
		一般技工	工日	0.120	0.188	0.080	0.159
		高级技工	工日	0.031	0.049	0.020	0.041
材料	横担		根	（1.005）	（2.010）	（1.020）	（2.040）
	镀锌铁丝（综合）		kg	0.489	0.684	—	—
	碎布		kg	0.049	0.049	0.049	0.049
	调和漆		kg	0.020	0.029	—	—
	其他材料费		%	1.80	1.80	1.80	1.80
机械	小型工程车		台班	0.010	0.010	0.010	0.010

计量单位：组

编　号				4-11-254	4-11-255
项　目				复合型横担	
				直线杆	耐张、转角杆
名　称			单位	消　耗　量	
人工	合计工日		工日	0.145	0.289
	其中	普工	工日	0.045	0.089
		一般技工	工日	0.080	0.159
		高级技工	工日	0.020	0.041
材料	横担		根	(1.010)	(1.010)
	碎布		kg	0.049	0.049
	其他材料费		%	1.80	1.80
机械	小型工程车		台班	0.010	0.010

(2)1kV及以下横担安装

工作内容：量尺寸、定位、上抱箍、装横担、支撑及顶支座等。 **计量单位：**组

编号				4-11-256	4-11-257	4-11-258	4-11-259	4-11-260
项目				铁横担				
				二线	四线单根	四线双根	六线单根	六线双根
名称			单位	消耗量				
人工	合计工日		工日	0.125	0.177	0.284	0.223	0.355
	其中	普工	工日	0.039	0.054	0.087	0.068	0.110
		一般技工	工日	0.068	0.098	0.156	0.123	0.195
		高级技工	工日	0.018	0.025	0.041	0.032	0.050
材料	横担		根	(1.005)	(1.005)	(2.010)	(1.005)	(2.010)
	镀锌铁丝(综合)		kg	0.391	0.489	0.684	0.489	0.684
	碎布		kg	0.049	0.049	0.049	0.049	0.049
	调和漆		kg	0.020	0.020	0.293	0.020	0.029
	其他材料费		%	1.80	1.80	1.80	1.80	1.80
机械	小型工程车		台班	0.010	0.010	0.010	0.010	0.010

计量单位：组

编　号				4-11-261	4-11-262
项　目				瓷横担	复合型横担
名　称			单位	消　耗　量	
人工	合计工日		工日	0.125	0.132
	其中	普工	工日	0.039	0.041
		一般技工	工日	0.068	0.072
		高级技工	工日	0.018	0.019
材料	横担		根	（1.020）	（1.010）
	碎布		kg	0.049	0.049
	其他材料费		%	1.80	1.80
机械	小型工程车		台班	0.010	0.010

(3)进户线横担安装

工作内容:量尺寸、定位、上抱箍、装横担、支撑及顶支座等。　　　　**计量单位:**组

编号				4-11-263	4-11-264	4-11-265	4-11-266	4-11-267	4-11-268	4-11-269
项目				一端埋设式			两端埋设式			
				二线	四线	六线	二线	四线	六线	八线及以上
名称			单位	消耗量						
人工	合计工日		工日	0.158	0.243	0.270	0.218	0.302	0.329	0.432
	其中	普工	工日	0.048	0.075	0.083	0.067	0.093	0.101	0.116
		一般技工	工日	0.087	0.133	0.149	0.120	0.166	0.181	0.263
		高级技工	工日	0.023	0.035	0.038	0.031	0.043	0.047	0.053
材料	横担		根	(1.005)	(1.005)	(1.005)	(1.005)	(1.005)	(1.005)	(1.005)
	碎布		kg	0.029	0.049	0.049	0.049	0.049	0.049	0.049
	调和漆		kg	0.020	0.029	0.029	0.020	0.029	0.029	0.029
	镀锌铁拉板 40×4×200~350		块	4.106	8.211	12.317	4.106	8.211	12.317	16.422
	其他材料费		%	1.80	1.80	1.80	1.80	1.80	1.80	1.80
机械	小型工程车		台班	0.010	0.010	0.010	0.100	0.010	0.010	0.010

2. 绝缘子安装

工作内容：清扫、检查、绝缘摇测、组合、安装等。

编　号				4-11-270	4-11-271	4-11-272	4-11-273
项　目				耐张绝缘子	普通绝缘子	箍位绝缘子	防雷式绝缘子
				片	只		
名　称			单位	消　耗　量			
人工	合计工日		工日	0.029	0.027	0.029	0.031
	其中	普工	工日	0.009	0.008	0.009	0.010
		一般技工	工日	0.016	0.015	0.016	0.017
		高级技工	工日	0.004	0.004	0.004	0.004
材料	绝缘子		个	（1.020）	（1.020）	（1.020）	（1.020）
	碎布		kg	0.010	0.010	0.010	0.010
	其他材料费		%	1.80	1.80	1.80	1.80
机械	小型工程车		台班	0.001	0.001	0.001	0.001
仪表	高压试验变压器配套操作箱、调压器		台班	0.010	0.010	0.010	0.010

六、架 线 工 程

1. 裸铝绞线架设

工作内容： 金具安装，挂卸滑车、放线、连接、架线、紧线、调整弧垂、绑扎等。 **计量单位：** km

编号				4-11-274	4-11-275	4-11-276	4-11-277	4-11-278
项目				截面（mm^2）				
				≤35	≤95	≤150	≤240	≤300
名称			单位	消耗量				
人工	合计工日		工日	2.819	5.494	8.667	12.277	17.191
	其中	普工	工日	0.726	1.415	2.232	3.161	4.427
		一般技工	工日	1.691	3.296	5.200	7.367	10.314
		高级技工	工日	0.402	0.783	1.235	1.749	2.450
材料	导线		m	（1 013.000）	（1 013.000）	（1 013.000）	（1 013.000）	（1 013.000）
	铝包带 1×10		kg	0.029	0.068	0.068	0.088	0.108
	铝绑线 ϕ2.0		m	78.425	—	—	—	—
	铝绑线 ϕ3.2		m	—	98.033	104.563	117.632	147.045
	碎布		kg	0.049	0.059	0.068	0.078	0.088
	钢锯条		条	0.782	0.978	1.466	1.955	2.444
	醇酸防锈漆 C53-1		kg	0.049	0.049	0.049	0.049	0.049
	汽油 100#		kg	0.049	0.049	0.049	0.059	0.068
	电力复合脂		kg	0.020	0.049	0.078	0.098	0.117
	其他材料费		%	1.80	1.80	1.80	1.80	1.80
机械	小型工程车		台班	0.093	0.140	0.168	0.187	0.206
	液压压接机 100t		台班	0.065	0.084	0.103	0.140	0.178

2. 钢芯铝绞线架设

工作内容: 金具安装,挂卸滑车、放线、连接、架线、紧线、调整弧垂、绑扎等。　　**计量单位:** km

编　号				4-11-279	4-11-280	4-11-281	4-11-282	4-11-283
项　目				截面(mm^2)				
				≤35	≤95	≤150	≤240	≤300
名　称			单位	消　耗　量				
人工	合计工日		工日	3.109	6.222	9.390	13.723	19.209
	其中	普工	工日	0.801	1.602	2.418	3.534	4.947
		一般技工	工日	1.865	3.733	5.634	8.233	11.525
		高级技工	工日	0.443	0.887	1.338	1.956	2.737
材料	导线		m	(1 013.000)	(1 013.000)	(1 013.000)	(1 013.000)	(1 013.000)
	铝包带 1×10		kg	0.029	0.068	0.068	0.078	0.078
	铝绑线 ϕ2.0		m	78.425	—	—	—	—
	铝绑线 ϕ3.2		m	—	98.033	104.563	117.632	147.045
	碎布		kg	0.049	0.059	0.068	0.078	0.088
	钢锯条		条	0.978	1.173	1.662	2.151	2.639
	防锈漆		kg	0.049	0.049	0.049	0.049	0.049
	汽油 100#		kg	0.049	0.049	0.049	0.059	0.068
	电力复合脂		kg	0.020	0.049	—	0.098	0.108
	其他材料费		%	1.80	1.80	1.80	1.80	1.80
机械	小型工程车		台班	0.093	0.140	0.168	0.187	0.206
	液压压接机 100t		台班	0.065	0.084	0.103	0.140	0.178

3. 绝缘铝绞线架设

工作内容: 金具安装,挂卸滑车、放线、连接、架线、紧线、调整弧垂、绑扎等。 **计量单位:** km

编号				4-11-284	4-11-285	4-11-286	4-11-287	4-11-288
项目				截面(mm²)				
				≤35	≤95	≤150	≤240	≤300
名称			单位	消耗量				
人工	合计工日		工日	3.109	6.222	9.390	13.723	19.209
	其中	普工	工日	0.801	1.602	2.418	3.534	4.947
		一般技工	工日	1.865	3.733	5.634	8.233	11.525
		高级技工	工日	0.443	0.887	1.338	1.956	2.737
材料	导线		m	(1 018.000)	(1 018.000)	(1 018.000)	(1 018.000)	(1 018.000)
	铝绑线 ϕ3.2		m	77.418	96.773	103.224	116.127	155.872
	碎布		kg	0.039	0.039	0.049	0.049	0.059
	钢锯条		条	0.782	0.978	1.466	1.955	2.444
	防锈漆		kg	0.049	0.049	0.049	0.049	0.049
	汽油 100#		kg	0.039	0.039	0.049	0.049	0.059
	电力复合脂		kg	0.020	0.020	0.029	0.039	0.049
	自黏性塑料带 20mm×20m		卷	7.820	15.640	19.550	23.460	29.325
	其他材料费		%	1.80	1.80	1.80	1.80	1.80
机械	小型工程车		台班	0.093	0.140	0.168	0.187	0.206
	液压压接机 100t		台班	0.065	0.084	0.103	0.140	0.187

4. 钢绞线架设

工作内容：放线、连接、架线、紧线、调整弧垂、绑扎等。　　**计量单位：**km

编　　号				4-11-289	4-11-290	4-11-291	4-11-292
项　　目				截面（mm^2）			
				≤35	≤70	≤120	≤240
名　　称			单位	消　耗　量			
人工	合计工日		工日	2.399	4.702	5.755	8.107
	其中	普工	工日	0.618	1.211	1.482	2.087
		一般技工	工日	1.439	2.821	3.453	4.864
		高级技工	工日	0.342	0.670	0.820	1.156
材料	导线		m	（1 013.000）	（1 013.000）	（1 013.000）	（1 013.000）
	铝绑线　ϕ3.2		m	78.425	82.345	86.460	90.790
	碎布		kg	0.049	0.049	0.059	0.059
	钢锯条		条	0.978	1.173	1.369	1.564
	防锈漆		kg	0.049	0.049	0.049	0.049
	汽油　100#		kg	0.039	0.039	0.049	0.049
	电力复合脂		kg	0.020	0.029	0.029	0.029
	其他材料费		%	1.80	1.80	1.80	1.80
机械	小型工程车		台班	0.093	0.112	0.140	0.168
	液压压接机　100t		台班	0.065	0.075	0.084	0.093

5. 1kV 以下低压电力电缆架设

工作内容：开盘、检查、架线盘、敷设、锯断、卡固、绝缘实验、临时封头、挂标牌等。　　**计量单位：**km

编号				4-11-293	4-11-294	4-11-295
项目				二芯		
				单芯截面（mm^2）		
				≤25	≤50	≤70
名称			单位	消耗量		
人工	合计工日		工日	6.913	10.695	11.570
	其中	普工	工日	1.780	2.754	2.979
		一般技工	工日	4.148	6.417	6.942
		高级技工	工日	0.985	1.524	1.649
材料	电力电缆		m	（1 010.000）	（1 010.000）	（1 010.000）
	塑料带 20mm×40m		卷	4.888	4.888	4.888
	电缆挂钩		只	1 670.059	1 670.059	1 670.059
	终端头卡子 1.5×20		个	39.296	39.296	39.296
	其他材料费		%	1.80	1.80	1.80
机械	小型工程车		台班	0.112	0.159	0.215
	液压压接机 100t		台班	0.075	0.093	0.112

计量单位：km

编　　号				4-11-296	4-11-297	4-11-298	4-11-299	4-11-300
项　　目				四芯				
				单芯截面（mm^2）				
				≤25	≤50	≤95	≤150	≤240
名　　称			单位	消　耗　量				
人工	合计工日		工日	13.826	21.379	30.055	40.525	57.670
	其中	普工	工日	3.560	5.505	7.739	10.435	14.850
		一般技工	工日	8.296	12.827	18.033	24.315	34.602
		高级技工	工日	1.970	3.047	4.283	5.775	8.218
材料	电力电缆		m	(1 010.000)	(1 010.000)	(1 010.000)	(1 010.000)	(1 010.000)
	塑料带 20mm×40m		卷	9.775	9.775	9.775	9.775	9.775
	电缆挂钩		只	1 670.059	1 670.059	1 670.059	1 670.059	1 670.059
	终端头卡子 1.5×20		个	39.296	39.296	39.296	39.296	39.296
	其他材料费		%	1.80	1.80	1.80	1.80	1.80
机械	小型工程车		台班	0.150	0.224	0.280	0.336	0.467
	液压压接机 100t		台班	0.093	0.112	0.140	0.168	0.234

6. 集束导线架设

工作内容: 金具安装,挂卸滑车、放线、连接、架线、紧线、调整弧垂、绑扎等。 **计量单位:** km

编号				4-11-301	4-11-302	4-11-303	4-11-304	4-11-305	4-11-306
项目				二芯			四芯		
				单芯截面(mm²)					
				≤35	≤70	≤120	≤35	≤70	≤120
名称			单位	消耗量					
人工	合计工日		工日	7.613	15.238	22.997	11.471	22.966	34.955
	其中	普工	工日	1.960	3.924	5.922	3.527	7.063	10.657
		一般技工	工日	4.568	9.143	13.798	6.148	12.312	18.610
		高级技工	工日	1.085	2.171	3.277	1.796	3.591	5.688
材料	集束导线		m	(1 018.000)	(1 018.000)	(1 018.000)	(1 018.000)	(1 018.000)	(1 018.000)
	碎布		kg	0.049	0.049	0.049	0.078	0.078	0.078
	钢锯条		条	0.782	0.978	1.466	1.173	1.564	1.955
	防锈漆		kg	0.049	0.049	0.049	0.059	0.059	0.059
	汽油 100#		kg	0.049	0.059	0.059	0.059	0.068	0.068
	自黏性塑料带 20mm×20m		卷	7.820	15.640	19.550	11.730	19.550	24.438
	其他材料费		%	1.80	1.80	1.80	1.80	1.80	1.80
机械	小型工程车		台班	0.093	0.140	0.206	0.140	0.187	0.234
	液压压接机 100t		台班	0.065	0.093	0.140	0.093	0.140	0.178

7.导线跨越

工作内容：跨越架与安全网搭设、拆除等。　　**计量单位：**处

编号				4-11-307	4-11-308	4-11-309	4-11-310	4-11-311
项目				跨越等级公路、10kV电力线	低压电力线、通信线	跨越房屋、经济作物	跨越普通铁路	跨越高速公路
名称			单位	消耗量				
人工	合计工日		工日	6.526	5.769	4.650	7.475	10.922
	其中	普工	工日	1.577	1.421	1.136	1.925	4.238
		一般技工	工日	4.027	3.788	3.072	4.485	4.900
		高级技工	工日	0.922	0.560	0.442	1.065	1.784
材料	安全网		m^2	3.063	3.063	2.475	4.030	3.793
	镀锌铁丝（综合）		kg	8.651	7.285	5.982	10.215	14.236
	脚手杆　$\phi100\times6\,000$ 杉木		根	1.896	1.642	1.471	2.933	3.890
	其他材料费		%	1.80	1.80	1.80	1.80	1.80
机械	小型工程车		台班	0.093	0.078	0.079	0.168	0.189

计量单位：处

编　　号			4-11-312	4-11-313	4-11-314	4-11-315	4-11-316	4-11-317
项　　目			跨越河流（宽度 m）					
			≤50		≤150		>150	
			导线截面（mm^2）					
			≤150	≤300	≤150	≤300	≤150	≤300
名　　称		单位	消　耗　量					
人工	合计工日	工日	3.553	4.211	8.619	10.462	16.121	19.740
	其中 普工	工日	0.915	1.084	2.219	2.694	4.151	5.083
	其中 一般技工	工日	2.132	2.527	5.172	6.277	9.673	11.844
	其中 高级技工	工日	0.506	0.600	1.228	1.491	2.297	2.813
机械	小型工程车	台班	0.069	0.082	0.166	0.201	0.309	0.378
	船舶（民船）装载质量 5t	台班	1.007	1.005	2.013	2.015	3.020	2.995

8. 进户线架设

工作内容：放线、紧线、压接包头等。　　　　**计量单位：**m

编　号				4-11-318	4-11-319	4-11-320	4-11-321	4-11-322
项　目				截面（mm²）				
				≤35	≤95	≤150	≤240	≤300
名　称			单位	消　耗　量				
人工	合计工日		工日	0.007	0.015	0.021	0.028	0.039
	其中	普工	工日	0.004	0.009	0.013	0.017	0.025
		一般技工	工日	0.002	0.004	0.006	0.008	0.010
		高级技工	工日	0.001	0.002	0.002	0.003	0.004
材料	电力电缆		m	（1.018）	（1.018）	（1.018）	（1.018）	（1.018）
	铝绑线 $\phi3.2$		m	0.094	0.114	0.122	0.148	0.189
	碎布		kg	0.001	0.001	0.001	0.001	0.001
	钢锯条		条	0.010	0.012	0.017	0.022	0.026
	防锈漆		kg	0.001	0.001	0.001	0.001	0.001
	汽油 100#		kg	0.001	0.001	0.001	0.001	0.001
	电力复合脂		kg	0.001	0.001	0.001	0.001	0.001
	其他材料费		%	1.80	1.80	1.80	1.80	1.80
机械	小型工程车		台班	0.001	0.001	0.001	0.001	0.001
	液压压接机 100t		台班	0.001	0.001	0.001	0.001	0.001

七、杆上变配电设备安装

1. 变压器安装

工作内容：支架、台架及撑铁安装，设备吊装、固定、安装、连引线安装，设备检查、调整、连接、接地、单体调试等。

计量单位：台

编号			4-11-323	4-11-324	4-11-325	4-11-326	4-11-327	4-11-328	4-11-329
项目			油浸式变压器						
			容量(kV·A)						
			≤50	≤100	≤200	≤315	≤400	≤500	≤630
名称		单位	消耗量						
人工	合计工日	工日	7.179	7.881	9.329	10.722	11.830	13.262	15.225
	其中 普工	工日	1.848	2.029	2.416	2.761	3.046	3.319	3.920
	其中 一般技工	工日	4.308	4.729	5.585	6.433	7.098	8.058	9.135
	其中 高级技工	工日	1.023	1.123	1.328	1.528	1.686	1.885	2.170
材料	镀锌铁丝(综合)	kg	3.910	3.910	3.910	4.888	4.888	5.865	5.865
	镀锌圆钢 ϕ10~25	kg	3.930	3.930	3.930	3.930	3.930	3.930	3.930
	碎布	kg	0.098	0.098	0.098	0.098	0.098	0.098	0.098
	钢锯条	条	1.466	1.466	1.466	1.466	1.466	1.466	1.466
	调和漆	kg	0.489	0.587	0.782	0.978	1.173	1.271	1.369
	防锈漆	kg	0.196	0.293	0.391	0.489	0.587	0.684	0.782
	汽油 100#	kg	0.147	0.147	0.147	0.147	0.147	0.147	0.147
	电力复合脂	kg	0.098	0.098	0.098	0.098	0.098	0.098	0.098
	钢垫板(综合)	kg	3.988	3.988	3.988	3.988	3.988	3.988	3.988
	其他材料费	%	1.80	1.80	1.80	1.80	1.80	1.80	1.80
机械	汽车式起重机 8t	台班	0.280	0.327	0.327	0.374	0.374	0.467	0.467
	小型工程车	台班	0.467	0.467	0.467	0.467	0.467	0.467	0.467
仪表	高压绝缘电阻测试仪	台班	0.330	0.330	0.330	0.330	0.330	0.330	0.330
	变压器直流电阻测试仪	台班	0.990	0.990	0.990	0.990	0.990	0.990	0.990
	变压器绕组变形测试仪	台班	0.330	0.330	0.330	0.330	0.330	0.330	0.330
	YDQ 充气式试验变压器	台班	0.330	0.330	0.330	0.330	0.330	0.330	0.330
	高压试验变压器配套操作箱、调压器	台班	0.660	0.660	0.660	0.660	0.660	0.660	0.660
	TPFRC 电容分压器交直流高压测量系统	台班	0.330	0.330	0.330	0.330	0.330	0.330	0.330
	智能型光导抗干扰介损测量仪	台班	0.330	0.330	0.330	0.330	0.330	0.330	0.330
	直流高压发生器	台班	0.330	0.330	0.330	0.330	0.330	0.330	0.330

计量单位：台

编　号				4-11-330	4-11-331
项　目				单相变压器（容量）	
				容量（kV·A）	
				≤50	>50
名　称			单位	消　耗　量	
人工	合计工日		工日	4.715	5.406
	其中	普工	工日	1.214	1.392
		一般技工	工日	2.829	3.244
		高级技工	工日	0.672	0.770
材料	镀锌铁丝（综合）		kg	0.323	0.489
	镀锌扁钢（综合）		kg	1.466	2.199
	聚氯乙烯薄膜		kg	0.049	0.068
	碎布		kg	0.176	0.244
	砂轮片　ϕ400		片	0.029	0.049
	低碳钢焊条（综合）		kg	0.098	0.147
	调和漆		kg	0.293	0.411
	防锈漆		kg	0.098	0.147
	汽油　100#		kg	0.098	0.147
	电力复合脂		kg	0.020	0.024
	钢垫板（综合）		kg	1.300	1.955
	其他材料费		%	1.80	1.80
机械	汽车式起重机　8t		台班	0.016	0.026
	小型工程车		台班	0.023	0.023
	弧焊机　20kV·A		台班	0.012	0.018
仪表	高压绝缘电阻测试仪		台班	0.330	0.330
	变压器直流电阻测试仪		台班	0.990	0.990
	变压器绕组变形测试仪		台班	0.330	0.330
	YDQ 充气式试验变压器		台班	0.330	0.330
	高压试验变压器配套操作箱、调压器		台班	0.660	0.660
	TPFRC 电容分压器交直流高压测量系统		台班	0.330	0.330
	智能型光导抗干扰介损测量仪		台班	0.330	0.330
	直流高压发生器		台班	0.330	0.330

2. 配电设备安装

工作内容：支架、撑铁安装，设备、绝缘子清扫、检查、配线、接线、接地、单体调试等。

编号				4-11-332	4-11-333	4-11-334	4-11-335	4-11-336	4-11-337	4-11-338
项目				跌落式熔断器	隔离开关	断路器	配电箱	避雷器		负荷开关
								10kV	1kV	
				组		台		组		台
名称			单位	消耗量						
人工	合计工日		工日	0.808	2.618	5.788	2.577	2.439	0.728	4.069
	其中	普工	工日	0.208	0.430	1.112	0.534	0.628	0.188	1.048
		一般技工	工日	0.485	1.953	3.779	1.536	1.463	0.436	2.441
		高级技工	工日	0.115	0.235	0.897	0.507	0.348	0.104	0.580
材料	镀锌圆钢 ϕ10~25		kg	3.417	3.417	3.417	3.417	3.417	—	3.417
	镀锌扁钢 40×4		kg	—	—	—	0.168	0.168	—	—
	铝绑线 ϕ3.2		m	3.060	3.060	3.060	3.060	3.060	1.700	3.060
	碎布		kg	0.085	0.085	0.085	0.085	0.085	0.043	0.085
	钢锯条		条	0.850	0.850	0.850	0.850	0.850	0.425	0.850
	调和漆		kg	0.170	0.340	0.425	0.340	0.170	0.128	0.425
	防锈漆		kg	0.085	0.170	0.255	0.170	0.085	0.068	0.255
	防锈漆		kg	0.085	0.085	0.085	0.085	0.085	0.085	0.085
	汽油 100#		kg	0.085	0.085	0.085	0.085	0.085	0.085	0.085
	电力复合脂		kg	0.043	0.043	0.085	0.085	0.043	0.043	0.043
	塑料软管 *De*8		m	—	—	—	14.875	—	—	—
	镀锌接地线板 40×5×120		个	—	—	—	—	—	1.224	—
	其他材料费		%	1.80	1.80	1.80	1.80	1.80	1.80	1.80
机械	汽车式起重机 8t		台班	—	—	0.280	—	—	—	0.262
	小型工程车		台班	0.028	0.047	0.280	0.187	0.009	0.005	0.093
仪表	回路电阻测试仪		台班	—	0.270	—	—	—	—	0.270
	高压绝缘电阻测试仪		台班	—	0.270	—	—	0.800	0.400	0.270
	断路器动特性综合测试仪		台班	—	—	0.500	—	—	—	—
	YDQ 充气式试验变压器		台班	—	0.270	—	—	—	—	0.270
	高压试验变压器配套操作箱、调压器		台班	—	0.270	0.525	—	—	—	0.270
	TPFRC 电容分压器交直流高压测量系统		台班	—	0.270	—	—	0.400	—	0.270
	直流高压发生器		台班	—	—	—	—	0.400	0.200	—

计量单位：台

编　号				4-11-339	4-11-340	4-11-341
项　目				变压器综合监测仪	10kV 无功补偿装置	低压无功补偿装置
名　称			单位	消　耗　量		
人工	合计工日		工日	1.316	4.786	2.180
	其中	普工	工日	0.338	0.518	0.413
		一般技工	工日	0.790	3.202	1.557
		高级技工	工日	0.188	1.066	0.210
材料	镀锌圆钢 ϕ10~25		kg	3.417	3.389	3.417
	镀锌扁钢（综合）		kg	—	3.519	3.400
	铝绑线 ϕ3.2		m	3.060	3.290	3.060
	碎布		kg	0.085	0.085	0.085
	钢锯条		条	0.850	0.850	0.850
	平垫铁（综合）		kg	—	0.255	0.255
	调和漆		kg	0.340	0.330	0.085
	防锈漆		kg	0.170	0.165	0.085
	防锈漆		kg	0.085	0.085	0.085
	汽油 100#		kg	0.085	0.085	0.085
	电力复合脂		kg	0.085	0.051	0.051
	塑料软管 *De*8		m	10.200	—	10.200
	镀锌接地线板 40×5×120		个	1.768	1.768	1.768
	其他材料费		%	1.80	1.80	1.80
机械	汽车式起重机 8t		台班	0.093	0.284	0.093
	小型工程车		台班	0.140	0.284	0.140
仪表	高压绝缘电阻测试仪		台班	—	0.388	—
	变压器直流电阻测试仪		台班	—	0.388	0.582
	YDQ 充气式试验变压器		台班	—	0.388	0.582
	TPFRC 电容分压器交直流高压测量系统		台班	—	0.388	0.582
	直流高压发生器		台班	—	0.388	—

计量单位：台

编号			4-11-342	4-11-343
项目			户外计量箱	
			10kV	1kV
名称		单位	消耗量	
人工	合计工日	工日	1.645	0.480
	其中 普工	工日	0.424	0.110
	其中 一般技工	工日	0.987	0.309
	其中 高级技工	工日	0.234	0.061
材料	镀锌扁钢（综合）	kg	4.250	—
	铝绑线 $\phi3.2$	m	3.060	1.530
	碎布	kg	0.170	0.085
	钢锯条	条	0.850	0.850
	平垫铁（综合）	kg	0.255	—
	调和漆	kg	0.425	0.170
	防锈漆	kg	0.017	0.017
	防锈漆	kg	0.085	0.085
	汽油 100#	kg	0.085	0.068
	电力复合脂	kg	0.051	0.043
	塑料软管 *De*8	m	10.200	—
	镀锌接地线板 40×5×120	个	1.768	—
	其他材料费	%	1.80	1.80
机械	汽车式起重机 8t	台班	0.187	0.028
	小型工程车	台班	0.187	0.028

编　　号				4-11-344	4-11-345	4-11-346
项　　目				电压互感器	电流互感器	线路故障指示器
				台		只
名　　称			单位	消　耗　量		
人工	合计工日		工日	1.931	1.918	0.059
	其中	普工	工日	0.392	0.378	0.014
		一般技工	工日	1.244	1.245	0.033
		高级技工	工日	0.295	0.295	0.012
材料	镀锌扁钢（综合）		kg	3.400	3.400	—
	铝绑线 ϕ3.2		m	1.700	1.700	—
	碎布		kg	0.085	0.085	0.051
	低碳钢焊条（综合）		kg	0.026	0.026	—
	钢锯条		条	0.850	0.850	—
	平垫铁（综合）		kg	0.425	0.255	—
	调和漆		kg	0.085	0.085	—
	防锈漆		kg	0.085	0.085	—
	汽油 100#		kg	0.085	0.085	—
	电力复合脂		kg	0.051	0.051	—
	其他材料费		%	1.80	1.80	1.80
机械	小型工程车		台班	0.028	0.028	0.001
	弧焊机 20kV·A		台班	0.003	0.003	—
仪表	高压绝缘电阻测试仪		台班	0.270	0.270	—
	变压器直流电阻测试仪		台班	0.540	0.540	—
	伏安特性测试仪		台班	0.270	0.270	—
	2 000A 大电流发生器		台班	—	0.270	—
	YDQ 充气式试验变压器		台班	0.270	0.270	—
	高压试验变压器配套操作箱、调压器		台班	0.270	0.270	—
	TPFRC 电容分压器交直流高压测量系统		台班	0.270	0.270	—

3. 接地环及绝缘护罩安装

工作内容：检查材料、剥绝缘、安装、恢复绝缘、调整等；检查材料、擦拭磁头、检查紧固接线端子、安装护罩、包裹绝缘、整理引线等。

编号				4-11-347	4-11-348	4-11-349	4-11-350	4-11-351	4-11-352	4-11-353	4-11-354
项目				接地环	电杆反光膜	驱鸟器	设备绝缘护套	防震锤	标牌安装	喷涂杆号	跳线的制作安装
				组	套	个			块（组）	根	单相
名称			单位	消耗量							
人工	合计工日		工日	0.132	0.016	0.034	0.023	0.087	0.117	0.107	0.528
	其中	普工	工日	0.034	0.004	0.009	0.006	0.012	0.062	0.053	0.085
		一般技工	工日	0.079	0.010	0.020	0.014	0.050	0.040	0.040	0.426
		高级技工	工日	0.019	0.002	0.005	0.003	0.025	0.015	0.014	0.017
材料	铝包带 1×10		kg	—	—	—	—	0.019	—	—	—
	电力复合脂		kg	—	—	—	—	—	—	—	0.016
	接地环		组	（1.000）	—	—	—	—	—	—	—
	铝绑线 $\phi3.2$		m	—	—	—	—	—	0.034	—	—
	碎布		kg	0.085	0.009	0.043	0.009	0.009	0.009	0.009	0.054
	钢锯条		条	0.009	—	—	—	—	—	—	—
	其他材料费		%	1.80	1.80	1.80	1.80	1.80	1.80	1.80	1.80
机械	汽油 70#~90#		kg	—	—	—	—	—	—	—	0.023
	小型工程车		台班	0.005	0.005	0.005	0.005	0.005	0.005	0.005	0.033
	液压压接机 200t		台班	—	—	—	—	—	—	—	0.016
	机动绞磨 3t		台班	—	—	—	—	—	—	—	0.041

第十二章　配 管 工 程

说　　明

一、本章内容包括套接紧定式镀锌钢导管(JDG)、镀锌钢管、可挠金属套管、塑料管、金属软管、金属线槽的敷设、塑料线槽敷设等内容。

二、有关说明:

1. 配管项目中钢管材质是按照镀锌钢管考虑的,项目不包括采用焊接钢管刷油漆,刷防火漆或防火涂料、管外壁防腐保护以及接线箱、接线盒、支架的制作与安装。焊接钢管刷油漆、刷防火漆或涂防火涂料管外壁防腐保护执行第十二册《防腐蚀、绝热工程》相应子目;接线箱、接线盒安装执行本册第十三章"配线工程"相应子目;支架的制作与安装执行本册第七章"金属构件、穿通板安装工程"相关项目。防爆钢管敷设套用钢管敷设项目子目人工乘以系数 1.30,其他不变。

2. 工程采用镀锌电线管时,执行镀锌钢管项目计算安装费;镀锌电线管主材费按照镀锌钢管用量另行计算。

3. 工程采用扣压式薄壁钢导管(KBG)时,执行套接紧定式镀锌钢导管(JDG)项目计算安装费;扣压式薄壁钢导管(KBG)主材费按照镀锌钢管用量另行计算。计算其管主材费时,应包括管件费用。

4. 项目中塑料管敷设,管子连接采用专用接头抹塑料胶后粘接。塑料管安装适用于阻燃管、半硬质塑料管等其他复合管材安装。

5. 项目中可挠金属套管是指普利卡金属管(PULLKA),主要应用于混凝土内埋管及低压室内电气配线管。可挠金属套管规格见下表。

可挠金属套管规格表

规格	10#	12#	15#	17#	24#	30#	38#	50#	63#	76#	83#	101#
内径(mm)	9.2	11.4	14.1	16.6	23.8	29.3	37.1	49.1	62.6	76.0	81.0	100.2
外径(mm)	13.3	16.1	19.0	21.5	28.8	34.9	42.9	54.9	69.1	82.9	88.1	107.3

6. 配管项目是按照各专业间配合施工考虑的,不包括刨沟、剔槽,发生时参照本章相应项目。

7. 室外埋设配线管的土石方施工,参照本册第九章"配电、输电电缆敷设工程"中电缆沟沟槽挖填相关项目执行。室内埋设配线管的土石方原则上不单独计算。

8. 吊顶天棚板内敷设电线管根据管材介质执行本章"砖、混凝土结构明配"相应项目。

工程量计算规则

一、配管敷设根据配管材质与直径，区别敷设位置、敷设方式，按照设计图示安装数量以“m”为计量单位。计算长度时，不计算安装损耗量，不扣除管路中间的接线箱、接线盒、灯头盒、开关盒、插座盒、管件等所占长度。

二、金属软管敷设根据金属管直径及每根长度，按照设计图示安装数量以“m”为计量单位。计算长度时，不计算安装损耗量。

三、线槽敷设根据线槽材质与规格，按照设计图示安装数量以“m”为计量单位。计算长度时，不计算安装损耗量，不扣除管路中间的接线箱、接线盒、灯头盒、开关盒、插座盒、管件等所占长度。

一、套接紧定式镀锌钢导管（JDG）敷设

1. 砖、混凝土结构明配

工作内容：测位、划线、打眼、埋螺栓、锯管、配管、接地、穿引线。　　**计量单位：**10m

编号				4-12-1	4-12-2	4-12-3	4-12-4
项目				外径（mm）			
				20	32	40	50
名称			单位	消耗量			
人工	合计工日		工日	0.734	0.790	0.830	0.881
	其中	普工	工日	0.297	0.322	0.338	0.355
		一般技工	工日	0.367	0.391	0.415	0.441
		高级技工	工日	0.070	0.077	0.077	0.085
材料	JDG 管		m	（10.300）	（10.300）	（10.300）	（10.300）
	镀锌铁丝 ϕ1.2~2.2		kg	0.040	0.040	0.040	0.040
	木螺钉 $d4\times65$		10 个	2.913	1.732	0.691	0.691
	塑料胀管 ϕ6~8		个	30.831	18.278	7.267	7.267
	铜芯塑料绝缘软电线 BVR-4mm^2		m	2.032	2.878	3.764	4.535
	镀锌电线管塑料护口 *DN*15~20		个	4.124	—	—	—
	镀锌电线管塑料护口 *DN*25~32		个	—	1.552	—	—
	镀锌电线管塑料护口 *DN*40~50		个	—	—	1.552	1.552
	镀锌电线管卡子 20		个	14.434	—	—	—
	镀锌电线管卡子 32		个	—	8.559	—	—
	镀锌电线管卡子 40		个	—	—	6.797	—
	镀锌电线管卡子 50		个	—	—	—	6.797
	镀锌钢管接头管件 *DN*20		个	1.854	—	—	—
	镀锌钢管接头管件 *DN*32		个	—	1.545	—	—
	镀锌钢管接头管件 *DN*40		个	—	—	1.545	—
	镀锌钢管接头管件 *DN*50		个	—	—	—	1.545
	镀锌地线夹 20		套	8.248	—	—	—
	镀锌地线夹 32		套	—	8.248	—	—
	镀锌地线夹 40		套	—	—	8.248	—
	镀锌地线夹 50		套	—	—	—	8.248
	其他材料费		%	1.80	1.80	1.80	1.80
机械	管子切断套丝机 159mm		台班	—	—	—	0.011

2. 砖、混凝土结构暗配

工作内容：测位、划线、打眼、沟槽修整、锯管、配管、接地、穿引线。 **计量单位：**10m

编号				4-12-5	4-12-6	4-12-7	4-12-8
项目				外径（mm）			
				20	32	40	50
名称			单位	消耗量			
人工	合计工日		工日	0.327	0.496	0.643	0.683
	其中	普工	工日	0.134	0.203	0.259	0.275
		一般技工	工日	0.163	0.248	0.325	0.341
		高级技工	工日	0.030	0.045	0.059	0.067
材料	JDG 管		m	（10.300）	（10.300）	（10.300）	（10.300）
	镀锌铁丝 ϕ1.2~2.2		kg	0.060	0.050	0.050	0.060
	铜芯塑料绝缘软电线 BVR-4mm^2		m	2.032	2.878	3.764	4.535
	镀锌电线管塑料护口 *DN*15~20		个	4.124	—	—	—
	镀锌电线管塑料护口 *DN*25~32		个	—	1.552	—	—
	镀锌电线管塑料护口 *DN*40~50		个	—	—	1.552	1.552
	镀锌钢管接头管件 *DN*20		个	1.854	—	—	—
	镀锌钢管接头管件 *DN*32		个	—	1.545	—	—
	镀锌钢管接头管件 *DN*40		个	—	—	1.545	—
	镀锌钢管接头管件 *DN*50		个	—	—	—	1.545
	镀锌地线夹 20		套	8.248	—	—	—
	镀锌地线夹 32		套	—	8.248	—	—
	镀锌地线夹 40		套	—	—	8.248	—
	镀锌地线夹 50		套	—	—	—	8.248
	其他材料费		%	1.80	1.80	1.80	1.80
机械	管子切断套丝机 159mm		台班	—	—	—	0.011

3. 钢结构支架配管

工作内容：测位、划线、上卡子、安装支架、锯管、配管、接地、穿引线、固定。　　**计量单位：**10m

编号				4-12-9	4-12-10	4-12-11	4-12-12
项目				外径（mm）			
				20	32	40	50
名称			单位	消耗量			
人工	合计工日		工日	0.482	0.698	0.797	0.867
	其中	普工	工日	0.196	0.282	0.321	0.353
		一般技工	工日	0.241	0.349	0.403	0.433
		高级技工	工日	0.045	0.067	0.073	0.081
材料	JDG管		m	（10.300）	（10.300）	（10.300）	（10.300）
	镀锌铁丝 ϕ1.2~2.2		kg	0.040	0.040	0.040	0.040
	半圆头螺钉 M6~8×12~30		10套	2.452	1.692	1.351	1.351
	铜芯塑料绝缘软电线 BVR-4mm^2		m	2.032	2.878	3.764	4.535
	镀锌电线管塑料护口 *DN*15~20		个	4.124	—	—	—
	镀锌电线管塑料护口 *DN*25~32		个	—	1.552	—	—
	镀锌电线管塑料护口 *DN*40~50		个	—	—	1.552	1.552
	镀锌电线管卡子 20		个	12.372	—	—	—
	镀锌电线管卡子 32		个	—	8.559	—	—
	镀锌电线管卡子 40		个	—	—	6.807	—
	镀锌电线管卡子 50		个	—	—	—	6.807
	镀锌钢管接头管件 *DN*20		个	1.854	—	—	—
	镀锌钢管接头管件 *DN*32		个	—	1.545	—	—
	镀锌钢管接头管件 *DN*40		个	—	—	1.545	—
	镀锌钢管接头管件 *DN*50		个	—	—	—	1.545
	镀锌地线夹 20		套	8.248	—	—	—
	镀锌地线夹 32		套	—	8.248	—	—
	镀锌地线夹 40		套	—	—	8.248	—
	镀锌地线夹 50		套	—	—	—	8.248
	其他材料费		%	1.80	1.80	1.80	1.80
机械	管子切断套丝机 159mm		台班	—	—	—	0.011

4. 钢 索 配 管

工作内容：测位、划线、上卡子、锯管、配管、接地、穿引线、固定。 **计量单位：**10m

编 号				4-12-13	4-12-14
项 目				外径（mm）	
				20	32
名 称			单位	消 耗 量	
人工	合计工日		工日	0.698	0.853
	其中	普工	工日	0.282	0.346
		一般技工	工日	0.349	0.426
		高级技工	工日	0.067	0.081
材料	JDG 管		m	（10.300）	（10.300）
	镀锌铁丝 ϕ1.2~2.2		kg	0.040	0.040
	半圆头螺钉 M6~8 × 12~30		10 套	1.331	1.021
	铜芯塑料绝缘软电线 BVR-4mm^2		m	2.032	2.878
	镀锌电线管塑料护口 *DN*15~20		个	2.252	—
	镀锌电线管塑料护口 *DN*25~32		个	—	1.552
	镀锌钢管接头管件 *DN*20		个	1.854	—
	镀锌钢管接头管件 *DN*32		个	—	1.545
	镀锌电线管卡子 20		个	13.403	—
	镀锌电线管卡子 32		个	—	10.310
	镀锌地线夹 20		套	8.248	—
	镀锌地线夹 32		套	—	8.248
	其他材料费		%	1.80	1.80

二、钢 管 敷 设

1. 砖、混凝土结构明配

工作内容：测位、划线、打眼、埋螺栓、锯管、套丝、煨弯、配管、接地、穿引线、补漆。　　**计量单位：**10m

编　号				4-12-15	4-12-16	4-12-17	4-12-18
项　目				公称直径（*DN*）			
				≤20	≤32	≤40	≤50
名　称			单位	消　耗　量			
人工	合计工日		工日	0.861	1.043	1.309	1.326
	其中	普工	工日	0.349	0.419	0.532	0.541
		一般技工	工日	0.430	0.525	0.654	0.662
		高级技工	工日	0.082	0.099	0.123	0.123
材料	钢管		m	（10.300）	（10.300）	（10.300）	（10.300）
	镀锌铁丝 ϕ1.2~2.2		kg	0.080	0.080	0.080	0.100
	木螺钉 d4×65		10个	2.503	1.732	0.691	0.701
	塑料胀管 ϕ6~8		个	26.426	18.278	7.267	7.307
	醇酸清漆		kg	0.030	0.050	0.060	0.100
	铅油（厚漆）		kg	0.070	0.130	0.150	0.200
	油漆溶剂油		kg	0.060	0.090	0.110	0.100
	镀锌锁紧螺母 *DN*20×1.5		个	4.124	—	—	—
	镀锌锁紧螺母 *DN*32×3		个	—	1.602	—	—
	镀锌锁紧螺母 *DN*40×3		个	—	—	1.602	—
	镀锌锁紧螺母 *DN*50×3		个	—	—	—	2.002
	镀锌钢管塑料护口 *DN*50		个	—	—	—	1.502
	镀锌钢管接头 20×2.75		个	1.652	—	—	—
	镀锌钢管接头 32×3.25		个	—	1.652	—	—
	镀锌钢管接头 40×3.5		个	—	—	1.652	—
	镀锌钢管接头 50×3.5		个	—	—	—	1.602
	镀锌钢管卡子 *DN*20		个	12.372	—	—	—
	镀锌钢管卡子 *DN*32		个	—	8.559	—	—
	镀锌钢管卡子 *DN*40		个	—	—	6.807	—
	镀锌钢管卡子 *DN*50		个	—	—	—	6.807
	铜芯塑料绝缘软电线 BVR-4mm^2		m	1.592	2.247	2.933	3.504
	镀锌钢管塑料护口 *DN*15~20		个	4.124	—	—	—
	镀锌钢管塑料护口 *DN*32		个	—	1.552	—	—
	镀锌钢管塑料护口 *DN*40		个	—	—	1.552	—
	镀锌地线夹 20		套	6.396	—	—	—
	镀锌地线夹 32		套	—	6.396	—	—
	镀锌地线夹 40		套	—	—	6.396	—
	镀锌地线夹 50		套	—	—	—	6.406
	其他材料费		%	1.80	1.80	1.80	1.80
机械	管子切断套丝机 159mm		台班	—	—	—	0.011
	钢材电动煨弯机 500mm 以内		台班	—	—	—	0.011

计量单位：10m

编号				4-12-19	4-12-20	4-12-21	4-12-22	4-12-23
项目				公称直径（DN）				
				≤65	≤80	≤100	≤125	≤150
名称			单位	消耗量				
人工	合计工日		工日	2.118	2.909	3.004	4.202	5.510
	其中	普工	工日	0.854	1.176	1.220	1.700	2.231
		一般技工	工日	1.059	1.455	1.498	2.101	2.755
		高级技工	工日	0.205	0.278	0.286	0.401	0.524
材料	钢管		m	（10.300）	（10.300）	（10.300）	（10.300）	（10.300）
	镀锌铁丝 ϕ1.2~2.2		kg	0.100	0.100	0.100	0.100	0.100
	醇酸清漆		kg	0.100	0.100	0.100	0.200	0.200
	铅油（厚漆）		kg	0.200	0.200	0.300	0.400	0.440
	油漆溶剂油		kg	0.200	0.200	0.300	0.300	0.380
	镀锌锁紧螺母 *DN*65×3		个	2.002	—	—	—	—
	镀锌锁紧螺母 *DN*80×3		个	—	2.002	—	—	—
	镀锌锁紧螺母 *DN*100×3		个	—	—	2.002	—	—
	镀锌钢管塑料护口 *DN*65		个	1.502	—	—	—	—
	镀锌钢管塑料护口 *DN*80		个	—	1.502	—	—	—
	镀锌钢管塑料护口 *DN*100		个	—	—	1.502	—	—
	镀锌钢管塑料护口 *DN*125		个	—	—	—	1.502	—
	镀锌钢管塑料护口 *DN*150		个	—	—	—	—	1.502
	镀锌钢管接头 65×3.75		个	1.502	—	—	—	—
	镀锌钢管接头 80×4		个	—	1.502	—	—	—
	镀锌钢管接头 100×4		个	—	—	1.502	—	—
	镀锌钢管接头 125×4.5		个	—	—	—	1.502	—
	镀锌钢管接头 150×4.5		个	—	—	—	—	1.502
	镀锌钢管卡子 *DN*65		个	5.205	—	—	—	—
	镀锌钢管卡子 *DN*80		个	—	5.205	—	—	—
	镀锌钢管卡子 *DN*100		个	—	—	5.205	—	—
	镀锌钢管卡子 *DN*125		个	—	—	—	5.205	—
	镀锌钢管卡子 *DN*150		个	—	—	—	—	5.205
	铜芯塑料绝缘软电线 BVR-4mm^2		m	4.304	5.105	6.306	7.108	7.928
	镀锌地线夹 65		套	6.206	—	—	—	—
	镀锌地线夹 80		套	—	6.206	—	—	—
	镀锌地线夹 100		套	—	—	6.206	—	—
	镀锌地线夹 125		套	—	—	—	6.206	—
	镀锌地线夹 150		套	—	—	—	—	6.206
	其他材料费		%	1.80	1.80	1.80	1.80	1.80
机械	管子切断套丝机 159mm		台班	0.011	0.011	0.011	0.011	0.053
	钢材电动煨弯机 500mm 以内		台班	0.011	0.032	0.032	0.032	0.032

2. 砖、混凝土结构暗配

工作内容：测位、划线、锯管、套丝、煨弯、沟坑修整、配管、接地、穿引线、补漆。　　**计量单位：**10m

编号				4-12-24	4-12-25	4-12-26
项目				公称直径（DN）		
				≤20	≤32	≤40
名称			单位	消耗量		
人工	合计工日		工日	0.448	0.533	0.878
	其中	普工	工日	0.183	0.217	0.357
		一般技工	工日	0.224	0.267	0.439
		高级技工	工日	0.041	0.049	0.082
材料	钢管		m	（10.300）	（10.300）	（10.300）
	镀锌铁丝 ϕ1.2~2.2		kg	0.100	0.100	0.100
	醇酸清漆		kg	—	0.100	0.100
	铅油（厚漆）		kg	0.100	0.100	0.100
	油漆溶剂油		kg	—	—	0.100
	镀锌锁紧螺母 DN20×1.5		个	4.124	—	—
	镀锌锁紧螺母 DN40×3		个	—	—	2.002
	镀锌钢管接头 20×2.75		个	1.602	—	—
	镀锌钢管接头 32×3.25		个	—	1.602	—
	镀锌钢管接头 40×3.5		个	—	—	1.602
	铜芯塑料绝缘软电线 BVR-4mm^2		m	1.552	2.253	2.903
	镀锌钢管塑料护口 DN15~20		个	4.124	—	—
	镀锌钢管塑料护口 DN32		个	—	1.502	—
	镀锌钢管塑料护口 DN40		个	—	—	1.502
	镀锌地线夹 20		套	6.406	—	—
	镀锌地线夹 32		套	—	6.406	—
	镀锌地线夹 40		套	—	—	6.406
	其他材料费		%	1.80	1.80	1.80
机械	管子切断套丝机 159mm		台班	—	—	0.010

计量单位：10m

编号				4-12-27	4-12-28	4-12-29	4-12-30	4-12-31	4-12-32
项目				公称直径（DN）					
				≤50	≤65	≤80	≤100	≤125	≤150
名称			单位	消耗量					
人工	合计工日		工日	0.982	1.429	2.118	2.238	2.823	4.013
	其中	普工	工日	0.401	0.576	0.854	0.906	1.141	1.622
		一般技工	工日	0.491	0.714	1.059	1.119	1.412	2.006
		高级技工	工日	0.090	0.139	0.205	0.213	0.270	0.385
材料	钢管		m	(10.300)	(10.300)	(10.300)	(10.300)	(10.300)	(10.300)
	镀锌铁丝 ϕ1.2~2.2		kg	0.100	0.100	0.100	0.100	0.110	0.110
	醇酸清漆		kg	0.070	0.090	0.110	0.140	0.170	0.200
	铅油（厚漆）		kg	0.180	0.210	0.240	0.310	0.380	0.440
	油漆溶剂油		kg	0.060	0.090	0.100	0.130	0.160	0.180
	镀锌锁紧螺母 *DN*50×3		个	1.602	—	—	—	—	—
	镀锌锁紧螺母 *DN*65×3		个	—	1.602	—	—	—	—
	镀锌锁紧螺母 *DN*80×3		个	—	—	1.602	—	—	—
	镀锌锁紧螺母 *DN*100×3		个	—	—	—	1.602	—	—
	镀锌锁紧螺母 *DN*125×3		个	—	—	—	—	1.602	—
	镀锌锁紧螺母 *DN*150×3		个	—	—	—	—	—	1.602
	镀锌钢管塑料护口 *DN*50		个	1.552	—	—	—	—	—
	镀锌钢管塑料护口 *DN*65		个	—	1.552	—	—	—	—
	镀锌钢管塑料护口 *DN*80		个	—	—	1.552	—	—	—
	镀锌钢管塑料护口 *DN*100		个	—	—	—	1.552	—	—
	镀锌钢管塑料护口 *DN*125		个	—	—	—	—	1.552	—
	镀锌钢管塑料护口 *DN*150		个	—	—	—	—	—	1.552
	镀锌钢管接头 50×3.5		个	1.652	—	—	—	—	—
	镀锌钢管接头 65×3.75		个	—	1.552	—	—	—	—
	镀锌钢管接头 80×4		个	—	—	1.552	—	—	—
	镀锌钢管接头 100×4		个	—	—	—	1.552	—	—
	镀锌钢管接头 125×4.5		个	—	—	—	—	1.552	—
	镀锌钢管接头 150×4.5		个	—	—	—	—	—	1.552
	铜芯塑料绝缘软电线 BVR-4mm^2		m	3.524	4.284	5.145	6.296	7.108	7.828
	镀锌地线夹 50		套	6.396	—	—	—	—	—
	镀锌地线夹 65		套	—	12.372	—	—	—	—
	镀锌地线夹 80		套	—	—	6.186	—	—	—
	镀锌地线夹 100		套	—	—	—	6.186	—	—
	镀锌地线夹 125		套	—	—	—	—	6.186	—
	镀锌地线夹 150		套	—	—	—	—	—	6.186
	其他材料费		%	1.80	1.80	1.80	1.80	1.80	1.80
机械	管子切断套丝机 159mm		台班	0.011	0.011	0.011	0.011	0.053	0.053
	钢材电动煨弯机 500mm 以内		台班	0.011	0.032	0.032	0.032	0.032	0.032

3. 钢模板暗配

工作内容：测位、划线、锯管、套丝、煨弯、配管、接地、穿引线、补漆。　　**计量单位：**10m

编　号			4-12-33	4-12-34	4-12-35	4-12-36
项　目			公称直径（DN）			
			≤20	≤32	≤40	≤50
名　称		单位	消　耗　量			
人工	合计工日	工日	0.490	0.638	1.017	1.102
人工	其中 普工	工日	0.200	0.262	0.410	0.445
人工	其中 一般技工	工日	0.241	0.319	0.508	0.551
人工	其中 高级技工	工日	0.049	0.057	0.099	0.106
材料	钢管	m	（10.300）	（10.300）	（10.300）	（10.300）
材料	镀锌铁丝　ϕ1.2~2.2	kg	0.100	0.100	0.100	0.100
材料	醇酸清漆	kg	0.030	0.050	0.060	0.070
材料	铅油（厚漆）	kg	0.070	0.130	0.150	0.180
材料	油漆溶剂油	kg	0.020	0.040	0.050	0.060
材料	镀锌锁紧螺母　*DN*20×3	个	2.252	—	—	—
材料	镀锌锁紧螺母　*DN*32×3	个	—	1.602	—	—
材料	镀锌锁紧螺母　*DN*40×3	个	—	—	1.602	—
材料	镀锌锁紧螺母　*DN*50×3	个	—	—	—	1.602
材料	镀锌钢管塑料护口　*DN*50	个	—	—	—	1.552
材料	镀锌钢管接头　20×2.75	个	1.652	—	—	—
材料	镀锌钢管接头　32×3.25	个	—	1.652	—	—
材料	镀锌钢管接头　40×3.5	个	—	—	1.652	—
材料	镀锌钢管接头　50×3.5	个	—	—	—	1.652
材料	铜芯塑料绝缘软电线　BVR-4mm^2	m	1.592	2.247	2.933	3.524
材料	镀锌钢管塑料护口　*DN*15~20	个	2.252	—	—	—
材料	镀锌钢管塑料护口　*DN*32	个	—	1.552	—	—
材料	镀锌钢管塑料护口　*DN*40	个	—	—	1.552	—
材料	镀锌钢管塑料护口　*DN*50	个	—	—	—	1.552
材料	镀锌地线夹　20	套	6.396	—	—	—
材料	镀锌地线夹　32	套	—	6.396	—	—
材料	镀锌地线夹　40	套	—	—	6.396	—
材料	镀锌地线夹　50	套	—	—	—	6.396
材料	其他材料费	%	1.80	1.80	1.80	1.80
机械	管子切断套丝机　159mm	台班	—	—	—	0.011
机械	钢材电动煨弯机　500mm 以内	台班	—	0.011	0.011	0.011

4. 钢结构支架配管

工作内容: 测位、划线、打眼、上卡子、安装支架、锯管、套丝、煨弯、配管、接地、穿引线、补漆。

计量单位: 10m

编号				4-12-37	4-12-38	4-12-39
项目				公称直径(*DN*)		
				≤20	≤32	≤40
名称			单位	消耗量		
人工	合计工日		工日	0.618	0.775	1.145
	其中	普工	工日	0.252	0.314	0.462
		一般技工	工日	0.309	0.388	0.577
		高级技工	工日	0.057	0.073	0.106
材料	钢管		m	(10.300)	(10.300)	(10.300)
	镀锌铁丝 ϕ1.2~2.2		kg	0.080	0.080	0.080
	半圆头螺钉 M6~8×12~30		10套	2.452	1.692	1.351
	醇酸清漆		kg	0.030	0.050	0.060
	铅油(厚漆)		kg	0.070	0.130	0.150
	油漆溶剂油		kg	0.060	0.090	0.110
	镀锌锁紧螺母 *DN*20×3		个	4.124	—	—
	镀锌锁紧螺母 *DN*32×3		个	—	1.602	—
	镀锌锁紧螺母 *DN*40×3		个	—	—	1.602
	镀锌钢管接头 20×2.75		个	1.652	—	—
	镀锌钢管接头 32×3.25		个	—	1.652	—
	镀锌钢管接头 40×3.5		个	—	—	1.652
	镀锌钢管卡子 *DN*20		个	12.372	—	—
	镀锌钢管卡子 *DN*32		个	—	8.559	—
	镀锌钢管卡子 *DN*40		个	—	—	6.807
	铜芯塑料绝缘软电线 BVR-4mm^2		m	1.592	2.247	2.933
	镀锌钢管塑料护口 *DN*15~20		个	4.124	—	—
	镀锌钢管塑料护口 *DN*32		个	—	1.552	—
	镀锌钢管塑料护口 *DN*40		个	—	—	1.552
	镀锌地线夹 20		套	6.396	—	—
	镀锌地线夹 32		套	—	6.396	—
	镀锌地线夹 40		套	—	—	6.396
	其他材料费		%	1.80	1.80	1.80
机械	钢材电动煨弯机 500mm 以内		台班	—	0.011	0.011

计量单位：10m

编　　号			4-12-40	4-12-41	4-12-42	4-12-43	4-12-44	4-12-45
项　　目			公称直径（*DN*）					
			≤50	≤65	≤80	≤100	≤125	≤150
名　　称		单位	消　耗　量					
人工	合计工日	工日	1.240	1.928	2.609	2.823	4.132	5.320
人工	其中：普工	工日	0.506	0.784	1.055	1.141	1.674	2.153
人工	其中：一般技工	工日	0.620	0.964	1.309	1.412	2.066	2.660
人工	其中：高级技工	工日	0.114	0.180	0.245	0.270	0.392	0.507
材料	钢管	m	(10.300)	(10.300)	(10.300)	(10.300)	(10.300)	(10.300)
材料	镀锌铁丝　ϕ1.2~2.2	kg	0.080	0.080	0.080	0.080	0.080	0.080
材料	半圆头螺钉　M6~8×12~30	10套	1.351	1.021	1.021	1.021	0.571	0.571
材料	醇酸清漆	kg	0.070	0.090	0.110	0.140	0.170	0.200
材料	铅油（厚漆）	kg	0.190	0.210	0.240	0.310	0.380	0.440
材料	油漆溶剂油	kg	0.140	0.180	0.210	0.270	0.330	0.380
材料	镀锌锁紧螺母　*DN*50×3	个	1.602	—	—	—	—	—
材料	镀锌锁紧螺母　*DN*65×3	个	—	1.602	—	—	—	—
材料	镀锌锁紧螺母　*DN*80×3	个	—	—	1.602	—	—	—
材料	镀锌锁紧螺母　*DN*100×3	个	—	—	—	1.602	—	—
材料	镀锌锁紧螺母　*DN*125×3	个	—	—	—	—	1.602	—
材料	镀锌锁紧螺母　*DN*150×3	个	—	—	—	—	—	1.602
材料	镀锌钢管塑料护口　*DN*50	个	1.552	—	—	—	—	—
材料	镀锌钢管塑料护口　*DN*65	个	—	1.552	—	—	—	—
材料	镀锌钢管塑料护口　*DN*80	个	—	—	1.552	—	—	—
材料	镀锌钢管塑料护口　*DN*100	个	—	—	—	1.552	—	—
材料	镀锌钢管塑料护口　*DN*125	个	—	—	—		1.552	—
材料	镀锌钢管塑料护口　*DN*150	个	—	—	—	—	—	1.552
材料	镀锌钢管接头　50×3.5	个	1.652	—	—	—	—	—
材料	镀锌钢管接头　65×3.75	个	—	1.552	—	—	—	—
材料	镀锌钢管接头　80×4	个	—	—	1.552	—	—	—
材料	镀锌钢管接头　100×4	个	—	—	—	1.552	—	—
材料	镀锌钢管接头　125×4.5	个	—	—	—	—	0.821	—
材料	镀锌钢管接头　150×4.5	个	—	—	—	—	—	0.821
材料	镀锌钢管卡子　*DN*50	个	6.807	—	—	—	—	—
材料	镀锌钢管卡子　*DN*65	个	—	5.155	—	—	—	—
材料	镀锌钢管卡子　*DN*80	个	—	—	5.155	—	—	—
材料	镀锌钢管卡子　*DN*100	个	—	—	—	5.155	—	—
材料	镀锌钢管卡子　*DN*125	个	—	—	—	—	5.155	—
材料	镀锌钢管卡子　*DN*150	个	—	—	—	—	—	5.155
材料	铜芯塑料绝缘软电线　BVR-4mm^2	m	3.524	4.284	5.145	6.296	7.102	7.828
材料	镀锌地线夹　50	套	6.396	—	—	—	—	—
材料	镀锌地线夹　65	套	—	6.186	—	—	—	—
材料	镀锌地线夹　80	套	—	—	6.186	—	—	—
材料	镀锌地线夹　100	套	—	—	—	6.186	—	—
材料	镀锌地线夹　125	套	—	—	—	—	6.186	—
材料	镀锌地线夹　150	套	—	—	—	—	—	6.186
材料	其他材料费	%	1.80	1.80	1.80	1.80	1.80	1.80
机械	管子切断套丝机　159mm	台班	0.011	0.011	0.011	0.011	0.053	0.053
机械	钢材电动煨弯机　500mm 以内	台班	0.011	0.032	0.032	0.032	0.032	0.032

5. 钢索配管

工作内容：测位、划线、锯管、套丝、煨弯、上卡子、配管、接地、穿引线、补漆。　　　　**计量单位：**10m

编号				4-12-46	4-12-47
项目				公称直径（*DN*）	
				≤20	≤32
名称			单位	消耗量	
人工	合计工日		工日	0.835	1.069
	其中	普工	工日	0.340	0.436
		一般技工	工日	0.413	0.534
		高级技工	工日	0.082	0.099
材料	钢管		m	（10.300）	（10.300）
	镀锌铁丝 ϕ1.2~2.2		kg	0.080	0.080
	半圆头螺钉 M6~8×12~30		10套	1.221	1.021
	醇酸清漆		kg	0.030	0.040
	铅油（厚漆）		kg	0.070	0.130
	油漆溶剂油		kg	0.060	0.090
	镀锌锁紧螺母 *DN*20×3		个	4.124	—
	镀锌锁紧螺母 *DN*32×3		个	—	1.602
	镀锌钢管接头 20×2.75		个	1.652	—
	镀锌钢管接头 32×3.25		个	—	1.652
	镀锌钢管卡子 *DN*20		个	12.372	—
	镀锌钢管卡子 *DN*32		个	—	10.310
	铜芯塑料绝缘软电线 BVR-4mm^2		m	1.592	2.247
	镀锌钢管塑料护口 *DN*15~20		个	4.124	—
	镀锌钢管塑料护口 *DN*32		个	—	1.552
	镀锌地线夹 20		套	6.396	—
	镀锌地线夹 32		套	—	6.396
	其他材料费		%	1.80	1.80
机械	钢材电动煨弯机 500mm以内		台班	—	0.011

6. 埋地敷设

工作内容：测位、锯管、套丝、煨弯、配管、接地、穿引线、补漆。　　**计量单位：**10m

编号				4-12-48	4-12-49	4-12-50
项目				公称直径（*DN*）		
				≤20	≤32	≤40
名称			单位	消耗量		
人工	合计工日		工日	0.380	0.490	0.775
	其中	普工	工日	0.157	0.200	0.314
		一般技工	工日	0.190	0.241	0.388
		高级技工	工日	0.033	0.049	0.073
材料	钢管		m	（10.300）	（10.300）	（10.300）
	镀锌铁丝 ϕ1.2~2.2		kg	0.040	0.040	0.040
	醇酸磁漆		kg	0.020	0.040	0.050
	铅油（厚漆）		kg	0.060	0.100	0.120
	油漆溶剂油		kg	0.020	0.030	0.040
	镀锌锁紧螺母 *DN*20×3		个	1.021	—	—
	镀锌锁紧螺母 *DN*32×3		个	—	0.801	—
	镀锌锁紧螺母 *DN*40×3		个	—	—	0.801
	镀锌钢管塑料护口 *DN*20		个	1.021	—	—
	镀锌钢管接头 20×2.75		个	1.652	—	—
	镀锌钢管接头 32×3.25		个	—	1.652	—
	镀锌钢管接头 40×3.5		个	—	—	1.652
	铜芯塑料绝缘软电线 BVR-4mm^2		m	1.592	2.247	2.933
	镀锌钢管塑料护口 *DN*32		个	—	0.821	—
	镀锌钢管塑料护口 *DN*40		个	—	—	0.821
	镀锌地线夹 20		套	4.845	—	—
	镀锌地线夹 32		套	—	4.845	—
	镀锌地线夹 40		套	—	—	6.396
	其他材料费		%	1.80	1.80	1.80
机械	钢材电动煨弯机 500mm 以内		台班	—	0.011	0.011

计量单位：10m

编号				4-12-51	4-12-52	4-12-53	4-12-54	4-12-55	4-12-56
项目				公称直径（DN）					
				≤50	≤65	≤80	≤100	≤125	≤150
名称			单位	消耗量					
人工	合计工日		工日	0.835	1.206	1.808	1.912	2.686	4.047
	其中	普工	工日	0.340	0.489	0.732	0.776	1.090	1.639
		一般技工	工日	0.413	0.603	0.904	0.956	1.343	2.023
		高级技工	工日	0.082	0.114	0.172	0.180	0.253	0.385
材料	钢管		m	(10.300)	(10.300)	(10.300)	(10.300)	(10.300)	(10.300)
	镀锌铁丝 ϕ1.2~2.2		kg	0.040	0.040	0.040	0.040	0.040	0.040
	醇酸磁漆		kg	0.060	0.070	0.090	0.110	0.140	0.160
	铅油（厚漆）		kg	0.150	0.170	0.190	0.250	0.300	0.350
	油漆溶剂油		kg	0.050	0.070	0.080	0.100	0.130	0.150
	镀锌锁紧螺母 DN50×3		个	0.801	—	—	—	—	—
	镀锌锁紧螺母 DN65×3		个	—	0.801	—	—	—	—
	镀锌锁紧螺母 DN80×3		个	—	—	0.801	—	—	—
	镀锌锁紧螺母 DN100×3		个	—	—	—	0.801	—	—
	镀锌锁紧螺母 DN125×3		个	—	—	—	—	0.801	—
	镀锌锁紧螺母 DN150×3		个	—	—	—	—	—	0.801
	镀锌钢管塑料护口 DN50		个	0.821	—	—	—	—	—
	镀锌钢管塑料护口 DN80		个	—	0.821	—	—	—	—
	镀锌钢管塑料护口 DN100		个	—	—	—	0.821	—	—
	镀锌钢管塑料护口 DN125		个	—	—	—	—	0.821	—
	镀锌钢管塑料护口 DN150		个	—	—	—	—	—	0.821
	镀锌钢管接头 50×3.5		个	1.652	—	—	—	—	—
	镀锌钢管接头 65×3.75		个	—	1.552	—	—	—	—
	镀锌钢管接头 80×4		个	—	—	1.552	—	—	—
	镀锌钢管接头 100×4		个	—	—	—	1.552	—	—
	镀锌钢管接头 125×4.5		个	—	—	—	—	1.552	—
	镀锌钢管接头 150×4.5		个	—	—	—	—	—	1.552
	铜芯塑料绝缘软电线 BVR-4mm^2		m	3.524	4.284	5.145	6.296	7.108	7.828
	镀锌钢管塑料护口 DN70		个	—	—	0.821	—	—	—
	镀锌地线夹 50		套	6.396	—	—	—	—	—
	镀锌地线夹 65		套	—	6.186	—	—	—	—
	镀锌地线夹 80		套	—	—	6.186	—	—	—
	镀锌地线夹 100		套	—	—	—	6.186	—	—
	镀锌地线夹 125		套	—	—	—	—	6.186	—
	镀锌地线夹 150		套	—	—	—	—	—	6.186
	其他材料费		%	1.80	1.80	1.80	1.80	1.80	1.80
机械	管子切断套丝机 159mm		台班	0.011	0.011	0.011	0.011	0.053	0.053
	钢材电动煨弯机 500mm 以内		台班	0.011	0.032	0.032	0.032	0.032	0.032

7. 箱罐容器内照明配管

工作内容：测位、划线、锯管、套丝、煨弯、配管、气密性试验、穿引线、补漆。　　**计量单位：**10m

编　号				4-12-57	4-12-58
项　目				公称直径（*DN*）	
				≤20	≤25
名　称			单位	消　耗　量	
人工	合计工日		工日	1.008	1.085
	其中	普工	工日	0.410	0.436
		一般技工	工日	0.499	0.543
		高级技工	工日	0.099	0.106
材料	钢管		m	（10.300）	（10.300）
	防爆活接头		个	（2.580）	（2.580）
	镀锌铁丝 ϕ1.2~2.2		kg	0.080	0.080
	酚醛调和漆		kg	0.040	0.050
	防锈漆		kg	0.040	0.040
	密封胶		kg	0.090	0.110
	油漆溶剂油		kg	0.050	0.060
	电力复合脂		kg	0.060	0.070
	镀锌钢管塑料护口 *DN*25		个	—	1.582
	镀锌钢管接头 20×2.75		个	0.821	—
	镀锌钢管接头 25×3.25		个	—	0.821
	镀锌钢管卡子 *DN*20		个	12.372	—
	镀锌钢管卡子 *DN*25		个	—	8.559
	镀锌钢管塑料护口 *DN*15~20		个	2.252	—
	其他材料费		%	1.80	1.80
机械	管子切断套丝机 159mm		台班	—	0.011
	钢材电动煨弯机 500mm 以内		台班	0.011	0.011

三、可挠金属套管敷设

1. 砖、混凝土结构暗配

工作内容: 测位、划线、沟坑修整、断管、配管、固定、接地、清理、穿引线。　　　　**计量单位:** 10m

编号				4-12-59	4-12-60	4-12-61	4-12-62	4-12-63
项目				规格				
				10[#]	12[#]	15[#]	17[#]	24[#]
名称			单位	消耗量				
人工	合计工日		工日	0.336	0.354	0.362	0.380	0.413
	其中	普工	工日	0.140	0.140	0.148	0.157	0.165
		一般技工	工日	0.163	0.181	0.181	0.190	0.207
		高级技工	工日	0.033	0.033	0.033	0.033	0.041
材料	可挠性金属套管		m	(10.600)	(10.600)	(10.600)	(10.600)	(10.600)
	镀锌铁丝 ϕ1.2~2.2		kg	0.070	0.070	0.070	0.060	0.070
	锡基钎料		kg	0.020	0.020	0.020	0.020	0.020
	可挠金属套管接头 KS-10		个	1.682	—	—	—	—
	可挠金属套管接头 KS-12		个	—	1.682	—	—	—
	可挠金属套管接头 KS-15		个	—	—	1.682	—	—
	可挠金属套管接头 KS-17		个	—	—	—	1.682	—
	可挠金属套管接头 KS-24		个	—	—	—	—	1.682
	接地卡子(综合)		个	3.303	3.303	3.303	3.303	3.303
	铜芯塑料绝缘软电线 BVR-4mm^2		m	0.400	0.400	0.400	0.400	0.450
	可挠金属套管护口 BP-10		个	1.582	—	—	—	—
	可挠金属套管护口 BP-12		个	—	1.582	—	—	—
	可挠金属套管护口 BP-15		个	—	—	1.582	—	—
	可挠金属套管护口 BP-17		个	—	—	—	1.582	—
	可挠金属套管护口 BP-24		个	—	—	—	—	1.582
	其他材料费		%	1.80	1.80	1.80	1.80	1.80

计量单位：10m

编号				4-12-64	4-12-65	4-12-66	4-12-67	4-12-68
项目				规格				
				30#	38#	50#	63#	76#
名称			单位	消耗量				
人工	合计工日		工日	0.430	0.448	0.465	0.490	0.517
	其中	普工	工日	0.174	0.183	0.192	0.200	0.209
		一般技工	工日	0.215	0.224	0.232	0.241	0.259
		高级技工	工日	0.041	0.041	0.041	0.049	0.049
材料	可挠性金属套管		m	（10.600）	（10.600）	（10.600）	（10.600）	（10.600）
	镀锌铁丝 ϕ1.2~2.2		kg	0.070	0.070	0.070	0.070	0.080
	焊锡膏		kg	0.010	0.010	0.010	0.010	0.010
	锡基钎料		kg	0.020	0.020	0.030	0.030	0.030
	可挠金属套管接头 KS-30		个	1.682	—	—	—	—
	可挠金属套管接头 KS-38		个	—	1.682	—	—	—
	可挠金属套管接头 KS-50		个	—	—	1.682	—	—
	可挠金属套管接头 KS-63		个	—	—	—	1.582	—
	可挠金属套管接头 KS-76		个	—	—	—	—	1.582
	接地卡子（综合）		个	3.303	3.303	3.303	3.303	3.303
	铜芯塑料绝缘软电线 BVR-4mm^2		m	0.450	0.450	0.621	0.621	0.681
	可挠金属套管护口 BP-30		个	1.582	—	—	—	—
	可挠金属套管护口 BP-38		个	—	1.582	—	—	—
	可挠金属套管护口 BP-50		个	—	—	1.582	—	—
	可挠金属套管护口 BP-63		个	—	—	—	1.582	—
	可挠金属套管护口 BP-76		个	—	—	—	—	1.582
	其他材料费		%	1.80	1.80	1.80	1.80	1.80

计量单位：10m

编　号				4-12-69	4-12-70
项　目				规格	
				83#	101#
名　称			单位	消　耗　量	
人工	合计工日		工日	0.533	0.576
	其中	普工	工日	0.217	0.235
		一般技工	工日	0.267	0.284
		高级技工	工日	0.049	0.057
材料	可挠性金属套管		m	（10.600）	（10.600）
	镀锌铁丝 ϕ1.2~2.2		kg	0.080	0.080
	焊锡膏		kg	0.010	0.010
	锡基钎料		kg	0.030	0.030
	可挠金属套管接头 KS-83		个	1.582	—
	可挠金属套管接头 KS-101		个	—	1.582
	接地卡子（综合）		个	3.303	3.303
	铜芯塑料绝缘软电线 BVR-4mm^2		m	0.681	0.741
	可挠金属套管护口 BP-83		个	1.582	—
	可挠金属套管护口 BP-101		个	—	1.582
	其他材料费		%	1.80	1.80

2. 吊顶内敷设

工作内容：测位、划线、断管、配管、固定、接地、穿引线。 **计量单位：**10m

编号				4-12-71	4-12-72	4-12-73	4-12-74	4-12-75
项目				规格				
				10#	12#	15#	17#	24#
名称			单位	消耗量				
人工	合计工日		工日	0.396	0.413	0.430	0.456	0.482
	其中	普工	工日	0.157	0.165	0.174	0.183	0.192
		一般技工	工日	0.198	0.207	0.215	0.232	0.241
		高级技工	工日	0.041	0.041	0.041	0.041	0.049
材料	可挠性金属套管		m	(10.800)	(10.800)	(10.800)	(10.800)	(10.800)
	镀锌铁丝 ϕ1.2~2.2		kg	0.040	0.040	0.040	0.040	0.040
	木螺钉 d4×65		10个	1.141	1.141	1.141	1.141	0.581
	半圆头螺钉 M6~8×12~30		10套	0.791	0.791	0.791	0.791	0.841
	镀锌自攻螺钉 ST4~6×20~35		10个	0.340	0.340	0.340	0.340	—
	塑料胀管 ϕ6~8		个	12.112	12.112	12.112	12.112	6.166
	焊锡膏		kg	0.010	0.010	0.010	0.010	0.010
	锡基钎料		kg	0.020	0.020	0.020	0.020	0.020
	可挠金属套管接头 KS-10		个	1.682	—	—	—	—
	可挠金属套管接头 KS-12		个	—	1.682	—	—	—
	可挠金属套管接头 KS-15		个	—	—	1.682	—	—
	可挠金属套管接头 KS-17		个	—	—	—	1.682	—
	可挠金属套管接头 KS-24		个	—	—	—	—	1.682
	接地卡子(综合)		个	3.303	3.303	3.303	3.303	3.303
	可挠金属套管卡子 SP-10		个	22.683	—	—	—	—
	可挠金属套管卡子 SP-12		个	—	22.683	—	—	—
	可挠金属套管卡子 SP-15		个	—	—	22.683	—	—
	可挠金属套管卡子 SP-17		个	—	—	—	22.683	—
	可挠金属套管卡子 SP-24		个	—	—	—	—	14.224
	铜芯塑料绝缘软电线 BVR-4mm^2		m	0.400	0.400	0.400	0.400	0.450
	可挠金属套管护口 BP-10		个	1.582	—	—	—	—
	可挠金属套管护口 BP-12		个	—	1.582	—	—	—
	可挠金属套管护口 BP-15		个	—	—	1.582	—	—
	可挠金属套管护口 BP-17		个	—	—	—	1.582	—
	可挠金属套管护口 BP-24		个	—	—	—	—	1.582
	其他材料费		%	1.80	1.80	1.80	1.80	1.80

计量单位：10m

编号				4-12-76
项目				规格 30#
名称			单位	消耗量
人工	合计工日		工日	0.499
	其中	普工	工日	0.200
		一般技工	工日	0.250
		高级技工	工日	0.049
材料	可挠性金属套管		m	（10.800）
	镀锌铁丝 ϕ1.2~2.2		kg	0.040
	木螺钉 $d4\times65$		10个	0.581
	半圆头螺钉 M6~8×12~30		10套	0.841
	塑料胀管 ϕ6~8		个	6.166
	焊锡膏		kg	0.010
	锡基钎料		kg	0.020
	可挠金属套管接头 KS-30		个	1.682
	接地卡子（综合）		个	3.303
	可挠金属套管卡子 SP-30		个	14.224
	铜芯塑料绝缘软电线 BVR-4mm^2		m	0.450
	可挠金属套管护口 BP-30		个	1.582
	其他材料费		%	1.80

四、塑料管敷设

1. 砖、混凝土结构明配

工作内容：测位、划线、打眼、下胀管、连接管件、配管、上螺钉、穿引线。 **计量单位：**10m

编号				4-12-77	4-12-78	4-12-79
项目				外径（mm）		
				20	32	40
名称			单位	消耗量		
人工	合计工日		工日	0.689	0.735	0.756
	其中	普工	工日	0.279	0.298	0.305
		一般技工	工日	0.344	0.366	0.378
		高级技工	工日	0.066	0.071	0.073
材料	塑料管		m	（10.600）	（10.600）	（10.600）
	镀锌铁丝 ϕ1.2~2.2		kg	0.040	0.040	0.040
	木螺钉 d4×65		10个	3.333	2.310	1.692
	塑料胀管 ϕ6~8		个	32.533	28.910	17.838
	钢锯条		条	0.100	0.100	0.100
	黏合剂		kg	0.010	0.020	0.020
	难燃塑料管卡子 20		个	16.817	—	—
	难燃塑料管卡子 32		个	—	14.500	—
	难燃塑料管卡子 40		个	—	—	8.519
	难燃塑料管接头 20		个	2.102	—	—
	难燃塑料管接头 32		个	—	2.102	—
	难燃塑料管接头 40		个	—	—	2.102
	难燃塑料管伸缩接头 20		个	0.210	—	—
	难燃塑料管伸缩接头 32		个	—	0.210	—
	难燃塑料管伸缩接头 40		个	—	—	0.210
	难燃塑料管弯头 20		个	0.210	—	—
	难燃塑料管弯头 32		个	—	0.210	—
	难燃塑料管弯头 40		个	—	—	0.210
	难燃塑料管三通 20		个	0.320	—	—
	难燃塑料管三通 25		个	—	0.320	—
	难燃塑料管三通 40		个	—	—	0.320
	其他材料费		%	1.80	1.80	1.80

计量单位：10m

编号				4-12-80	4-12-81
项目				外径（mm）	
				50	65
名称			单位	消耗量	
人工	合计工日		工日	0.791	0.844
	其中	普工	工日	0.322	0.340
		一般技工	工日	0.396	0.422
		高级技工	工日	0.073	0.082
材料	塑料管		m	（10.600）	（10.600）
	镀锌铁丝 $\phi1.2\sim2.2$		kg	0.040	0.040
	木螺钉 $d4\times65$		10个	1.692	1.271
	塑料胀管 $\phi6\sim8$		个	17.838	13.433
	钢锯条		条	0.100	0.100
	黏合剂		kg	0.020	0.020
	难燃塑料管卡子 50		个	8.519	—
	难燃塑料管卡子 65		个	—	6.416
	难燃塑料管接头 50		个	2.102	—
	难燃塑料管接头 65		个	—	2.102
	难燃塑料管伸缩接头 50		个	0.210	—
	难燃塑料管伸缩接头 65		个	—	0.210
	难燃塑料管弯头 50		个	0.210	—
	难燃塑料管弯头 65		个	—	0.210
	难燃塑料管三通 50		个	0.320	—
	难燃塑料管三通 65		个	—	0.320
	其他材料费		%	1.80	1.80

2. 砖、混凝土结构暗配

工作内容：测位、划线、打眼、敷设、固定、穿引线。 **计量单位：**10m

编号				4-12-82	4-12-83	4-12-84	4-12-85
项目				外径（mm）			
				20	32	40	50
名称			单位	消耗量			
人工	合计工日		工日	0.482	0.742	0.791	0.913
	其中	普工	工日	0.192	0.311	0.322	0.367
		一般技工	工日	0.241	0.366	0.396	0.456
		高级技工	工日	0.049	0.065	0.073	0.090
材料	塑料管		m	（10.600）	（10.600）	（10.600）	（10.600）
	镀锌铁丝 ϕ1.2~2.2		kg	0.080	0.080	0.070	0.070
	钢锯条		条	0.100	0.100	0.100	0.100
	黏合剂		kg	0.010	0.010	0.010	0.010
	套接管		m	0.100	0.200	0.200	0.210
	其他材料费		%	1.80	1.80	1.80	1.80

3. 钢模板暗配

工作内容：测位、划线、钻孔、敷设、固定、穿引线。 **计量单位：**10m

编号				4-12-86	4-12-87	4-12-88	4-12-89
项目				外径（mm）			
				20	32	40	50
名称			单位	消耗量			
人工	合计工日		工日	0.326	0.510	0.542	0.638
	其中	普工	工日	0.130	0.213	0.217	0.262
		一般技工	工日	0.163	0.260	0.276	0.319
		高级技工	工日	0.033	0.037	0.049	0.057
材料	塑料管		m	（10.600）	（10.600）	（10.600）	（10.600）
	镀锌铁丝 ϕ1.2~2.2		kg	0.080	0.080	0.070	0.070
	钢锯条		条	0.100	0.100	0.100	0.100
	黏合剂		kg	0.010	0.010	0.010	0.010
	套接管		m	0.100	0.100	0.200	0.210
	其他材料费		%	1.80	1.80	1.80	1.80

4.埋地敷设

工作内容: 测位、敷设、穿引线。

计量单位:10m

编号				4-12-90	4-12-91	4-12-92
项目				外径(mm)		
				20	32	40
名称			单位	消耗量		
人工	合计工日		工日	0.310	0.414	0.517
	其中	普工	工日	0.122	0.154	0.209
		一般技工	工日	0.155	0.224	0.259
		高级技工	工日	0.033	0.036	0.049
材料	塑料管		m	(10.600)	(10.600)	(10.600)
	镀锌铁丝 ϕ1.2~2.2		kg	0.040	0.040	0.040
	钢锯条		条	0.100	0.100	0.100
	其他材料费		%	1.80	1.80	1.80

计量单位:10m

编号				4-12-93	4-12-94	4-12-95
项目				外径(mm)		
				50	65	80
名称			单位	消耗量		
人工	合计工日		工日	0.585	0.681	0.791
	其中	普工	工日	0.235	0.279	0.322
		一般技工	工日	0.293	0.336	0.396
		高级技工	工日	0.057	0.066	0.073
材料	塑料管		m	(10.600)	(10.600)	(10.600)
	镀锌铁丝 ϕ1.2~2.2		kg	0.040	0.040	0.040
	钢锯条		条	0.100	0.100	0.100
	其他材料费		%	1.80	1.80	1.80

五、金属软管敷设

工作内容：量尺寸、断管、连接接头、钻孔、攻丝、固定、接地。 **计量单位：**10m

编号				4-12-96	4-12-97	4-12-98	4-12-99
项目				内径（mm）			
				≤20	≤32	≤40	≤50
				每根长度≤0.5m			
名称			单位	消耗量			
人工	合计工日		工日	2.103	2.362	2.748	2.818
	其中	普工	工日	0.968	1.112	1.263	1.143
		一般技工	工日	1.014	1.112	1.328	1.499
		高级技工	工日	0.121	0.138	0.157	0.176
材料	金属软管		m	（10.300）	（10.300）	（10.300）	（10.300）
	半圆头螺钉 M6~12×12~50		10套	8.168	13.884	8.168	8.168
	金属软管接头 *DN*20		个	10.310	—	—	—
	金属软管接头 *DN*32		个	—	10.310	—	—
	金属软管接头 *DN*40		个	—	—	10.310	—
	金属软管接头 *DN*50		个	—	—	—	51.552
	金属软管卡子 *DN*20		个	22.022	—	—	—
	金属软管卡子 *DN*32		个	—	22.022	—	—
	金属软管卡子 *DN*40		个	—	—	22.022	—
	金属软管卡子 *DN*50		个	—	—	—	41.241
	镀锌地线夹 20		套	30.931	—	—	—
	镀锌地线夹 32		套	—	30.931	—	—
	镀锌地线夹 40		套	—	—	30.931	—
	镀锌地线夹 50		套	—	—	—	30.931
	其他材料费		%	1.80	1.80	1.80	1.80

计量单位：10m

编号				4-12-100	4-12-101	4-12-102	4-12-103
项目				内径（mm）			
				≤20	≤32	≤40	≤50
				每根长度≤1m			
名称			单位	消耗量			
人工	合计工日		工日	1.509	1.697	1.965	2.238
	其中	普工	工日	0.714	0.803	0.928	1.061
		一般技工	工日	0.710	0.799	0.926	1.052
		高级技工	工日	0.085	0.095	0.111	0.125
材料	金属软管		m	（10.300）	（10.300）	（10.300）	（10.300）
	半圆头螺钉 M6~12×12~50		10套	5.716	5.716	5.716	5.716
	金属软管接头 *DN*20		个	26.807	—	—	—
	金属软管接头 *DN*32		个	—	26.807	—	—
	金属软管接头 *DN*40		个	—	—	26.807	—
	金属软管接头 *DN*50		个	—	—	—	26.807
	金属软管卡子 *DN*20		个	29.469	—	—	—
	金属软管卡子 *DN*32		个	—	29.469	—	—
	金属软管卡子 *DN*40		个	—	—	29.469	—
	金属软管卡子 *DN*50		个	—	—	—	29.469
	镀锌地线夹 20		套	13.744	—	—	—
	镀锌地线夹 32		套	—	13.744	—	—
	镀锌地线夹 40		套	—	—	13.744	—
	镀锌地线夹 50		套	—	—	—	13.744
	其他材料费		%	1.80	1.80	1.80	1.80

计量单位：10m

编号				4-12-104	4-12-105	4-12-106	4-12-107
项目				内径（mm）			
				≤20	≤32	≤40	≤50
				每根长度＞1m			
名称			单位	消耗量			
人工	合计工日		工日	1.102	1.343	1.462	1.747
	其中	普工	工日	0.445	0.541	0.592	0.706
		一般技工	工日	0.551	0.672	0.731	0.878
		高级技工	工日	0.106	0.130	0.139	0.163
材料	金属软管		m	（10.300）	（10.300）	（10.300）	（10.300）
	半圆头螺钉 M6~12×12~50		10套	2.503	2.503	2.503	2.503
	金属软管接头 *DN*20		个	18.559	—	—	—
	金属软管接头 *DN*32		个	—	18.559	—	—
	金属软管接头 *DN*40		个	—	—	18.559	—
	金属软管接头 *DN*50		个	—	—	—	18.559
	金属软管卡子 *DN*20		个	12.372	—	—	—
	金属软管卡子 *DN*32		个	—	12.372	—	—
	金属软管卡子 *DN*40		个	—	—	24.745	—
	金属软管卡子 *DN*50		个	—	—	—	24.745
	铜芯塑料绝缘软电线 BVR-4mm^2		m	6.206	8.288	9.670	11.391
	镀锌地线夹 20		套	7.928	—	—	—
	镀锌地线夹 32		套	—	7.928	—	—
	镀锌地线夹 40		套	—	—	7.928	—
	镀锌地线夹 50		套	—	—	—	7.928
	其他材料费		%	1.80	1.80	1.80	1.80

六、金属线槽敷设

工作内容：划线、定位、打眼槽体清扫、本体固定、配件安装、接地跨接。 **计量单位：**10m

编号				4-12-108	4-12-109	4-12-110	4-12-111
项目				宽＋高（mm）			
				≤50	≤80	≤120	≤300
名称			单位	消耗量			
人工	合计工日		工日	0.588	0.740	0.975	1.782
	其中	普工	工日	0.240	0.298	0.393	0.720
		一般技工	工日	0.294	0.370	0.492	0.890
		高级技工	工日	0.054	0.072	0.090	0.172
材料	金属线槽		m	（10.300）	（10.300）	（10.300）	（10.300）
	铜芯塑料绝缘软电线 BVR-6mm^2		m	2.553	2.553	2.553	2.553
	其他材料费		%	1.80	1.80	1.80	1.80

七、塑料线槽敷设

工作内容：测位、打眼、埋螺钉、线槽安装。 **计量单位：**10m

编号				4-12-112	4-12-113	4-12-114	4-12-115
项目				线槽断面周长（mm）			
				≤120	≤170	≤260	≤360
名称			单位	消耗量			
人工	合计工日		工日	0.756	0.878	1.069	1.283
	其中	普工	工日	0.305	0.357	0.436	0.523
		一般技工	工日	0.378	0.439	0.534	0.637
		高级技工	工日	0.073	0.082	0.099	0.123
材料	塑料线槽		m	（10.500）	（10.500）	（10.500）	（10.500）
	塑料线槽配件 线槽断面周长 120 以内		个	7.007	—	—	—
	塑料线槽配件 线槽断面周长 170 以内		个	—	5.606	—	—
	塑料线槽配件 线槽断面周长 260 以内		个	—	—	4.204	—
	塑料线槽配件 线槽断面周长 360 以内		个	—	—	—	3.103
	其他材料费		%	1.80	1.80	1.80	1.80

第十三章　配 线 工 程

说 明

一、本章内容包括管内穿线、绝缘子配线、线槽配线、塑料护套线明敷设、绝缘导线明敷设、车间配线接线箱安装、接线盒安装、盘（柜、箱、板）配线等内容。

二、有关说明：

1. 管内穿线项目包括扫管、穿线、焊接包头；绝缘子配线项目包括埋螺钉、钉木楞、埋穿墙管、安装绝缘子、配线、焊接包头；线槽配线项目包括清扫线槽、布线、焊接包头；导线明敷设项目包括埋穿墙管、安装瓷通、安装街码、上卡子、配线、焊接包头。

2. 管内穿线不分穿照明线和穿动力线，执行“管内穿线”相关项目。

3. 铝芯线穿管按铜芯线相同截面相应项目人工乘以系数 0.85。

4. 车间配线项目包括支架安装、绝缘子安装、母线平直与连接及架设、刷分相漆。项目不包括母线伸缩器制作与安装。

5. 接线箱、接线盒安装及盘柜配线项目适用于电压等级小于或等于 380V 电压等级用电系统。项目不包括接线箱、接线盒费用及导线与接线端子材料费。

6. 暗装接线箱、接线盒项目中槽孔按照事先预留考虑，不计算开槽、开孔费用。

工程量计算规则

一、管内穿线根据导线截面面积，按照设计图示安装数量以“10m”为计量单位；管内穿多芯软导线根据软导线芯数与单芯软导线截面面积，按照设计图示安装数量以“10m”为计量单位。管内穿线的线路分支接头线长度已综合考虑在项目中，不得另行计算。

二、绝缘子配线根据导线截面面积，区别绝缘子形式（针式、鼓形、碟式）、绝缘子配线位置（沿屋架、梁、柱、墙，跨屋架、梁、柱、木结构、顶棚内、砖、混凝土结构，沿钢支架及钢索），按照设计图示安装数量以“10m”为计量单位。当绝缘子暗配时，计算引下线工程量，其长度从线路支持点计算至天棚下缘距离。

三、线槽配线根据导线截面面积，按照设计图示安装数量以“10m”为计量单位。

四、塑料护套线明敷设根据导线芯数与单芯导线截面面积，区别导线敷设位置（木结构、砖混凝土结构、沿钢索），按照设计图示安装数量以“10m”为计量单位。

五、绝缘导线明敷设根据导线截面面积，按照设计图示安装数量以“10m”为计量单位。

六、车间带型母线安装根据母线材质与截面面积，区别母线安装位置（沿屋架、梁、柱、墙，跨屋架、梁、柱），按照设计图示安装数量以单相 10 延长米为计量单位。

七、车间配线钢索架设区别圆钢、钢索直径，按照设计图示墙（柱）内缘距离以“10m”为计量单位，不扣除拉紧装置所占长度。

八、车间配线母线与钢索拉紧装置制作与安装，根据母线截面面积、索具螺栓直径，按照设计图示安装数量以“套”为计量单位。

九、接线箱安装根据安装形式（明装、暗装）及接线箱半周长，按照设计图示安装数量以“个”为计量单位。

十、接线盒安装根据安装形式（明装、暗装）及接线盒类型，按照设计图示安装数量以“个”为计量单位。

十一、灯具、开关、插座、按钮等预留线，已分别综合在相应项目内，不另行计算。

十二、照明动力箱配线根据导线截面面积，按照设计图示配线数量以“10m”为计量单位。配线进入照明动力箱时每根线的预留长度按照设计规定计算，设计无规定时按照下表规定计算。

配线进入照明动力箱的预留线长度表

序号	项目	预留长度（m）	说明
1	各种开关、柜、板	宽＋高	盘面尺寸
2	单独安装（无箱、盘）的铁壳开关、闸刀开关、启动器、母线槽进出线盒	0.3	从安装对象中心算起
3	由地面管子出口引至动力接线箱	1.0	从管口计算
4	电源与管内导线连接（管内穿线与软、硬母线接头）	1.5	从管口计算
5	出户线	1.5	从管口计算

一、管 内 穿 线

1. 穿单芯硬导线

工作内容：扫管、涂滑石粉、穿线、编号、焊接包头。　　**计量单位：**10m

编　号				4-13-1
项　目				铜芯
				导线截面（mm^2）
				≤2.5
名　称			单位	消　耗　量
人工	合计工日		工日	0.043
	其中	普工	工日	0.013
		一般技工	工日	0.024
		高级技工	工日	0.006
材料	绝缘电线		m	（11.600）
	锡基钎料		kg	0.010
	汽油（综合）		kg	0.050
	电气绝缘胶带 18mm×10m×0.13mm		卷	0.070
	其他材料费		%	1.80

计量单位：10m

编　号				4-13-2	4-13-3	4-13-4	4-13-5	4-13-6
项　目				铜芯				
				导线截面（mm^2）				
				4	6	10	16	25
名　称			单位	消　耗　量				
人工	合计工日		工日	0.049	0.049	0.056	0.056	0.068
	其中	普工	工日	0.019	0.019	0.019	0.019	0.025
		一般技工	工日	0.024	0.024	0.031	0.031	0.037
		高级技工	工日	0.006	0.006	0.006	0.006	0.006
材料	绝缘电线		m	（11.000）	（11.000）	（10.500）	（10.500）	（10.500）
	锡基钎料		kg	0.010	0.010	0.010	0.010	0.010
	汽油（综合）		kg	0.060	0.060	0.070	0.070	0.080
	电气绝缘胶带 18mm×10m×0.13mm		卷	0.080	0.090	0.100	0.110	0.120
	其他材料费		%	1.80	1.80	1.80	1.80	1.80

计量单位：10m

编号				4-13-7	4-13-8	4-13-9	4-13-10	4-13-11
项目				铜芯				
				导线截面（mm^2）				
				35	50	70	95	120
名称			单位	消耗量				
人工	合计工日		工日	0.068	0.136	0.142	0.172	0.179
	其中	普工	工日	0.025	0.050	0.050	0.063	0.063
		一般技工	工日	0.037	0.074	0.080	0.092	0.099
		高级技工	工日	0.006	0.012	0.012	0.017	0.017
材料	绝缘电线		m	（10.500）	（10.500）	（10.500）	（10.500）	（10.500）
	焊锡膏		kg	—	—	0.010	0.010	0.010
	锡基钎料		kg	0.020	0.020	0.020	0.020	0.020
	汽油（综合）		kg	0.080	0.090	0.090	0.100	0.100
	电气绝缘胶带 18mm×10m×0.13mm		卷	0.130	0.140	0.150	0.160	0.170
	其他材料费		%	1.80	1.80	1.80	1.80	1.80

计量单位：10m

编号				4-13-12	4-13-13	4-13-14
项目				铜芯		
				导线截面（mm^2）		
				150	185	240
名称			单位	消耗量		
人工	合计工日		工日	0.302	0.321	0.573
	其中	普工	工日	0.106	0.112	0.206
		一般技工	工日	0.166	0.179	0.314
		高级技工	工日	0.030	0.030	0.053
材料	绝缘电线		m	（10.500）	（10.500）	（10.500）
	焊锡膏		kg	0.010	0.010	0.010
	锡基钎料		kg	0.020	0.020	0.030
	汽油（综合）		kg	0.110	0.110	0.130
	电气绝缘胶带 18mm×10m×0.13mm		卷	0.180	0.190	0.200
	其他材料费		%	1.80	1.80	1.80

2. 穿多芯软导线

工作内容：扫管、涂滑石粉、穿线、编号、焊接包头。　　**计量单位：**10m

编号				4-13-15	4-13-16	4-13-17
项目				二芯		
				单芯导线截面（mm^2）		
				≤1	≤2.5	4
名称			单位	消耗量		
人工	合计工日		工日	0.068	0.077	0.077
	其中	普工	工日	0.026	0.026	0.026
		一般技工	工日	0.034	0.043	0.043
		高级技工	工日	0.008	0.008	0.008
材料	铜芯多股绝缘电线		m	（10.800）	（10.800）	（10.800）
	碎布		kg	0.020	0.020	0.030
	锡基钎料		kg	0.010	0.010	0.010
	汽油（综合）		kg	0.060	0.060	0.070
	电气绝缘胶带 18mm×10m×0.13mm		卷	0.090	0.110	0.120
	其他材料费		%	1.80	1.80	1.80

计量单位：10m

编号				4-13-18	4-13-19	4-13-20
项目				四芯		
				单芯导线截面（mm^2）		
				≤1	≤2.5	4
名称			单位	消耗量		
人工	合计工日		工日	0.077	0.094	0.094
	其中	普工	工日	0.026	0.035	0.035
		一般技工	工日	0.043	0.051	0.051
		高级技工	工日	0.008	0.008	0.008
材料	铜芯多股绝缘电线		m	（10.800）	（10.800）	（10.800）
	碎布		kg	0.020	0.020	0.020
	锡基钎料		kg	0.010	0.010	0.020
	汽油（综合）		kg	0.070	0.070	0.080
	电气绝缘胶带 18mm×10m×0.13mm		卷	0.140	0.160	0.170
	其他材料费		%	1.80	1.80	1.80

计量单位：10m

编号				4-13-21	4-13-22	4-13-23
项目				八芯		
				单芯导线截面（mm^2）		
				≤1	≤2.5	4
名称			单位	消耗量		
人工	合计工日		工日	0.103	0.111	0.119
	其中	普工	工日	0.035	0.043	0.043
		一般技工	工日	0.060	0.060	0.068
		高级技工	工日	0.008	0.008	0.008
材料	铜芯多股绝缘电线		m	（10.800）	（10.800）	（10.800）
	碎布		kg	0.030	0.030	0.040
	焊锡膏		kg	—	0.010	0.010
	锡基钎料		kg	0.020	0.020	0.030
	汽油（综合）		kg	0.070	0.070	0.080
	电气绝缘胶带 18mm×10m×0.13mm		卷	0.200	0.240	0.250
	其他材料费		%	1.80	1.80	1.80

计量单位：10m

编号				4-13-24	4-13-25
项目				十六芯	
				单芯导线截面（mm^2）	
				≤1	≤2.5
名称			单位	消耗量	
人工	合计工日		工日	0.119	0.145
	其中	普工	工日	0.043	0.052
		一般技工	工日	0.068	0.077
		高级技工	工日	0.008	0.016
材料	铜芯多股绝缘电线		m	（10.800）	（10.800）
	碎布		kg	0.030	0.030
	焊锡膏		kg	0.010	0.010
	锡基钎料		kg	0.020	0.020
	汽油（综合）		kg	0.080	0.080
	电气绝缘胶带 18mm×10m×0.13mm		卷	0.300	0.380
	其他材料费		%	1.80	1.80

二、绝缘子配线

1. 鼓形绝缘子配线

工作内容：测位、划线、打眼、埋螺钉、钉木、下过墙管、上绝缘子、配线、焊接包头。　　**计量单位：**10m

<table>
<tr><td colspan="4">编　　号</td><td>4-13-26</td><td>4-13-27</td><td>4-13-28</td><td>4-13-29</td><td>4-13-30</td><td>4-13-31</td></tr>
<tr><td colspan="4" rowspan="3">项　　目</td><td colspan="2">木结构</td><td colspan="2">顶棚内</td><td colspan="2">砖、混凝土结构</td></tr>
<tr><td colspan="6">导线截面（mm^2）</td></tr>
<tr><td>≤2.5</td><td>≤6</td><td>≤2.5</td><td>≤6</td><td>≤2.5</td><td>≤6</td></tr>
<tr><td colspan="3">名　　称</td><td>单位</td><td colspan="6">消　耗　量</td></tr>
<tr><td rowspan="4">人工</td><td colspan="2">合计工日</td><td>工日</td><td>0.111</td><td>0.137</td><td>0.119</td><td>0.137</td><td>0.368</td><td>0.394</td></tr>
<tr><td rowspan="3">其中</td><td>普工</td><td>工日</td><td>0.035</td><td>0.044</td><td>0.035</td><td>0.044</td><td>0.114</td><td>0.123</td></tr>
<tr><td>一般技工</td><td>工日</td><td>0.060</td><td>0.077</td><td>0.068</td><td>0.077</td><td>0.205</td><td>0.214</td></tr>
<tr><td>高级技工</td><td>工日</td><td>0.016</td><td>0.016</td><td>0.016</td><td>0.016</td><td>0.049</td><td>0.057</td></tr>
<tr><td rowspan="9">材料</td><td colspan="2">绝缘电线</td><td>m</td><td>（11.080）</td><td>（10.750）</td><td>（11.060）</td><td>（10.780）</td><td>（10.980）</td><td>（10.550）</td></tr>
<tr><td colspan="2">镀锌铁丝 ϕ1.0</td><td>m</td><td>3.804</td><td>3.544</td><td>4.855</td><td>4.244</td><td>3.784</td><td>3.183</td></tr>
<tr><td colspan="2">木螺钉 d4.5~6×15~100</td><td>10个</td><td>1.091</td><td>0.911</td><td>1.421</td><td>1.081</td><td>1.101</td><td>0.891</td></tr>
<tr><td colspan="2">塑料胀管 ϕ6~8</td><td>个</td><td>—</td><td>—</td><td>—</td><td>—</td><td>11.141</td><td>8.198</td></tr>
<tr><td colspan="2">塑料软管 De10</td><td>m</td><td>—</td><td>—</td><td>0.100</td><td>0.100</td><td>—</td><td>—</td></tr>
<tr><td colspan="2">鼓形绝缘子 G38</td><td>个</td><td>10.761</td><td>—</td><td>13.944</td><td>—</td><td>10.951</td><td>—</td></tr>
<tr><td colspan="2">鼓形绝缘子 G50</td><td>个</td><td>—</td><td>8.989</td><td>—</td><td>10.721</td><td>—</td><td>8.048</td></tr>
<tr><td colspan="2">直瓷管 ϕ9~15×305</td><td>个</td><td>0.450</td><td>0.410</td><td>0.931</td><td>1.241</td><td>0.651</td><td>0.661</td></tr>
<tr><td colspan="2">其他材料费</td><td>%</td><td>1.80</td><td>1.80</td><td>1.80</td><td>1.80</td><td>1.80</td><td>1.80</td></tr>
</table>

计量单位：10m

编号				4-13-32	4-13-33	4-13-34	4-13-35
项目				沿钢支架		沿钢索	
				导线截面（mm^2）			
				≤2.5	≤6	≤2.5	≤6
名称			单位	消耗量			
人工	合计工日		工日	0.119	0.128	0.111	0.128
	其中	普工	工日	0.035	0.044	0.035	0.044
		一般技工	工日	0.068	0.068	0.060	0.068
		高级技工	工日	0.016	0.016	0.016	0.016
材料	绝缘电线		m	（10.660）	（10.620）	（10.480）	（10.420）
	镀锌铁丝 ϕ1.0		m	2.713	1.261	3.664	2.773
	沉头螺钉 M6×55~65		10个	0.791	0.320	—	—
	吊架 角钢 36×3×135		kg	—	—	0.611	0.400
	鼓形绝缘子 G38		个	7.848	—	10.551	—
	鼓形绝缘子 G50		个	—	3.193	—	6.937
	直瓷管 ϕ9~15×305		个	0.490	0.531	—	—
	其他材料费		%	1.80	1.80	1.80	1.80

2. 针式绝缘子配线

工作内容：测位、划线、打眼、安装支架、下过墙管、上绝缘子、配线、焊接包头。　　　**计量单位：**10m

编号				4-13-36	4-13-37	4-13-38	4-13-39	4-13-40
项目				沿屋架、梁、柱、墙				
				导线截面（mm^2）				
				≤6	≤16	≤35	≤70	≤120
名称			单位	消耗量				
人工	合计工日		工日	0.214	0.265	0.317	0.453	0.556
	其中	普工	工日	0.062	0.079	0.097	0.140	0.167
		一般技工	工日	0.120	0.145	0.171	0.248	0.308
		高级技工	工日	0.032	0.041	0.049	0.065	0.081
材料	绝缘电线		m	（10.800）	（10.800）	（10.800）	（10.800）	（10.800）
	镀锌铁丝 ϕ1.0		m	3.504	—	—	—	—
	镀锌铁丝 ϕ1.6		m	—	3.003	2.002	2.302	2.503
	镀锌垫圈 M2~12		10个	0.450	0.390	—	—	—
	镀锌垫圈 M14~20		10个	—	—	0.220	0.220	0.220
	钢线卡子 ϕ10~20		个	—	—	—	0.260	0.260
	蝶式绝缘子 ED-1		个	—	—	—	0.260	0.260
	蝶式绝缘子 ED-2		个	—	—	0.260	—	—
	针式绝缘子 PD-1T		个	—	—	—	2.172	2.172
	针式绝缘子 PD-2T		个	—	—	2.172	—	—
	针式绝缘子 PD-3T		个	4.454	3.854	—	—	—
	直瓷管 ϕ9~15×305		个	0.521	0.310	0.210	—	—
	直瓷管 ϕ19~25×300		根	—	—	—	0.210	0.210
	镀锌铁拉板 40×4×（200~350）		块	—	—	0.521	—	—
	镀锌铁拉板 50×6×650		块	—	—	—	0.521	0.521
	其他材料费		%	1.80	1.80	1.80	1.80	1.80

计量单位：10m

编号				4-13-41	4-13-42
项目				沿屋架、梁、柱、墙	
				导线截面（mm^2）	
				≤185	≤240
名称			单位	消耗量	
人工	合计工日		工日	0.667	0.779
	其中	普工	工日	0.202	0.237
		一般技工	工日	0.368	0.428
		高级技工	工日	0.097	0.114
材料	绝缘电线		m	（10.800）	（10.800）
	镀锌铁丝 ϕ1.6		m	2.803	3.203
	镀锌垫圈 M14~20		10个	0.220	0.220
	钢线卡子 ϕ25		个	0.260	0.260
	蝶式绝缘子 ED-1		个	0.260	—
	蝶式绝缘子 大号		个	—	0.260
	针式绝缘子 PD-1T		个	2.172	—
	针式绝缘子 大号		个	—	2.172
	直瓷管 $\phi32\times305$		个	0.100	0.100
	镀锌铁拉板 $50\times6\times650$		块	0.521	0.521
	其他材料费		%	1.80	1.80

计量单位：10m

编　号				4-13-43	4-13-44	4-13-45	4-13-46	4-13-47
项　目				跨屋架、梁、柱				
				导线截面（mm^2）				
				≤6	≤16	≤35	≤70	≤120
名　称			单位	消　耗　量				
人工	合计工日		工日	0.128	0.154	0.171	0.274	0.368
	其中	普工	工日	0.044	0.044	0.053	0.088	0.114
		一般技工	工日	0.068	0.086	0.094	0.145	0.205
		高级技工	工日	0.016	0.024	0.024	0.041	0.049
材料	绝缘电线		m	（10.800）	（10.800）	（10.800）	（10.800）	（10.800）
	镀锌铁丝 $\phi1.0$		m	1.802	—	—	—	—
	镀锌铁丝 $\phi1.6$		m	—	1.802	1.902	2.102	2.302
	镀锌垫圈 M2~12		10个	0.220	0.200	—	—	—
	镀锌垫圈 M14~20		10个	—	—	0.200	0.200	0.200
	钢线卡子 $\phi10$~20		个	—	—	—	0.260	0.260
	蝶式绝缘子 ED-1		个	—	—	—	0.260	0.260
	蝶式绝缘子 ED-2		个	—	—	0.260	—	—
	蝶式绝缘子 ED-3		个	—	0.260	—	—	—
	针式绝缘子 PD-1T		个	—	—	—	1.962	1.962
	针式绝缘子 PD-2T		个	—	—	1.962	—	—
	针式绝缘子 PD-3T		个	2.232	1.962	—	—	—
	直瓷管 $\phi9$~15×305		个	0.521	0.310	0.210	—	—
	直瓷管 $\phi19$~25×300		根	—	—	—	0.210	0.210
	镀锌铁拉板 40×4×（200 ~ 350）		块	—	0.521	0.521	—	—
	镀锌铁拉板 50×6×650		块	—	—	—	0.521	0.521
	其他材料费		%	1.80	1.80	1.80	1.80	1.80

计量单位：10m

编号				4-13-48	4-13-49
项目				跨屋架、梁、柱	
				导线截面（mm^2）	
				≤185	≤240
名称			单位	消耗量	
人工	合计工日		工日	0.505	0.624
	其中	普工	工日	0.158	0.193
		一般技工	工日	0.274	0.342
		高级技工	工日	0.073	0.089
材料	绝缘电线		m	(10.800)	(10.800)
	镀锌铁丝 ϕ1.6		m	2.503	3.053
	镀锌垫圈 M14~20		10个	0.200	0.200
	钢线卡子 ϕ25		个	0.260	0.260
	蝶式绝缘子 ED-1		个	0.260	—
	蝶式绝缘子 大号		个	—	0.260
	针式绝缘子 PD-1T		个	1.962	—
	针式绝缘子 大号		个	—	1.962
	直瓷管 $\phi32\times305$		个	0.100	0.100
	镀锌铁拉板 $50\times6\times650$		块	0.521	0.521
	其他材料费		%	1.80	1.80

3. 蝶式绝缘子配线

工作内容：测位、划线、打眼、安装支架、下过墙管、上绝缘子、配线、焊接包头。　　　**计量单位：**10m

编　　号				4-13-50	4-13-51	4-13-52	4-13-53	4-13-54
项　　目				沿屋架、梁、柱				
				导线截面（mm^2）				
				≤6	≤16	≤35	≤70	≤120
名　　称			单位	消　耗　量				
人工	合计工日		工日	0.214	0.265	0.317	0.453	0.556
	其中	普工	工日	0.062	0.079	0.097	0.140	0.167
		一般技工	工日	0.120	0.145	0.171	0.248	0.308
		高级技工	工日	0.032	0.041	0.049	0.065	0.081
材料	绝缘电线		m	（10.800）	（10.800）	（10.800）	（10.800）	（10.800）
	镀锌铁丝　φ1.0		m	3.504	—	—	—	—
	镀锌铁丝　φ1.6		m	—	3.003	2.402	2.703	3.003
	钢线卡子　φ10~20		个	—	—	—	0.260	0.260
	蝶式绝缘子　ED-1		个	—	—	—	2.432	2.432
	蝶式绝缘子　ED-2		个	—	—	2.432	—	—
	蝶式绝缘子　ED-3		个	4.454	3.854	—	—	—
	直瓷管　φ9~15×305		个	0.521	0.310	0.210	—	—
	直瓷管　φ19~25×300		根	—	—	—	0.210	0.210
	镀锌铁拉板　40×4×（200~350）		块	—	—	0.521	—	—
	镀锌铁拉板　50×6×650		块	—	—	—	0.521	0.521
	其他材料费		%	1.80	1.80	1.80	1.80	1.80

计量单位：10m

编　号				4-13-55	4-13-56
项　目				沿屋架、梁、柱	
				导线截面（mm^2）	
				≤185	≤240
名　称			单位	消　耗　量	
人工	合计工日		工日	0.667	0.779
	其中	普工	工日	0.202	0.237
		一般技工	工日	0.368	0.428
		高级技工	工日	0.097	0.114
材料	绝缘电线		m	（10.800）	（10.800）
	镀锌铁丝 ϕ1.6		m	3.203	3.504
	钢线卡子 ϕ25		个	0.260	0.260
	蝶式绝缘子 ED-1		个	2.432	—
	蝶式绝缘子 大号		个	—	2.432
	直瓷管 $\phi32\times305$		个	0.100	0.100
	镀锌铁拉板 $50\times6\times650$		块	0.521	0.521
	其他材料费		%	1.80	1.80

计量单位：10m

编号				4-13-57	4-13-58	4-13-59	4-13-60	4-13-61
项目				跨屋架、梁、柱				
				导线截面（mm^2）				
				≤6	≤16	≤35	≤70	≤120
名称			单位	消耗量				
人工	合计工日		工日	0.128	0.154	0.191	0.274	0.368
	其中	普工	工日	0.044	0.044	0.057	0.088	0.114
		一般技工	工日	0.068	0.086	0.105	0.145	0.205
		高级技工	工日	0.016	0.024	0.029	0.041	0.049
材料	绝缘电线		m	（10.800）	（10.800）	（10.800）	（10.800）	（10.800）
	镀锌铁丝 ϕ1.0		m	1.802	—	—	—	—
	镀锌铁丝 ϕ1.6		m	—	1.802	1.902	2.102	2.302
	钢线卡子 ϕ10~20		个	—	—	—	0.260	0.260
	蝶式绝缘子 ED-1		个	—	—	—	2.232	2.232
	蝶式绝缘子 ED-2		个	—	—	2.232	—	—
	蝶式绝缘子 ED-3		个	2.232	2.232	—	—	—
	直瓷管 ϕ9~15×305		个	0.521	0.310	0.210	—	—
	直瓷管 ϕ19~25×300		根	—	—	—	0.210	0.210
	镀锌铁拉板 40×4×（200~350）		块	—	0.521	0.521	—	—
	镀锌铁拉板 50×6×650		块	—	—	—	0.521	0.521
	其他材料费		%	1.80	1.80	1.80	1.80	1.80

计量单位：10m

编号			4-13-62	4-13-63
项目			跨屋架、梁、柱	
			导线截面（mm^2）	
			≤185	≤240
名称		单位	消耗量	
人工	合计工日	工日	0.505	0.624
其中	普工	工日	0.158	0.193
	一般技工	工日	0.274	0.342
	高级技工	工日	0.073	0.089
材料	绝缘电线	m	（10.800）	（10.800）
	镀锌铁丝 ϕ1.6	m	2.503	2.803
	钢线卡子 ϕ25	个	0.260	0.260
	蝶式绝缘子 ED-1	个	2.232	—
	蝶式绝缘子 大号	个	—	2.232
	直瓷管 $\phi32\times305$	个	0.210	0.210
	镀锌铁拉板 $50\times6\times650$	块	0.521	0.521
	其他材料费	%	1.80	1.80

三、线 槽 配 线

工作内容：清扫线槽、放线、编号、对号、接焊包头。

计量单位：10m

编号			4-13-64	4-13-65	4-13-66	4-13-67	4-13-68
项目			导线截面（mm^2）				
			≤2.5	≤6	≤16	≤35	≤70
名称		单位	消耗量				
人工	合计工日	工日	0.069	0.077	0.094	0.119	0.154
其中	普工	工日	0.018	0.026	0.027	0.035	0.044
	一般技工	工日	0.043	0.043	0.051	0.068	0.086
	高级技工	工日	0.008	0.008	0.016	0.016	0.024
材料	绝缘电线	m	（10.500）	（10.500）	（10.500）	（10.500）	（10.500）
	扁形塑料绑带	m	0.541	0.541	0.541	0.541	0.541
	标志牌 塑料扁形	个	0.601	0.601	0.601	0.601	0.601
	其他材料费	%	1.80	1.80	1.80	1.80	1.80

计量单位：10m

编号				4-13-69	4-13-70	4-13-71
项目				导线截面（mm^2）		
				≤120	≤185	≤240
名称			单位	消耗量		
人工	合计工日		工日	0.334	0.462	0.821
	其中	普工	工日	0.105	0.140	0.254
		一般技工	工日	0.180	0.257	0.453
		高级技工	工日	0.049	0.065	0.114
材料	绝缘电线		m	（10.500）	（10.500）	（10.500）
	扁形塑料绑带		m	0.541	0.541	0.541
	标志牌 塑料扁形		个	0.601	0.601	0.601
	其他材料费		%	1.80	1.80	1.80

四、塑料护套线明敷设

1.木 结 构

工作内容：测位、划线、打眼、下过墙管、上卡子、配线、接焊包头。 **计量单位：**10m

编号				4-13-72	4-13-73	4-13-74	4-13-75	4-13-76	4-13-77
项目				二芯			三芯		
				单芯导线截面（mm^2）					
				≤2.5	≤6	≤10	≤2.5	≤6	≤10
名称			单位	消耗量					
人工	合计工日		工日	0.205	0.247	0.350	0.247	0.282	0.394
	其中	普工	工日	0.061	0.078	0.104	0.078	0.087	0.122
		一般技工	工日	0.128	0.145	0.214	0.145	0.171	0.231
		高级技工	工日	0.016	0.024	0.032	0.024	0.024	0.041
材料	塑料绝缘导线		m	（11.100）	（10.490）	（10.490）	（11.100）	（10.490）	（10.490）
	直瓷管 ϕ9~15×305		个	1.552	1.241	1.241	1.852	—	—
	直瓷管 ϕ19~25×300		根	—	—	—	—	1.241	1.241
	塑料线卡 ϕ15 以下		个	60.600	60.600	60.600	60.600	60.600	60.600
	其他材料费		%	1.80	1.80	1.80	1.80	1.80	1.80

2. 砖、混凝土结构

工作内容：测位、划线、打眼、埋螺钉、下过墙管、上卡子、配线、接焊包头。　　计量单位：10m

编号				4-13-78	4-13-79	4-13-80	4-13-81	4-13-82	4-13-83
项目				二芯			三芯		
				单芯导线截面（mm²）					
				≤2.5	≤6	≤10	≤2.5	≤6	≤10
名称			单位	消耗量					
人工	合计工日		工日	0.624	0.633	0.744	0.667	0.676	0.770
	其中	普工	工日	0.191	0.191	0.226	0.200	0.209	0.235
		一般技工	工日	0.376	0.385	0.445	0.402	0.402	0.462
		高级技工	工日	0.057	0.057	0.073	0.065	0.065	0.073
材料	塑料绝缘导线		m	(11.100)	(10.490)	(10.490)	(11.100)	(10.490)	(10.490)
	水泥 P·C 32.5		kg	0.501	0.501	0.501	0.601	0.601	0.601
	直瓷管 ϕ9~15×305		个	1.552	1.241	1.241	1.852	—	—
	直瓷管 ϕ19~25×300		根	—	—	—	—	1.241	1.241
	塑料线卡 ϕ15 以下		个	60.600	60.600	60.600	60.600	60.600	60.600
	其他材料费		%	1.80	1.80	1.80	1.80	1.80	1.80

3. 沿　钢　索

工作内容：测位、划线、打眼、配线、接焊包头。　　计量单位：10m

编号				4-13-84	4-13-85	4-13-86	4-13-87	4-13-88	4-13-89
项目				二芯			三芯		
				单芯导线截面（mm²）					
				≤2.5	≤6	≤10	≤2.5	≤6	≤10
名称			单位	消耗量					
人工	合计工日		工日	0.179	0.239	0.350	0.239	0.316	0.462
	其中	普工	工日	0.052	0.070	0.104	0.070	0.096	0.139
		一般技工	工日	0.111	0.145	0.214	0.145	0.188	0.282
		高级技工	工日	0.016	0.024	0.032	0.024	0.032	0.041
材料	塑料绝缘导线		m	(10.790)	(10.490)	(10.490)	(10.790)	(10.490)	(10.490)
	热轧薄钢板 60×110×1.5		块	1.802	1.401	0.901	1.802	1.401	0.901
	尼龙扎带（综合）		根	60.600	60.600	60.600	60.600	6.600	60.600
	其他材料费		%	1.80	1.80	1.80	1.80	1.80	1.80

4. 砖、混凝土结构粘结

工作内容：测位、划线、打眼、下过墙管、配料、粘接底板、上卡子、配线、接焊包头。　　**计量单位：**10m

编号				4-13-90	4-13-91	4-13-92	4-13-93	4-13-94	4-13-95
项目				二芯			三芯		
				单芯导线截面（mm^2）					
				≤2.5	≤6	≤10	≤2.5	≤6	≤10
名称			单位	消耗量					
人工	合计工日		工日	0.367	0.402	0.521	0.394	0.488	0.658
	其中	普工	工日	0.113	0.122	0.156	0.122	0.148	0.200
		一般技工	工日	0.222	0.239	0.316	0.231	0.291	0.393
		高级技工	工日	0.032	0.041	0.049	0.041	0.049	0.065
材料	塑料绝缘导线		m	（11.100）	（10.490）	（10.490）	（10.490）	（10.490）	（10.490）
	黏合剂		kg	0.290	0.290	0.290	0.290	0.290	0.290
	直瓷管 ϕ9~15×305		个	1.552	1.241	1.241	1.852	—	—
	直瓷管 ϕ19~25×300		根	—	—	—	—	1.241	1.241
	钢筋扎头底板		kg	0.040	0.040	0.040	0.040	0.040	0.040
	塑料线卡 ϕ15 以下		个	60.600	60.600	60.600	60.600	60.600	60.600
	其他材料费		%	1.80	1.80	1.80	1.80	1.80	1.80

五、绝缘导线明敷设

1. 线 码 敷 设

工作内容: 测位、划线、打眼、装瓷通、装线码、敷线、接口包头等。 **计量单位:** 10m

编 号				4-13-96	4-13-97	4-13-98	4-13-99
项 目				导线截面(mm²)			
				≤2.5	≤6	≤10	≤16
名 称			单位	消 耗 量			
人工	合计工日		工日	0.197	0.239	0.291	0.367
	其中	普工	工日	0.061	0.070	0.087	0.113
		一般技工	工日	0.120	0.145	0.180	0.222
		高级技工	工日	0.016	0.024	0.024	0.032
材料	塑料绝缘导线		m	(11.100)	(10.490)	(10.490)	(10.490)
	鞋钉 20		kg	0.020	0.020	0.020	0.020
	塑料软管(综合)		kg	0.020	0.020	0.030	0.030
	铝卡码		m	0.501	0.501	0.501	0.501
	其他材料费		%	1.80	1.80	1.80	1.80

六、车 间 配 线

1. 带形母线安装

工作内容：打眼、支架安装、绝缘子灌注、安装、母线平直、煨弯、钻孔、连接、架设、夹具、木夹板制作与安装、刷分相漆。

计量单位：10m

编　　号				4-13-100	4-13-101	4-13-102	4-13-103
项　　目				沿屋架、梁、柱、墙			
				铝母线截面（mm^2）			
				≤250	≤500	≤800	≤1 200
名　　称			单位	消　耗　量			
人工	合计工日		工日	0.932	1.181	1.351	1.581
	其中	普工	工日	0.289	0.360	0.412	0.482
		一般技工	工日	0.513	0.650	0.744	0.872
		高级技工	工日	0.130	0.171	0.195	0.227
材料	铝母线		m	（10.230）	（10.230）	（10.230）	（10.230）
	矩形母线金具 JNP102		套	（4.220）	—	—	—
	矩形母线金具 JNP103		套	—	（4.220）	—	—
	矩形母线金具 JNP104		套	—	—	（4.220）	—
	矩形母线金具 JNP105		套	—	—	—	（4.220）
	铝焊条 铝 109 ϕ4.0		kg	0.010	0.030	0.060	0.120
	铝焊粉		kg	0.002	0.006	0.010	0.020
	钢锯条		条	0.120	0.140	0.150	0.200
	酚醛磁漆		kg	0.230	0.340	0.440	0.561
	汽油（综合）		kg	0.170	0.200	0.200	0.280
	氧气		m^3	0.060	0.090	0.170	0.250
	乙炔气		kg	0.156	0.234	0.442	0.650
	青壳纸 δ0.1~1.0		kg	0.040	0.040	0.040	0.040
	其他材料费		%	1.80	1.80	1.80	1.80
机械	立式钻床 25mm		台班	0.032	0.053	0.116	0.116

计量单位：10m

编号				4-13-104	4-13-105	4-13-106	4-13-107
项目				沿屋架、梁、柱、墙			
				铜母线截面（mm^2）			
				≤250	≤500	≤800	≤1 200
名称			单位	消耗量			
人工	合计工日		工日	1.077	1.258	1.522	1.770
	其中	普工	工日	0.333	0.386	0.465	0.543
		一般技工	工日	0.590	0.693	0.838	0.975
		高级技工	工日	0.154	0.179	0.219	0.252
材料	铜母线		m	（10.230）	（10.230）	（10.230）	（10.230）
	矩形母线金具 JNP102		套	（4.220）	—	—	—
	矩形母线金具 JNP103		套	—	（4.220）	—	—
	矩形母线金具 JNP104		套	—	—	（4.220）	—
	矩形母线金具 JNP105		套	—	—	—	（4.220）
	铈钨棒		g	0.490	0.961	1.682	2.523
	铜焊丝（综合）		kg	0.030	0.080	0.080	0.120
	钢锯条		条	0.120	0.140	0.150	0.200
	铅油（厚漆）		kg	0.070	0.190	0.190	0.200
	防锈漆 C53-1		kg	0.130	—	—	—
	清油		kg	0.040	0.100	0.100	0.150
	汽油（综合）		kg	0.050	0.050	0.050	0.190
	油漆溶剂油		kg	0.030	0.090	0.090	0.090
	硼砂		kg	0.010	0.010	0.020	0.030
	氩气		m^3	0.150	0.300	0.420	0.631
	氧气		m^3	0.030	0.050	0.070	0.100
	乙炔气		kg	0.078	0.130	0.182	0.260
	其他材料费		%	1.80	1.80	1.80	1.80
机械	立式钻床 25mm		台班	0.032	0.053	0.063	0.095
	弧焊机 20kV·A		台班	0.042	0.063	0.095	0.137

计量单位：10m

编号				4-13-108	4-13-109	4-13-110	4-13-111
项目				跨屋架、梁、柱			
				铝母线截面（mm^2）			
				≤250	≤500	≤800	≤1 200
名称			单位	消耗量			
人工	合计工日		工日	0.855	1.120	1.360	1.590
	其中	普工	工日	0.263	0.342	0.421	0.491
		一般技工	工日	0.470	0.616	0.744	0.872
		高级技工	工日	0.122	0.162	0.195	0.227
材料	铝母线		m	（10.230）	（10.230）	（10.230）	（10.230）
	矩形母线金具 JNP102		套	（1.810）	—	—	—
	矩形母线金具 JNP103		套	—	（1.810）	—	—
	矩形母线金具 JNP104		套	—	—	（1.810）	—
	矩形母线金具 JNP105		套	—	—	—	（1.810）
	铝焊条 铝 109 ϕ4.0		kg	0.010	0.030	0.060	0.120
	铝焊粉		kg	0.005	0.030	0.050	0.100
	钢锯条		条	0.120	0.140	0.150	0.200
	酚醛磁漆		kg	0.230	0.340	0.440	0.561
	汽油（综合）		kg	0.170	0.200	0.200	0.280
	氧气		m^3	0.060	0.090	0.170	0.250
	乙炔气		kg	0.156	0.234	0.442	0.650
	青壳纸 δ0.1~1.0		kg	0.020	0.020	0.020	0.020
	母线拉紧装置 500mm^2 以下		套	0.601	0.601	—	—
	母线拉紧装置 1 200mm^2 以下		套	—	—	0.601	0.601
	四线木夹板 500mm^2 以下		套	0.601	0.601	—	—
	四线木夹板 1 200mm^2 以下		套	—	—	0.601	0.601
	其他材料费		%	1.80	1.80	1.80	1.80
机械	立式钻床 25mm		台班	0.032	0.053	0.116	0.116

计量单位：10m

编号				4-13-112	4-13-113	4-13-114	4-13-115
项目				跨屋架、梁、柱			
				铜母线截面（mm^2）			
				≤250	≤500	≤800	≤1 200
名称			单位	消耗量			
人工	合计工日		工日	0.855	1.120	1.360	1.590
	其中	普工	工日	0.263	0.342	0.421	0.491
		一般技工	工日	0.470	0.616	0.744	0.872
		高级技工	工日	0.122	0.162	0.195	0.227
材料	铜母线		m	（10.230）	（10.230）	（10.230）	（10.230）
	矩形母线金具		套	（1.810）	（1.810）	（1.810）	（1.810）
	紫铜电焊条 T107 ϕ3.2		kg	0.010	0.030	0.060	0.120
	酚醛磁漆		kg	0.230	0.340	0.440	0.561
	汽油（综合）		kg	0.170	0.200	0.200	0.280
	氧气		m^3	0.060	0.090	0.170	0.250
	乙炔气		kg	0.156	0.234	0.442	0.286
	青壳纸 δ0.1~1.0		kg	0.020	0.020	0.020	0.020
	母线拉紧装置 500mm^2 以下		套	0.601	0.601	—	—
	母线拉紧装置 1 200mm^2 以下		套	—	—	0.601	0.601
	四线木夹板 500mm^2 以下		套	0.601	0.601	—	—
	四线木夹板 1 200mm^2 以下		套	—	—	0.601	0.601
	其他材料费		%	1.80	1.80	1.80	1.80
机械	立式钻床 25mm		台班	0.032	0.053	0.116	0.116
	弧焊机 20kV·A		台班	0.220	0.360	0.700	0.950

2.钢索架设

工作内容:测位、断料、调直、架设、绑扎、拉紧、刷漆。　　　　**计量单位:**10m

编　号				4-13-116	4-13-117	4-13-118	4-13-119
项　目				圆钢		钢丝绳	
				直径(mm)			
				≤6	≤10	≤6	≤9
名　称			单位	消　耗　量			
人工	合计工日		工日	0.180	0.205	0.111	0.128
	其中	普工	工日	0.053	0.062	0.035	0.044
		一般技工	工日	0.103	0.111	0.060	0.068
		高级技工	工日	0.024	0.032	0.016	0.016
材料	钢索		m	(10.500)	(10.500)	(10.500)	(10.500)
	钢锯条		条	0.050	0.050	0.050	0.050
	铁件(综合)		kg	0.350	0.571	0.350	0.571
	心形环		个	—	—	0.511	0.511
	醇酸清漆		kg	0.030	0.040	—	—
	铅油(厚漆)		kg	0.060	0.090	—	—
	汽油(综合)		kg	—	—	0.050	0.050
	钢线卡子　ϕ10~20		个	—	1.021	—	1.021
	钢线卡子　ϕ6		个	1.021	—	1.021	—
	其他材料费		%	1.80	1.80	1.80	1.80

3. 拉紧装置制作与安装

工作内容：下料、钻孔、煨弯、组装、测位、打眼、埋螺栓、连接、固定、刷漆。　　**计量单位：**套

编号				4-13-120	4-13-121	4-13-122	4-13-123
项目				母线拉紧装置		钢索拉紧装置	
				母线截面（mm^2）		索具螺栓直径（mm）	
				≤500	≤1 200	≤16	≤20
名称			单位	消耗量			
人工	合计工日		工日	0.363	0.470	0.395	0.466
	其中	普工	工日	0.111	0.145	0.122	0.143
		一般技工	工日	0.200	0.258	0.217	0.256
		高级技工	工日	0.052	0.067	0.056	0.067
材料	钢板（综合）		kg	4.215	5.165	—	—
	索具螺旋扣 M20×200		套	—	—	1.020	1.020
	铁件（综合）		kg	—	—	0.799	0.929
	拉紧绝缘子 J-2		个	2.020	2.020	—	—
	低碳钢焊条（综合）		kg	0.400	0.400	—	—
	其他材料费		%	1.80	1.80	1.80	1.80
机械	台式钻床 16mm		台班	0.037	0.037	—	—
	弧焊机 20kV·A		台班	0.019	0.019	—	—

七、接线箱、接线盒安装

1. 接线箱安装

工作内容：测位、打眼、埋螺栓、箱子开孔、补漆、固定。　　**计量单位：**个

编号				4-13-124	4-13-125	4-13-126	4-13-127
项目				接线箱明装			
				半周长（mm）			
				≤700	≤1 500	≤2 000	≤2 500
名称			单位	消耗量			
人工	合计工日		工日	0.627	0.852	1.002	1.152
	其中	普工	工日	0.193	0.262	0.308	0.354
		一般技工	工日	0.345	0.469	0.551	0.634
		高级技工	工日	0.089	0.121	0.143	0.164
材料	接线箱		个	（1.000）	（1.000）	（1.000）	（1.000）
	其他材料费		%	1.80	1.80	1.80	1.80

工作内容：测位、打眼、埋螺栓、箱子开孔、补漆、固定。　　　　计量单位：个

编　号				4-13-128	4-13-129	4-13-130	4-13-131
项　目				接线箱暗装			
				半周长（mm）			
				≤700	≤1 500	≤2 000	≤2 500
名　称			单位	消　耗　量			
人工	合计工日		工日	0.701	1.070	1.352	1.634
	其中	普工	工日	0.216	0.329	0.415	0.502
		一般技工	工日	0.385	0.588	0.744	0.899
		高级技工	工日	0.100	0.153	0.193	0.233
材料	接线箱		个	（1.000）	（1.000）	（1.000）	（1.000）
	水泥砂浆　1∶2		m^3	—	0.002	0.002	0.003
	其他材料费		%	1.80	1.80	1.80	1.80

2. 接线盒安装

工作内容：测位、固定、修孔。　　　　计量单位：个

编　号				4-13-132	4-13-133	4-13-134
项　目				暗装开关（插座）盒	暗装接线盒	明装普通接线盒
名　称			单位	消　耗　量		
人工	合计工日		工日	0.032	0.029	0.052
	其中	普工	工日	0.010	0.009	0.016
		一般技工	工日	0.017	0.016	0.029
		高级技工	工日	0.005	0.004	0.007
材料	接线盒		个	（1.020）	（1.020）	（1.020）
	木螺钉　$d4\times65$		10 个	—	—	0.208
	塑料胀管　$\phi6$~8		个	—	—	2.200
	镀锌锁紧螺母　$DN15\times3$		10 个	0.103	—	—
	镀锌锁紧螺母　$DN20\times3$		10 个	—	0.223	—
	镀锌钢管塑料护口　$DN15$~20		个	1.030	2.225	—
	其他材料费		%	1.80	1.80	1.80

计量单位：个

编号				4-13-135	4-13-136
项目				明装防爆接线盒	钢索上安装接线盒
名称			单位	消耗量	
人工	合计工日		工日	0.080	0.016
	其中	普工	工日	0.025	0.005
		一般技工	工日	0.044	0.009
		高级技工	工日	0.011	0.002
材料	接线盒		个	（1.020）	（1.020）
	木螺钉 $d4 \times 65$		10个	0.208	—
	塑料胀管 $\phi 6\sim8$		个	2.200	—
	其他材料费		%	1.80	1.80

八、照明动力箱内配线

工作内容：放线、下料、包绝缘带、排线、卡线、校线、接线。　　**计量单位：**10m

编号				4-13-137	4-13-138	4-13-139	4-13-140	4-13-141
项目				导线截面（mm^2）				
				≤2.5	≤6	≤10	≤25	≤50
名称			单位	消耗量				
人工	合计工日		工日	0.342	0.411	0.471	0.683	0.889
	其中	普工	工日	0.105	0.123	0.149	0.210	0.272
		一般技工	工日	0.188	0.231	0.257	0.376	0.487
		高级技工	工日	0.049	0.057	0.065	0.097	0.130
材料	导线		m	（10.200）	（10.200）	（10.200）	（10.200）	（10.200）
	焊锡膏		kg	0.010	0.010	0.010	0.020	0.060
	焊锡丝（综合）		kg	0.100	0.100	0.150	0.220	0.601
	铁砂布 0#~2#		张	2.002	2.002	2.503	2.503	2.803
	汽油（综合）		kg	0.200	0.200	0.220	0.220	0.601
	电力复合脂		kg	0.010	0.010	0.010	0.020	0.030
	塑料软管（综合）		kg	0.020	0.020	0.030	—	—
	异型塑料管 ϕ2.5~5.0		m	0.400	0.400	0.400	—	—
	电气绝缘胶带 18mm×10m×0.13mm		卷	0.400	0.400	0.400	0.501	0.561
	黄蜡带 20mm×10m		卷	0.240	0.240	0.240	0.521	0.601
	尼龙扎带（综合）		根	16.016	16.016	16.016	16.016	16.016
	塑料线卡 ϕ15以下		个	60.600	60.600	60.600	60.600	60.600
	其他材料费		%	1.80	1.80	1.80	1.80	1.80

计量单位：10m

编号				4-13-142	4-13-143	4-13-144	4-13-145
项目				导线截面（mm^2）			
				≤95	≤150	≤240	≤300
名称			单位	消耗量			
人工	合计工日		工日	1.360	1.770	1.991	2.190
	其中	普工	工日	0.421	0.543	0.613	0.675
		一般技工	工日	0.744	0.975	1.094	1.206
		高级技工	工日	0.195	0.252	0.284	0.309
材料	导线		m	（10.200）	（10.200）	（10.200）	（10.200）
	焊锡膏		kg	0.100	0.150	0.200	0.260
	焊锡丝（综合）		kg	1.001	1.502	2.002	2.603
	铁砂布 0#~2#		张	2.803	2.803	3.003	3.003
	汽油（综合）		kg	1.001	1.502	2.002	2.603
	电力复合脂		kg	0.040	0.050	0.060	0.070
	电气绝缘胶带 18mm×10m×0.13mm		卷	0.881	1.341	1.962	2.042
	黄蜡带 20mm×10m		卷	0.921	1.361	1.962	3.043
	尼龙扎带（综合）		根	16.016	16.016	16.016	16.016
	其他材料费		%	1.80	1.80	1.80	1.80

第十四章　照明器具安装工程

说　　明

一、本章内容包括普通灯具、装饰灯具、荧光灯具、嵌入式地灯、工厂灯、医院灯具、霓虹灯、小区路灯景观灯的安装，开关、按钮、插座的安装，艺术喷泉照明系统安装等内容。

二、有关说明：

1. 灯具引导线是指灯具吸盘到灯头的连线，除注明者外，均按照灯具自备考虑。如引导线需要另行配置，其安装费不变，主材费另行计算。

2. 小区路灯、投光灯、氙气灯、烟囱或水塔指示灯的安装项目考虑了超高安装（操作超高）因素，其他照明器具的安装高度大于6m时，按照册说明中的规定另行计算超高安装增加费。

3. 装饰灯具安装项目考虑了超高安装因素，并包括脚手架搭拆费用。

4. 吊式艺术装饰灯具的灯体直径为装饰灯具的最大外缘直径，灯体垂吊长度为灯座底部到灯梢之总长度。

5. 吸顶式艺术装饰灯具的灯体直径为吸盘最大外缘直径，灯体半周长为矩形吸盘的半周长，灯体垂吊长度为吸盘到灯梢之间的总长度。

6. 普通吸顶灯灯罩半周长为矩形吸盘的半周长。

7. 照明灯具安装除特殊说明外，均不包括支架制作与安装。工程实际发生时，执行本册第七章“金属构件、穿通板安装工程”相关项目。

8. 项目包括灯具组装、安装、利用摇表测量绝缘及一般灯具的试亮工作。

9. 小区路灯安装项目包括灯柱灯架、灯具安装；成品小区路灯基础安装包括基础土方施工，现浇混凝土小区路灯基础及土方施工执行《房屋建筑与装饰工程消耗量》相应项目。

10. 普通灯具安装项目适用范围见下表。

普通灯具安装项目适用范围表

名称	灯具种类
圆球吸顶灯	材质为玻璃的独立的半圆球吸顶灯、扁圆罩吸顶灯、平圆形吸顶灯
方形吸顶灯	材质为玻璃的独立的矩形罩吸顶灯、方形罩吸顶灯、大口方罩吸顶灯
软线吊灯	利用软线为垂吊材料、独立的，材质为玻璃、塑料罩等各式吊链灯
吊链灯	利用吊链作辅助悬吊材料、独立的，材料为玻璃、塑料罩的各式吊链灯
防水吊灯	一般防水吊灯
一般弯脖灯	圆球弯脖灯、风雨壁灯
一般墙壁灯	各种材质的一般壁灯、镜前灯
软线吊灯头	一般吊灯头
声光控座灯头	一般声控、光控座灯头
座头灯	一般塑料、瓷质座灯头

11. 组合荧光灯带、内藏组合式灯、发光棚荧光灯、立体广告灯箱、天棚荧光灯带的灯具设计用量与座头灯定额不同时，成套灯具根据设计数量加损耗量计算主材费，安装费不做调整。

12. 装饰灯具安装项目适用范围见下表。

装饰灯具安装项目适用范围表

名称	灯具种类（形式）
吊式艺术装饰灯具	不同材质、不同灯体垂吊长度、不同灯体直径的蜡烛灯、挂片灯、串珠（穗）、串棒灯、吊杆式组合灯、玻璃罩（带装饰）灯
吸顶式艺术装饰灯具	不同材质、不同灯体垂吊长度、不同灯体几何形状的串珠（穗）串棒灯、挂片、挂碗、挂吊蝶灯、玻璃（带装饰）灯
荧光艺术装饰灯具	不同安装形式、不同灯管数量的组合荧光灯光带不同几何组合形式的内藏组合式灯，不同几何尺寸、不同灯具形式的发光棚，不同形式的立体广告灯箱、荧光灯光沿
几何形状组合艺术灯具	不同固定形式、不同灯具形式的繁星灯、钻石星灯、礼花灯、玻璃罩钢架组合灯、凸片灯、反射挂灯、筒形钢架灯、U形组合灯、弧形管组合灯
标志、诱导装饰灯具	不同安装形式的标志灯、诱导灯
水下艺术装饰灯具	简易形彩灯、密封形彩灯、喷水池灯、幻光型灯
点光源艺术装饰灯具	不同安装形式、不同灯体直径的筒灯、牛眼灯、射灯、轨道射灯
草坪灯具	各种立柱式、墙壁式的草坪灯
歌舞厅灯具	各种安装形式的变色转盘灯、雷达射灯、幻影转彩灯、维纳斯旋转灯、卫星旋转效果灯、飞碟旋转效果灯、多头转灯、滚筒灯、频闪灯、太阳灯、雨灯、歌星灯、边界灯、射灯、泡泡发生器、迷你满天星彩灯、迷你单立（盘彩灯）、多头宇宙灯、镜面球灯、蛇光灯

13. 荧光灯具安装项目按照成套型荧光灯考虑，工程实际采用组合式荧光灯时，执行相应的成套型荧光灯安装项目乘以系数1.10。荧光灯具安装项目适用范围见下表。

荧光灯具安装项目适用范围表

名称	灯具种类
成套型荧光灯	单管、双管、三管、四管、吊链式、吊管式、吸顶式、嵌入式、成套独立荧光灯

14. 工厂灯及防尘防水灯安装项目适用范围见下表。

工厂灯及防水防尘灯安装项目适用范围表

名称	灯具种类
直杆工厂吊灯	配照（GC1–A）、广照（GC3–A）、深照（GC5–A）、圆球（GC17–A）、双照（GC19–A）
吊链式工厂灯	配照（GC1–B）、深照（GC3–A）、斜照（GC5–C）、圆球（GC7–A）、双照（GC19–A）
吸顶灯	配照（GC1–A）、广照（GC3–A）、深照（GC5–A）、斜照（GC7–C）、圆球双照（GC19–A）
弯杆式工厂灯	配照（GC1–D/E）、广照（GC3–D/E）、深照（GC5–D/E）、斜照（GC7–D/E）、双照（GC19–C）、局部深照（GC26–F/H）
悬挂式工厂灯	配照（GC21–2）、深照（GC23–2）
防水防尘灯	广照（GC9–A、B、C）、广照保护网（GC11–A、B、C）、散照（GC15–A、B、C、D、E）

15. 工厂其他灯具安装项目适用范围见下表。

工厂其他灯具安装项目适用范围表

名称	灯具种类
防潮灯	扁形防潮灯（GC-31）、防潮灯（GC-33）
腰形舱顶灯	腰形舱顶灯 CCD-1
管形氙气灯	自然冷却式 220V/380V　功率≤20kW
投光灯	TG 型室外投光灯

16. 医院灯具安装项目适用范围见下表。

医院灯具安装项目适用范围表

名称	灯具种类
病房指示灯	病房指示灯
病房暗角灯	病房暗角灯
无影灯	3~12 孔管式无影灯

17. 工厂厂区内、住宅小区内路灯的安装执行本册项目。小区路灯安装项目适用范围见下表。小区路灯安装项目中不包括小区路灯杆接地，接地参照“输电电杆接地”项目执行。

小区路灯安装项目适用范围表

名称		灯具种类
单臂挑灯		单抱箍臂长≤1 200mm、臂长≤3 000mm 双抱箍臂长≤3 000mm、臂长≤5 000mm、臂长>5 000mm 双拉梗臂长≤3 000mm、臂长≤5 000mm、臂长>5 000mm 成套型臂长≤3 000mm、臂长≤5 000mm、臂长>5 000mm 组装型臂长≤3 000mm、臂长≤5 000mm、臂长>5 000mm
双臂挑灯	成套型	组装型臂长≤3 000mm、臂长≤5 000mm、臂长>5 000mm 非对称式臂长≤2 500mm、臂长≤5 000mm、臂长>5 000mm
	组装型	组装型臂长≤3 000mm、臂长≤5 000mm、臂长>5 000mm 非对称式臂长≤2 500mm、臂长≤5 000mm、臂长>5 000mm
高杆灯架	成套型	灯高≤11m、灯高≤20m、灯高>20m
	组装型	灯高≤11m、灯高< 20m、灯高>20m
大马路弯灯		臂长≤1 200m、臂长>1 200m
庭院小区路灯		光源≤五火、光源>七火
桥栏杆灯		嵌入式、明装式

18. 艺术喷泉照明系统安装项目包括程序控制柜、程序控制箱、音乐喷泉控制设备、喷泉特技效果控制设备、喷泉防水配件、艺术喷泉照明等系统安装。

19. LED 灯安装根据其结构、形式、安装地点、执行相应的灯具安装项目。

20. 并列安装一套光源双罩吸顶灯时，按照两个单罩周长或半周长之和执行相应的项目；并列安装两套光源双罩吸顶灯时，按照两套灯具各自灯罩周长或半周长执行相应的项目。

21. 灯具安装项目中灯槽、灯孔按照事先预留考虑，不计算开孔费用。

22. 插座箱安装执行相应的配电箱项目。

23. 楼宇亮化灯具控制器、小区路灯集中控制器安装执行“艺术喷泉照明系统安装”相应的项目。

工程量计算规则

一、普通灯具安装根据灯具种类、规格，按照设计图示安装数量以“套”为计量单位。

二、吊式艺术装饰灯具安装根据装饰灯具示意图所示，区别不同装饰物以及灯体直径和灯体垂吊长度，按照设计图示安装数量以“套”为计量单位。

三、吸顶式艺术装饰灯具安装根据装饰灯具示意图所示，区别不同装饰物、吸盘几何形状灯体直径灯体周长和灯体垂吊长度，按照设计图示安装数量以“套”为计量单位。

四、荧光艺术装饰灯具安装根据装饰灯具示意图所示，区别不同安装形式和计量单位计算。

1. 组合荧光灯带安装根据灯管数量，按照设计图示安装数量以灯带“m”为计量单位。

2. 内藏组合式灯安装根据灯具组合形式，按照设计图示安装数量以“m”为计量单位。

3. 发光棚荧光灯安装按照设计图示发光棚数量以“m^2”为计量单位。灯具主材根据实际安装数量加损耗量以“套”另行计算。

4. 立体广告灯箱、天棚荧光灯带的工程量，应根据设计图示安装数量以“m”为计量单位。

五、几何形状组合艺术灯具安装的工程量，应按照设计图示，区别不同安装形式及灯具形式，按照设计图示安装数量以“套”为计量单位。

六、标志、诱导装饰灯具安装的工程量，应按照设计图示，区别不同的安装形式，按照设计图示安装数量以“套”为计量单位。

七、水下艺术装饰灯具安装的工程量，应按照设计图示，区别不同安装形式，按照设计图示安装数量以“套”为计量单位。

八、点光源艺术装饰灯具安装的工程量，应按照设计图示，区别不同安装形式、不同灯具直径，按照设计图示安装数量以“套”为计量单位。

九、草坪灯具安装的工程量，应按照设计图示，区别不同安装形式，按照设计图示安装数量以“套”为计量单位。

十、歌舞厅灯具安装的工程量，应按照设计图示，区别不同安装形式，按照设计图示安装数量以“套”或“m”或“台”为计量单位。

十一、荧光灯具安装根据灯具安装形式、灯具种类、灯管数量，按照设计图示安装数量以“套”为计量单位。

十二、嵌入式地灯安装根据灯具安装形式，按照设计图示安装数量以“套”为计量单位。

十三、工厂灯及防水防尘灯安装根据灯具安装形式，按照设计图示安装数量以“套”为计量单位。

十四、工厂其他灯具安装根据灯具类型、安装形式、安装高度，按照设计图示安装数量以“套”或“个”为计量单位。

十五、医院灯具安装根据灯具类型，按照设计图示安装数量以“套”为计量单位。

十六、霓虹灯管安装根据灯管直径，按照设计图示延长米数量以“m”为计量单位。

十七、霓虹灯变压器、控制器、继电器安装根据用途与容量及变化回路，按照设计图示安装数量以“台”为计量单位。

十八、小区路灯安装根据灯杆形式、臂长、灯数，按照设计图示安装数量以“套”为计量单位。

十九、楼宇亮化灯安装根据光源特点与安装形式，按照设计图示安装数量以“套”或“m”为计量单位。

二十、太阳能及风能灯具安装，按照设计图示安装数量以“套”为计量单位。

二十一、艺术喷泉照明系统程序控制柜、程序控制箱、音乐喷泉控制设备、喷泉特技效果控制设备安装根据安装位置方式及规格，按照设计图示安装数量以“台”为计量单位。

二十二、艺术喷泉照明系统喷泉防水配件安装根据玻璃钢电缆槽规格，按照设计图示安装长度以“m”为计量单位。

二十三、艺术喷泉照明系统喷泉水下管灯安装根据灯管直径，按照设计图示安装数量以“m”为计量单位。

二十四、艺术喷泉照明系统喷泉水上辅助照明安装根据灯具功能，按照设计图示安装数量以“套”为计量单位。

二十五、开关、按钮安装根据安装形式与种类、开关极数及单控与双控，按照设计图示安装数量以“套”为计量单位。

二十六、声控（红外线感应）延时开关、柜门触动开关安装，按照设计图示安装数量以“套”为计量单位。

二十七、插座安装根据电源数、额定电流、插座安装形式，按照设计图示安装数量以“套”为计量单位。

一、普通灯具安装

1. 吸顶灯具安装

工作内容:测定、划线、打眼、埋塑料膨胀管、灯具安装、接线、接焊包头、接地。 **计量单位:**套

编号				4-14-1	4-14-2	4-14-3
项目				灯罩周长(mm)		
				≤800	≤1 100	>1 100
名称			单位	消耗量		
人工	合计工日		工日	0.131	0.131	0.131
	其中	普工	工日	0.040	0.040	0.040
		一般技工	工日	0.079	0.079	0.079
		高级技工	工日	0.012	0.012	0.012
材料	成套灯具		套	(1.010)	(1.010)	(1.010)
	木螺钉 $d2\sim4\times6\sim65$		个	4.160	4.160	4.160
	塑料胀管 $\phi6\sim8$		个	4.400	4.400	4.400
	铜芯塑料绝缘电线 BV-2.5mm^2		m	0.458	1.069	1.069
	铜接线端子 20A		个	1.015	1.015	1.015
	塑料接线柱 双线		个	—	—	1.030
	其他材料费		%	1.80	1.80	1.80

2. 其他普通灯具安装

工作内容：测定、划线、打眼、埋塑料膨胀管、上塑料圆台、灯具组装、吊链加工、接线、焊接包头、接地等。

计量单位：套

编号				4-14-4	4-14-5	4-14-6
项目				软线吊灯	吊链灯	普通弯脖灯
名称			单位	消耗量		
人工	合计工日		工日	0.085	0.122	0.122
	其中	普工	工日	0.026	0.037	0.037
		一般技工	工日	0.051	0.074	0.074
		高级技工	工日	0.008	0.011	0.011
材料	成套灯具		套	（1.010）	（1.010）	（1.010）
	木螺钉 $d2\sim4\times6\sim65$		个	3.120	3.120	6.240
	塑料胀管 $\phi6\sim8$		个	1.100	1.100	3.300
	铜芯塑料绝缘电线 BV-2.5mm^2		m	0.305	0.305	1.476
	铜芯橡皮花线 BXH 2×23/0.15mm^2		m	2.036	1.527	—
	铜接线端子 20A		个	—	—	1.015
	塑料吊线盒		个	1.050	1.050	—
	其他材料费		%	1.80	1.80	1.80

计量单位：套

编号				4-14-7	4-14-8
项目				普通壁灯	座灯头
名称			单位	消耗量	
人工	合计工日		工日	0.122	0.074
	其中	普工	工日	0.037	0.023
		一般技工	工日	0.074	0.044
		高级技工	工日	0.011	0.007
材料	成套灯具		套	（1.010）	（1.010）
	木螺钉 $d2\sim4\times6\sim65$		个	4.160	3.120
	塑料胀管 $\phi6\sim8$		个	4.400	1.100
	铜芯塑料绝缘电线 BV-2.5mm^2		m	0.458	0.305
	铜接线端子 20A		个	1.015	—
	塑料圆台		块	—	1.050
	其他材料费		%	1.80	1.80

二、吊式装饰灯具安装

工作内容：开箱清点、测定划线、打眼埋螺栓、灯具拼装固定、挂装饰部件、灯具安装、焊接包头等。

计量单位：套

编号			4-14-9	4-14-10	4-14-11	4-14-12	4-14-13
项目			普通吊顶安装				
			一头花灯	三头花灯	五头花灯	七头花灯	九头花灯
名称		单位	消耗量				
人工	合计工日	工日	0.512	0.639	0.721	0.805	0.967
	其中 普工	工日	0.158	0.197	0.222	0.248	0.298
	其中 一般技工	工日	0.281	0.351	0.396	0.442	0.531
	其中 高级技工	工日	0.073	0.091	0.103	0.115	0.138
材料	成套灯具	套	(1.010)	(1.010)	(1.010)	(1.010)	(1.010)
	圆钢 $\phi6$	kg	0.165	0.165	—	—	—
	圆钢 $\phi10\sim14$	kg	—	—	0.257	0.369	0.657
	塑料膨胀管 $\phi6\times35$	个	3.090	3.090	3.090	4.012	4.012
	瓷接头(双)	个	1.030	1.030	1.030	2.060	2.060
	铜芯塑料绝缘电线 BV-2.5mm^2	m	0.305	0.305	0.305	0.458	0.458
	其他材料费	%	10.00	10.00	10.00	5.00	5.00

工作内容：开箱清点、测定划线、打眼埋螺栓、灯具拼装固定、挂装饰部件、灯具安装、焊接包头等。

计量单位：套

编号			4-14-14	4-14-15	4-14-16	4-14-17
项目			蜡烛灯安装			
			直径 × 垂吊长度(mm 以内)			
			400×500	600×600	900×700	1 400×1 400
名称		单位	消耗量			
人工	合计工日	工日	3.064	4.331	5.722	6.854
	其中 普工	工日	0.942	1.332	1.760	2.108
	其中 一般技工	工日	1.685	2.382	3.147	3.770
	其中 高级技工	工日	0.437	0.617	0.815	0.976
材料	成套灯具	套	(1.010)	(1.010)	(1.010)	(1.010)
	铜芯塑料绝缘电线 BV-2.5mm^2	m	0.916	0.916	0.916	0.916
	铜接线端子 20A	个	1.015	1.015	1.015	1.015
	其他材料费	%	1.80	1.80	1.80	1.80

计量单位：套

编号			4-14-18	4-14-19	4-14-20
项目			挂片灯安装		
			直径 × 垂吊长度（mm 以内）		
			450 × 500	650 × 600	950 × 1 100
名称		单位	消耗量		
人工	合计工日	工日	1.113	1.554	1.678
	其中 普工	工日	0.343	0.478	0.516
	其中 一般技工	工日	0.612	0.854	0.923
	其中 高级技工	工日	0.158	0.222	0.239
材料	成套灯具	套	（1.010）	（1.010）	（1.010）
	铜芯塑料绝缘电线 BV-2.5mm²	m	0.916	0.916	0.916
	铜接线端子 20A	个	1.015	1.015	1.015
	塑料接线柱 双线	个	2.060	3.090	4.170
	其他材料费	%	1.80	1.80	1.80

计量单位：套

编号			4-14-21	4-14-22
项目			串珠（穗）串棒灯	
			直径 × 垂吊长度（mm 以内）	
			600 × 1 200	1 000 × 1 200
名称		单位	消耗量	
人工	合计工日	工日	3.263	3.781
	其中 普工	工日	1.003	1.163
	其中 一般技工	工日	1.795	2.079
	其中 高级技工	工日	0.465	0.539
材料	成套灯具	套	（1.010）	（1.010）
	铜芯塑料绝缘电线 BV-2.5mm²	m	0.916	0.916
	铜接线端子 20A	个	1.015	1.015
	塑料接线柱 双线	个	3.090	4.120
	其他材料费	%	1.80	1.80

计量单位：套

编　号				4-14-23	4-14-24
项　目				串珠（穗）串棒灯	
				直径 × 垂吊长度（mm 以内）	
				1 200 × 2 000	1 500 × 2 500
名　称			单位	消　耗　量	
人工	合计工日		工日	5.343	8.314
	其中	普工	工日	1.643	2.556
		一般技工	工日	2.939	4.573
		高级技工	工日	0.761	1.185
材料	成套灯具		套	（1.010）	（1.010）
	铜芯塑料绝缘电线 BV-2.5mm²		m	0.916	0.916
	铜接线端子 20A		个	1.015	1.015
	塑料接线柱 双线		个	8.240	10.300
	其他材料费		%	1.80	1.80

计量单位：套

编　号				4-14-25	4-14-26	4-14-27	4-14-28
项　目				串珠（穗）串棒灯			
				直径 × 垂吊长度（mm 以内）			
				1 800 × 2 500	2 000 × 1 000	2 000 × 2 500	2 000 × 3 500
名　称			单位	消　耗　量			
人工	合计工日		工日	8.869	5.939	10.542	15.023
	其中	普工	工日	2.727	1.826	3.242	4.619
		一般技工	工日	4.878	3.267	5.798	8.263
		高级技工	工日	1.264	0.846	1.502	2.141
材料	成套灯具		套	（1.010）	（1.010）	（1.010）	（1.010）
	铜芯塑料绝缘电线 BV-4.0mm²		m	0.916	0.916	0.916	0.916
	铜接线端子 50A		个	1.015	1.015	1.015	1.015
	塑料接线柱 双线		个	7.140	7.140	16.300	20.400
	其他材料费		%	1.80	1.80	1.80	1.80

计量单位：套

编号				4-14-29	4-14-30	4-14-31
项目				吊杆式组合灯		
				直径 × 垂吊长度（mm 以内）		
				900 × 1 750	1 800 × 4 200	3 000 × 4 200
名称			单位	消耗量		
人工	合计工日		工日	3.338	6.793	11.043
	其中	普工	工日	1.026	2.089	3.396
		一般技工	工日	1.836	3.736	6.074
		高级技工	工日	0.476	0.968	1.573
材料	成套灯具		套	（1.010）	（1.010）	（1.010）
	铜芯塑料绝缘电线 BV-2.5mm^2		m	5.345	12.827	12.827
	铜接线端子 20A		个	1.015	2.030	2.030
	塑料接线柱 双线		个	8.240	10.300	20.600
	其他材料费		%	1.80	1.80	1.80

计量单位：套

编号				4-14-32	4-14-33	4-14-34
项目				玻璃罩灯（带装饰）		
				直径 × 垂吊长度（mm 以内）		
				1 100 × 700	1 500 × 850	2 000 × 1 100
名称			单位	消耗量		
人工	合计工日		工日	0.677	0.876	1.166
	其中	普工	工日	0.208	0.269	0.358
		一般技工	工日	0.372	0.482	0.641
		高级技工	工日	0.097	0.125	0.167
材料	成套灯具		套	（1.010）	（1.010）	（1.010）
	铜芯塑料绝缘电线 BV-2.5mm^2		m	0.916	0.916	0.916
	铜接线端子 20A		个	1.015	1.015	1.015
	塑料接线柱 双线		个	2.781	3.090	5.150
	其他材料费		%	1.80	1.80	1.80

三、吸顶式艺术装饰灯具安装

工作内容：开箱清点、测定划线、打眼埋螺栓、灯具拼装固定、挂装饰部件、灯具安装、焊接包头等。

计量单位：套

编　号				4-14-35	4-14-36	4-14-37	4-14-38	4-14-39
项　目				串珠(穗)、棒灯(圆形)				
				直径 × 垂吊长度(mm以内)				
				600×800	1 000×800	1 500×800	2 000×800	2 500×800
名　称			单位	消　耗　量				
人工	合计工日		工日	1.304	2.833	3.776	5.035	5.559
	其中	普工	工日	0.401	0.871	1.161	1.549	1.710
		一般技工	工日	0.717	1.558	2.077	2.769	3.057
		高级技工	工日	0.186	0.404	0.538	0.717	0.792
材料	成套灯具		套	(1.010)	(1.010)	(1.010)	(1.010)	(1.010)
	铜芯塑料绝缘电线 BV-2.5mm²		m	2.878	4.797	7.196	9.595	11.993
	铜接线端子 20A		个	1.015	1.015	1.015	1.015	2.030
	塑料接线柱 双线		个	2.060	4.120	6.180	8.240	9.270
	其他材料费		%	1.80	1.80	1.80	1.80	1.80

计量单位：套

编　号				4-14-40	4-14-41	4-14-42	4-14-43
项　目				串珠(穗)、棒灯(圆形)			
				直径 × 垂吊长度(mm以内)			
				3 000×800	4 000×800	5 000×800	400×2 500
名　称			单位	消　耗　量			
人工	合计工日		工日	7.938	10.738	13.726	3.525
	其中	普工	工日	2.441	3.302	4.221	1.084
		一般技工	工日	4.366	5.906	7.549	1.939
		高级技工	工日	1.131	1.530	1.956	0.502
材料	成套灯具		套	(1.010)	(1.010)	(1.010)	(1.010)
	铜芯塑料绝缘电线 BV-2.5mm²		m	14.392	19.189	23.986	1.527
	铜接线端子 20A		个	2.030	2.030	2.030	1.015
	塑料接线柱 双线		个	18.540	31.930	48.410	3.090
	其他材料费		%	1.80	1.80	1.80	1.80

计量单位：套

编　　号				4-14-44	4-14-45
项　　目				串珠（穗）、棒灯（圆形）	
				直径 × 垂吊长度（mm 以内）	
				600 × 3 000	800 × 3 000
名　　称			单位	消　耗　量	
人工	合计工日		工日	4.409	6.993
	其中	普工	工日	1.356	2.150
		一般技工	工日	2.425	3.846
		高级技工	工日	0.628	0.997
材料	成套灯具		套	（1.010）	（1.010）
	铜芯塑料绝缘电线 BV-2.5mm^2		m	1.527	—
	铜芯塑料绝缘电线 BV-4.0mm^2		m	—	1.527
	铜接线端子 20A		个	1.015	1.015
	塑料接线柱 双线		个	3.090	6.180
	其他材料费		%	1.80	1.80

计量单位：套

编　　号				4-14-46	4-14-47
项　　目				串珠（穗）、棒灯（圆形）	
				直径 × 垂吊长度（mm 以内）	
				1 000 × 3 000	1 200 × 3 000
名　　称			单位	消　耗　量	
人工	合计工日		工日	9.558	13.538
	其中	普工	工日	2.939	4.163
		一般技工	工日	5.257	7.446
		高级技工	工日	1.362	1.929
材料	成套灯具		套	（1.010）	（1.010）
	铜芯塑料绝缘电线 BV-4.0mm^2		m	1.527	1.527
	铜接线端子 20A		个	1.015	1.015
	塑料接线柱 双线		个	6.180	6.180
	其他材料费		%	1.80	1.80

计量单位:套

编　　号			4-14-48	4-14-49
项　　目			串珠(穗)、棒灯(圆形)	
			直径 × 垂吊长度(mm 以内)	
			1 500 × 3 000	800 × 500
名　　称		单位	消　耗　量	
人工	合计工日	工日	24.892	1.096
	其中 普工	工日	7.654	0.337
	其中 一般技工	工日	13.691	0.603
	其中 高级技工	工日	3.547	0.156
材料	成套灯具	套	(1.010)	(1.010)
	铜芯塑料绝缘电线 BV−2.5mm^2	m	—	3.838
	铜芯塑料绝缘电线 BV−4.0mm^2	m	1.527	—
	铜芯塑料绝缘电线 BV−6.0mm^2	m	0.458	—
	铜接线端子 20A	个	1.015	1.015
	塑料接线柱 双线	个	6.180	3.090
	其他材料费	%	1.80	1.80

计量单位:套

编　　号			4-14-50
项　　目			挂碗、吊碟灯(圆形)
			直径 × 垂吊长度(mm 以内)
			800 × 500
名　　称		单位	消　耗　量
人工	合计工日	工日	1.334
	其中 普工	工日	0.410
	其中 一般技工	工日	0.734
	其中 高级技工	工日	0.190
材料	成套灯具	套	(1.010)
	铜芯塑料绝缘电线 BV−2.5mm^2	m	3.838
	铜接线端子 20A	个	1.015
	塑料接线柱 双线	个	3.090
	其他材料费	%	1.80

计量单位：套

编号				4-14-51
项目				串珠(穗)、棒灯(矩形)
				灯体半周长 × 垂吊长度(mm 以内)
				1 600 × 2 500
名称			单位	消耗量
人工	合计工日		工日	10.217
	其中	普工	工日	3.142
		一般技工	工日	5.619
		高级技工	工日	1.456
材料	成套灯具		套	(1.010)
	铜芯塑料绝缘电线 BV-4.0mm^2		m	2.443
	铜接线端子 20A		个	1.015
	塑料接线柱 双线		个	6.180
	其他材料费		%	1.80

计量单位：套

编号				4-14-52	4-14-53
项目				串珠(穗)、棒灯(矩形)	
				灯体半周长 × 垂吊长度(mm 以内)	
				3 000 × 3 000	4 000 × 3 000
名称			单位	消耗量	
人工	合计工日		工日	16.318	28.125
	其中	普工	工日	5.018	8.648
		一般技工	工日	8.975	15.469
		高级技工	工日	2.325	4.008
材料	成套灯具		套	(1.010)	(1.010)
	铜芯塑料绝缘电线 BV-4.0mm^2		m	4.581	6.108
	铜接线端子 20A		个	1.015	—
	铜接线端子 50A		个	—	1.015
	塑料接线柱 双线		个	6.180	6.180
	其他材料费		%	1.80	1.80

计量单位：套

编　　号			4-14-54	4-14-55
项　　目			串珠（穗）、棒灯（矩形）	
			灯体半周长 × 垂吊长度（mm 以内）	
			1 500 × 800	2 500 × 800
名　　称		单位	消　耗　量	
人工	合计工日	工日	1.443	2.151
	其中 普工	工日	0.444	0.662
	其中 一般技工	工日	0.794	1.183
	其中 高级技工	工日	0.205	0.306
材料	成套灯具	套	（1.010）	（1.010）
	铜芯塑料绝缘电线 BV-2.5mm²	m	2.291	3.818
	铜接线端子 20A	个	1.015	1.015
	塑料接线柱 双线	个	2.060	3.090
	其他材料费	%	1.80	1.80

计量单位：套

编　　号			4-14-56	4-14-57
项　　目			串珠（穗）、棒灯（矩形）	
			灯体半周长 × 垂吊长度（mm 以内）	
			4 000 × 800	5 500 × 800
名　　称		单位	消　耗　量	
人工	合计工日	工日	3.960	9.140
	其中 普工	工日	1.217	2.811
	其中 一般技工	工日	2.178	5.027
	其中 高级技工	工日	0.565	1.302
材料	成套灯具	套	（1.010）	（1.010）
	铜芯塑料绝缘电线 BV-2.5mm²	m	6.108	8.399
	铜芯塑料绝缘电线 BV-4.0mm²	m	0.916	0.916
	铜接线端子 50A	个	1.015	1.015
	塑料接线柱 双线	个	8.240	10.300
	其他材料费	%	1.80	1.80

计量单位:套

编号				4-14-58
项目				挂片灯(矩形) 灯体半周长 × 垂吊长度(mm 以内) 1 600 × 500
名称			单位	消耗量
人工	合计工日		工日	1.091
	其中	普工	工日	0.336
		一般技工	工日	0.600
		高级技工	工日	0.155
材料	成套灯具		套	(1.010)
	铜芯塑料绝缘电线 BV-2.5mm²		m	2.443
	铜接线端子 20A		个	1.015
	塑料接线柱 双线		个	3.090
	其他材料费		%	1.80

计量单位:套

编号				4-14-59	4-14-60
项目				挂碗、挂吊碟灯(矩形)	
				灯体半周长 × 垂吊长度(mm 以内)	
				1 200 × 500	2 000 × 500
名称			单位	消耗量	
人工	合计工日		工日	1.130	1.541
	其中	普工	工日	0.347	0.474
		一般技工	工日	0.622	0.848
		高级技工	工日	0.161	0.219
材料	成套灯具		套	(1.010)	(1.010)
	铜芯塑料绝缘电线 BV-2.5mm²		m	1.832	3.054
	铜接线端子 20A		个	1.015	1.015
	塑料接线柱 双线		个	2.060	3.090
	其他材料费		%	1.80	1.80

计量单位：套

编号				4-14-61	4-14-62	4-14-63
项目				玻璃罩灯（矩形带装饰）		
				灯体半周长 × 垂吊长度（mm 以内）		
				2 000 × 400	3 000 × 700	3 000 × 1 600
名称			单位	消耗量		
人工	合计工日		工日	0.616	1.109	2.898
	其中	普工	工日	0.189	0.341	0.891
		一般技工	工日	0.339	0.610	1.594
		高级技工	工日	0.088	0.158	0.413
材料	成套灯具		套	（1.010）	（1.010）	（1.010）
	铜芯塑料绝缘电线 BV-2.5mm^2		m	3.054	4.581	4.581
	铜接线端子 20A		个	1.015	1.015	1.015
	塑料接线柱 双线		个	2.060	3.090	4.120
	其他材料费		%	1.80	1.80	1.80

四、荧光艺术装饰灯具安装

工作内容：开箱清点、测定划线、打眼埋螺栓、灯具拼装固定、挂装饰部件、灯具安装、焊接包头等。

计量单位：m

编号				4-14-64	4-14-65	4-14-66	4-14-67	4-14-68
项目				组合荧光灯带				
				吊杆式				吸顶式
				单管	双管	三管	四管	单管
名称			单位	消耗量				
人工	合计工日		工日	0.262	0.316	0.379	0.454	0.192
	其中	普工	工日	0.081	0.097	0.117	0.139	0.059
		一般技工	工日	0.144	0.174	0.208	0.250	0.105
		高级技工	工日	0.037	0.045	0.054	0.065	0.028
材料	成套灯具		套	（0.808）	（0.808）	（0.808）	（0.808）	（0.808）
	木螺钉 $d2\sim4\times6\sim65$		个	2.810	2.810	2.810	2.810	1.660
	塑料胀管 $\phi6\sim8$		个	2.970	2.970	2.970	2.970	1.760
	铜芯塑料绝缘电线 BV-2.5mm^2		m	3.237	3.885	4.662	5.594	3.057
	铜接线端子 20A		个	0.812	0.812	0.812	0.812	0.812
	其他材料费		%	1.80	1.80	1.80	1.80	1.80

计量单位：m

编号				4-14-69	4-14-70	4-14-71	4-14-72	4-14-73
项目				组合荧光灯带				
				吸顶式			嵌入式	
				双管	三管	四管	单管	双管
名称			单位	消耗量				
人工	合计工日		工日	0.230	0.276	0.331	0.213	0.255
	其中	普工	工日	0.071	0.085	0.102	0.066	0.078
		一般技工	工日	0.127	0.152	0.182	0.117	0.140
		高级技工	工日	0.032	0.039	0.047	0.030	0.037
材料	成套灯具		套	（0.808）	（0.808）	（0.808）	（0.808）	（0.808）
	木螺钉 $d2\sim4\times6\sim65$		个	3.330	—	—	—	—
	镀锌自攻螺钉 ST4~6×20~35		个	—	—	—	5.300	5.300
	塑料胀管 $\phi6\sim8$		个	3.520	—	—	—	—
	镀锌槽型吊码 单边 $\delta=3$		个	—	—	—	1.648	1.648
	铜芯塑料绝缘电线 BV-2.5mm^2		m	3.705	4.482	5.414	3.057	3.705
	铜接线端子 20A		个	0.812	0.812	0.812	0.812	0.812
	其他材料费		%	1.80	1.80	1.80	1.80	1.80

计量单位：m

编号				4-14-74	4-14-75
项目				组合荧光灯带	
				嵌入式	
				三管	四管
名称			单位	消耗量	
人工	合计工日		工日	0.307	0.369
	其中	普工	工日	0.095	0.113
		一般技工	工日	0.168	0.203
		高级技工	工日	0.044	0.053
材料	成套灯具		套	（0.808）	（0.808）
	镀锌自攻螺钉 ST4~6×20~35		个	5.200	5.200
	镀锌槽型吊码 双边 $\delta=3$		个	1.648	1.648
	铜芯塑料绝缘电线 BV-2.5mm^2		m	4.482	5.413
	铜接线端子 20A		个	0.812	0.812
	其他材料费		%	1.80	1.80

计量单位：m

编　号			4-14-76	4-14-77	4-14-78	4-14-79	4-14-80
项　目			内藏组合式荧光灯				
			方形组合	日形组合	田形组合	六边组合	单管锥体组合
名　称		单位	消　耗　量				
人工	合计工日	工日	0.183	0.192	0.213	0.286	0.258
其中	普工	工日	0.056	0.059	0.066	0.088	0.079
	一般技工	工日	0.101	0.105	0.117	0.157	0.142
	高级技工	工日	0.026	0.028	0.030	0.041	0.037
材料	成套灯具	套	（0.808）	（0.808）	（0.808）	（0.808）	（0.808）
	铜芯塑料绝缘电线 BV-2.5mm^2	m	0.891	0.779	0.915	0.915	0.915
	铜接线端子 20A	个	0.812	0.812	0.812	0.812	0.812
	其他材料费	%	1.80	1.80	1.80	1.80	1.80

计量单位：m

编　号			4-14-81	4-14-82
项　目			内藏组合式荧光灯	
			双管带形组合	圆管光带
名　称		单位	消　耗　量	
人工	合计工日	工日	0.238	0.225
其中	普工	工日	0.073	0.069
	一般技工	工日	0.131	0.124
	高级技工	工日	0.034	0.032
材料	成套灯具	套	（0.808）	（0.808）
	铜芯塑料绝缘电线 BV-2.5mm^2	m	0.915	0.891
	铜接线端子 20A	个	0.812	0.812
	其他材料费	%	1.80	1.80

编号				4-14-83	4-14-84	4-14-85
项目				发光棚荧光灯	立体广告灯箱	天棚荧光灯带
				m^2	m	
名称			单位	消耗量		
人工	合计工日		工日	0.472	0.267	0.126
	其中	普工	工日	0.145	0.082	0.039
		一般技工	工日	0.260	0.147	0.069
		高级技工	工日	0.067	0.038	0.018
材料	成套灯具		套	（0.408）	（0.808）	（0.808）
	木螺钉 d2~4×6~65		个	8.320	—	—
	镀锌自攻螺钉 ST4~6×10~16		个	—	1.660	1.660
	塑料胀管 ϕ6~8		个	8.800	—	—
	金属软管 D15		m	2.060	0.824	0.206
	金属软管接头 DN15		个	4.120	1.648	1.030
	铜芯塑料绝缘电线 BV-2.5mm^2		m	9.162	4.275	3.420
	铜接线端子 20A		个	2.030	0.812	0.609
	塑料接线柱 双线		个	2.060	0.824	0.824
	其他材料费		%	1.80	1.80	1.80

五、几何形状组合艺术装饰灯具安装

工作内容：开箱清点、测定划线、打眼埋螺栓、灯具拼装固定、挂装饰部件、灯具安装、焊接包头等。

计量单位：套

编号				4-14-86	4-14-87	4-14-88	4-14-89	4-14-90
项目				单点固定灯具		四点固定灯具		单点固定灯具
				繁星六火	繁星四十火	繁星十六火	繁星一百火	钻石星五火
名称			单位	消耗量				
人工	合计工日		工日	0.180	0.219	0.340	0.428	0.160
	其中	普工	工日	0.055	0.067	0.104	0.131	0.049
		一般技工	工日	0.099	0.121	0.187	0.236	0.088
		高级技工	工日	0.026	0.031	0.049	0.061	0.023
材料	成套灯具		套	(1.010)	(1.010)	(1.010)	(1.010)	(1.010)
	铜芯塑料绝缘电线 BV-2.5mm^2		m	0.458	0.458	1.832	—	0.458
	铜芯塑料绝缘电线 BV-4.0mm^2		m	—	—	—	1.832	—
	铜接线端子 20A		个	1.015	1.015	1.015	1.015	1.015
	其他材料费		%	1.80	1.80	1.80	1.80	1.80

计量单位：套

编号				4-14-91	4-14-92	4-14-93	4-14-94	4-14-95
项目				双点固定灯具	多点固定灯具	四点固定灯具	钢架凸片火灯	
				星形双火灯	礼花灯	玻璃罩钢架组合灯	1个火灯	≤4个火灯
名称			单位	消耗量				
人工	合计工日		工日	0.284	0.260	0.188	0.089	0.249
	其中	普工	工日	0.087	0.080	0.058	0.027	0.076
		一般技工	工日	0.156	0.143	0.103	0.049	0.137
		高级技工	工日	0.041	0.037	0.027	0.013	0.036
材料	成套灯具		套	(1.010)	(1.010)	(1.010)	(1.010)	(1.010)
	铜芯塑料绝缘电线 BV-2.5mm^2		m	0.916	0.275	0.458	0.916	0.916
	铜接线端子 20A		个	1.015	1.015	1.015	1.015	1.015
	其他材料费		%	1.80	1.80	1.80	1.80	1.80

计量单位：套

编号				4-14-96	4-14-97	4-14-98	4-14-99	4-14-100	4-14-101
项目				钢架凸片火灯		反射柱灯	筒形钢架灯	U形组合灯	弧形管组合灯
				≤18个火灯	≤28个火灯				
名称			单位	消耗量					
人工	合计工日		工日	1.003	1.166	0.114	0.359	0.681	0.233
	其中	普工	工日	0.308	0.358	0.035	0.110	0.209	0.072
		一般技工	工日	0.552	0.641	0.063	0.198	0.375	0.128
		高级技工	工日	0.143	0.167	0.016	0.051	0.097	0.033
材料	成套灯具		套	(1.010)	(1.010)	(1.010)	(1.010)	(1.010)	(1.010)
	木螺钉 $d2\sim4\times6\sim65$		个	—	—	—	—	10.400	—
	塑料胀管 $\phi6\sim8$		个	—	—	—	—	11.000	—
	铜芯塑料绝缘电线 BV-2.5mm²		m	8.246	12.827	0.458	3.665	0.458	2.591
	铜芯塑料绝缘电线 BV-4.0mm²		m	0.458	0.458	—	—	—	—
	铜接线端子 20A		个	1.015	1.015	1.015	1.015	1.015	1.015
	塑料接线柱 双线		个	—	—	—	1.030	5.150	0.834
	其他材料费		%	1.80	1.80	1.80	1.80	1.80	1.80

六、标志、诱导装饰灯具安装

工作内容： 开箱清点、测定划线、打眼埋螺栓、灯具拼装固定、挂装饰部件、灯具安装、焊接包头等。

计量单位： 套

编　　号				4-14-102	4-14-103	4-14-104	4-14-105
项　　目				吸顶式	吊杆式	墙壁式	嵌入式
名　　称			单位	消　耗　量			
人工	合计工日		工日	0.157	0.183	0.157	0.183
	其中	普工	工日	0.048	0.056	0.048	0.056
		一般技工	工日	0.086	0.101	0.086	0.101
		高级技工	工日	0.023	0.026	0.023	0.026
材料	成套灯具		套	(1.010)	(1.010)	(1.010)	(1.010)
	木螺钉 $d2\sim4\times6\sim65$		个	2.080	4.160	2.080	—
	塑料胀管 $\phi6\sim8$		个	2.200	4.400	2.200	—
	铜芯塑料绝缘电线 BV-2.5mm^2		m	0.458	0.458	0.458	0.916
	铜芯橡皮绝缘电线 BX-3×2.5mm^2		m	—	0.509	—	—
	铜接线端子 20A		个	1.015	1.015	1.015	1.015
	塑料接线柱 双线		个	1.030	—	1.030	1.030
	其他材料费		%	1.80	1.80	1.80	1.80

七、点光源艺术装饰灯具安装

工作内容：开箱清点、测定划线、打眼埋螺栓、灯具拼装固定、挂装饰部件、灯具安装、焊接包头等。

计量单位：套

编号				4-14-106	4-14-107	4-14-108	4-14-109
项目				吸顶式	嵌入式筒灯		
					ϕ150	ϕ200	ϕ350
名称			单位	消耗量			
人工	合计工日		工日	0.116	0.127	0.134	0.143
	其中	普工	工日	0.036	0.039	0.041	0.044
		一般技工	工日	0.064	0.070	0.074	0.079
		高级技工	工日	0.016	0.018	0.019	0.020
材料	成套灯具		套	(1.010)	(1.010)	(1.010)	(1.010)
	木螺钉 $d2\sim4\times6\sim65$		个	2.080	—	—	—
	塑料胀管 $\phi6\sim8$		个	2.200	—	—	—
	铜芯塑料绝缘电线 BV-2.5mm^2		m	0.458	0.458	0.458	0.458
	铜接线端子 20A		个	1.015	1.015	1.015	1.015
	其他材料费		%	1.80	1.80	1.80	1.80

计量单位：套

编号				4-14-110	4-14-111	4-14-112	4-14-113
项目				嵌入式灯			
				单头斗胆灯	双头斗胆灯	三头斗胆灯	四头斗胆灯
名称			单位	消耗量			
人工	合计工日		工日	0.152	0.191	0.214	0.228
	其中	普工	工日	0.047	0.059	0.066	0.070
		一般技工	工日	0.084	0.105	0.118	0.126
		高级技工	工日	0.021	0.027	0.030	0.032
材料	成套灯具		套	(1.010)	(1.010)	(1.010)	(1.010)
	铜芯塑料绝缘电线 BV-2.5mm^2		m	0.458	0.550	0.595	0.641
	铜接线端子 20A		个	1.015	1.015	1.015	1.015
	其他材料费		%	1.80	1.80	1.80	1.80

编　　号			4-14-114	4-14-115	4-14-116
项　　目			吸顶式射灯	滑轨式射灯	滑轨
			套		m
名　　称		单位	消　耗　量		
人工	合计工日	工日	0.070	0.053	0.070
人工	其中 普工	工日	0.022	0.017	0.022
人工	其中 一般技工	工日	0.038	0.029	0.038
人工	其中 高级技工	工日	0.010	0.007	0.010
材料	成套灯具	套	(1.010)	(1.010)	—
材料	射灯滑轨	m	—	—	(1.010)
材料	木螺钉 $d2\sim4\times6\sim65$	个	2.080	—	2.080
材料	塑料胀管 $\phi6\sim8$	个	2.200	—	2.200
材料	铜芯塑料绝缘电线 BV−2.5mm^2	m	0.458	—	0.916
材料	铜接线端子 20A	个	1.015	—	0.914
材料	其他材料费	%	1.80	1.80	1.80

八、盆景花木装饰灯具安装

工作内容：开箱清点、测定划线、打眼埋螺栓、灯具拼装固定、挂装饰部件、灯具安装、焊接包头等。

计量单位：套

编　　号			4-14-117	4-14-118
项　　目			立柱式	墙壁式
名　　称		单位	消　耗　量	
人工	合计工日	工日	0.588	0.247
人工	其中 普工	工日	0.181	0.076
人工	其中 一般技工	工日	0.323	0.136
人工	其中 高级技工	工日	0.084	0.035
材料	成套灯具	套	(1.010)	(1.010)
材料	羊角熔断器 5A	个	1.030	—
材料	铜芯橡皮绝缘电线 BX−2.5mm^2	m	—	0.458
材料	铜芯橡皮绝缘电线 BX−4.0mm^2	m	4.581	—
材料	铜接线端子 20A	个	1.015	1.015
材料	塑料接线柱 双线	个	1.030	1.030
材料	其他材料费	%	1.80	1.80

九、歌舞厅灯具安装

工作内容：开箱清点、测定划线、打眼埋螺栓、灯具拼装固定、挂装饰部件、灯具安装、焊接包头等。

计量单位：套

编号			4-14-119	4-14-120	4-14-121	4-14-122	4-14-123
项目			变换转盘灯	雷达射灯	十二头幻影转彩灯	维纳斯旋转彩灯	卫星旋转效果灯
名称		单位	消耗量				
人工	合计工日	工日	0.493	0.487	0.500	0.364	0.706
其中	普工	工日	0.152	0.150	0.154	0.112	0.217
	一般技工	工日	0.271	0.268	0.275	0.200	0.388
	高级技工	工日	0.070	0.069	0.071	0.052	0.101
材料	成套灯具	套	(1.010)	(1.010)	(1.010)	(1.010)	(1.010)
	铜芯塑料绝缘电线 BV-2.5mm^2	m	0.916	0.916	0.916	0.916	0.916
	铜接线端子 20A	个	1.015	1.015	1.015	1.015	1.015
	其他材料费	%	1.80	1.80	1.80	1.80	1.80

计量单位：套

编号			4-14-124	4-14-125	4-14-126	4-14-127	4-14-128
项目			飞碟旋转效果灯	八头转灯	十八头转灯	滚筒灯	频闪灯
名称		单位	消耗量				
人工	合计工日	工日	1.067	0.400	0.647	0.572	0.736
其中	普工	工日	0.328	0.123	0.199	0.176	0.226
	一般技工	工日	0.587	0.220	0.356	0.315	0.405
	高级技工	工日	0.152	0.057	0.092	0.081	0.105
材料	成套灯具	套	(1.010)	(1.010)	(1.010)	(1.010)	(1.010)
	铜芯塑料绝缘电线 BV-2.5mm^2	m	0.916	0.916	0.916	0.916	0.916
	铜接线端子 20A	个	1.015	1.015	1.015	1.015	1.015
	其他材料费	%	1.80	1.80	1.80	1.80	1.80

计量单位：套

编　号				4-14-129	4-14-130	4-14-131	4-14-132	4-14-133
项　目				太阳灯	雨灯	歌星灯	边界灯	射灯
名　称			单位	消　耗　量				
人工	合计工日		工日	0.420	0.349	0.383	0.675	0.131
	其中	普工	工日	0.129	0.107	0.118	0.208	0.040
		一般技工	工日	0.231	0.192	0.211	0.371	0.072
		高级技工	工日	0.060	0.050	0.054	0.096	0.019
材料	成套灯具		套	（1.010）	（1.010）	（1.010）	（1.010）	（1.010）
	铜芯塑料绝缘电线 BV-2.5mm^2		m	0.916	0.916	0.916	0.916	0.916
	铜接线端子 20A		个	1.015	1.015	1.015	1.015	1.015
	其他材料费		%	1.80	1.80	1.80	1.80	1.80

计量单位：套

编　号				4-14-134	4-14-135	4-14-136	4-14-137
项　目				迷你满天星彩灯	迷你单立盘彩灯	单排 20 头宇宙灯	双排 20 头宇宙灯
名　称			单位	消　耗　量			
人工	合计工日		工日	0.380	0.405	0.433	0.593
	其中	普工	工日	0.117	0.124	0.133	0.182
		一般技工	工日	0.209	0.223	0.238	0.327
		高级技工	工日	0.054	0.058	0.062	0.084
材料	成套灯具		套	（1.010）	（1.010）	（1.010）	（1.010）
	铜芯塑料绝缘电线 BV-2.5mm^2		m	0.916	0.916	0.916	0.916
	铜接线端子 20A		个	1.015	1.015	1.015	1.015
	其他材料费		%	1.80	1.80	1.80	1.80

编号				4-14-138	4-14-139	4-14-140	4-14-141
项目				镜面球灯	蛇管灯	满天星彩灯	彩控器
				套	m		台
名称			单位	消耗量			
人工	合计工日		工日	0.604	0.058	0.051	0.411
	其中	普工	工日	0.186	0.018	0.016	0.126
		一般技工	工日	0.332	0.032	0.028	0.227
		高级技工	工日	0.086	0.008	0.007	0.058
材料	成套灯具		套	（1.010）	—	—	—
	成套灯具		m	—	（1.010）	（1.010）	—
	彩控器		台	—	—	—	（1.010）
	镀锌铁丝 ϕ2.5~4.0		kg	—	—	0.101	—
	尼龙卡带 *D*10		个	—	3.090	3.090	—
	铜芯塑料绝缘电线 BV-2.5mm^2		m	0.916	0.061	0.061	9.162
	铜接线端子 20A		个	1.015	—	—	1.020
	其他材料费		%	1.80	1.80	1.80	1.80

十、荧光灯具安装

工作内容： 测位、划线、打眼、埋塑料膨胀管、上塑料圆台（木台）、吊链、吊管加工、灯具组装、接线、接焊包头。

计量单位： 套

编号				4-14-142	4-14-143	4-14-144	4-14-145	4-14-146
项目				吊链式			吊管式	
				单管	双管	三管	单管	双管
名称			单位	消耗量				
人工	合计工日		工日	0.140	0.174	0.197	0.145	0.183
	其中	普工	工日	0.043	0.053	0.060	0.044	0.056
		一般技工	工日	0.084	0.105	0.118	0.087	0.110
		高级技工	工日	0.013	0.016	0.019	0.014	0.017
材料	成套灯具		套	(1.010)	(1.010)	(1.010)	(1.010)	(1.010)
	灯具吊杆 $\phi15$		根	—	—	—	(2.040)	(2.040)
	木螺钉 $d2\sim4\times6\sim65$		个	6.240	6.240	6.240	6.240	6.240
	塑料胀管 $\phi6\sim8$		个	2.200	2.200	2.200	2.200	2.200
	吊盒		个	2.040	2.040	2.040	—	—
	瓜子灯链 大号		m	3.030	3.030	3.030	—	—
	铜芯塑料绝缘电线 BV-2.5mm^2		m	0.458	0.458	0.458	4.123	4.123
	铜芯橡皮花线 BXH $2\times23/0.15$mm^2		m	1.527	1.527	1.527	—	—
	铜接线端子 20A		个	1.015	1.015	1.015	1.015	1.015
	其他材料费		%	1.80	1.80	1.80	1.80	1.80

计量单位：套

编号			4-14-147
项目			吊管式
			三管
名称		单位	消耗量
人工	合计工日	工日	0.205
	其中 普工	工日	0.063
	其中 一般技工	工日	0.123
	其中 高级技工	工日	0.019
材料	成套灯具	套	(1.010)
	灯具吊杆 $\phi15$	根	(2.040)
	木螺钉 $d2\sim4\times6\sim65$	个	6.240
	塑料胀管 $\phi6\sim8$	个	2.200
	铜芯塑料绝缘电线 BV-2.5mm^2	m	4.123
	铜接线端子 20A	个	1.015
	其他材料费	%	1.80

计量单位：套

编号			4-14-148	4-14-149	4-14-150
项目			吸顶式		
			单管	双管	三管
名称		单位	消耗量		
人工	合计工日	工日	0.132	0.165	0.187
	其中 普工	工日	0.040	0.050	0.057
	其中 一般技工	工日	0.080	0.100	0.112
	其中 高级技工	工日	0.012	0.015	0.018
材料	成套灯具	套	(1.010)	(1.010)	(1.010)
	木螺钉 $d2\sim4\times6\sim65$	个	2.080	2.080	2.080
	塑料胀管 $\phi6\sim8$	个	2.200	2.200	2.200
	铜芯塑料绝缘电线 BV-2.5mm^2	m	1.069	1.069	1.069
	铜接线端子 20A	个	1.015	1.015	1.015
	其他材料费	%	1.80	1.80	1.80

工作内容：测位、划线、打眼、埋螺栓、灯具安装、接线、焊接包头。　　　　**计量单位：**套

编号				4-14-151	4-14-152	4-14-153	4-14-154
项目				嵌入式			
				单管	双管	三管	四管
名称			单位	消耗量			
人工	合计工日		工日	0.154	0.249	0.305	0.367
	其中	普工	工日	0.047	0.076	0.093	0.112
		一般技工	工日	0.092	0.149	0.183	0.220
		高级技工	工日	0.015	0.024	0.029	0.035
材料	成套灯具		套	(1.010)	(1.010)	(1.010)	(1.010)
	镀锌槽型吊码 单边 $\delta=3$		个	2.060	2.060	—	—
	镀锌槽型吊码 双边 $\delta=3$		个	—	—	2.060	2.060
	镀锌圆钢吊杆 带4个螺母 4个垫圈 $\phi 8$		根	2.100	2.100	4.200	4.200
	铜芯塑料绝缘电线 BV-2.5mm^2		m	3.512	3.512	3.512	3.512
	铜接线端子 20A		个	1.015	1.015	1.015	1.015
	其他材料费		%	1.80	1.80	1.80	1.80

十一、嵌入式地灯安装

工作内容：测位、划线、打眼、埋螺栓、灯具安装、接线、焊接包头等。　　　　**计量单位：**套

编号				4-14-155	4-14-156
项目				地板下	地坪下
名称			单位	消耗量	
人工	合计工日		工日	0.188	0.269
	其中	普工	工日	0.067	0.095
		一般技工	工日	0.103	0.148
		高级技工	工日	0.018	0.026
材料	成套灯具		套	(1.010)	(1.010)
	木螺钉 $d2\sim4\times6\sim65$		个	2.080	—
	塑料胀管 $\phi 6\sim8$		个	2.200	—
	铜芯塑料绝缘电线 BV-2.5mm^2		m	1.985	1.985
	铜接线端子 20A		个	1.015	1.015
	塑料接线柱 双线		个	1.030	1.030
	其他材料费		%	1.80	1.80

十二、工厂灯安装

1. 工厂罩灯安装

工作内容：测位、划线、打眼、埋螺栓、灯具安装、接线、焊接包头等。 **计量单位：**套

编号				4-14-157	4-14-158	4-14-159	4-14-160	4-14-161
项目				吸顶式	弯杆式	悬挂式	吊管式	吊链式
名称			单位	消耗量				
人工	合计工日		工日	0.126	0.126	0.131	0.126	0.126
	其中	普工	工日	0.039	0.039	0.040	0.039	0.039
		一般技工	工日	0.069	0.069	0.072	0.069	0.069
		高级技工	工日	0.018	0.018	0.019	0.018	0.018
材料	成套灯具		套	(1.010)	(1.010)	(1.010)	(1.010)	(1.010)
	木螺钉 $d2\sim4\times6\sim65$		个	4.160	5.200	—	4.160	—
	塑料胀管 $\phi6\sim8$		个	4.400	5.500	—	4.400	—
	圆镀锌挂钩底座 $\phi100$		个	—	—	1.020	—	1.020
	铜芯塑料绝缘电线 BV-2.5mm^2		m	1.222	2.647	1.832	3.054	4.123
	铜接线端子 20A		个	1.015	1.015	1.015	1.015	1.015
	其他材料费		%	1.80	1.80	1.80	1.80	1.80

2. 防尘防水灯安装

工作内容：测位、划线、打眼、埋螺栓、灯具安装、接线、焊接包头等。 **计量单位：**套

编号				4-14-162	4-14-163
项目				杆式	吸顶式
名称			单位	消耗量	
人工	合计工日		工日	0.182	0.182
	其中	普工	工日	0.056	0.056
		一般技工	工日	0.100	0.100
		高级技工	工日	0.026	0.026
材料	成套灯具		套	(1.010)	(1.010)
	木螺钉 $d2\sim4\times6\sim65$		个	4.160	4.160
	塑料胀管 $\phi6\sim8$		个	4.400	4.400
	铜芯塑料绝缘电线 BV-2.5mm^2		m	3.054	1.222
	铜接线端子 20A		个	1.015	1.015
	其他材料费		%	1.80	1.80

3. 碘钨灯、投光灯安装

工作内容:测位、划线、打眼、埋螺栓、支架安装、灯具组装、接线、焊接包头等。　　**计量单位:**套

编号				4-14-164	4-14-165
项目				防潮灯	腰形船顶灯
名称			单位	消耗量	
人工	合计工日		工日	0.124	0.124
	其中	普工	工日	0.038	0.038
		一般技工	工日	0.068	0.068
		高级技工	工日	0.018	0.018
材料	成套灯具		套	(1.010)	(1.010)
	木螺钉 $d2\sim4\times6\sim65$		个	3.120	4.160
	塑料胀管 $\phi6\sim8$		个	3.300	4.400
	铜芯塑料绝缘电线 BV-2.5mm^2		m	0.916	0.916
	铜接线端子 20A		个	1.015	1.015
	其他材料费		%	1.80	1.80

计量单位:套

编号				4-14-166	4-14-167
项目				管形氙气灯	投光灯
名称			单位	消耗量	
人工	合计工日		工日	0.217	0.190
	其中	普工	工日	0.067	0.059
		一般技工	工日	0.119	0.104
		高级技工	工日	0.031	0.027
材料	成套灯具		套	(1.010)	(1.010)
	钢板(综合)		kg	2.970	0.990
	沉头螺钉 M10×53		套	4.080	—
	低碳钢焊条(综合)		kg	0.100	0.100
	铜芯塑料绝缘电线 BV-4.0mm^2		m	0.916	0.916
	铜接线端子 20A		个	1.015	1.015
	其他材料费		%	1.80	1.80
机械	弧焊机 20kV·A		台班	0.056	0.056

4. 混光灯安装

工作内容：测位，划线，打眼，埋螺栓，支架制作、安装，灯具及镇流器箱组装，接线，接地，焊接包头等。

计量单位：套

编号				4-14-168	4-14-169	4-14-170
项目				吊杆式	吊链式	嵌入式
名称			单位	消耗量		
人工	合计工日		工日	0.765	0.732	0.666
	其中	普工	工日	0.235	0.225	0.205
		一般技工	工日	0.421	0.403	0.366
		高级技工	工日	0.109	0.104	0.095
材料	成套灯具		套	（1.010）	（1.010）	（1.010）
	角钢（综合）		kg	1.131	0.943	0.754
	镀锌自攻螺钉 ST4~6×20~35		个	—	—	4.160
	低碳钢焊条（综合）		kg	0.123	0.098	0.076
	铜芯塑料绝缘电线 BV-4.0mm^2		m	3.054	4.123	0.916
	铜接线端子 20A		个	1.015	1.015	1.015
	其他材料费		%	1.80	1.80	1.80
机械	弧焊机 20kV·A		台班	0.056	0.047	0.037

5. 烟囱、冷却塔、独立塔架上标志灯安装

工作内容：测位、划线、打眼、埋螺栓、灯具安装、接线、焊接包头等。

计量单位：套

编号				4-14-171	4-14-172	4-14-173
项目				安装高度（m）		
				≤30	≤50	≤80
名称			单位	消耗量		
人工	合计工日		工日	0.425	0.691	1.724
	其中	普工	工日	0.131	0.213	0.530
		一般技工	工日	0.233	0.380	0.948
		高级技工	工日	0.061	0.098	0.246
材料	成套灯具		套	（1.010）	（1.010）	（1.010）
	铜芯塑料绝缘电线 BV-2.5mm^2		m	0.916	0.916	0.916
	铜接线端子 20A		个	1.015	1.015	1.015
	其他材料费		%	1.80	1.80	1.80

计量单位：套

编　号			4-14-174	4-14-175	4-14-176
项　目			安装高度（m）		
			≤120	≤150	≤200
名　称		单位	消　耗　量		
人工	合计工日	工日	2.137	2.890	3.887
其中	普工	工日	0.657	0.889	1.195
	一般技工	工日	1.175	1.589	2.138
	高级技工	工日	0.305	0.412	0.554
材料	成套灯具	套	（1.010）	（1.010）	（1.010）
	铜芯塑料绝缘电线 BV-2.5mm^2	m	0.916	0.916	0.916
	铜接线端子 20A	个	1.015	1.015	1.015
	其他材料费	%	1.80	1.80	1.80

6. 密封灯具安装

工作内容：测位、划线、打眼、埋螺栓、上底台、支架安装、灯具安装、接线、焊接包头等。　**计量单位：**套

编　号			4-14-177	4-14-178	4-14-179	4-14-180
项　目			安全灯		防爆灯	
			直杆式	弯杆式	直杆式	弯杆式
名　称		单位	消　耗　量			
人工	合计工日	工日	0.257	0.257	0.259	0.259
其中	普工	工日	0.079	0.079	0.080	0.080
	一般技工	工日	0.141	0.141	0.142	0.142
	高级技工	工日	0.037	0.037	0.037	0.037
材料	成套灯具	套	（1.010）	（1.010）	（1.010）	（1.010）
	扁钢（综合）	kg	—	1.186	—	1.186
	铜芯塑料绝缘电线 BV-2.5mm^2	m	3.054	2.647	3.054	2.647
	铜接线端子 20A	个	1.015	1.015	1.015	1.015
	其他材料费	%	1.80	1.80	1.80	1.80

计量单位：套

编　　号			4-14-181	4-14-182	4-14-183	4-14-184
项　　目			高压水银防爆灯		防爆荧光灯	应急灯
			弯杆式	直杆式		
名　　称		单位	消　耗　量			
人工	合计工日	工日	0.298	0.298	0.257	0.194
	其中 普工	工日	0.092	0.092	0.079	0.060
	其中 一般技工	工日	0.164	0.164	0.141	0.106
	其中 高级技工	工日	0.042	0.042	0.037	0.028
材料	成套灯具	套	(1.010)	(1.010)	(1.010)	(1.010)
	木螺钉 $d2\sim4\times6\sim65$	个	—	—	—	2.080
	塑料胀管 $\phi6\sim8$	个	—	—	—	2.200
	铜芯塑料绝缘电线 BV-2.5mm^2	m	3.054	2.647	3.054	—
	铜芯橡皮绝缘电线 BX-3×2.5mm^2	m	—	—	—	0.509
	铜接线端子 20A	个	1.015	1.015	1.015	—
	其他材料费	%	1.80	1.80	1.80	1.80

十三、医院灯具安装

工作内容：测位、划线、打眼、埋螺栓、灯具安装、接线、焊接包头等。

计量单位：套

编　　号			4-14-185	4-14-186	4-14-187	4-14-188
项　　目			病房指示灯	病房暗角灯	紫外线杀菌灯	吊杆式无影灯
名　　称		单位	消　耗　量			
人工	合计工日	工日	0.209	0.184	0.140	1.915
	其中 普工	工日	0.064	0.056	0.043	0.589
	其中 一般技工	工日	0.115	0.101	0.077	1.053
	其中 高级技工	工日	0.030	0.027	0.020	0.273
材料	成套灯具	套	(1.010)	(1.010)	(1.010)	(1.010)
	镀锌薄钢板 360×360×5	块	—	—	—	1.050
	木螺钉 $d2\sim4\times6\sim65$	个	4.160	4.160	4.160	—
	塑料胀管 $\phi6\sim8$	个	4.400	4.400	2.200	—
	铜芯塑料绝缘电线 BV-2.5mm^2	m	0.458	0.458	1.069	0.916
	铜接线端子 20A	个	1.015	1.015	1.015	1.015
	塑料接线柱 双线	个	1.030	1.030	—	1.030
	其他材料费	%	1.80	1.80	1.80	1.80

十四、霓虹灯安装

工作内容： 打眼、固定脚座、安装灯管、串联线路；变压器开箱检查、本体就位、垫铁安装、高压接线、接地、补漆、调试、配合电气试验。

编号				4-14-189	4-14-190	4-14-191	4-14-192
项目				灯管		漏磁变压器	
				直径（mm）		电压（kV）	
				≤10	≤20	≤9	≤10
				m		台	
名称			单位	消耗量			
人工	合计工日		工日	0.160	0.188	1.279	1.702
	其中	普工	工日	0.049	0.058	0.393	0.523
		一般技工	工日	0.088	0.103	0.704	0.936
		高级技工	工日	0.023	0.027	0.182	0.243
材料	霓虹灯管		m	（1.200）	（1.200）	—	—
	漏磁变压器		台	—	—	（1.000）	（1.000）
	镀锌铁丝 ϕ2.5~4.0		kg	—	—	0.500	0.800
	镀锌扁钢（综合）		kg	—	—	2.500	3.800
	低碳钢焊条（综合）		kg	—	—	0.300	0.300
	酚醛调和漆		kg	—	—	0.800	0.800
	防锈漆		kg	—	—	0.300	0.300
	汽油（综合）		kg	—	—	0.300	0.300
	霓虹管支座（综合）		个	3.030	3.030	—	—
	铜芯塑料绝缘电线 BV-4.0mm^2		m	—	—	0.916	0.916
	铜接线端子 20A		个	—	—	1.015	1.015
	其他材料费		%	1.80	1.80	1.80	1.80
机械	弧焊机 20kV·A		台班	—	—	0.200	0.200

工作内容: 安装、固定、接线、调试。

计量单位: 台

编号				4-14-193	4-14-194
项目				电子变压器	
				功率(W)	
				≤60	≤100
名称			单位	消耗量	
人工	合计工日		工日	1.509	1.907
	其中	普工	工日	0.464	0.586
		一般技工	工日	0.830	1.049
		高级技工	工日	0.215	0.272
材料	电子变压器		台	(1.000)	(1.000)
	镀锌铁丝 ϕ2.5~4.0		kg	0.300	0.500
	镀锌扁钢(综合)		kg	2.100	3.500
	低碳钢焊条(综合)		kg	0.200	0.200
	铜芯塑料绝缘电线 BV-4.0mm^2		m	0.916	0.916
	铜接线端子 20A		个	1.015	1.015
	其他材料费		%	1.80	1.80
机械	弧焊机 20kV·A		台班	0.150	0.150

工作内容: 安装、固定、接线、调试。

计量单位: 台

编号				4-14-195	4-14-196
项目				控制器	
				两路变化	三路变化
名称			单位	消耗量	
人工	合计工日		工日	2.390	3.349
	其中	普工	工日	0.735	1.030
		一般技工	工日	1.315	1.842
		高级技工	工日	0.340	0.477
材料	变化控制器		台	(1.000)	(1.000)
	铜芯塑料绝缘电线 BV-4.0mm^2		m	0.916	0.916
	铜接线端子 20A		个	1.015	1.015
	其他材料费		%	1.80	1.80

计量单位：台

编　号				4-14-197	4-14-198	4-14-199	4-14-200
项　目				控制器			
				四路变化	五路变化	六路变化	七路变化
名　称			单位	消　耗　量			
人工	合计工日		工日	4.787	5.738	6.038	6.695
	其中	普工	工日	1.472	1.764	1.857	2.059
		一般技工	工日	2.633	3.156	3.321	3.682
		高级技工	工日	0.682	0.818	0.860	0.954
材料	变化控制器		台	(1.000)	(1.000)	(1.000)	(1.000)
	铜芯塑料绝缘电线 BV-4.0mm^2		m	0.916	0.916	0.916	0.916
	铜接线端子 20A		个	1.015	1.015	1.015	1.015
	其他材料费		%	1.80	1.80	1.80	1.80

计量单位：台

编　号				4-14-201
项　目				控制器
				八路变化
名　称			单位	消　耗　量
人工	合计工日		工日	7.179
	其中	普工	工日	2.208
		一般技工	工日	3.948
		高级技工	工日	1.023
材料	变化控制器		台	(1.000)
	铜芯塑料绝缘电线 BV-4.0mm^2		m	0.916
	铜接线端子 20A		个	1.015
	其他材料费		%	1.80

计量单位：台

编　号				4-14-202	4-14-203	4-14-204	4-14-205	4-14-206
项　目				防雨定时控制器				
				接触器电流（A）				
				≤20	≤40	≤60	≤80	≤100
名　称			单位	消　耗　量				
人工	合计工日		工日	1.287	1.414	1.560	1.713	1.881
	其中	普工	工日	0.395	0.435	0.479	0.527	0.578
		一般技工	工日	0.708	0.778	0.858	0.942	1.035
		高级技工	工日	0.184	0.201	0.223	0.244	0.268
材料	接触器		台	（1.000）	（1.000）	（1.000）	（1.000）	（1.000）
	防雨定时控制器		台	（1.000）	（1.000）	（1.000）	（1.000）	（1.000）
	铜芯塑料绝缘电线 BV-4.0mm^2		m	0.916	0.916	0.916	0.916	0.916
	铜接线端子 20A		个	1.015	1.015	1.015	1.015	1.015
	其他材料费		%	1.80	1.80	1.80	1.80	1.80

计量单位：台

编　号				4-14-207
项　目				霓虹灯继电器
名　称			单位	消　耗　量
人工	合计工日		工日	0.080
	其中	普工	工日	0.025
		一般技工	工日	0.044
		高级技工	工日	0.011
材料	继电器		台	（1.000）
	铜芯塑料绝缘电线 BV-4.0mm^2		m	0.916
	铜接线端子 20A		个	1.015
	其他材料费		%	1.80

十五、路 灯 安 装

1. 单臂悬挑灯架路灯安装

工作内容：定位、抱箍、灯架及照明器件安装、接线、试灯。　　　　**计量单位：**套

编　号				4-14-208	4-14-209	4-14-210	4-14-211	4-14-212
项　目				抱箍式				
				单抱箍臂长（m）		双抱箍臂长（m）		
				≤1.2	≤3		≤5	>5
名　称			单位	消　耗　量				
人工	合计工日		工日	0.098	0.333	0.467	0.547	0.631
	其中	普工	工日	0.030	0.102	0.144	0.168	0.194
		一般技工	工日	0.054	0.183	0.256	0.301	0.347
		高级技工	工日	0.014	0.048	0.067	0.078	0.090
材料	灯架		套	（1.010）	（1.010）	（1.010）	（1.010）	（1.010）
	镀锌半挑 8×50×400		块	—	—	1.010	1.010	1.010
	镀锌大灯泡抱箍连压板		副	1.010	1.010	2.020	2.020	2.020
	羊角熔断器 10A		个	1.030	1.030	1.030	1.030	1.030
	铁担针式瓷瓶 3#		个	—	—	2.060	2.060	2.060
	金属清洗剂		kg	0.200	0.200	0.200	0.200	0.200
	白布		kg	0.100	0.100	0.100	0.100	0.100
	扣件		套	2.060	2.060	—	—	—
	其他材料费		%	1.80	1.80	1.80	1.80	1.80
机械	载货汽车－普通货车 5t		台班	0.037	0.037	0.037	0.037	0.037
	汽车式高空作业车 18m		台班	0.045	0.045	0.045	0.045	0.045

计量单位：套

编号				4-14-213	4-14-214	4-14-215	4-14-216	4-14-217
项目				抱箍式				
				双拉梗臂长（m）			双臂架臂长（m）	
				≤3	≤5	>5	≤3	≤5
名称			单位	消耗量				
人工	合计工日		工日	0.650	0.751	0.869	0.573	0.664
	其中	普工	工日	0.200	0.231	0.267	0.176	0.204
		一般技工	工日	0.357	0.413	0.478	0.315	0.365
		高级技工	工日	0.093	0.107	0.124	0.082	0.095
材料	灯架		套	（1.010）	（1.010）	（1.010）	（1.010）	（1.010）
	羊角熔断器 10A		个	1.030	1.030	1.030	1.030	1.030
	蝶式绝缘子 ED-3		个	2.060	2.060	2.060	2.060	2.060
	镀锌大灯抱箍压板		副	1.010	1.010	1.010	2.020	2.020
	镀锌横担抱箍		副	1.010	1.010	1.010	—	—
	镀锌拉线横担 L50×5×650		副	1.010	1.010	1.010	—	—
	金属清洗剂		kg	0.200	0.200	0.200	0.200	0.200
	白布		kg	0.100	0.100	0.100	0.100	0.100
	其他材料费		%	1.80	1.80	1.80	1.80	1.80
机械	载货汽车－普通货车 5t		台班	0.037	0.037	0.037	0.037	0.037
	汽车式高空作业车 18m		台班	0.045	0.056	0.067	0.045	0.045

计量单位：套

编号				4-14-218	4-14-219	4-14-220	4-14-221	4-14-222	4-14-223
项目				顶套式					
				成套型臂长（m）			组装型臂长（m）		
				≤3	≤5	>5	≤3	≤5	>5
名称			单位	消耗量					
人工	合计工日		工日	0.324	0.456	0.524	0.324	0.463	0.565
	其中	普工	工日	0.100	0.140	0.161	0.100	0.142	0.174
		一般技工	工日	0.178	0.251	0.288	0.178	0.255	0.311
		高级技工	工日	0.046	0.065	0.075	0.046	0.066	0.080
材料	灯架		套	（1.010）	（1.010）	（1.010）	（1.010）	（1.010）	（1.010）
	顶套		个	—	—	—	1.010	1.010	1.010
	金属清洗剂		kg	0.200	0.200	0.200	0.200	0.200	0.200
	白布		kg	0.100	0.100	0.100	0.100	0.100	0.100
	其他材料费		%	1.80	1.80	1.80	1.80	1.80	1.80
机械	载货汽车－普通货车 5t		台班	0.037	0.037	0.037	0.037	0.037	0.037
	汽车式高空作业车 18m		台班	0.037	0.037	0.037	0.037	0.037	0.041

计量单位：套

编　号				4-14-224	4-14-225	4-14-226
项　目				成套型		
				臂长（m）		
				≤1.2	≤2.5	>2.5
名　称			单位	消　耗　量		
人工	合计工日		工日	0.362	0.618	0.785
	其中	普工	工日	0.111	0.190	0.241
		一般技工	工日	0.199	0.340	0.432
		高级技工	工日	0.052	0.088	0.112
材料	成套灯具		套	（1.010）	（1.010）	（1.010）
	沉头螺钉 M10×20		10个	0.204	0.306	0.408
	弯灯抱箍		套	1.050	1.050	—
	羊角熔断器 5A		个	1.030	1.030	—
	羊角熔断器 10A		个	—	—	1.030
	鼓形绝缘子 G38		个	2.091	4.030	6.273
	抱箍 U形		套	—	—	2.010
	金属清洗剂		kg	0.200	0.200	0.200
	白布		kg	0.100	0.100	0.100
	其他材料费		%	1.80	1.80	1.80
机械	载货汽车－普通货车 5t		台班	0.028	0.035	0.050
	汽车式高空作业车 18m		台班	0.035	0.045	0.060

2. 双臂悬挑灯架路灯安装

工作内容：配件检查、灯架及照明器件安装、找正、螺栓固定、接线、试灯。　　**计量单位：**套

编　号				4-14-227	4-14-228	4-14-229	4-14-230	4-14-231	4-14-232
项　目				成套型					
				对称式臂长（m）			非对称式臂长（m）		
				≤2.5	≤5	>5	≤2.5	≤5	>5
名　称			单位	消　耗　量					
人工	合计工日		工日	0.544	0.604	0.683	0.524	0.579	0.669
	其中	普工	工日	0.167	0.186	0.210	0.161	0.178	0.206
		一般技工	工日	0.299	0.332	0.376	0.288	0.319	0.368
		高级技工	工日	0.078	0.086	0.097	0.075	0.082	0.095
材料	灯架		套	（1.010）	（1.010）	（1.010）	（1.010）	（1.010）	（1.010）
	金属清洗剂		kg	0.300	0.300	0.300	0.300	0.300	0.300
	白布		kg	0.180	0.180	0.180	0.180	0.180	0.180
	其他材料费		%	1.80	1.80	1.80	1.80	1.80	1.80
机械	载货汽车－普通货车 5t		台班	0.037	0.037	0.037	0.037	0.037	0.037
	汽车式高空作业车 18m		台班	0.045	0.052	0.060	0.045	0.052	0.060

计量单位：套

编　号				4-14-233	4-14-234	4-14-235	4-14-236	4-14-237	4-14-238
项　目				组装型					
				对称式臂长（m）			非对称式臂长（m）		
				≤2.5	≤5	>5	≤2.5	≤5	>5
名　称			单位	消　耗　量					
人工	合计工日		工日	0.626	0.699	0.793	0.595	0.664	0.753
	其中	普工	工日	0.192	0.215	0.244	0.183	0.204	0.231
		一般技工	工日	0.345	0.385	0.436	0.327	0.365	0.414
		高级技工	工日	0.089	0.099	0.113	0.085	0.095	0.108
材料	灯架		套	（1.010）	（1.010）	（1.010）	（1.010）	（1.010）	（1.010）
	顶套		个	1.010	1.010	1.010	1.010	1.010	1.010
	金属清洗剂		kg	0.300	0.300	0.300	0.300	0.300	0.300
	白布		kg	0.180	0.180	0.180	0.180	0.180	0.180
	其他材料费		%	1.80	1.80	1.80	1.80	1.80	1.80
机械	载货汽车－普通货车 5t		台班	0.037	0.037	0.037	0.037	0.037	0.037
	汽车式高空作业车 18m		台班	0.052	0.060	0.067	0.052	0.060	0.067

3. 高杆灯架路灯安装

工作内容：灯架检查、灯具安装、螺栓紧固、灯具接线、包头、试灯。 **计量单位：**套

编号				4-14-239	4-14-240	4-14-241	4-14-242	4-14-243	4-14-244
项目				成套型高杆灯架灯高 ≤11m					
				灯火数（火）					
				≤7	≤9	≤12	≤15	≤20	≤25
名称			单位	消耗量					
人工	合计工日		工日	3.064	3.832	4.771	5.453	6.786	8.479
	其中	普工	工日	0.942	1.178	1.467	1.677	2.087	2.607
		一般技工	工日	1.685	2.108	2.624	2.999	3.732	4.664
		高级技工	工日	0.437	0.546	0.680	0.777	0.967	1.208
材料	灯架		套	（1.010）	（1.010）	（1.010）	（1.010）	（1.010）	（1.010）
	金属清洗剂		kg	0.400	0.400	0.400	0.400	0.400	0.400
	白布		kg	0.250	0.250	0.250	0.250	0.250	0.250
	其他材料费		%	1.80	1.80	1.80	1.80	1.80	1.80
机械	汽车式起重机 8t		台班	0.187	0.187	0.187	0.187	0.187	0.187
	载货汽车－普通货车 5t		台班	0.075	0.075	0.075	0.112	0.150	0.187
	汽车式高空作业车 18m		台班	0.187	0.187	0.187	0.374	0.374	0.374

计量单位：套

编号				4-14-245	4-14-246	4-14-247	4-14-248	4-14-249	4-14-250
项目				成套型高杆灯架灯高 ≤20m					
				灯火数（火）					
				≤7	≤9	≤12	≤15	≤20	≤25
名称			单位	消耗量					
人工	合计工日		工日	3.734	4.697	5.885	6.153	8.456	10.607
	其中	普工	工日	1.148	1.445	1.810	1.892	2.600	3.261
		一般技工	工日	2.054	2.583	3.236	3.384	4.651	5.834
		高级技工	工日	0.532	0.669	0.839	0.877	1.205	1.512
材料	灯架		套	（1.010）	（1.010）	（1.010）	（1.010）	（1.010）	（1.010）
	金属清洗剂		kg	0.600	0.600	0.600	0.600	0.600	0.600
	白布		kg	0.300	0.300	0.300	0.300	0.300	0.300
	其他材料费		%	1.80	1.80	1.80	1.80	1.80	1.80
机械	汽车式起重机 8t		台班	0.187	0.187	0.187	0.187	0.187	0.187
	载货汽车－普通货车 5t		台班	0.075	0.075	0.112	0.112	0.150	0.187
	汽车式高空作业车 21m		台班	0.187	0.187	0.187	0.374	0.374	0.374

工作内容：测位、划线、成套吊装、找正、螺栓紧固、焊压包头、灯具接线、试灯。　　**计量单位：**套

编　　号			4-14-251	4-14-252	4-14-253	4-14-254	4-14-255	4-14-256
项　　目			成套型固定式灯盘灯高＞20m					
			灯火数（火）					
			≤12	≤18	≤24	≤12	≤48	≤60
名　　称		单位	消　耗　量					
人工	合计工日	工日	11.952	13.024	14.213	15.297	16.516	17.905
	其中 普工	工日	3.675	4.005	4.371	4.704	5.078	5.506
	其中 一般技工	工日	6.574	7.163	7.817	8.413	9.084	9.848
	其中 高级技工	工日	1.703	1.856	2.025	2.180	2.354	2.551
材料	灯架	套	（1.010）	（1.010）	（1.010）	（1.010）	（1.010）	（1.010）
	金属清洗剂	kg	0.850	0.850	0.850	0.850	0.850	0.850
	白布	kg	0.500	0.500	0.500	0.500	0.500	0.500
	其他材料费	%	1.80	1.80	1.80	1.80	1.80	1.80
机械	汽车式起重机 25t	台班	0.374	0.374	0.374	0.748	0.748	0.748
	载货汽车－普通货车 5t	台班	0.374	0.374	0.374	0.374	0.374	0.374
	汽车式高空作业车 21m	台班	0.374	0.374	0.374	0.748	0.748	0.748

工作内容：测位、划线、成套吊装、找正、螺栓紧固、焊压包头、传动装置安装、清洗上油、灯具接线、试灯、试验。

计量单位：套

编号				4-14-257	4-14-258	4-14-259	4-14-260	4-14-261	4-14-262
项目				成套型升降式灯盘灯高＞20m					
				灯火数(火)					
				≤12	≤18	≤24	≤36	≤48	≤60
名称			单位	消耗量					
人工	合计工日		工日	13.834	15.096	16.479	17.801	19.263	20.933
	其中	普工	工日	4.254	4.642	5.067	5.474	5.923	6.437
		一般技工	工日	7.609	8.303	9.064	9.791	10.595	11.513
		高级技工	工日	1.971	2.151	2.348	2.536	2.745	2.983
材料	灯架		套	(1.010)	(1.010)	(1.010)	(1.010)	(1.010)	(1.010)
	升降传动装置		套	(1.000)	(1.000)	(1.000)	(1.000)	(1.000)	(1.000)
	白布		kg	0.500	0.500	0.500	0.750	0.750	0.750
	肥皂		块	0.500	0.500	0.500	0.500	0.500	0.500
	金属清洗剂		kg	1.000	1.000	1.000	1.000	1.000	1.000
	黄甘油		kg	1.000	1.000	1.000	1.000	1.000	1.000
	黄油		kg	0.300	0.300	0.300	0.500	0.500	0.500
	其他材料费		%	1.80	1.80	1.80	1.80	1.80	1.80
机械	汽车式起重机 25t		台班	0.374	0.374	0.374	0.748	0.748	0.748
	载货汽车-普通货车 5t		台班	0.374	0.374	0.374	0.374	0.374	0.374
	汽车式高空作业车 21m		台班	0.374	0.374	0.374	0.748	0.748	0.748

工作内容：灯架检查、测试定位、灯具安装、螺栓紧固、灯具接线、包头、试灯。　　**计量单位：**套

编号				4-14-263	4-14-264	4-14-265	4-14-266	4-14-267	4-14-268
项目				组合型高杆灯架灯高＞11m					
				灯火数(火)					
				≤7	≤9	≤12	≤15	≤20	≤25
名称			单位	消耗量					
人工	合计工日		工日	4.039	4.641	5.916	6.616	8.249	10.302
	其中	普工	工日	1.242	1.427	1.819	2.034	2.537	3.168
		一般技工	工日	2.222	2.553	3.254	3.639	4.537	5.666
		高级技工	工日	0.575	0.661	0.843	0.943	1.175	1.468
材料	灯架		套	(1.010)	(1.010)	(1.010)	(1.010)	(1.010)	(1.010)
	金属清洗剂		kg	0.550	0.550	0.550	0.550	0.550	0.550
	白布		kg	0.350	0.350	0.350	0.350	0.350	0.350
	其他材料费		%	1.80	1.80	1.80	1.80	1.80	1.80
机械	汽车式起重机 8t		台班	0.187	0.187	0.187	0.187	0.187	0.187
	载货汽车-普通货车 5t		台班	0.075	0.075	0.112	0.112	0.150	0.187
	汽车式高空作业车 18m		台班	0.187	0.187	0.187	0.374	0.374	0.374

计量单位：套

编号				4-14-269	4-14-270	4-14-271
项目				组合型高杆灯架灯高＞20m		
				灯火数(火)		
				≤7	≤9	≤12
名称			单位	消耗量		
人工	合计工日		工日	4.947	6.251	7.158
	其中	普工	工日	1.521	1.922	2.201
		一般技工	工日	2.721	3.438	3.937
		高级技工	工日	0.705	0.891	1.020
材料	灯架		套	(1.010)	(1.010)	(1.010)
	金属清洗剂		kg	0.850	0.850	0.850
	白布		kg	0.500	0.500	0.500
	其他材料费		%	1.80	1.80	1.80
机械	汽车式起重机 8t		台班	0.187	0.187	0.187
	载货汽车-普通货车 5t		台班	0.075	0.075	0.112
	汽车式高空作业车 21m		台班	0.187	0.187	0.187

工作内容：测位、划线、组合吊装、找正、螺栓紧固、焊压包头、灯具接线、试灯。　　**计量单位**：套

编号				4-14-272	4-14-273	4-14-274
项目				组合型高杆灯架灯高>20m		
				灯火数（火）		
				≤15	≤20	≤25
名称			单位	消耗量		
人工	合计工日		工日	8.218	10.284	12.879
	其中	普工	工日	2.527	3.162	3.960
		一般技工	工日	4.520	5.656	7.084
		高级技工	工日	1.171	1.466	1.835
材料	灯架		套	（1.010）	（1.010）	（1.010）
	金属清洗剂		kg	0.850	0.850	0.850
	白布		kg	0.500	0.500	0.500
	其他材料费		%	1.80	1.80	1.80
机械	汽车式起重机 8t		台班	0.187	0.187	0.187
	载货汽车-普通货车 5t		台班	0.112	0.150	0.187
	汽车式高空作业车 21m		台班	0.374	0.374	0.374

计量单位：套

编号				4-14-275	4-14-276	4-14-277
项目				组合型固定式灯盘灯高>20m		
				灯火数（火）		
				≤12	≤18	≤24
名称			单位	消耗量		
人工	合计工日		工日	12.580	13.713	14.968
	其中	普工	工日	3.868	4.217	4.603
		一般技工	工日	6.919	7.542	8.232
		高级技工	工日	1.793	1.954	2.133
材料	灯架		套	（1.010）	（1.010）	（1.010）
	金属清洗剂		kg	0.850	0.850	0.850
	白布		kg	0.500	0.500	0.500
	其他材料费		%	1.80	1.80	1.80
机械	汽车式起重机 25t		台班	0.374	0.374	0.374
	载货汽车-普通货车 5t		台班	0.374	0.374	0.374
	汽车式高空作业车 21m		台班	0.374	0.374	0.374

计量单位：套

编　　号				4-14-278	4-14-279	4-14-280
项　　目				组合型固定式灯盘灯高>20m		
				灯火数（火）		
				≤36	≤48	≤60
名　　称			单位	消　耗　量		
人工	合计工日		工日	16.133	17.130	18.917
	其中	普工	工日	4.961	5.267	5.817
		一般技工	工日	8.873	9.422	10.404
		高级技工	工日	2.299	2.441	2.696
材料	灯架		套	（1.010）	（1.010）	（1.010）
	金属清洗剂		kg	0.850	0.850	0.850
	白布		kg	0.500	0.500	0.500
	其他材料费		%	1.80	1.80	1.80
机械	汽车式起重机 25t		台班	0.748	0.748	0.748
	载货汽车－普通货车 5t		台班	0.374	0.374	0.374
	汽车式高空作业车 21m		台班	0.748	0.748	0.748

工作内容：测位、划线、成套吊装、找正、螺栓紧固、焊压包头、传动装置安装、清洗上油、灯具接线、试灯、试验。

计量单位：套

编号				4-14-281	4-14-282	4-14-283	4-14-284	4-14-285	4-14-286
项目				组合型升降式灯盘灯高＞20m					
				灯火数（火）					
				≤12	≤18	≤24	≤36	≤48	≤60
名称			单位	消耗量					
人工	合计工日		工日	14.554	15.882	17.356	18.764	20.323	22.102
	其中	普工	工日	4.475	4.884	5.337	5.770	6.249	6.796
		一般技工	工日	8.005	8.735	9.546	10.320	11.178	12.156
		高级技工	工日	2.074	2.263	2.473	2.674	2.896	3.150
材料	灯架		套	（1.010）	（1.010）	（1.010）	（1.010）	（1.010）	（1.010）
	升降传动装置		套	（1.000）	（1.000）	（1.000）	（1.000）	（1.000）	（1.000）
	白布		kg	0.500	0.500	0.500	0.750	0.750	0.750
	肥皂		块	0.500	0.500	0.500	0.500	0.500	0.500
	金属清洗剂		kg	1.000	1.000	1.000	1.000	1.000	1.000
	黄甘油		kg	1.000	1.000	1.000	1.500	1.500	1.500
	黄油		kg	0.300	0.300	0.300	0.500	0.500	0.500
	其他材料费		%	1.80	1.80	1.80	1.80	1.80	1.80
机械	汽车式起重机 25t		台班	0.374	0.374	0.374	0.748	0.748	0.748
	载货汽车－普通货车 5t		台班	0.374	0.374	0.374	0.374	0.374	0.374
	汽车式高空作业车 21m		台班	0.374	0.374	0.374	0.748	0.748	0.748

4. 桥梁栏杆灯安装

工作内容：打眼、埋螺栓、灯具组装、配线、接线、焊接包头、校试。　　**计量单位：**套

编号				4-14-287	4-14-288	4-14-289	4-14-290
项目				成套型		组装型	
				嵌入式	明装式	嵌入式	明装式
名称			单位	消耗量			
人工	合计工日		工日	0.341	0.273	0.409	0.328
	其中	普工	工日	0.105	0.084	0.126	0.101
		一般技工	工日	0.188	0.150	0.225	0.180
		高级技工	工日	0.048	0.039	0.058	0.047
材料	成套灯具		套	(1.010)	(1.010)	(1.010)	(1.010)
	铜芯塑料绝缘电线 BV-2.5mm^2		m	0.458	0.452	0.916	0.916
	铜接线端子 20A		个	1.015	1.015	1.015	1.015
	其他材料费		%	1.80	1.80	1.80	1.80
机械	载货汽车-普通货车 5t		台班	0.030	0.030	0.030	0.030

5. 路灯照明配件安装

工作内容：开箱检查、固定、配线、测位、划线、打眼、埋螺栓、安装。　　**计量单位：**套

编号				4-14-291	4-14-292	4-14-293
项目				镇流器安装	触发器安装	电容器安装
名称			单位	消耗量		
人工	合计工日		工日	0.069	0.044	0.051
	其中	普工	工日	0.021	0.013	0.015
		一般技工	工日	0.038	0.024	0.028
		高级技工	工日	0.010	0.007	0.008
材料	镇流器		套	(1.010)	—	—
	触发器		套	—	(1.010)	—
	电容器 400W		套	—	—	(1.010)
	铜芯塑料绝缘电线 BV-2.5mm^2		m	0.509	0.509	0.509
	其他材料费		%	1.80	1.80	1.80

6. 路灯杆座安装

工作内容：座箱部件检查、安装、找正、箱体接地、接点防水、绝缘处理。 **计量单位：**套

编号				4-14-294	4-14-295	4-14-296	4-14-297	4-14-298
项目				成套型		组合型		
				金属杆座	玻璃钢杆座	金属杆座	玻璃钢杆座	预制混凝土杆座
名称			单位	消耗量				
人工	合计工日		工日	0.166	0.141	0.221	0.178	0.315
人工	其中	普工	工日	0.051	0.043	0.068	0.054	0.097
人工	其中	一般技工	工日	0.092	0.078	0.122	0.098	0.173
人工	其中	高级技工	工日	0.023	0.020	0.031	0.026	0.045
材料	灯座箱		个	(1.010)	(1.010)	(1.010)	(1.010)	(1.010)
材料	低碳钢焊条(综合)		kg	0.055	0.055	0.055	0.055	0.055
材料	弹簧垫片(综合)		10个	0.102	—	0.102	—	—
材料	其他材料费		%	1.80	1.80	1.80	1.80	1.80
机械	载货汽车-普通货车 5t		台班	0.037	0.037	0.037	0.037	0.037
机械	弧焊机 20kV·A		台班	0.011	0.011	0.011	0.011	0.011

7. 路灯金属杆安装

工作内容：灯柱柱基杂物清理、立杆、找正、紧固螺栓并上防锈油。 **计量单位：**根

编 号				4-14-299	4-14-300	4-14-301	4-14-302
项 目				单杆			
				杆长（m）			
				≤5	≤10	≤15	≤20
名 称			单位	消 耗 量			
人工	合计工日		工日	0.156	0.240	0.353	0.614
	其中	普工	工日	0.048	0.074	0.108	0.188
		一般技工	工日	0.086	0.132	0.194	0.338
		高级技工	工日	0.022	0.034	0.051	0.088
材料	金属杆		根	（1.000）	（1.000）	（1.000）	（1.000）
	酚醛磁漆		kg	0.400	0.500	0.600	1.200
	防锈漆		kg	0.200	0.250	0.300	0.600
	钢垫板 δ2.5~5.0		kg	0.500	0.500	0.800	0.800
	其他材料费		%	1.80	1.80	1.80	1.80
机械	汽车式起重机 8t		台班	0.066	0.086	0.125	0.187

计量单位：根

编号				4-14-303	4-14-304	4-14-305
项目				单杆		
				杆长（m）		
				≤25	≤30	≤40
名称			单位	消耗量		
人工	合计工日		工日	0.916	1.270	1.481
	其中	普工	工日	0.282	0.391	0.455
		一般技工	工日	0.504	0.698	0.815
		高级技工	工日	0.130	0.181	0.211
材料	金属杆		根	（1.000）	（1.000）	（1.000）
	酚醛磁漆		kg	1.200	2.100	2.100
	防锈漆		kg	0.600	1.050	1.050
	钢垫板 δ2.5~5.0		kg	1.200	2.100	2.100
	其他材料费		%	1.80	1.80	1.80
机械	汽车式起重机 25t		台班	0.449	0.673	0.897

十六、景观灯安装

1. 庭院灯安装

工作内容：测位、划线、灯具组装、接线。　　　　**计量单位：**套

编　号				4-14-306	4-14-307
项　目				柱灯（火）	
				≤3	≤7
名　称			单位	消　耗　量	
人工	合计工日		工日	0.820	1.644
	其中	普工	工日	0.252	0.506
		一般技工	工日	0.451	0.904
		高级技工	工日	0.117	0.234
材料	成套灯具		套	（1.010）	（1.010）
	塑料接线柱 双线		个	1.030	1.030
	瓷接头 1~3 回路		个	—	1.030
	其他材料费		%	1.80	1.80
机械	汽车式起重机 8t		台班	0.028	0.047

工作内容：测位、划线、打眼、埋螺栓、灯具安装、接线、焊接包头。

计量单位：套

编号				4-14-308	4-14-309
项目				草坪地灯	
				固定式	嵌入式
名称			单位	消耗量	
人工	合计工日		工日	0.297	0.269
	其中	普工	工日	0.092	0.083
		一般技工	工日	0.163	0.148
		高级技工	工日	0.042	0.038
材料	成套灯具		套	(1.010)	(1.010)
	铜芯塑料绝缘电线 BV-2.5mm^2		m	1.985	1.985
	铜接线端子 20A		个	1.015	1.015
	塑料接线柱 双线		个	1.030	1.030
	其他材料费		%	1.80	1.80

计量单位：m^2

编号				4-14-310
项目				树挂彩灯
				网灯型
名称			单位	消耗量
人工	合计工日		工日	0.066
	其中	普工	工日	0.020
		一般技工	工日	0.036
		高级技工	工日	0.010
材料	成套灯具		m^2	(1.010)
	镀锌铁丝 ϕ4.0		kg	0.103
	尼龙扎带(综合)		根	5.090
	铜芯塑料绝缘电线 BV-2.5mm^2		m	0.086
	其他材料费		%	1.80

计量单位：m

编　号			4-14-311
项　目			树挂彩灯 流星线型
名　称		单位	消　耗　量
人工	合计工日	工日	0.045
	其中 普工	工日	0.014
	其中 一般技工	工日	0.025
	其中 高级技工	工日	0.006
材料	成套灯具	m	（1.010）
	镀锌铁丝 ϕ4.0	kg	0.102
	尼龙扎带（综合）	根	3.080
	铜芯塑料绝缘电线 BV-2.5mm^2	m	0.068
	其他材料费	%	1.80

计量单位：m

编　号			4-14-312
项　目			树挂彩灯 串灯型
名　称		单位	消　耗　量
人工	合计工日	工日	0.049
	其中 普工	工日	0.015
	其中 一般技工	工日	0.027
	其中 高级技工	工日	0.007
材料	成套灯具	m	（1.010）
	镀锌铁丝 ϕ4.0	kg	0.103
	尼龙扎带（综合）	根	3.090
	铜芯塑料绝缘电线 BV-2.5mm^2	m	0.061
	其他材料费	%	1.80

2. 楼宇亮化灯安装

工作内容：开箱清点、测定划线、打眼埋螺栓、灯具拼装固定、挂装饰部件、灯具安装、焊接包头等。

计量单位：套

编号				4-14-313	4-14-314
项目				地面射灯	
				固定式	嵌入式
名称			单位	消耗量	
人工	合计工日		工日	0.269	0.324
	其中	普工	工日	0.083	0.100
		一般技工	工日	0.148	0.178
		高级技工	工日	0.038	0.046
材料	成套灯具		套	(1.010)	(1.010)
	铜芯塑料绝缘电线 BV-2.5mm²		m	1.985	2.382
	铜接线端子 20A		个	1.015	1.218
	塑料接线柱 双线		个	1.030	1.236
	其他材料费		%	1.80	1.80

计量单位：套

编号				4-14-315	4-14-316	4-14-317
项目				立面点光源灯		
				灯具直径（mm）		
				≤150	≤250	≤350
名称			单位	消耗量		
人工	合计工日		工日	0.127	0.143	0.149
	其中	普工	工日	0.039	0.044	0.046
		一般技工	工日	0.070	0.079	0.082
		高级技工	工日	0.018	0.020	0.021
材料	成套灯具		套	(1.010)	(1.010)	(1.010)
	铜芯塑料绝缘电线 BV-2.5mm²		m	0.458	0.458	0.458
	铜接线端子 20A		个	1.015	1.015	1.015
	其他材料费		%	1.80	1.80	1.80

计量单位：m

编　号				4-14-318	4-14-319
项　目				立面轮廓灯	
				灯泡型	灯管型
名　称			单位	消　耗　量	
人工	合计工日		工日	0.267	0.189
	其中	普工	工日	0.082	0.058
		一般技工	工日	0.147	0.104
		高级技工	工日	0.038	0.027
材料	成套灯具		套	（0.808）	（0.808）
	镀锌自攻螺钉 ST4~6×10~16		个	1.660	1.660
	金属软管 $D15$		m	0.824	0.206
	金属软管接头 $DN15$		个	1.648	1.030
	铜芯塑料绝缘电线 BV-2.5mm^2		m	4.275	3.420
	铜接线端子 20A		个	0.812	0.609
	塑料接线柱 双线		个	0.824	0.824
	其他材料费		%	1.80	1.80

十七、太阳能及风能灯具安装

工作内容: 1, 2. 开箱清点,检查,测位划线,打眼埋螺栓,灯具拼装,起吊安装组件,灯体安装,太阳能电池板固定、调整方位角度,蓄电池就位固定、护罩安装,标示标号,控制器安装,组件电路连接、接线,接地,接线包头,测试、记录。

3, 4. 开箱清点,检查,测位划线,打眼埋螺栓,灯具拼装,起吊安装组件,灯体安装,风力发电机安装,太阳能电池板固定、调整方位角度,蓄电池就位固定、护罩安装、标示标号,控制器安装,组件电路连接,接线,接地,接线包头,测试,记录。

计量单位: 套

编号				4-14-320	4-14-321	4-14-322	4-14-323
项目				太阳能路灯		风光互补太阳能路灯	
				灯柱(m)		灯柱(m)	
				8 以下	10 以下	8 以下	10 以下
名称			单位	消耗量			
人工	合计工日		工日	4.581	4.754	5.308	5.482
	其中	普工	工日	1.415	1.469	1.640	1.693
		一般技工	工日	2.514	2.609	2.913	3.009
		高级技工	工日	0.652	0.676	0.755	0.780
材料	成套灯具		套	(1.010)	(1.010)	(1.010)	(1.010)
	镀锌扁钢 25×4		kg	1.650	1.650	1.650	1.650
	钢板垫板		kg	0.225	0.225	0.225	0.225
	聚氯乙烯带 带宽 50		卷	0.003	0.004	0.003	0.004
	低碳钢焊条(综合)		kg	0.113	0.113	0.113	0.113
	焊锡丝(综合)		kg	0.113	0.113	0.113	0.113
	焊锡膏		kg	0.023	0.023	0.023	0.023
	酚醛调和漆		kg	0.075	0.075	0.075	0.075
	防锈漆		kg	0.075	0.075	0.075	0.075
	汽油(综合)		kg	0.038	0.038	0.038	0.038
	电力复合脂		kg	0.060	0.070	0.110	0.120
	瓷接头(双)		个	1.030	1.030	1.030	1.030
	电气绝缘胶带 18mm×10m×0.13mm		卷	0.200	0.200	0.200	0.200
	铜芯塑料绝缘电线 BV-2.5mm^2		m	0.220	0.220	0.220	0.220
	其他材料费		%	0.30	0.30	0.30	0.30
机械	载货汽车-普通货车 5t		台班	0.084	0.084	0.084	0.084
	汽车式起重机 8t		台班	0.196	0.196	0.196	0.196
	汽车式高空作业车 21m		台班	0.239	0.239	0.239	0.239
	弧焊机 20kV·A		台班	0.105	0.105	0.133	0.133
仪表	手持式万用表		台班	0.060	0.060	0.060	0.060

计量单位：套

编　号				4-14-324	4-14-325	4-14-326	4-14-327
项　目				太阳能庭院路灯 灯柱（m）		太阳能草坪灯	
				3 以下	5 以下	立柱式	嵌入式
名　称			单位	消　耗　量			
人工	合计工日		工日	1.973	2.072	0.297	0.269
	其中	普工	工日	0.609	0.640	0.092	0.083
		一般技工	工日	1.083	1.137	0.163	0.148
		高级技工	工日	0.281	0.295	0.042	0.038
材料	成套灯具		套	（1.010）	（1.010）	（1.010）	（1.010）
	镀锌扁钢 25×4		kg	1.650	1.650	—	—
	钢板垫板		kg	0.225	0.225	—	—
	聚氯乙烯带 带宽 50		卷	0.003	0.003	—	—
	低碳钢焊条（综合）		kg	0.113	0.113	—	—
	焊锡丝（综合）		kg	0.113	0.113	—	—
	焊锡膏		kg	0.023	0.023	—	—
	酚醛调和漆		kg	0.075	0.075	—	—
	防锈漆		kg	0.075	0.075	—	—
	汽油（综合）		kg	0.038	0.038	—	—
	电力复合脂		kg	0.058	0.058	—	—
	瓷接头（双）		个	1.030	1.030	1.030	1.030
	电气绝缘胶带 18mm×10m×0.13mm		卷	0.200	0.200	—	—
	铜芯塑料绝缘电线 BV-2.5mm^2		m	—	—	1.985	1.985
	铜芯橡皮绝缘电线 BX-2.5mm^2		m	0.220	0.220	—	—
	铜接线端子 DT-2.5		个	—	—	1.015	1.015
	其他材料费		%	0.20	0.20	0.20	0.20
机械	载货汽车-普通货车 5t		台班	0.005	0.005	—	—
	汽车式起重机 8t		台班	0.033	0.052	—	—
	汽车式高空作业车 21m		台班	0.047	0.047	—	—
	弧焊机 20kV·A		台班	0.056	0.056	—	—
仪表	手持式万用表		台班	0.060	0.060	—	—

工作内容：开解点，检查，测位划线，打眼埋螺栓，灯具拼装，起吊安装组件，灯体安装，太阳能电池板固定调整方位角度，蓄电池就位固定、护罩安装、标示标号，控制器安装，组件电路连接、接线，地，接线包头，测试，记录。

计量单位：套

编号				4-14-328	4-14-329
项目				太阳能信号灯	
				灯柱（m）	
				3 以下	5 以下
名称			单位	消耗量	
人工	合计工日		工日	3.402	3.501
	其中	普工	工日	1.051	1.082
		一般技工	工日	1.868	1.922
		高级技工	工日	0.483	0.497
材料	成套灯具		套	（1.010）	（1.010）
	镀锌扁钢 25×4		kg	1.650	1.650
	钢板垫板		kg	0.225	0.225
	聚氯乙烯带 带宽 50		卷	0.003	0.003
	低碳钢焊条（综合）		kg	0.113	0.113
	焊锡丝（综合）		kg	0.113	0.113
	焊锡膏		kg	0.023	0.023
	酚醛调和漆		kg	0.075	0.075
	防锈漆		kg	0.075	0.075
	汽油（综合）		kg	0.038	0.038
	电力复合脂		kg	0.058	0.058
	瓷接头（双）		个	1.030	1.030
	电气绝缘胶带 18mm×10m×0.13mm		卷	0.200	0.200
	铜芯塑料绝缘电线 BV-4mm²		m	0.916	0.916
	铜芯橡皮绝缘电线 BX-2.5mm²		m	0.220	0.220
	铜接线端子 DT-6		个	1.015	1.015
	其他材料费		%	0.30	0.30
机械	载货汽车-普通货车 5t		台班	0.005	0.005
	汽车式起重机 8t		台班	0.033	0.052
	汽车式高空作业车 21m		台班	0.047	0.047
	弧焊机 20kV·A		台班	0.056	0.056
仪表	手持式万用表		台班	0.060	0.060

十八、艺术喷泉照明系统安装

1. 程序控制柜、控制箱安装

工作内容：开箱检验、定位、安装、接地、单体调试。　　　　**计量单位：**台

编　号			4-14-330	4-14-331	4-14-332	4-14-333	4-14-334
项　目			程序控制柜安装	落地式程序控制箱安装	悬挂嵌入式程序控制箱安装 半周长（m） ≤1	≤1.5	≤2.5
名　称		单位	消　耗　量				
人工	合计工日	工日	4.158	3.184	1.579	2.019	2.456
人工	其中 普工	工日	1.071	0.820	0.407	0.520	0.632
人工	其中 一般技工	工日	2.495	1.910	0.947	1.211	1.474
人工	其中 高级技工	工日	0.592	0.454	0.225	0.288	0.350
材料	镀锌扁钢（综合）	kg	—	1.500	—	—	—
材料	塑料带 20mm×40m	kg	0.500	—	—	—	—
材料	白布	kg	—	0.100	0.100	0.100	0.120
材料	低碳钢焊条（综合）	kg	—	0.150	—	—	0.150
材料	铁砂布 0#~2#	张	—	1.000	1.000	1.200	1.500
材料	酚醛调和漆	kg	—	0.100	0.050	0.050	0.070
材料	电力复合脂	kg	—	0.100	0.410	0.410	0.410
材料	电气绝缘胶带 18mm×10m×0.13mm	卷	0.250	0.150	0.100	0.125	0.150
材料	硬铜绞线 TJ-10mm^2	kg	—	—	0.200	0.230	0.250
材料	铜接线端子 DT-10	个	—	—	2.030	2.030	2.030
材料	钢垫板 δ1~2	kg	0.400	0.400	0.150	0.150	0.200
材料	其他材料费	%	1.80	1.80	1.80	1.80	1.80
机械	汽车式起重机 8t	台班	0.060	0.060	—	—	—
机械	载货汽车－普通货车 5t	台班	0.100	0.100	—	—	—
机械	弧焊机 20kV·A	台班	—	0.100	—	—	0.093

2. 音乐喷泉控制设备安装

工作内容：开箱、检验、定位、安装、校线、接线、单体调试。 **计量单位：**台

编号				4-14-335	4-14-336	4-14-337	4-14-338	4-14-339
项目				声画同步器安装	编程音乐控制器安装	计算机音乐控制器安装	音乐控制器安装	变频控制器安装
名称			单位	消耗量				
人工	合计工日		工日	4.296	6.690	9.081	3.101	2.838
	其中	普工	工日	1.106	1.723	2.338	0.799	0.731
		一般技工	工日	2.578	4.013	5.449	1.860	1.702
		高级技工	工日	0.612	0.954	1.294	0.442	0.405
材料	白布		kg	0.100	0.150	0.150	0.100	0.100
	铁砂布 0#~2#		张	1.000	1.500	1.500	1.000	0.050
	电力复合脂		kg	0.100	0.150	0.200	0.050	0.050
	电气绝缘胶带 18mm×10m×0.13mm		卷	0.100	0.150	0.250	0.100	0.005
	硬铜绞线 TJ−10mm^2		kg	0.200	0.200	0.200	0.200	0.100
	铜接线端子 DT−10		个	2.030	2.030	2.030	2.030	2.030
	其他材料费		%	1.80	1.80	1.80	1.80	1.80
机械	汽车式起重机 8t		台班	0.093	0.187	0.280	0.140	0.093

3. 喷泉特技效果控制设备安装

工作内容：开箱检验、定位、安装、接地、单体调试。　　**计量单位：**台

编　号				4-14-340	4-14-341	4-14-342	4-14-343
项　目				摇摆传动器安装（kW）			
				单摇 2.2	双摇 2.2	扇面摇 1.0	纵向摇 2.2
名　称			单位	消　耗　量			
人工	合计工日		工日	3.365	5.256	1.565	8.286
	其中	普工	工日	0.867	1.354	0.403	2.134
		一般技工	工日	2.019	3.153	0.939	4.971
		高级技工	工日	0.479	0.749	0.223	1.181
材料	防水密封胶		kg	0.500	1.000	0.500	0.500
	防雨罩		m^2	1.000	1.500	1.000	1.000
	尼龙过滤网		m^2	2.000	2.000	2.000	2.000
	其他材料费		%	1.80	1.80	1.80	1.80
机械	叉式起重机 3t		台班	0.037	0.075	0.028	0.075

4.喷泉防水配件安装

工作内容：开箱检验、清洁、搬运、划线、定位、安装、接线、封盖、接地。

计量单位：m

编号				4-14-344	4-14-345	4-14-346	4-14-347	4-14-348
项目				玻璃钢电缆槽安装				
				宽＋高(mm)				
				≤50	≤80	≤120	≤300	≤600
名称			单位	消耗量				
人工	合计工日		工日	0.057	0.071	0.093	0.171	0.212
	其中	普工	工日	0.015	0.018	0.024	0.044	0.055
		一般技工	工日	0.034	0.043	0.056	0.103	0.127
		高级技工	工日	0.008	0.010	0.013	0.024	0.030
材料	密封玻璃钢电缆槽盖板		m	(1.010)	(1.010)	(1.010)	(1.010)	(1.010)
	玻璃钢电缆槽		m	(1.010)	(1.010)	(1.010)	(1.010)	(1.010)
	防水密封胶		kg	0.020	0.020	0.025	0.030	0.035
	其他材料费		%	1.80	1.80	1.80	1.80	1.80

5.艺术喷泉照明安装

(1)喷泉水下彩色照明安装

工作内容：开箱清点、测定划线、打眼埋螺栓、灯具拼装固定、挂装饰部件、防水接线、焊接包头、接地、调试等。

计量单位：m

编号				4-14-349	4-14-350	4-14-351
项目				水下链灯管式	水下链灯可塑	水下灯柱穿管
				直径(mm)		日光彩灯
				50~60	12~30	
名称			单位	消耗量		
人工	合计工日		工日	0.845	0.563	0.707
	其中	普工	工日	0.218	0.145	0.182
		一般技工	工日	0.507	0.338	0.424
		高级技工	工日	0.120	0.080	0.101
材料	成套灯具		套	(0.824)	(0.824)	(0.824)
	不锈钢防护网		m^2	—	—	0.200
	酚醛调和漆		kg	0.100	0.100	0.100
	防锈漆		kg	0.050	0.050	0.050
	防水密封胶		kg	0.200	0.100	0.200
	撑脚卡箍(综合)		套	2.100	2.100	2.100
	其他材料费		%	1.80	1.80	1.80

（2）喷泉水上辅助照明安装

工作内容：开箱检验、清洁搬运、铁件加工、接线、调试。　　**计量单位：**套

编号				4-14-352	4-14-353	4-14-354	4-14-355	4-14-356
项目				聚光灯	散光灯	追光灯	投光灯	频闪器阵
名称			单位	消耗量				
人工	合计工日		工日	0.169	0.141	0.225	0.281	1.688
	其中	普工	工日	0.043	0.036	0.058	0.072	0.435
		一般技工	工日	0.102	0.085	0.135	0.169	1.013
		高级技工	工日	0.024	0.020	0.032	0.040	0.240
材料	成套灯具		套	（1.010）	（1.010）	（1.010）	（1.010）	（1.010）
	彩色膜		m^2	0.160	0.160	0.160	0.160	1.000
	其他材料费		%	1.80	1.80	1.80	1.80	1.80

6. 水下艺术装饰灯具安装

工作内容：开箱清点、测定划线、打眼埋螺栓、灯具拼装固定、挂装饰部件、灯具安装、焊接包头等。　　**计量单位：**套

编号				4-14-357	4-14-358	4-14-359	4-14-360
项目				简易型彩灯	密封型彩灯	喷水池灯	幻光型灯
名称			单位	消耗量			
人工	合计工日		工日	0.148	0.148	0.164	0.174
	其中	普工	工日	0.046	0.046	0.050	0.053
		一般技工	工日	0.081	0.081	0.090	0.096
		高级技工	工日	0.021	0.021	0.024	0.025
材料	成套灯具		套	（1.010）	（1.010）	（1.010）	（1.010）
	防水橡胶圈		个	1.500	1.500	1.500	1.500
	其他材料费		%	1.80	1.80	1.80	1.80

编号				4-14-361	4-14-362	4-14-363	4-14-364
项目				彩灯阵	彩色日光灯阵	彩色链灯阵	雷达灯 摇摆旋转式
				m²			套
名称			单位	消耗量			
人工	合计工日		工日	1.273	2.105	2.764	4.222
	其中	普工	工日	0.328	0.542	0.712	1.087
		一般技工	工日	0.764	1.263	1.658	2.533
		高级技工	工日	0.181	0.300	0.394	0.602
材料	成套灯具		套	(0.435)	(0.435)	(0.435)	(1.010)
	彩色膜		m²	—	—	—	0.160
	防水电缆		m	—	—	—	0.100
	其他材料费		%	1.80	1.80	1.80	1.80
机械	汽车式起重机 8t		台班	—	—	—	0.033

十九、开关、按钮安装

1. 普通开关、按钮安装

工作内容: 测位、划线、打眼、清扫盒子、上塑料台、缠钢丝弹簧垫、装开关和按钮、接线、装盖、埋塑料胀管。

计量单位:套

编　　号				4-14-365	4-14-366	4-14-367	4-14-368	4-14-369	4-14-370
项　　目				拉线开关	跷板开关	跷板暗开关(联)			
					明装	单控≤3	单控≤6	双控≤3	双控≤6
名　　称			单位	消　耗　量					
人工	合计工日		工日	0.052	0.049	0.054	0.066	0.057	0.066
	其中	普工	工日	0.016	0.015	0.017	0.020	0.017	0.020
		一般技工	工日	0.031	0.029	0.032	0.040	0.034	0.040
		高级技工	工日	0.005	0.005	0.005	0.006	0.006	0.006
材料	照明开关		只	(1.020)	(1.020)	(1.020)	(1.020)	(1.020)	(1.020)
	塑料台		个	1.050	1.050	—	—	—	—
	木螺钉 $d2\sim4\times6\sim65$		个	4.200	4.200	—	—	—	—
	塑料胀管 $\phi6\sim8$		个	1.100	1.100	—	—	—	—
	铜芯塑料绝缘电线 BV-2.5mm^2		m	0.305	0.305	0.458	0.955	0.573	1.061
	其他材料费		%	1.80	1.80	1.80	1.80	1.80	1.80

计量单位:套

编　　号				4-14-371	4-14-372
项　　目				按钮	密封开关
					电流≤5A
名　　称			单位	消　耗　量	
人工	合计工日		工日	0.052	0.083
	其中	普工	工日	0.016	0.025
		一般技工	工日	0.031	0.050
		高级技工	工日	0.005	0.008
材料	成套按钮		套	(1.020)	—
	密封开关		套	—	(1.020)
	木螺钉 $d2\sim4\times6\sim65$		个	—	2.080
	铜芯塑料绝缘电线 BV-2.5mm^2		m	0.305	0.515
	其他材料费		%	1.80	1.80

2. 带保险盒开关安装

工作内容: 测位、划线、打洞眼、上木台、装开关、保险盒接线、装盖、塑料膨胀管等。 **计量单位:** 套

编号				4-14-373	4-14-374	4-14-375
项目				拉线开关		扳手开关
				明装	防水	明装
名称			单位	消耗量		
人工	合计工日		工日	0.060	0.094	0.056
	其中	普工	工日	0.018	0.029	0.017
		一般技工	工日	0.036	0.056	0.033
		高级技工	工日	0.006	0.009	0.006
材料	照明开关		只	(1.020)	(1.020)	(1.020)
	瓷圆保险盒		个	(1.020)	(1.020)	(1.020)
	木螺钉 $d2.5\times20$		10个	0.416	0.416	0.416
	木螺钉 $d4\times65$		10个	0.208	0.208	0.208
	塑料胀管 ϕ6~8		个	2.200	2.200	2.200
	铜芯塑料绝缘电线 BV-2.5mm^2		m	0.305	0.305	0.305
	其他材料费		%	1.80	1.80	1.80

3. 声控延时开关、柜门触动开关安装

工作内容: 测位、划线、打眼、埋螺栓、装开关、接线、调校。 **计量单位:** 套

编号				4-14-376	4-14-377	4-14-378
项目				声控延时开关	柜门触动开关	钥匙取电器
名称			单位	消耗量		
人工	合计工日		工日	0.052	0.051	0.061
	其中	普工	工日	0.016	0.016	0.018
		一般技工	工日	0.031	0.030	0.037
		高级技工	工日	0.005	0.005	0.006
材料	声控延时开关(红外线感应)		个	(1.020)	—	—
	柜门开关 触动式		套	—	(1.020)	—
	木螺钉 $d2\sim4\times6\sim65$		个	—	2.100	—
	铜芯塑料绝缘电线 BV-2.5mm^2		m	0.305	0.305	0.458
	其他材料费		%	1.80	1.80	1.80
	钥匙取电器		套	—	—	(1.020)

4. 床头柜集控板安装

工作内容：开箱、清扫检查、集控板安装对号、接线等。　　　　**计量单位：**套

编　号				4-14-379	4-14-380	4-14-381
项　目				开关数量（个）		
				≤10	≤15	≤20
名　称			单位	消　耗　量		
人工	合计工日		工日	0.798	1.441	1.769
	其中	普工	工日	0.243	0.440	0.540
		一般技工	工日	0.479	0.864	1.061
		高级技工	工日	0.076	0.137	0.168
材料	床头柜集控板		套	（1.000）	（1.000）	（1.000）
	木螺钉 *d*2.5×20		10个	0.416	0.416	0.416
	松香焊锡丝（综合）		m	0.281	0.375	0.500
	塑料软管 *De*15		m	1.365	—	—
	塑料软管 *De*25		m	—	1.365	—
	塑料软管 *De*30		m	—	—	1.365
	其他材料费		%	1.80	1.80	1.80

二十、插 座 安 装

1. 普通插座安装

工作内容：测位、划线、打眼、埋塑料胀管、装插座、接线、装盖。 **计量单位：**套

编号				4-14-382	4-14-383	4-14-384	4-14-385	4-14-386	4-14-387
项目				单相		单相带接地		三相带接地	
				明插座电流（A）					
				≤15	≤30	≤15	≤30	≤15	≤30
名称			单位	消耗量					
人工	合计工日		工日	0.054	0.063	0.064	0.070	0.070	0.075
	其中	普工	工日	0.017	0.019	0.020	0.022	0.022	0.023
		一般技工	工日	0.032	0.038	0.038	0.042	0.042	0.045
		高级技工	工日	0.005	0.006	0.006	0.006	0.006	0.007
材料	成套插座		套	（1.020）	（1.020）	（1.020）	（1.020）	（1.020）	（1.020）
	塑料台		个	—	—	—	—	—	1.050
	木螺钉 $d2\sim4\times6\sim65$		个	4.160	4.160	4.160	4.160	2.080	2.080
	木螺钉 $d4.5\sim6\times15\sim100$		10个	—	—	—	—	0.208	0.208
	塑料胀管 $\phi6\sim8$		个	2.200	2.200	2.200	2.200	2.200	2.200
	铜芯塑料绝缘电线 BV−2.5mm^2		m	0.305	—	0.458	—	0.610	—
	铜芯塑料绝缘电线 BV−4.0mm^2		m	—	0.305	—	0.458	—	0.610
	其他材料费		%	1.80	1.80	1.80	1.80	1.80	1.80

工作内容：测位、划线、打眼、清扫盒子、装插座、接线。　　　　**计量单位：**套

编号				4-14-388	4-14-389	4-14-390	4-14-391	4-14-392	4-14-393
项目				单相		单相带接地		三相带接地	
				暗插座电流（A）					
				≤15	≤30	≤15	≤30	≤15	≤30
名称			单位	消耗量					
人工	合计工日		工日	0.054	0.056	0.064	0.070	0.070	0.075
	其中	普工	工日	0.017	0.017	0.020	0.022	0.022	0.023
		一般技工	工日	0.032	0.033	0.038	0.042	0.042	0.045
		高级技工	工日	0.005	0.006	0.006	0.006	0.006	0.007
材料	成套插座		套	（1.020）	（1.020）	（1.020）	（1.020）	（1.020）	（1.020）
	铜芯塑料绝缘电线 BV-2.5mm^2		m	0.305	—	0.458	—	0.610	—
	铜芯塑料绝缘电线 BV-4.0mm^2		m	—	0.305	—	0.458	—	0.610
	其他材料费		%	1.80	1.80	1.80	1.80	1.80	1.80

2. 防爆插座安装

计量单位：套

编号				4-14-394	4-14-395	4-14-396	4-14-397	4-14-398	4-14-399
项目				单相		单相带接地		三相带接地	
				防爆插座电流（A）					
				≤15	≤60	≤15	≤60	≤15	≤60
名称			单位	消耗量					
人工	合计工日		工日	0.092	0.122	0.092	0.122	0.110	0.143
	其中	普工	工日	0.028	0.037	0.028	0.037	0.033	0.043
		一般技工	工日	0.055	0.074	0.055	0.074	0.066	0.086
		高级技工	工日	0.009	0.011	0.009	0.011	0.011	0.014
材料	防爆插座		个	（1.020）	（1.020）	（1.020）	（1.020）	（1.020）	（1.020）
	铜芯塑料绝缘电线 BV-2.5mm^2		m	0.305	—	0.458	—	0.610	—
	铜芯塑料绝缘电线 BV-4.0mm^2		m	—	0.305	—	0.458	—	0.610
	其他材料费		%	1.80	1.80	1.80	1.80	1.80	1.80

3. 多联组合开关插座安装

工作内容：安装底座、插头插座线焊接、对号、测位、打眼、焊接安装等。 **计量单位：**套

编号				4-14-400	4-14-401
项目				明装	暗装
名称			单位	消耗量	
人工	合计工日		工日	0.128	0.154
	其中	普工	工日	0.039	0.047
		一般技工	工日	0.077	0.092
		高级技工	工日	0.012	0.015
材料	多联组合开关插座		套	（1.000）	（1.000）
	开关盒（暗装）		个	—	（1.000）
	木螺钉 $d4\times40$		10个	0.208	—
	半圆头螺钉		10套	—	0.416
	塑料胀管 $\phi6\sim8$		个	2.200	—
	其他材料费		%	1.80	1.80

4. 多线插座连插头安装

工作内容：安装底座、插头插座线焊接、对号、测位、打眼、焊接安装等。 **计量单位：**套

编号				4-14-402	4-14-403	4-14-404
项目				床头柜（插座）		多线插头连插座
				≤10	≤20	
名称			单位	消耗量		
人工	合计工日		工日	0.515	0.772	0.128
	其中	普工	工日	0.157	0.236	0.039
		一般技工	工日	0.309	0.463	0.077
		高级技工	工日	0.049	0.073	0.012
材料	床头柜多线插头连插座		套	(1.000)	(1.000)	—
	多线插头连插座		套	—	—	(1.000)
	开关盒（暗装）		个	(1.000)	(1.000)	—
	沉头螺钉 M4×10		10个	0.208	0.208	—
	木螺钉 $d4 \times 40$		10个	—	—	0.208
	塑料胀管 $\phi 6\sim8$		个	—	—	2.200
	焊锡膏		kg	0.010	0.012	—
	焊锡丝（综合）		kg	0.050	0.070	—
	其他材料费		%	1.80	1.80	1.80

工作内容：开箱、检查、测位、划线、清扫盒子、接线、焊接包头、安装、调试等。　　计量单位：套

编　号				4-14-405
项　目				须刨插座≤15A
名　称			单位	消　耗　量
人工	合计工日		工日	0.078
	其中	普工	工日	0.024
		一般技工	工日	0.047
		高级技工	工日	0.007
材料	须刨插座		个	（1.020）
	铜芯塑料绝缘电线 BV-2.5mm^2		m	0.458
	其他材料费		%	1.80

第十五章　低压电器设备安装工程

说　　明

一、本章内容包括插接式空气开关箱、控制开关、DZ 自动空气断路器、熔断器、限位开关、用电控制装置、电阻器、变阻器、安全变压器、仪表民用电器安装及低压电器装置接线等内容。

二、有关说明：

1. 低压电器安装项目适用于工业低压用电装置、家用电器的控制装置及电器的安装。项目综合考虑了型号、功能，执行项目时不做调整。

2. 控制装置安装项目中，除限位开关及水位电气信号装置安装定额外，其他安装项目均未包括支架制作、安装。工程实际发生时，可执行本册第七章“金属构件、穿通板安装工程”相关项目。

3. 本章包括电器安装、接线（除单独计算外）、接地。项目不包括接线端子、保护盒、接线盒、箱体等安装，工程实际发生时，执行相关项目。

工程量计算规则

一、控制开关安装根据开关形式与功能及电流量，按照设计图示安装数量以“个”为计量单位。

二、集中空调开关、请勿打扰装置安装，按照设计图示安装数量以“套”为计量单位。

三、熔断器、限位开关安装根据类型，按照设计图示安装数量以“个”为计量单位。

四、用电控制装置、安全变压器安装根据类型与容量，按照设计图示安装数量以“台”为计量单位。

五、仪表、分流器安装根据类型与容量，按照设计图示安装数量以“个”或“套”为计量单位。

六、民用电器安装根据类型与规模，按照设计图示安装数量以“台”或“个”或“套”为计量单位。

七、低压电器装置接线是指电器安装不含接线的电器接线，按照设计图示安装数量以“台”或“个”为计量单位。

八、小母线安装是指电器需要安装的母线，按照实际安装数量以“m”为计量单位。

一、插接式空气开关箱安装

工作内容：开箱检查、触头检查及清洗处理、绝缘测试、开关箱安装、接线、接地。　　**计量单位：**台

编　号			4-15-1	4-15-2	4-15-3	4-15-4
项　目			≤100A	≤250A	≤630A	≤1 250A
名　称		单位	消　耗　量			
人工	合计工日	工日	0.565	0.849	1.699	2.548
人工	其中 普工	工日	0.146	0.218	0.438	0.656
人工	其中 一般技工	工日	0.339	0.510	1.019	1.529
人工	其中 高级技工	工日	0.080	0.121	0.242	0.363
材料	插接式空气开关箱	台	(1.000)	(1.000)	(1.000)	(1.000)
材料	汽油(综合)	kg	0.100	0.150	0.200	0.250
材料	电力复合脂	kg	0.050	0.070	0.090	0.120
材料	铜芯塑料绝缘软电线 BVR-35mm^2	m	0.611	0.611	0.611	0.611
材料	铜接线端子 DT-35	个	2.030	2.030	2.030	2.030
材料	其他材料费	%	1.80	1.80	1.80	1.80
仪表	高压绝缘电阻测试仪	台班	0.305	0.305	0.305	0.305

工作内容：测位、打眼、埋螺栓、校线、安装、接地、成品检查、接线动作试验等。　　**计量单位：**台

编　号			4-15-5
项　目			节能开关箱
名　称		单位	消　耗　量
人工	合计工日	工日	0.668
人工	其中 普工	工日	0.172
人工	其中 一般技工	工日	0.401
人工	其中 高级技工	工日	0.095
材料	节能开关箱	套	(1.000)
材料	半圆头螺钉 M6×20	套	1.030
材料	端子头异型管	m	0.100
材料	铜芯塑料绝缘电线 BV-6.0mm^2	m	0.500
材料	其他材料费	%	1.80

二、控制开关安装

1. 自动空气开关安装

工作内容：开箱、检查、安装、接线、接地。

计量单位：个

编号				4-15-6	4-15-7	4-15-8
项目				DW 万能式	电动式	手动式
名称			单位	消耗量		
人工	合计工日		工日	1.586	1.337	0.452
	其中	普工	工日	0.409	0.344	0.116
		一般技工	工日	0.951	0.802	0.272
		高级技工	工日	0.226	0.191	0.064
材料	自动空气开关 DW 万能式		个	(1.000)	—	—
	自动空气开关 电动		个	—	(1.000)	—
	自动空气开关 手动		个	—	—	(1.000)
	镀锌扁钢(综合)		kg	0.940	0.940	—
	低碳钢焊条(综合)		kg	0.100	0.200	—
	铁砂布 0#~2#		张	0.500	0.500	0.300
	汽油(综合)		kg	0.200	0.200	—
	电力复合脂		kg	0.050	0.030	0.020
	硬铜绞线 TJ-10mm^2		kg	0.050	0.050	—
	铜接线端子 DT-10		个	2.030	2.030	—
	其他材料费		%	1.80	1.80	1.80
机械	弧焊机 20kV·A		台班	0.094	0.094	—

2. 刀型开关安装

工作内容：开箱、检查、安装、接线、接地。 **计量单位：**个

编号				4-15-9	4-15-10	4-15-11	4-15-12	4-15-13	4-15-14
项目				手柄式	操作机构式	带熔断器式	铁壳开关	胶盖闸刀开关	
								单相	三相
名称			单位	消耗量					
人工	合计工日		工日	0.832	1.108	0.810	0.334	0.092	0.124
	其中	普工	工日	0.214	0.285	0.209	0.086	0.024	0.032
		一般技工	工日	0.499	0.665	0.486	0.200	0.055	0.074
		高级技工	工日	0.119	0.158	0.115	0.048	0.013	0.018
材料	刀型开关 操作机构式		个	—	(1.000)	—	—	—	—
	刀型开关 带熔断器式		个	—	—	(1.000)	—	—	—
	刀型开关 手柄式		个	(1.000)	—	—	—	—	—
	胶盖闸刀开关 单相		个	—	—	—	—	(1.010)	—
	胶盖闸刀开关 三相		个	—	—	—	—	—	(1.010)
	铁壳开关		个	—	—	—	(1.010)	—	—
	镀锌扁钢(综合)		kg	—	—	—	0.300	—	—
	橡胶护套圈 $\phi6\sim32$		个	6.000	—	6.000	6.000	6.000	6.000
	白布		kg	0.300	0.500	0.500	0.300	0.100	0.150
	木螺钉 $d4\times65$		个	—	—	—	4.160	2.080	2.080
	低碳钢焊条(综合)		kg	—	—	—	0.040	—	—
	铁砂布 $0^{\#}\sim2^{\#}$		张	0.800	1.000	0.500	—	—	—
	电力复合脂		kg	0.020	0.020	0.020	0.020	0.010	0.020
	熔丝 30~40A		条	—	—	—	3.000	—	—
	保险丝 10A		轴	—	—	—	—	0.080	0.120
	硬铜绞线 TJ-10mm^2		kg	—	—	—	0.050	—	—
	铜接线端子 DT-10		个	—	—	—	2.030	—	—
	其他材料费		%	1.80	1.80	1.80	1.80	1.80	1.80
机械	弧焊机 20kV·A		台班	—	—	—	0.047	—	—

3. 组合控制开关安装

工作内容：开箱、检查、安装、接线、接地。

计量单位：个

编号			4-15-15	4-15-16	4-15-17
项目			普通型	防爆型	万能转换开关
名称		单位	消耗量		
人工	合计工日	工日	0.164	0.250	0.442
人工	其中 普工	工日	0.042	0.064	0.114
人工	其中 一般技工	工日	0.098	0.150	0.265
人工	其中 高级技工	工日	0.024	0.036	0.063
材料	万能转换开关	个	—	—	（1.000）
材料	组合控制开关 防爆型	个	—	（1.000）	—
材料	组合控制开关 普通型	个	（1.000）	—	—
材料	镀锌扁钢（综合）	kg	—	0.300	—
材料	白布	kg	0.050	0.100	0.050
材料	低碳钢焊条（综合）	kg	—	0.050	—
材料	铁砂布 0#~2#	张	0.500	0.500	0.500
材料	硬铜绞线 TJ-6mm²	kg	—	0.020	—
材料	铜接线端子 DT-6	个	—	2.030	—
材料	其他材料费	%	1.80	1.80	1.80
机械	弧焊机 20kV·A	台班	—	0.019	—

4. 漏电保护开关安装

工作内容：开箱、检查、安装、接线、接地。　　　　**计量单位：**个

编　号				4-15-18	4-15-19	4-15-20	4-15-21	4-15-22	4-15-23	4-15-24
项　目				单式			组合式（回路个数）		单相	三相
				单极	三极	四极	≤10	≤20		
名　称			单位	消　耗　量						
人工	合计工日		工日	0.222	0.312	0.436	0.934	1.245	0.106	0.226
	其中	普工	工日	0.057	0.080	0.112	0.240	0.321	0.027	0.058
		一般技工	工日	0.133	0.187	0.262	0.561	0.747	0.064	0.136
		高级技工	工日	0.032	0.045	0.062	0.133	0.177	0.015	0.032
材料	漏电保护开关		个	(1.000)	(1.000)	(1.000)	(1.000)	(1.000)	(1.000)	(1.000)
	漏电保护开关 组合式（回路数10个以内）		个	—	—	—	(1.000)	—	—	—
	漏电保护开关 组合式（回路数20个以内）		个	—	—	—	—	(1.000)	—	—
	橡胶护套圈 ϕ6～32		个	—	—	—	—	—	4.000	6.000
	白布		kg	0.050	0.060	0.070	0.080	0.100	—	—
	钢锯条		条	0.050	0.080	1.000	1.000	1.200	—	—
	铁砂布 0#~2#		张	0.500	0.500	0.800	1.000	1.000	—	—
	塑料软管 *De*5		m	0.020	0.030	0.040	0.070	0.100	—	—
	其他材料费		%	1.80	1.80	1.80	1.80	1.80	1.80	1.80

5. 集中空调开关、请勿打扰装置安装

工作内容： 开箱、检查、测位、划线、清扫盒子、缠钢丝弹簧垫、接线、焊接包头、安装、调试等。

计量单位： 套

编号				4-15-25	4-15-26	4-15-27
项目				集中空调开关	请勿打扰装置	风扇调速开关
名称			单位	消耗量		
人工	合计工日		工日	0.170	0.053	0.113
	其中	普工	工日	0.044	0.014	0.029
		一般技工	工日	0.102	0.032	0.068
		高级技工	工日	0.024	0.007	0.016
材料	风扇调速开关		个	—	—	(1.010)
	集中空调开关		套	(1.010)	—	—
	请勿打扰灯		个	—	(1.010)	—
	塑料胀管 ϕ6~8		个	—	—	2.200
	锡基钎料		kg	0.001	—	—
	塑料软管 *De*5		m	0.030	—	—
	铜芯塑料绝缘电线 BV-2.5mm^2		m	0.764	0.458	—
	其他材料费		%	1.80	1.80	1.80

三、DZ 自动空气断路器安装

工作内容： 开箱、清扫、检查、测位、装开关、接线、试闸等。

计量单位： 个

编号				4-15-28	4-15-29	4-15-30	4-15-31	4-15-32
项目				额定电流≤30A	额定电流≤60A	额定电流≤100A	额定电流≤200A	额定电流≤400A
名称			单位	消耗量				
人工	合计工日		工日	0.106	0.284	0.329	0.362	0.521
	其中	普工	工日	0.027	0.073	0.085	0.093	0.134
		一般技工	工日	0.064	0.170	0.197	0.217	0.313
		高级技工	工日	0.015	0.041	0.047	0.052	0.074
材料	自动空气断路器 DZ 型		个	(1.000)	(1.000)	(1.000)	(1.000)	(1.000)
	其他材料费		%	1.80	1.80	1.80	1.80	1.80

四、熔断器、限位开关安装

工作内容：开箱、检查、安装、接线、接地。　　　　**计量单位：**个

编　号			4-15-33	4-15-34	4-15-35	4-15-36	4-15-37
项　目			熔断器			限位开关	
			瓷插螺旋式	管式	防爆式	普通式	防爆式
名　称		单位	消　耗　量				
人工	合计工日	工日	0.085	0.389	0.164	0.334	0.442
	其中 普工	工日	0.022	0.100	0.042	0.086	0.114
	其中 一般技工	工日	0.051	0.234	0.098	0.200	0.265
	其中 高级技工	工日	0.012	0.055	0.024	0.048	0.063
材料	熔断器	组	(1.010)	(1.010)	(1.010)	—	—
	限位开关	个	—	—	—	(1.000)	(1.000)
	热轧圆盘条 ϕ10 以内	kg	—	—	0.170	—	—
	镀锌扁钢(综合)	kg	—	—	—	0.700	1.100
	橡胶护套圈 ϕ6~32	个	2.000	2.000	—	—	—
	白布	kg	0.050	0.050	0.050	0.150	0.150
	低碳钢焊条(综合)	kg	—	—	0.040	0.150	0.190
	焊锡膏	kg	0.010	0.010	0.010	—	—
	焊锡丝(综合)	kg	0.030	0.050	0.040	—	—
	无石棉橡胶板 δ1.5	m^2	0.010	—	—	—	—
	保险丝 10A	轴	0.060	—	—	—	—
	硬铜绞线 TJ-6mm^2	kg	—	—	0.030	0.030	0.030
	铜接线端子 DT-6	个	—	—	2.030	2.030	2.030
	其他材料费	%	1.80	1.80	1.80	1.80	1.80
机械	弧焊机 20kV·A	台班	—	—	0.009	0.047	0.047

五、用电控制装置安装

工作内容：开箱、检查、安装、触头调整、注油、接线、接地。　　　　**计量单位：**台

编号			4-15-38	4-15-39	4-15-40	4-15-41	4-15-42
项目			控制器		接触器、磁力启动器	Y-△自耦减压启动器	磁力控制器
			主令	鼓型、凸轮型			
名称		单位	消耗量				
人工	合计工日	工日	1.108	1.108	1.108	1.330	0.334
人工	其中 普工	工日	0.285	0.285	0.285	0.343	0.086
人工	其中 一般技工	工日	0.665	0.665	0.665	0.798	0.200
人工	其中 高级技工	工日	0.158	0.158	0.158	0.189	0.048
材料	接触器	台	—	—	(1.000)	—	—
材料	Y-△自耦减压起动器	台	—	—	—	(1.000)	—
材料	控制器	个	(1.000)	(1.000)	—	—	—
材料	磁力控制器	个	—	—	—	—	(1.000)
材料	镀锌扁钢(综合)	kg	0.670	0.200	—	0.790	1.200
材料	白布	kg	—	0.150	0.170	0.050	0.020
材料	低碳钢焊条(综合)	kg	0.100	0.100	—	0.100	0.050
材料	焊锡膏	kg	—	—	0.020	—	—
材料	焊锡丝(综合)	kg	—	—	0.090	—	—
材料	铁砂布 0#~2#	张	—	—	0.500	—	0.500
材料	酚醛调和漆	kg	—	—	—	—	0.020
材料	电力复合脂	kg	0.030	0.050	0.020	0.020	0.020
材料	塑料软管 *De*5	m	0.050	0.050	0.050	0.050	0.050
材料	硬铜绞线 TJ-6mm^2	kg	—	0.030	—	—	—
材料	硬铜绞线 TJ-10mm^2	kg	0.050	—	0.050	0.050	—
材料	铜接线端子 DT-6	个	—	2.030	—	—	—
材料	铜接线端子 DT-10	个	2.030	—	2.030	2.030	—
材料	其他材料费	%	1.80	1.80	1.80	1.80	1.80
机械	弧焊机 20kV·A	台班	0.037	0.019	—	0.037	0.047

编　　号			4-15-43	4-15-44	4-15-45	4-15-46	4-15-47
项　　目			快速自动开关(A)			按钮	
			≤1 000	≤2 000	≤4 000	普通型	防爆型
			台			个	
名　　称		单位	消　耗　量				
人工	合计工日	工日	2.831	4.001	5.207	0.164	0.278
	其中 普工	工日	0.729	1.030	1.341	0.042	0.071
	其中 一般技工	工日	1.698	2.401	3.124	0.098	0.167
	其中 高级技工	工日	0.404	0.570	0.742	0.024	0.040
材料	按钮 防爆型	个	—	—	—	—	(1.000)
	按钮 普通型	个	—	—	—	(1.000)	—
	快速自动开关	台	(1.000)	(1.000)	(1.000)	—	—
	镀锌扁钢(综合)	kg	2.000	2.000	2.000	—	—
	白布	kg	0.020	0.030	0.040	0.100	0.100
	低碳钢焊条(综合)	kg	0.100	0.100	0.100	—	—
	焊锡膏	kg	0.020	0.020	0.030	—	—
	焊锡丝(综合)	kg	0.150	0.200	0.250	—	—
	酚醛调和漆	kg	0.050	0.050	0.050	—	—
	电力复合脂	kg	0.060	0.100	0.140	—	—
	塑料软管 *De*5	m	0.040	0.060	0.100	0.050	0.050
	硬铜绞线 TJ-6mm²	kg	—	—	—	0.020	0.020
	铜接线端子 DT-6	个	—	—	—	2.030	2.030
	其他材料费	%	1.80	1.80	1.80	1.80	1.80
机械	弧焊机 20kV·A	台班	0.047	0.047	0.047	—	—

六、电阻器、变阻器安装

工作内容：开箱、检查、安装、触头调整、注油、接线、接地。

编号				4-15-48	4-15-49	4-15-50
项目				电阻器		油浸频敏变阻器
				一箱	每增一箱	
				箱		台
名称			单位	消耗量		
人工	合计工日		工日	0.775	0.424	1.551
	其中	普工	工日	0.200	0.109	0.400
		一般技工	工日	0.465	0.255	0.930
		高级技工	工日	0.110	0.060	0.221
材料	电阻器		箱	(1.000)	(1.000)	—
	油浸频敏变阻器		台	—	—	(1.000)
	镀锌扁钢(综合)		kg	0.320	—	0.670
	白布		kg	0.080	0.060	0.100
	低碳钢焊条(综合)		kg	0.100	—	0.100
	电力复合脂		kg	0.020	0.020	0.020
	塑料软管 *De*5		m	0.150	0.080	—
	硬铜绞线 TJ-6mm^2		kg	0.030	0.030	—
	硬铜绞线 TJ-10mm^2		kg	—	—	0.050
	铜接线端子 DT-6		个	2.030	2.030	—
	铜接线端子 DT-10		个	—	—	2.030
	其他材料费		%	1.80	1.80	1.80
机械	弧焊机 20kV·A		台班	0.047	—	0.037

七、安全变压器、仪表安装

工作内容：开箱、清扫、检查、测位、划线、打眼、固定变压器、接线、接地、埋螺栓。 **计量单位：**台

编号				4-15-51	4-15-52	4-15-53
项目				安全变压器		
				容量（V·A）		
				≤500	≤1 000	≤3 000
名称			单位	消耗量		
人工	合计工日		工日	0.192	0.204	0.267
	其中	普工	工日	0.049	0.053	0.069
		一般技工	工日	0.115	0.122	0.160
		高级技工	工日	0.028	0.029	0.038
材料	干式安全变压器		台	（1.000）	（1.000）	（1.000）
	沉头螺钉 M6×55~65		个	4.080	4.080	4.080
	硬铜绞线 TJ-2.5~4mm^2		m	0.510	0.510	0.510
	其他材料费		%	1.80	1.80	1.80

工作内容：开箱检查、盘上划线、钻孔、安装固定、写字编号、下料布线、上卡子。 **计量单位：**个

编号				4-15-54
项目				测量表计安装
名称			单位	消耗量
人工	合计工日		工日	0.255
	其中	普工	工日	0.065
		一般技工	工日	0.153
		高级技工	工日	0.037
材料	测量表计		个	（1.000）
	焊锡膏		kg	0.010
	焊锡丝（综合）		kg	0.030
	铁砂布 0#~2#		张	0.100
	电力复合脂		kg	0.010
	塑料软管 *De*5		m	0.400
	异型塑料管 ϕ2.5~5.0		m	0.100
	其他材料费		%	1.80

计量单位：个

编号				4-15-55	4-15-56
项目				继电器安装	辅助电压互感器安装
名称			单位	消耗量	
人工	合计工日		工日	0.339	0.465
	其中	普工	工日	0.087	0.120
		一般技工	工日	0.203	0.279
		高级技工	工日	0.049	0.066
材料	电压互感器		台	—	（1.000）
	继电器		台	（1.000）	—
	钢锯条		条	—	0.500
	焊锡膏		kg	0.010	—
	焊锡丝（综合）		kg	0.030	—
	铁砂布 0#~2#		张	0.020	—
	电力复合脂		kg	0.010	0.020
	塑料软管 *De*5		m	0.500	—
	异型塑料管 ϕ2.5~5.0		m	0.150	—
	标志牌 塑料扁形		个	—	1.000
	其他材料费		%	1.80	1.80

工作内容：接触面加工、钻孔、连接、固定。　　**计量单位：**个

编　号			4-15-57	4-15-58	4-15-59	4-15-60
项　目			分流器安装（A）			
			≤150	≤750	≤1 500	≤6 000
名　称		单位	消　耗　量			
人工	合计工日	工日	0.493	0.758	0.872	1.087
其中	普工	工日	0.127	0.195	0.225	0.280
	一般技工	工日	0.296	0.455	0.523	0.652
	高级技工	工日	0.070	0.108	0.124	0.155
材料	分流器　150A 以内	个	（1.000）	—	—	—
	分流器　750A 以内	个	—	（1.000）	—	—
	分流器　1 500A 以内	个	—	—	（1.000）	—
	分流器　6 000A 以内	个	—	—	—	（1.000）
	碎布	kg	—	0.100	—	—
	铁砂布　0#~2#	张	1.000	1.000	1.000	1.000
	电力复合脂	kg	0.020	0.030	0.050	0.100
	其他材料费	%	1.80	1.80	1.80	1.80

工作内容：开箱、清扫、仪表测量、测位、打眼、埋螺栓、信号装置、检查接线、焊接插头、多体组合等。　　**计量单位：**台

编　号			4-15-61
项　目			有载自动调压器安装
名　称		单位	消　耗　量
人工	合计工日	工日	2.162
其中	普工	工日	0.557
	一般技工	工日	1.297
	高级技工	工日	0.308
材料	有载自动调压器	台	（1.000）
	其他材料费	%	1.80

工作内容：测位、划线、安装、配管、穿线、接线、刷油。 **计量单位：**套

编号				4-15-62	4-15-63	4-15-64
项目				水位电气信号装置安装		
				机械式	电子式	液位式
名称			单位	消耗量		
人工	合计工日		工日	2.293	1.744	2.135
	其中	普工	工日	0.590	0.449	0.550
		一般技工	工日	1.376	1.046	1.281
		高级技工	工日	0.327	0.249	0.304
材料	测量表计		个	（1.000）	（1.000）	（1.000）
	镀锌铁丝 ϕ1.2~2.2		kg	0.010	—	—
	钢丝绳 ϕ4.5		m	15.000	—	—
	镀锌圆钢 ϕ10~25		kg	1.700	—	—
	镀锌扁钢（综合）		kg	1.300	—	—
	钢板（综合）		kg	3.110	0.660	2.100
	紫铜板（综合）		kg	—	0.500	0.600
	铝板（综合）		kg	0.210	—	—
	白布		kg	0.100	0.100	0.100
	木螺钉 d4.5~6×15~100		个	8.400	—	—
	半圆头螺钉 M10×100		套	20.000	—	—
	低碳钢焊条（综合）		kg	0.050	0.050	0.050
	铁砂布 $0^{\#}$~$2^{\#}$		张	0.500	0.500	0.500
	铸铁坨 5kg		个	1.000	—	—
	酚醛调和漆		kg	0.100	0.100	0.100
	防锈漆 C53-1		kg	0.100	0.100	0.100
	酚醛布板		kg	0.730	0.600	1.210
	木板标尺 170×85×20		块	1.000	—	—
	其他材料费		%	1.80	1.80	1.80
机械	普通车床 400×1 000mm（安装用）		台班	0.187	—	—
	立式钻床 25mm		台班	0.093	0.047	0.047
	弧焊机 20kV·A		台班	0.037	0.019	0.019

八、民用电器安装

工作内容：测位、划线、打眼、埋塑料胀管、上木底板、电铃号牌箱安装、接焊包头。

编号				4-15-65	4-15-66	4-15-67	4-15-68
项目				电铃	电铃号牌箱	门铃安装	
						明装	暗装
				个	套	个	
名称			单位	消耗量			
人工	合计工日		工日	0.159	0.318	0.120	0.093
	其中	普工	工日	0.041	0.082	0.031	0.024
		一般技工	工日	0.095	0.191	0.072	0.056
		高级技工	工日	0.023	0.045	0.017	0.013
材料	电铃		个	（1.000）	—	—	—
	门铃		套	—	—	（1.000）	（1.000）
	电铃号牌箱		个	—	（1.000）	—	—
	木螺钉 $d2\sim4\times6\sim65$		个	4.200	4.160	4.160	4.160
	木螺钉 $d4.5\sim6\times15\sim100$		个	3.200	—	—	—
	塑料胀管 $\phi6\sim8$		个	3.300	—	—	—
	焊锡膏		kg	0.010	—	—	—
	焊锡丝（综合）		kg	0.030	—	—	—
	木配电板 350×450×25		块	1.050	1.050	1.050	1.050
	扳把开关 5A		个	—	1.020	—	—
	瓷插式熔断器 5A		个	—	1.030	—	—
	铜芯塑料绝缘软电线 BVR-2.5mm^2		m	4.581	—	—	—
	瓷管头 $\phi10\sim16\times25$		个	2.060	—	—	—
	其他材料费		%	1.80	1.80	1.80	1.80

工作内容：测位、打眼、埋塑料胀管、上螺钉、接线、安装。 **计量单位：**个

编号				4-15-69	4-15-70
项目				电笛安装	
				普通型	防爆型
名称			单位	消耗量	
人工	合计工日		工日	0.074	0.078
	其中	普工	工日	0.019	0.020
		一般技工	工日	0.044	0.047
		高级技工	工日	0.011	0.011
材料	电笛		个	（1.000）	（1.000）
	焊锡膏		kg	0.010	0.010
	焊锡丝（综合）		kg	0.030	0.030
	硬铜绞线 TJ-6mm^2		kg	—	0.020
	铜接线端子 DT-6		个	—	2.030
	其他材料费		%	1.80	1.80

工作内容：开箱检查、侧位、划线、打眼、固定吊钩、接焊包头、开关接线、调试。 **计量单位：**台

编号				4-15-71	4-15-72
项目				风扇安装	
				吊风扇	壁扇
名称			单位	消耗量	
人工	合计工日		工日	0.346	0.427
	其中	普工	工日	0.089	0.110
		一般技工	工日	0.207	0.256
		高级技工	工日	0.050	0.061
材料	壁扇		台	—	（1.000）
	吊风扇		台	（1.000）	—
	风扇吊钩		个	1.020	—
	铜芯塑料绝缘电线 BV-2.5mm^2		m	0.410	0.410
	其他材料费		%	1.80	1.80

计量单位：台

编　　号			4-15-73	4-15-74
项　　目			风扇安装	
			排气扇	吊扇带灯
名　　称		单位	消　耗　量	
人工	合计工日	工日	0.516	0.427
	其中 普工	工日	0.133	0.110
	其中 一般技工	工日	0.310	0.256
	其中 高级技工	工日	0.073	0.061
材料	吊扇带灯	套	—	（1.000）
	排气扇	台	（1.000）	—
	木螺钉 $d2\sim4\times6\sim65$	个	4.200	—
	塑料胀管 $\phi6\sim8$	个	4.400	—
	风扇吊钩	个	—	1.020
	铜芯塑料绝缘电线 BV-2.5mm^2	m	0.610	0.410
	其他材料费	%	1.80	1.80

计量单位：套

编　　号			4-15-75	4-15-76	4-15-77
项　　目			红外线浴霸安装（灯）		碳纤维浴霸安装
			≤3	≤6	
名　　称		单位	消　耗　量		
人工	合计工日	工日	0.328	0.351	0.327
	其中 普工	工日	0.085	0.091	0.085
	其中 一般技工	工日	0.197	0.210	0.196
	其中 高级技工	工日	0.046	0.050	0.046
材料	碳纤维浴霸	套	—	—	（1.000）
	红外线浴霸	套	（1.000）	（1.000）	—
	木螺钉 $d2\sim4\times6\sim65$	个	4.200		—
	木螺钉 $d2.5\times25$	个	—	4.160	—
	木螺钉 $d4\times50$	个	—	2.080	3.850
	塑料胀管 $\phi6\sim8$	个	4.400	2.200	4.210
	木配电板 150×225×25	个	—	1.000	1.000
	其他材料费	%	1.80	1.80	1.80

九、低压电器装置接线

工作内容：检查、测位、校线、编号、套塑料管、绑扎测量、接地、接线动作试验等。　　**计量单位：**个

编　号				4-15-78	4-15-79
项　目				水流开关接线	电磁开关接线
名　称			单位	消　耗　量	
人工	合计工日		工日	0.113	1.412
	其中	普工	工日	0.029	0.364
		一般技工	工日	0.068	0.847
		高级技工	工日	0.016	0.201
材料	碎布		kg	0.150	2.000
	焊锡膏		kg	0.010	0.010
	焊锡丝（综合）		kg	0.030	0.030
	铁砂布 0#~2#		张	0.500	1.000
	汽油（综合）		kg	0.150	1.800
	塑料软管 *De*6		m	0.500	0.500
	电气绝缘胶带 18mm×10m×0.13mm		卷	0.040	0.060
	黄蜡带 20mm×10m		卷	0.010	0.010
	铜芯塑料绝缘电线 BV–2.5mm^2		m	1.000	1.000
	其他材料费		%	1.80	1.80

编　　号				4-15-80	4-15-81	4-15-82
项　　目				自动冲洗感应器接线	风机盘管接线	小母线安装
				台		m
名　　称			单位	消　耗　量		
人工	合计工日		工日	0.085	0.113	0.141
	其中	普工	工日	0.022	0.029	0.036
		一般技工	工日	0.051	0.068	0.085
		高级技工	工日	0.012	0.016	0.020
材料	碎布		kg	0.150	0.200	0.200
	焊锡膏		kg	0.010	0.010	0.020
	焊锡丝(综合)		kg	0.030	0.030	0.030
	铁砂布 0#~2#		张	0.500	1.000	1.000
	汽油(综合)		kg	0.150	0.180	0.200
	塑料软管 *De*6		m	0.500	0.500	0.800
	电气绝缘胶带 18mm×10m×0.13mm		卷	0.040	0.060	0.060
	黄蜡带 20mm×10m		卷	0.010	0.010	0.010
	铜芯塑料绝缘电线 BV-2.5mm^2		m	1.000	1.000	0.458
	其他材料费		%	1.80	1.80	1.80

第十六章　运输设备电气装置安装工程

说　　明

一、本章内容包括起重设备电气安装等内容。

二、有关说明：

1. 起重设备电气安装项目包括电气设备检查接线、电动机检查接线与安装、小车滑线安装、管线敷设、随设备供应的电缆敷设、校线、接线、设备本体灯具安装、接地、负荷试验、程序调试。不包括起重设备本体安装。

电梯电气安装项目适用于各种客、货、病床、杂物电梯和自动扶梯的电气装置安装。项目包括电气设备检查接线与安装、管线敷设、随设备供应的电缆敷设、校线、接线、接地、设备本体灯具安装、负荷试验、程序调试。不包括电梯设备本体安装。

电梯安装的楼层高度是按照平均层高 4m 以内考虑的，如平均层高超过 4m 时，其超过部分按照提升高度项目计算。

两部或两部以上并行或群控电梯，执行相应的项目乘以系数 1.20。

项目是按照基站设在室内地坑（下缓冲）考虑的，如遇有“区间电梯”（基站不在基坑层），下缓冲地坑设在中间层时，则基站以下部分楼层的垂直搬运应另行计算。

电梯电气安装项目中所需电线管及线槽、金属软管、管子配件、紧固件、电缆、电线、接线箱（盒）、荧光灯及其他部件、备件等，均按照随设备供货考虑。

2. 项目不包括电源线路及控制开关的安装、电动发电机组安装、基础型钢和钢支架及轨道的制作、安装，接地极与接地干线敷设，电气分系统调试。

工程量计算规则

起重设备电气安装根据起重设备形式与起重量及控制地点，按照设计图示安装数量以“台”为计量单位计算工程量。

电梯电气安装根据电梯用途、电梯控制方式、电梯层数、电梯站数，按照设计图示安装数量以“部”为计量单位计算工程量。电梯地坑、突出屋顶的电梯间不计算层数。

发电厂专用电梯电气安装根据电梯安装高度，按照设计图示安装数量以“部”为计量单位计算工程量。电梯停站与项目不同时，计算增减站数。

自动扶梯和自动步行道电气安装按照设计图示安装数量以“部”或“段”为计量单位计算工程量。

增加提升高度电气安装根据电梯安装高度，按照设计图示安装增加数量以“m”为计量单位计算工程量。增加提升高度（m）= 设计图示安装总高度（m）– 电梯层数 ×4（m），电梯安装总高度从基站地坪标高计算至顶站轿厢顶标高。

一、桥式起重机电气安装

工作内容：开箱、检查、清点、电气设备安装、管线敷设、挂电缆、接线、接地、摇测绝缘、配合负荷试验。

计量单位：台

编　号				4-16-1	4-16-2	4-16-3
项　目				起重量（t）		
				≤10	≤20	≤50
名　称			单位	消　耗　量		
人工	合计工日		工日	21.201	27.629	34.891
	其中	普工	工日	5.558	7.244	9.147
		一般技工	工日	12.952	16.878	21.315
		高级技工	工日	2.691	3.507	4.429
材料	槽钢 16#		kg	35.100	42.700	51.600
	角钢 40~50		kg	4.277	4.752	4.752
	塑料带 20mm×40m		卷	2.059	2.563	2.640
	白布		kg	3.960	4.928	7.040
	纱布		张	1.584	1.971	2.640
	低碳钢焊条（综合）		kg	7.745	9.140	9.860
	锯条（各种规格）		根	3.168	3.942	4.400
	调和漆		kg	2.850	3.610	5.200
	防锈漆 C53-1		kg	2.810	3.490	4.840
	汽油（综合）		kg	3.060	3.940	5.500
	电力复合脂		kg	1.980	2.464	3.432
	氧气		m^3	1.584	1.971	2.640
	乙炔气		kg	4.118	5.124	6.860
	自黏性塑料带 20mm×20m		卷	0.485	0.986	0.638
	红外线灯泡 220V 1 000W		个	0.792	0.986	3.344
	电气绝缘胶带 18mm×10m×0.13mm		卷	7.128	7.885	9.240
	钢管用塑料护口 ϕ32		个	26.136	29.040	25.520
	钢管用塑料护口 ϕ50		个	6.336	7.885	13.200
	铜接线端子 50A		个	—	12.000	52.800
	铜接线端子 DT-6		个	—	—	69.300
	铜接线端子 DT-10		个	114.840	—	63.800
	铜接线端子 DT-16		个	9.900	127.600	58.300
	铜接线端子 DT-70		个	—	—	11.000
	白纱布带 20mm×20m		卷	0.792	0.986	1.320
	其他材料费		%	1.80	1.80	1.80
机械	电动扭力扳手 27×30		台班	0.907	1.128	1.193
	弧焊机 40kV·A		台班	1.549	1.828	1.972
仪表	多功能交直流钳形测量仪		台班	0.243	0.302	0.638
	电桥（导纳）		台班	0.907	1.128	1.193
	微机继电保护测试仪		台班	0.227	0.282	0.298

工作内容：开箱、检查、清点、电气设备安装、管线敷设、挂电缆、接线、接地、摇测绝缘、配合负荷试验。

计量单位：台

编号			4-16-4	4-16-5	4-16-6
项目			起重量(t)		
			≤100	≤200	≤400
名称		单位	消耗量		
人工	合计工日	工日	88.164	163.558	307.636
	其中 普工	工日	18.514	34.347	64.604
	其中 一般技工	工日	52.899	98.135	184.581
	其中 高级技工	工日	16.751	31.076	58.451
材料	槽钢 16#	kg	61.920	92.880	111.456
	角钢 40~50	kg	5.702	8.554	10.264
	塑料带 20mm×40m	卷	3.168	4.752	5.702
	白布	kg	8.448	12.672	15.206
	纱布	张	3.168	4.752	5.702
	低碳钢焊条(综合)	kg	5.230	7.850	9.420
	锯条(各种规格)	根	5.280	7.920	9.504
	调和漆	kg	6.240	9.360	11.232
	防锈漆 C53-1	kg	5.808	8.712	10.454
	汽油(综合)	kg	6.600	9.900	11.880
	电力复合脂	kg	4.118	6.178	7.413
	氧气	m^3	3.168	4.752	5.702
	乙炔气	kg	8.237	12.356	14.825
	自黏性塑料带 20mm×20m	卷	0.766	1.148	1.378
	红外线灯泡 220V 1 000W	个	4.013	6.019	7.223
	电气绝缘胶带 18mm×10m×0.13mm	卷	11.088	16.632	19.958
	钢管用塑料护口 ϕ32	个	30.624	45.936	55.123
	钢管用塑料护口 ϕ50	个	15.840	23.760	28.512
	铜接线端子 50A	个	63.360	95.040	114.048
	铜接线端子 DT-6	个	83.160	124.740	149.688
	铜接线端子 DT-10	个	76.560	114.840	137.808
	铜接线端子 DT-16	个	69.960	104.940	125.928
	铜接线端子 DT-70	个	13.200	19.800	23.760
	白纱布带 20mm×20m	卷	1.584	2.376	2.851
	其他材料费	%	1.80	1.80	1.80
机械	电动扭力扳手 27×30	台班	1.432	2.147	2.577
	弧焊机 40kV·A	台班	1.046	1.570	1.884
仪表	多功能交直流钳形测量仪	台班	0.766	1.148	1.378
	电桥(导纳)	台班	1.432	2.147	2.577
	微机继电保护测试仪	台班	0.358	0.536	0.644

二、抓斗式起重机电气安装

工作内容：开箱、检查、清点、电气设备安装、管线敷设、挂电缆、接线、接地、摇测绝缘、配合负荷试验。

计量单位：台

编号			4-16-7	4-16-8	4-16-9	4-16-10
项目			起重量（t）			
			≤5	≤10	≤15	≤20
名称		单位	消耗量			
人工	合计工日	工日	37.394	43.236	53.754	60.447
	其中 普工	工日	9.629	11.133	13.842	15.565
	其中 一般技工	工日	22.437	25.942	32.252	36.268
	其中 高级技工	工日	5.328	6.161	7.660	8.614
材料	镀锌铁丝 ϕ4.0	kg	1.320	1.320	1.320	1.320
	塑料带 20mm×40m	卷	0.704	0.792	0.880	0.968
	白布	kg	0.880	1.144	1.144	1.320
	纱布	张	9.680	9.680	9.680	9.680
	低碳钢焊条（综合）	kg	11.855	11.855	12.855	12.855
	锯条（各种规格）	根	4.400	4.400	4.400	4.400
	调和漆	kg	5.100	5.600	6.100	7.050
	防锈漆 C53-1	kg	4.100	4.300	4.800	5.800
	汽油（综合）	kg	2.700	2.900	3.600	4.610
	电力复合脂	kg	3.432	3.520	3.520	3.608
	氧气	m^3	1.760	1.760	1.760	1.760
	乙炔气	kg	4.576	4.576	4.576	4.576
	自黏性塑料带 20mm×20m	卷	0.466	0.557	0.678	0.719
	塑料软管 *De*6	m	70.400	88.000	95.300	101.200
	塑料软管 *De*8	m	70.400	56.320	19.360	19.360
	塑料软管 *De*10	m	106.100	70.400	38.720	56.320
	塑料软管 *De*12	m	—	24.640	—	—
	塑料软管 *De*14	m	8.800	—	132.000	92.400
	塑料软管 *De*16	m	5.280	5.280	5.280	5.280
	塑料软管 *De*20	m	—	5.280	5.280	5.280
	异型塑料管 ϕ5	m	3.520	4.400	4.400	4.400
	电气绝缘胶带 18mm×10m×0.13mm	卷	0.880	0.880	0.880	0.880
	钢管用塑料护口 ϕ20	个	30.800	29.040	20.240	29.040
	钢管用塑料护口 ϕ32	个	16.400	8.800	12.320	12.320
	钢管用塑料护口 ϕ50	个	13.200	22.000	24.640	24.640
	钢管用塑料护口 ϕ100	个	—	1.760	1.760	1.760
	铜接线端子 50A	个	5.500	5.500	5.500	5.500
	铜接线端子 100A	个	112.100	8.800	8.800	8.800
	铜接线端子 DT-6	个	64.900	68.200	91.300	91.300
	铜接线端子 DT-25	个	—	93.500	—	—
	铜接线端子 DT-35	个	8.800	—	134.200	134.200
	铜接线端子 DT-70	个	—	5.500	5.500	5.500
	白纱布带 20mm×20m	卷	1.320	1.320	1.320	1.320
	其他材料费	%	1.80	1.80	1.80	1.80
机械	电动扭力扳手 27×30	台班	1.306	1.561	1.901	2.015
	弧焊机 40kV·A	台班	2.371	2.371	2.557	2.557
仪表	多功能交直流钳形测量仪	台班	0.931	1.113	1.356	1.437
	电桥（导纳）	台班	0.436	0.521	0.634	0.672

三、单轨式起重机电气安装

工作内容：开箱、检查、清点、电气设备安装、管线敷设、挂电缆、接线、接地、摇测绝缘、配合负荷试验。

计量单位：台

编号				4-16-11	4-16-12	4-16-13	4-16-14
项目				起重量（t）			
				≤5		≤10	
				地面控制	操作室控制	地面控制	操作室控制
名称			单位	消耗量			
人工	合计工日		工日	7.223	10.835	9.030	12.429
	其中	普工	工日	1.860	2.790	2.325	3.200
		一般技工	工日	4.334	6.501	5.418	7.457
		高级技工	工日	1.029	1.544	1.287	1.772
材料	钢筋 ϕ10 以内		kg	4.224	4.224	4.224	4.224
	钢丝绳		kg	8.716	8.716	8.716	8.716
	塑料带 20mm×40m		卷	0.326	0.326	0.352	0.352
	白布		kg	0.440	0.440	0.440	0.440
	纱布		张	1.760	1.760	1.760	1.760
	低碳钢焊条（综合）		kg	2.790	4.260	2.790	4.260
	锯条（各种规格）		根	1.760	2.640	1.760	2.640
	钢索拉紧装置		套	1.100	1.100	1.100	1.100
	汽油（综合）		kg	0.880	0.880	1.056	1.056
	电力复合脂		kg	0.264	0.264	0.352	0.352
	自黏性塑料带 20mm×20m		卷	0.243	0.354	0.294	0.374
	塑料软管 *De*6		m	8.800	8.800	8.800	8.800
	电气绝缘胶带 18mm×10m×0.13mm		卷	1.320	3.080	1.320	3.080
	白纱布带 20mm×20m		卷	0.880	0.880	0.880	0.880
	其他材料费		%	1.80	1.80	1.80	1.80
机械	电动扭力扳手 27×30		台班	0.454	0.662	0.549	0.700
	弧焊机 40kV·A		台班	0.558	0.852	0.558	0.852
仪表	多功能交直流钳形测量仪		台班	0.024	0.035	0.029	0.037
	电桥（导纳）		台班	0.113	0.165	0.137	0.175

四、电动葫芦电气安装

工作内容： 开箱、检查、清点、电气设备安装、管线敷设、挂电缆、接线、接地、摇测绝缘、配合负荷试验。

计量单位：台

编　　号				4-16-15	4-16-16	4-16-17
项　　目				起重量（t）		
				≤2	≤5	≤10
名　　称			单位	消　耗　量		
人工	合计工日		工日	3.088	3.711	6.590
	其中	普工	工日	0.795	0.956	1.697
		一般技工	工日	1.853	2.226	3.954
		高级技工	工日	0.440	0.529	0.939
材料	钢筋　ϕ10 以内		kg	4.224	4.224	4.224
	钢丝绳		kg	8.716	8.716	8.716
	塑料带　20mm×40m		卷	0.176	0.176	0.176
	白布		kg	0.352	0.352	0.352
	纱布		张	0.880	0.880	0.880
	低碳钢焊条（综合）		kg	0.855	0.855	0.855
	钢索拉紧装置		套	1.100	1.100	1.100
	汽油（综合）		kg	0.440	0.440	0.440
	电力复合脂		kg	0.176	0.176	0.176
	塑料软管　*Dc*6		m	8.800	8.800	8.800
	电气绝缘胶带　18mm×10m×0.13mm		卷	0.704	0.704	0.704
	铜接线端子　DT-16		个	2.200	2.200	2.200
	白纱布带　20mm×20m		卷	0.440	0.440	0.440
	其他材料费		%	1.80	1.80	1.80
机械	弧焊机　40kV·A		台班	0.171	0.171	0.171

五、斗轮堆取料机电气安装

工作内容：开箱、检查、清点、电气设备安装、管线敷设、挂电缆、接线、接地、摇测绝缘、配合负荷试验。

计量单位：台

编号				4-16-18	4-16-19	4-16-20	4-16-21
项目				斗轮堆取料机		门式滚轮堆取料机安装	
				≤DQ2010	≤DQ3025	MDQ100/100	MDQ200/200
名称			单位	消耗量			
人工	合计工日		工日	139.273	166.950	148.941	171.860
	其中	普工	工日	35.863	42.990	38.352	44.254
		一般技工	工日	83.563	100.170	89.365	103.116
		高级技工	工日	19.847	23.790	21.224	24.490
材料	镀锌铁丝 ϕ4.0		kg	35.200	35.904	36.256	36.960
	槽钢 16#		kg	74.800	76.286	77.044	78.540
	角钢 50×3		kg	47.200	48.500	49.800	50.600
	白布		kg	7.040	7.181	7.251	7.392
	纱布		张	8.800	8.976	9.064	9.240
	低碳钢焊条(综合)		kg	30.555	31.165	31.465	32.080
	钢锯条		条	13.200	13.464	13.596	13.860
	钢索拉紧装置		套	4.400	4.488	4.532	4.620
	无光调和漆		kg	12.320	12.566	12.690	12.936
	防锈漆		kg	9.240	9.425	9.517	9.702
	汽油(综合)		kg	14.080	14.362	14.502	14.784
	电力复合脂		kg	10.208	10.412	10.514	10.718
	氧气		m^3	3.520	3.590	3.626	3.696
	乙炔气		kg	1.232	1.257	1.269	1.294
	塑料软管 *De*6		m	334.400	341.088	344.432	351.120
	塑料软管 *De*8		m	36.960	37.699	38.069	38.808
	塑料软管 *De*10		m	22.000	22.440	22.660	23.100
	塑料软管 *De*20		m	3.520	3.590	3.626	3.696
	红外线灯泡 220V 1 000W		个	3.520	3.590	3.626	3.696
	电气绝缘胶带 18mm×10m×0.13mm		卷	16.060	16.381	16.542	16.863
	铜接线端子 DT-6		个	15.400	15.708	15.862	16.170
	铜接线端子 DT-10		个	6.600	6.732	6.798	6.930
	铜接线端子 DT-16		个	35.200	35.904	36.256	36.960
	铜接线端子 DT-25		个	6.600	6.732	6.798	6.930
	铜接线端子 DT-35		个	6.600	6.732	6.798	6.930
	铜接线端子 DT-50		个	15.400	15.708	15.862	16.170
	铜接线端子 DT-120		个	6.600	6.732	6.798	6.930
	镀锌电缆卡子 2×35		套	48.400	49.368	49.852	50.820
	镀锌电缆卡子 3×50		套	74.800	76.296	77.044	78.540
	镀锌电缆卡子 3×100		套	17.600	17.952	18.128	18.480
	白纱布带 20mm×20m		卷	4.488	4.578	4.623	4.712
	其他材料费		%	1.80	1.80	1.80	1.80
机械	汽车式起重机 8t		台班	1.542	1.573	1.589	1.620
	载货汽车－普通货车 5t		台班	0.925	0.944	0.953	0.972
	电动扳手(充电式起子机)		台班	2.837	2.894	2.922	2.979
	弧焊机 20kV·A		台班	6.111	6.233	6.293	6.416
仪表	多功能交直流钳形测量仪		台班	4.048	4.129	4.169	4.250
	数字电桥		台班	3.783	3.859	3.896	3.972
	微机继电保护测试仪		台班	1.892	1.929	1.949	1.986

第十七章　电气设备调试工程

说　　明

一、本章内容包括机组容量小于或等于35MW及电压等级小于或等于10kV的发电、输电、配电、用电工程中电气设备的分系统调试、整套启动调试、特殊试验项目。

二、有关说明：

1. 调试项目是按照现行的现行国家标准《电气装置安装工程电气设备交接试验标准》GB 50150及相应电气装置安装工程施工及验收系列规范；发电、输电、配电、用电工程启动试运及验收规程进行编制的。标准与规程未包括的调试项目和调试内容所发生的费用，应结合技术条件及相应的规定另行计算。发电机、变压器、母线，线路的分系统调试中均包括了相应保护系统调试，相应的系统调试不包含装置单体调试内容。机组容量大于35MW及电压等级大于10kV的发电、输电、配电、太阳能光伏电站、用电工程中电气设备等系统调试项目参照电力行业相关调试项目执行。

2. 调试项目中已经包括熟悉资料、编制调试方案、核对设备、现场调试、填写调试记录、整理调试报告等工作内容。

3. 本章所用到的电源是按照永久电源编制的，项目中不包括调试与试验所消耗的电量，其电费已包含在其他费用（甲方费用）中。当工程需要单独计算调试与试验电费时，应按照实际表计电量计算。

4. 前面总说明分别定义了单体调试与分系统调试，在前面安装部分章节里已经体现了变压器、配电装置、保护装置、自动装置、电动机等电气设备的单体调试，本章中分系统调试不包含电气设备装置单体调试内容。非常规的调试与试验执行特殊试验项目相应的项目子目，特殊试验项目中没有的试验项目参照电力行业相关调试项目执行。

5. 输配电装置系统调试中电压等级小于或等于1kV的项目适用于所有低压供电控制回路，凡供电回路中的仪表，继电器、电磁开关等调试元件（不包括刀开关、保险器），均按照单体调试计算。移动电器和以插座连接的家电设备不计算调试费用。输配电设备系统调试不包括系统内的电缆的单体试验、绝缘耐压试验等调试工作。

6. 根据电动机的形式及规格，计算电动机系统电气调试工作量。

7. 项目不包括设备的干燥处理和设备本身缺陷造成的元件更换修理，也未考虑因设备元件质量低劣或安装质量问题对调试工作造成的影响。发生时，按照有关的规定进行处理。

8. 项目是按照新的且合格的设备考虑的。当调试经更换修改的设备、拆迁的旧设备时，项目乘以系数1.15。

9. 调试带负荷调压装置的电力变压器时，调试项目乘以系数1.12；三线圈变压器、整流变压器、电炉变压器调试按照同容量的电力变压器调试项目乘以系数1.20。

10. 母线系统调试项目只适用于装有电压互感器的低压配电装置的各种母线（包括软母线）的系统调试。

11. 可控硅调速直流电动机系统调试内容包括可控硅整流装置系统和直流电动机控制回路系统两个部分的调试。

12. 交流变频调速直流电动机系统调试内容包括变频装置系统和交流电动机控制回路系统两个部分的调试。

13. 智能变电站系统调试中只考虑遥控、遥信、遥测的功能，若工程需要增加遥调时，相应项目应乘以系数1.20。

14. 整套启动调试包括发电、输电、变电、配电在项目生产投料或使用前后进行的项目电气部分整套调试和配合生产启动试运以及程序校验，运行调整，状态切换，动作试验等内容。不包括在整套启动试运过程中暴露出来的设备缺陷处理或因施工质量、设计质量等问题造成的返工所增加的调试工作量。

15. 其他材料费中包括调试消耗，校验消耗材料费。

工程量计算规则

一、电气调试系统根据电气布置系统图，结合调试项目的工作内容进行划分，按照项目计量单位计算工程量。

二、电气设备单体试验不单独计算工程量，特殊试验项目根据工程需要按照实际数量计算工程量。

三、供电桥回路的断路器母线分段断路器，均按照独立的输配电设备系统计算调试费。

四、配电设备系统调试是按照一侧有一台断路器考虑的，若两侧均有断路器时，则按照两个系统计算。

五、变压器系统调试是按照每个电压侧有一台断路器考虑的，若断路器多于一台时，则按照相应的电压等级另行计算输配电设备系统调试费。

六、电源切换及备自投装置系统调试包含备自投、电源快切等装置的系统调试。其工程量按照下列规定计算：

1. 备用电源自动投入装置按照连锁机构的个数计算自动投入装置的系统工程量。例如，一台备用厂用变压器作为三段厂用工作母线备用电源，按照三个系统计算工程量。设置自动投入的两条互为备用的线路或两台变压器，按照两个系统计算工程量。备用电动机自动投入装置也按此规定计算。

2. 用电切换系统调试按照设计能够完成切换的一套装置为一个系统计算工程量。

七、测量与监视系统调试包括直流系统、变送器屏等调试。其工程量按照下列规定计算：

变送器屏系统调试按照设计图示数量以台数计算工程量。

八、保安电源系统调试按照安装的保安电源段数计算工程量。

九、事故照明、故障录波器系统调试根据设计标准，按照发电机组台数、独立变电站与配电室的座数计算工程量。

十、电除尘器系统电气调试根据烟气进除尘器入口净面积以“套”计算工程量。按照一台升压变压器、一组整流器及附属设备为一套计算。

十一、硅整流装置系统调试按照一套装置为一个系统计算工程量。

十二、电动机系统电气调试是指电动机系统电机相关控制、监控、保护二次回路的调试。其系统调试根据电机的控制方式、功率按照电动机的台数计算工程量。

十三、一般民用建筑电气工程中，配电室内带有调试元件的盘、箱、柜和带有调试元件的照明配电箱，应按照供电方式计算输配电设备系统调试数量。用户所用的配电箱供电不计算系统调试费。

十四、具有较高控制技术的电气工程（包括照明工程中由程控调光的装饰灯具），应按照控制方式计算系统调试工程量。

十五、成套开闭所根据开关间隔单元数量，按照成套的单个箱体数量计算工程量。

十六、成套箱式变电站根据变压器容量，按照成套的单个箱体数量计算工程量。

十七、配电智能系统调试根据间隔数量，以“系统”为计量单位。一个站点为一个系统。一个柱上配电终端若接入主（子）站，可执行两个以下间隔的分系统调试项目，若就地保护则不能执行系统调试项目。

十八、整套启动调试按照发电、输电、变电、配电、太阳能光伏发电工程分别计算。发电厂根据锅炉蒸发量按照“台”计算工程量，无发电功能的独立供热站不计算发电整套调试；输电线路根据电压等级及输电介质不分回路数按照“条”计算工程量；变电、配电根据高压侧电压等级不分容量按照“座”计算工程量；太阳能光伏发电站根据发电功率，以项目为计量单位按照“座”计算工程量。

1. 用电工程项目电气部分整套启动调试随用电工程项目统一考虑，不单独计算有关用电电气整套启动调试费用。

2. 用户端配电站（室）根据高压侧电压等级（接受端电压等级）计算配电整套启动调试费。

3. 中心变电站至用户端配电室（含箱式变电站）的输电线路，根据输电电压等级计算输电线路整套启动调试费；用户端配电室（含箱式变电站）至用户各区域或用电设备的配电电缆、电线工程不计算输电整套启动调试费。

十九、特殊试验项目根据技术标准与测试的工作内容，按照实际测试与试验的设备或装置数量计算工程量。

一、分系统调试

1. 发电机系统调试

工作内容：发电机、断路器、隔离开关、接地开关及保护、测量、控制、调速信号等二次回路调试，通流升压试验，整组传动试验，机、电、炉横向保护试验，交接验收等。

计量单位：台

编号				4-17-1	4-17-2	4-17-3	4-17-4	4-17-5
项目				单机容量（MW）				
				≤3	≤6	≤15	≤25	≤35
名称			单位	消耗量				
人工	合计工日		工日	44.779	53.869	72.178	82.326	93.208
	其中	普工	工日	5.373	6.465	8.661	9.879	11.185
		一般技工	工日	22.390	26.933	36.089	41.163	46.604
		高级技工	工日	17.016	20.471	27.428	31.284	35.419
材料	自黏性橡胶带 25mm×20m		卷	1.196	1.709	3.417	4.882	6.102
	铜芯橡皮绝缘电线 BX-2.5mm^2		m	2.397	3.425	6.849	9.785	12.231
	其他材料费		%	2.00	2.00	2.00	2.00	2.00
仪表	手持式万用表		台班	9.800	9.800	11.200	13.400	16.800
	数字电桥		台班	5.500	5.500	6.500	7.500	8.500
	高压绝缘电阻测试仪		台班	5.888	6.168	6.729	8.411	10.093
	交流阻抗测试仪		台班	5.503	6.027	7.075	8.647	10.219
	数据记录仪		台班	8.411	8.636	9.084	10.598	12.112
	电感电容测试仪		台班	3.364	3.925	5.047	6.729	8.411
	相位表		台班	3.364	3.925	5.047	6.729	8.411
	笔记本电脑		台班	12.500	12.500	18.500	18.500	24.500
	高压开关特性测试仪		台班	7.570	8.692	10.935	13.458	15.981
	数字电压表		台班	8.411	8.972	10.093	11.776	13.458
	数字频率计		台班	9.252	9.813	10.935	12.617	14.299
	计时/计频器/校准器		台班	10.935	11.495	12.617	14.299	15.981
	数字示波器		台班	10.093	10.654	11.776	14.299	16.822
	微机继电保护测试仪		台班	9.800	9.800	11.200	13.400	16.800

2. 励磁系统调试

工作内容：励磁系统及相关二次回路调试，整组传动试验，交接验收等。　　**计量单位：**台

编号				4-17-6	4-17-7	4-17-8	4-17-9
项目				单机容量(MW)			
				≤6	≤15	≤25	≤35
名称			单位	消耗量			
人工	合计工日		工日	6.593	9.888	13.184	16.479
	其中	普工	工日	0.791	1.186	1.582	1.977
		一般技工	工日	3.297	4.944	6.592	8.240
		高级技工	工日	2.505	3.758	5.010	6.262
材料	自黏性橡胶带 25mm×20m		卷	0.548	1.097	1.567	1.958
	铜芯橡皮绝缘电线 BX-2.5mm^2		m	1.097	2.193	3.133	3.917
	其他材料费		%	2.00	2.00	2.00	2.00
仪表	手持式万用表		台班	0.505	0.757	1.009	1.262
	数字电桥		台班	0.336	0.505	0.673	0.841
	高压绝缘电阻测试仪		台班	0.336	0.505	0.673	0.841
	交/直流低电阻测试仪		台班	0.505	0.757	1.009	1.262
	断路器动特性综合测试仪		台班	0.336	0.505	0.673	0.841
	继电器检验仪		台班	0.505	0.757	1.009	1.262
	电能校验仪		台班	0.505	0.757	1.009	1.262
	2 000A 大电流发生器		台班	0.505	0.757	1.009	1.262
	直流高压发生器		台班	0.505	0.757	1.009	1.262
	数字电压表		台班	0.336	0.505	0.673	0.841
	数字频率计		台班	0.505	0.757	1.009	1.262
	计时/计频器/校准器		台班	0.505	0.757	1.009	1.262
	微机继电保护测试仪		台班	0.336	0.505	0.673	0.841

3. 同期系统调试

工作内容：同期电压回路、同期系统的调频、调压等二次回路调试，整组传动试验，交接验收等。

计量单位：组

编号				4-17-10	4-17-11	4-17-12	4-17-13
项目				单机容量（MW）			
				≤6	≤15	≤25	≤35
				两台机组			
名称			单位	消耗量			
人工	合计工日		工日	5.493	7.691	9.888	12.086
	其中	普工	工日	0.659	0.923	1.186	1.450
		一般技工	工日	2.747	3.846	4.944	6.043
		高级技工	工日	2.087	2.922	3.758	4.593
材料	自黏性橡胶带 25mm×20m		卷	0.485	0.970	1.386	1.733
	铜芯橡皮绝缘电线 BX-2.5mm^2		m	0.970	1.940	2.772	3.465
	其他材料费		%	2.00	2.00	2.00	2.00
机械	远红外线调压器		台班	0.382	0.535	0.688	0.841
仪表	手持式万用表		台班	0.765	1.071	1.376	1.682
	电压比测试仪（变比电桥）		台班	0.765	1.071	1.376	1.682
	高压绝缘电阻测试仪		台班	0.765	1.071	1.376	1.682
	工频信号发生器		台班	0.357	0.500	0.643	0.786
	计时 / 计频器 / 校准器		台班	1.912	2.676	3.441	4.206
	数字示波器		台班	0.715	1.000	1.286	1.572
	电缆测试仪		台班	0.382	0.535	0.688	0.841
	微机继电保护测试仪		台班	0.765	1.071	1.376	1.682

计量单位：台

编　号				4-17-14	4-17-15	4-17-16	4-17-17
项　目				单机容量（MW）			
				≤6	≤15	≤25	≤35
				增加一个同期点			
名　称			单位	消　耗　量			
人工	合计工日		工日	1.098	1.648	2.197	3.295
	其中	普工	工日	0.131	0.198	0.264	0.395
		一般技工	工日	0.549	0.824	1.098	1.647
		高级技工	工日	0.418	0.626	0.835	1.253
材料	自黏性橡胶带 25mm×20m		卷	0.097	0.208	0.308	0.182
	铜芯橡皮绝缘电线 BX-2.5mm^2		m	0.194	0.416	0.616	0.364
	其他材料费		%	2.00	2.00	2.00	2.00
机械	远红外线调压器		台班	0.077	0.115	0.153	0.229
仪表	手持式万用表		台班	0.229	0.344	0.459	0.688
	电压比测试仪（变比电桥）		台班	0.153	0.229	0.306	0.459
	高压绝缘电阻测试仪		台班	0.153	0.229	0.306	0.459
	工频信号发生器		台班	0.071	0.107	0.143	0.214
	计时 / 计频器 / 校准器		台班	0.382	0.573	0.765	1.147
	数字示波器		台班	0.143	0.214	0.286	0.429
	电缆测试仪		台班	0.076	0.115	0.153	0.229
	微机继电保护测试仪		台班	0.153	0.229	0.306	0.459

4. 变压器系统调试

工作内容：变压器、高低断路器、隔离开关、接地开关、保护、监控及计量二次回路调试，测温、冷却系统等系统调试，通流升压试验，控制、保护整组传动试验，空载试运等。

计量单位：系统

编号				4-17-18	4-17-19	4-17-20	4-17-21	4-17-22	4-17-23
项目				容量（kV·A）					
				≤800	≤2 000	≤4 000	≤8 000	≤20 000	≤40 000
名称			单位	消耗量					
人工	合计工日		工日	5.540	14.013	14.991	17.111	20.531	28.028
	其中	普工	工日	0.665	1.681	1.799	2.053	2.463	3.363
		一般技工	工日	2.770	7.007	7.495	8.555	10.266	14.014
		高级技工	工日	2.105	5.325	5.697	6.503	7.802	10.651
材料	自黏性橡胶带 25mm×20m		卷	0.670	0.875	1.189	1.758	2.009	2.678
	铜芯橡皮绝缘电线 BX-2.5mm^2		m	1.339	1.758	2.394	3.515	4.018	5.357
	其他材料费		%	2.00	2.00	2.00	2.00	2.00	2.00
仪表	手持式万用表		台班	0.820	1.914	2.187	2.734	3.281	3.827
	数字电桥		台班	0.547	1.640	2.734	3.827	4.921	6.014
	高压绝缘电阻测试仪		台班	0.547	1.093	1.640	2.187	2.734	3.281
	交 / 直流低电阻测试仪		台班	0.820	1.640	2.734	3.281	3.827	4.374
	全自动变比组别测试仪		台班	0.820	1.640	2.187	2.734	3.281	3.827
	相位表		台班	0.766	1.533	2.215	2.555	3.066	3.577
	变压器特性综合测试台		台班	0.547	1.093	1.640	2.187	2.734	3.281
	数字频率计		台班	0.820	1.640	1.640	1.640	2.187	2.187
	计时 / 计频器 / 校准器		台班	0.820	2.734	2.187	2.734	3.281	3.827
	数字示波器		台班	0.766	1.533	2.215	2.555	3.066	3.577
	微机继电保护测试仪		台班	0.547	1.914	2.187	2.734	3.281	3.827

5. 输配电系统调试

工作内容：1. 断路器、隔离开关、接地开关及保护、监控二次回路调试。
2. 通流升压试验。
3. 控制、保护整组传动试验。
4. 保护通道联调。
5. 交接验收等。

计量单位：系统

编　号				4-17-24	4-17-25	4-17-26	4-17-27	4-17-28	4-17-29
项　目				交流供电（kV）				直流供电（kV）	
				≤1	≤10			≤500	≤1 600
					带负荷隔离开关	带断路器	带电抗器		
名　称			单位	消　耗　量					
人工	合计工日		工日	1.615	2.794	3.930	5.064	1.630	2.794
	其中	普工	工日	0.194	0.335	0.472	0.608	0.196	0.335
		一般技工	工日	0.807	1.397	1.965	2.532	0.815	1.397
		高级技工	工日	0.614	1.062	1.493	1.924	0.619	1.062
材料	自黏性橡胶带 25mm×20m		卷	0.120	0.360	0.360	0.360	0.080	0.168
	铜芯橡皮绝缘电线 BX-2.5mm^2		m	0.240	0.720	0.720	0.720	0.120	0.252
	其他材料费		%	2.00	2.00	2.00	2.00	2.00	2.00
仪表	手持式万用表		台班	1.682	1.682	1.682	1.682	0.757	1.009
	数字电桥		台班	—	—	1.682	1.682	—	—
	高压绝缘电阻测试仪		台班	—	0.841	0.841	0.841	—	0.505
	相位表		台班	0.789	0.789	0.789	0.789	0.473	0.473
	YDQ 充气式试验变压器		台班	—	0.500	0.800	1.000	—	—
	高压试验变压器配套操作箱、调压器		台班	—	0.500	0.800	1.000	—	—
	振荡器		台班	0.789	0.789	0.789	0.789	0.473	0.473
	电缆测试仪		台班	0.841	0.841	1.682	1.682	0.505	0.505
	微机继电保护测试仪		台班	—	—	1.682	1.682	—	0.505

6. 母线系统调试

工作内容：1. 母线系统、绝缘检查装置系统等二次回路调试。
2. 保护、信号动作试验。
3. 交接验收等。

计量单位：段

编号				4-17-30	4-17-31
项目				电压（kV）	
				≤1	≤10
名称			单位	消耗量	
人工	合计工日		工日	1.135	3.318
	其中	普工	工日	0.136	0.398
		一般技工	工日	0.568	1.659
		高级技工	工日	0.431	1.261
材料	自黏性橡胶带 25mm×20m		卷	0.083	0.025
	铜芯橡皮绝缘电线 BX-2.5mm^2		m	0.166	0.498
	其他材料费		%	2.00	2.00
仪表	手持式万用表		台班	0.841	1.682
	数字电桥		台班	—	1.682
	高压绝缘电阻测试仪		台班	0.841	1.682
	电感电容测试仪		台班	0.841	0.841
	电能校验仪		台班	—	0.841
	直流高压发生器		台班	0.841	2.523
	数字电压表		台班	—	0.841
	微机继电保护测试仪		台班	—	1.682

7. 电源切换及备自投装置系统调试

工作内容：1. 相关二次回路调试。
2. 整组传动试验。
3. 投运试验等。

编　号				4-17-32	4-17-33	4-17-34	4-17-35
项　目				备用电源自动投入装置	备用电机自动投入装置	用电切换系统	
						电压≤400V	电压≤10kV
				系统（套）			
名　称			单位	消　耗　量			
人工	合计工日		工日	2.708	1.135	1.816	4.394
	其中	普工	工日	0.325	0.136	0.219	0.527
		一般技工	工日	1.354	0.568	0.908	2.197
		高级技工	工日	1.029	0.431	0.689	1.670
材料	自黏性橡胶带 25mm×20m		卷	0.700	0.700	0.700	0.700
	铜芯橡皮绝缘电线 BX-2.5mm^2		m	8.000	8.000	8.000	8.000
	其他材料费		%	2.00	2.00	2.00	2.00
仪表	手持式万用表		台班	1.682	0.841	0.298	1.364
	相位电压测试仪		台班	1.262	0.421	0.597	1.023
	三相精密测试电源		台班	1.262	0.421	0.597	1.023
	微机继电保护测试仪		台班	1.682	0.841	—	1.364

8. 测量与监控系统调试

工作内容：1. 相关二次回路调试。
2. 整组试验。
3. 投运试验等。

编号				4-17-36	4-17-37
项目				直流监测系统	变送器屏
				系统	台
名称			单位	消耗量	
人工	合计工日		工日	8.304	5.744
	其中	普工	工日	0.996	0.689
		一般技工	工日	4.152	2.872
		高级技工	工日	3.156	2.183
材料	自黏性橡胶带 25mm×20m		卷	1.720	3.010
	铜芯橡皮绝缘电线 BX-2.5mm^2		m	3.440	6.020
	其他材料费		%	2.00	2.00
仪表	手持式万用表		台班	2.691	3.760
	2 000A 大电流发生器		台班	2.691	3.760
	计时 / 计频器 / 校准器		台班	2.018	3.760
	数字示波器		台班	0.673	—
	微机继电保护测试仪		台班	2.691	3.760

9. 保安电源系统调试

工作内容: 相关二次回路调试,整组传动试验,投运试验等。　　　　**计量单位:** 台

编　　号				4-17-38	4-17-39
项　　目				柴油发电机容量(kW)	
				≤600	>600
名　　称			单位	消　耗　量	
人工	合计工日		工日	1.648	2.746
	其中	普工	工日	0.198	0.330
		一般技工	工日	0.824	1.373
		高级技工	工日	0.626	1.043
材料	自黏性橡胶带 25mm×20m		卷	0.654	0.817
	铜芯橡皮绝缘电线 BX-2.5mm^2		m	1.307	1.634
	其他材料费		%	2.00	2.00
仪表	手持式万用表		台班	0.227	0.378
	三相精密测试电源		台班	0.227	0.378
	计时 / 计频器 / 校准器		台班	0.227	0.378
	数字示波器		台班	0.227	0.378
	微机继电保护测试仪		台班	0.227	0.378

10. 不间断电源系统调试

工作内容: 相关二次回路调试,切换试验等。　　　　**计量单位:** 台

编号				4-17-40	4-17-41	4-17-42	4-17-43
项目				不间断电源			
				容量(kV·A)			
				≤10	≤30	≤100	>100
名称			单位	消耗量			
人工	合计工日		工日	2.339	3.930	5.936	7.245
	其中	普工	工日	0.281	0.472	0.713	0.869
		一般技工	工日	1.170	1.965	2.968	3.623
		高级技工	工日	0.888	1.493	2.255	2.753
材料	自黏性橡胶带 25mm×20m		卷	0.393	0.471	0.578	0.722
	铜芯橡皮绝缘电线 BX-2.5mm^2		m	0.722	0.867	1.156	1.445
	其他材料费		%	2.00	2.00	2.00	2.00
仪表	手持式万用表		台班	0.756	0.910	1.240	1.470
	三相精密测试电源		台班	0.756	0.910	1.240	1.470
	计时/计频器/校准器		台班	0.756	0.910	1.240	1.470
	数字示波器		台班	0.756	0.910	1.240	1.470
	微机继电保护测试仪		台班	0.756	0.910	1.240	1.470

11. 事故照明自动切换系统调试

工作内容： 相关二次回路调试，整组传动试验，切换试验等。

编号				4-17-44	4-17-45	4-17-46
项目				单机容量（MW）		
				≤15	≤35	变电站、配电室
				台		座
名称			单位	消耗量		
人工	合计工日		工日	2.746	4.394	1.572
	其中	普工	工日	0.330	0.527	0.189
		一般技工	工日	1.373	2.197	0.786
		高级技工	工日	1.043	1.670	0.597
材料	自黏性橡胶带 25mm × 20m		卷	0.268	0.335	0.106
	铜芯橡皮绝缘电线 BX-2.5mm^2		m	0.536	0.670	0.211
	其他材料费		%	2.00	2.00	2.00
仪表	手持式万用表		台班	2.893	4.629	1.157
	计时 / 计频器 / 校准器		台班	1.929	3.086	0.771
	微机继电保护测试仪		台班	1.929	3.086	0.771

12. 无功补偿装置系统调试

工作内容：相关二次回路调试，整组传动试验，投运试验等。 **计量单位：**组

编号				4-17-47	4-17-48
项目				电容器电压（kV）	
				≤1	≤10
名称			单位	消耗量	
人工	合计工日		工日	2.037	4.075
	其中	普工	工日	0.245	0.489
		一般技工	工日	1.018	2.038
		高级技工	工日	0.774	1.548
材料	自黏性橡胶带 25mm×20m		卷	0.083	0.249
	铜芯橡皮绝缘电线 BX-2.5mm^2		m	0.115	0.498
	其他材料费		%	2.00	2.00
仪表	手持式万用表		台班	1.682	1.682
	高压绝缘电阻测试仪		台班	0.841	0.841
	电感电容测试仪		台班	0.841	1.682
	调谐试验装置		台班	0.786	0.786
	直流高压发生器		台班	0.841	0.841
	数字电压表		台班	—	0.841

计量单位：组

编　号			4-17-49	4-17-50
项　目			电抗器	
			干式	油浸式
名　称		单位	消　耗　量	
人工	合计工日	工日	4.889	6.112
	其中 普工	工日	0.587	0.734
	其中 一般技工	工日	2.444	3.056
	其中 高级技工	工日	1.858	2.322
材料	自黏性橡胶带 25mm×20m	卷	0.299	0.299
	铜芯橡皮绝缘电线 BX-2.5mm^2	m	0.598	0.598
	其他材料费	%	2.00	2.00
仪表	手持式万用表	台班	1.682	2.523
	数字电桥	台班	0.841	0.841
	高压绝缘电阻测试仪	台班	0.841	0.841
	直流高压发生器	台班	0.841	1.262
	数字电压表	台班	0.841	1.262

13. 电除尘系统电气调试

工作内容：电除尘二次回路调试，空载升压试验，振打投运试验等。　　**计量单位：**套

编　号				4-17-51	4-17-52	4-17-53
项　目				烟尘入口面积（m^2）		
				≤25	≤45	≤65
名　称			单位	消　耗　量		
人工	合计工日		工日	7.744	10.896	15.958
	其中	普工	工日	0.929	1.308	1.915
		一般技工	工日	3.872	5.448	7.979
		高级技工	工日	2.943	4.140	6.064
材料	自黏性橡胶带 25mm×20m		卷	0.820	1.025	1.138
	铜芯橡皮绝缘电线 BX-2.5mm^2		m	1.639	2.049	2.277
	其他材料费		%	2.00	2.00	2.00
仪表	手持式万用表		台班	3.364	5.804	7.290
	数字电桥		台班	2.523	4.353	5.467
	高压绝缘电阻测试仪		台班	0.841	1.451	1.822
	电能校验仪		台班	2.523	4.353	5.467
	2 000A 大电流发生器		台班	5.467	9.431	11.846
	高压开关特性测试仪		台班	2.523	4.353	5.467
	直流高压发生器		台班	2.523	4.353	5.467
	数字电压表		台班	2.523	4.353	5.467
	数字示波器		台班	2.523	4.353	5.467
	微机继电保护测试仪		台班	2.944	4.353	5.467

14. 故障录波系统调试

工作内容: 相关二次回路调试,整组传动试验,投运试验等。 **计量单位:** 台

编号				4-17-54	4-17-55	4-17-56	4-17-57
项目				发电厂单机容量(MW)			
				≤6	≤15	≤25	≤35
名称			单位	消耗量			
人工	合计工日		工日	2.197	3.295	4.394	5.493
	其中	普工	工日	0.264	0.395	0.527	0.659
		一般技工	工日	1.098	1.647	2.197	2.747
		高级技工	工日	0.835	1.253	1.670	2.087
材料	自黏性橡胶带 25mm×20m		卷	0.230	0.383	0.547	0.684
	铜芯橡皮绝缘电线 BX-2.5mm^2		m	0.460	0.766	1.094	1.368
	其他材料费		%	2.00	2.00	2.00	2.00
仪表	笔记本电脑		台班	0.534	0.801	1.068	1.335
	回路电阻测试仪		台班	0.134	0.200	0.267	0.334
	三相多功能钳形相位伏安表		台班	0.134	0.200	0.267	0.334
	相位表		台班	0.125	0.187	0.250	0.312
	继电保护检验仪		台班	0.267	0.401	0.534	0.668
	保护故障子站模拟系统		台班	0.134	0.200	0.267	0.334

计量单位：座

编号				4-17-58	4-17-59
项目				变电站	配电室
名称			单位	消耗量	
人工	合计工日		工日	2.197	1.098
	其中	普工	工日	0.264	0.131
		一般技工	工日	1.098	0.549
		高级技工	工日	0.835	0.418
材料	自黏性橡胶带 25mm×20m		卷	0.428	0.342
	铜芯橡皮绝缘电线 BX-2.5mm^2		m	0.855	0.684
	其他材料费		%	2.00	2.00
仪表	笔记本电脑		台班	0.134	0.067
	回路电阻测试仪		台班	0.267	0.134
	三相多功能钳形相位伏安表		台班	0.134	0.067
	继电保护检验仪		台班	6.008	3.004
	保护故障子站模拟系统		台班	0.134	0.067

15. 电动机系统电气调试

（1）直流电动机负载调试

工作内容：相关二次回路调试，操作传动试验，电动机空载试转等。　　**计量单位：**台

编号				4-17-60	4-17-61	4-17-62	4-17-63	4-17-64
项目				普通小型 功率（kW）				
				≤13	≤30	≤100	≤200	≤300
名称			单位	消耗量				
人工	合计工日		工日	3.421	4.889	7.333	9.289	11.000
人工	其中	普工	工日	0.410	0.587	0.880	1.115	1.320
人工	其中	一般技工	工日	1.711	2.444	3.667	4.644	5.500
人工	其中	高级技工	工日	1.300	1.858	2.786	3.530	4.180
材料	自黏性橡胶带 25mm×20m		卷	0.700	1.100	1.500	1.900	2.600
材料	铜芯橡皮绝缘电线 BX-2.5mm^2		m	1.400	2.200	3.000	3.800	5.200
材料	其他材料费		%	2.00	2.00	2.00	2.00	2.00
仪表	转速表		台班	0.505	0.505	0.757	1.009	1.009
仪表	手持式万用表		台班	1.514	2.524	3.533	4.037	5.047
仪表	数字电桥		台班	0.505	0.757	1.009	1.009	1.009
仪表	高压绝缘电阻测试仪		台班	0.505	1.009	1.514	2.018	2.524
仪表	直流高压发生器		台班	0.505	0.757	1.009	1.009	1.009
仪表	计时／计频器／校准器		台班	1.514	1.514	2.018	2.524	3.028
仪表	电缆测试仪		台班	0.505	0.505	0.505	0.505	0.505
仪表	微机继电保护测试仪		台班	1.514	2.524	3.533	4.037	5.047

工作内容:相关二次回路调试,操作传动试验,电动机空载试转等。 **计量单位:**台

编号				4-17-65	4-17-66	4-17-67	4-17-68	4-17-69
项目				一般可控硅调速 功率(kW)				
				≤50	≤100	≤250	≤500	≤1 000
名称			单位	消耗量				
人工	合计工日		工日	17.599	25.911	29.577	37.154	45.221
	其中	普工	工日	2.111	3.109	3.550	4.459	5.427
		一般技工	工日	8.800	12.956	14.788	18.577	22.610
		高级技工	工日	6.688	9.846	11.239	14.118	17.184
材料	自黏性橡胶带 25mm×20m		卷	3.800	2.800	3.100	7.800	10.400
	铜芯橡皮绝缘电线 BX-2.5mm^2		m	7.600	5.600	6.200	15.600	20.800
	其他材料费		%	2.00	2.00	2.00	2.00	2.00
仪表	转速表		台班	2.018	2.524	3.028	3.533	4.037
	手持式万用表		台班	5.047	5.551	6.056	6.561	7.066
	数字电桥		台班	1.514	2.018	2.524	3.028	3.533
	高压绝缘电阻测试仪		台班	0.505	1.009	1.009	1.262	1.262
	数据记录仪		台班	3.533	4.542	5.551	6.561	7.570
	调速系统动态测试仪		台班	3.028	4.037	5.047	6.056	7.066
	电感电容测试仪		台班	0.757	1.009	2.018	2.018	2.018
	最佳阻容调节器 RCK		台班	4.542	5.047	5.551	6.056	6.561
	旋转移相器 TXSGA-1/0.5		台班	2.524	3.533	4.542	5.047	5.551
	直流高压发生器		台班	0.757	0.757	1.009	1.009	1.514
	数字电压表		台班	0.757	0.757	1.009	1.009	1.514
	数字频率计		台班	1.514	1.514	2.018	2.524	3.028
	数字示波器		台班	4.542	5.047	6.056	6.561	7.066
	电缆测试仪		台班	0.505	0.505	0.505	0.505	0.505
	微机继电保护测试仪		台班	1.514	2.018	2.524	3.028	3.533

计量单位：台

编号				4-17-70	4-17-71	4-17-72
项目				一般可控硅调速 功率(kW)		
				≤2 000	≤3 500	≤5 000
名称			单位	消耗量		
人工	合计工日		工日	58.664	83.107	99.728
	其中	普工	工日	7.040	9.973	11.967
		一般技工	工日	29.332	41.553	49.864
		高级技工	工日	22.292	31.581	37.897
材料	自黏性橡胶带 25mm×20m		卷	12.300	12.700	20.800
	铜芯橡皮绝缘电线 BX-2.5mm^2		m	24.600	33.400	41.600
	其他材料费		%	2.00	2.00	2.00
仪表	转速表		台班	5.047	6.056	7.066
	手持式万用表		台班	8.075	9.084	10.093
	数字电桥		台班	4.542	5.551	6.561
	高压绝缘电阻测试仪		台班	1.514	2.018	2.524
	数据记录仪		台班	8.579	9.589	10.598
	调速系统动态测试仪		台班	8.075	9.084	10.093
	电感电容测试仪		台班	2.271	2.271	2.524
	最佳阻容调节器 RCK		台班	7.570	9.084	10.598
	旋转移相器 TXSGA-1/0.5		台班	6.056	6.561	7.066
	直流高压发生器		台班	2.018	3.028	4.037
	数字电压表		台班	2.018	3.028	4.037
	数字频率计		台班	4.037	5.047	6.056
	数字示波器		台班	8.075	9.589	11.103
	电缆测试仪		台班	0.757	0.757	1.009
	微机继电保护测试仪		台班	5.047	6.056	7.066

工作内容：相关二次回路调试，操作传动试验，电动机空载试转等。 **计量单位：**台

编号				4-17-73	4-17-74	4-17-75	4-17-76	4-17-77
项目				全数字式控制可控硅调速 功率（kW）				
				≤50	≤100	≤250	≤500	≤1 000
名称			单位	消耗量				
人工	合计工日		工日	20.288	29.820	34.220	42.776	52.064
	其中	普工	工日	2.435	3.578	4.107	5.134	6.248
		一般技工	工日	10.144	14.910	17.110	21.388	26.032
		高级技工	工日	7.709	11.332	13.003	16.254	19.784
材料	自黏性橡胶带 25mm×20m		卷	4.100	6.200	7.100	8.900	10.900
	铜芯橡皮绝缘电线 BX-2.5mm^2		m	8.200	12.400	14.200	17.800	21.800
	其他材料费		%	2.00	2.00	2.00	2.00	2.00
仪表	转速表		台班	2.018	3.028	4.037	5.047	6.056
	手持式万用表		台班	5.047	5.551	6.056	6.561	9.084
	数字电桥		台班	1.514	2.018	2.524	3.533	5.047
	高压绝缘电阻测试仪		台班	0.757	1.009	1.514	1.514	2.018
	数据记录仪		台班	5.047	6.056	7.066	8.075	9.084
	调速系统动态测试仪		台班	3.028	4.037	5.047	6.056	7.066
	电感电容测试仪		台班	1.009	1.514	2.018	2.018	2.524
	最佳阻容调节器 RCK		台班	5.047	5.551	6.056	6.561	9.084
	旋转移相器 TXSGA-1/0.5		台班	2.524	3.533	4.542	5.047	6.056
	直流高压发生器		台班	1.009	1.514	2.018	2.776	3.533
	数字电压表		台班	1.009	1.514	2.018	2.776	3.533
	数字频率计		台班	2.018	2.524	3.028	3.533	6.056
	数字示波器		台班	5.047	5.551	6.056	6.561	9.084
	电缆测试仪		台班	0.505	0.505	0.505	0.505	0.757
	微机继电保护测试仪		台班	1.009	2.018	2.524	3.028	4.542

计量单位：台

编　　号				4-17-78	4-17-79	4-17-80
项　　目				全数字式控制可控硅调速　功率（kW）		
				≤2 000	≤3 500	≤5 000
名　　称			单位	消　耗　量		
人工	合计工日		工日	67.465	88.972	103.639
	其中	普工	工日	8.096	10.677	12.437
		一般技工	工日	33.732	44.486	51.819
		高级技工	工日	25.637	33.809	39.383
材料	自黏性橡胶带　25mm×20m		卷	14.200	18.800	21.800
	铜芯橡皮绝缘电线　BX-2.5mm^2		m	28.400	37.600	43.600
	其他材料费		%	2.00	2.00	2.00
仪表	转速表		台班	7.066	8.075	9.084
	手持式万用表		台班	10.093	11.103	12.112
	数字电桥		台班	6.056	7.570	9.084
	高压绝缘电阻测试仪		台班	2.524	2.524	2.524
	数据记录仪		台班	10.093	11.103	12.112
	调速系统动态测试仪		台班	8.075	9.084	10.093
	电感电容测试仪		台班	2.524	3.028	3.028
	最佳阻容调节器　RCK		台班	10.093	11.103	12.112
	旋转移相器　TXSGA-1/0.5		台班	7.066	8.075	9.084
	直流高压发生器		台班	4.542	5.551	6.561
	数字电压表		台班	4.542	5.551	6.561
	数字频率计		台班	7.066	8.075	9.084
	数字示波器		台班	10.093	11.103	12.112
	电缆测试仪		台班	0.757	0.757	0.757
	微机继电保护测试仪		台班	5.551	6.561	7.570

(2)交流同步电动机负载调试

工作内容：1. 相关二次回路调试。
2. 操作传动试验。
3. 电动机空载试转等。

计量单位：台

编号				4-17-81	4-17-82	4-17-83	4-17-84	4-17-85	4-17-86
项目				普通型≤10kV 电机直接启动			普通型≤10kV 电机降压启动		
				功率(kW)					
				≤500	≤1 000	≤4 000	≤1 000	≤2 000	≤4 000
名称			单位	消耗量					
人工	合计工日		工日	12.712	17.599	27.376	23.222	31.777	35.687
	其中	普工	工日	1.526	2.111	3.285	2.786	3.813	4.282
		一般技工	工日	6.356	8.800	13.688	11.611	15.889	17.844
		高级技工	工日	4.830	6.688	10.403	8.825	12.075	13.561
材料	自黏性橡胶带 25mm×20m		卷	0.302	0.378	0.630	0.227	0.378	0.630
	铜芯橡皮绝缘电线 BX-2.5mm^2		m	0.605	0.756	1.260	0.454	0.756	1.260
	其他材料费		%	2.00	2.00	2.00	2.00	2.00	2.00
仪表	转速表		台班	1.009	1.262	1.514	1.262	1.514	2.018
	手持式万用表		台班	2.524	3.533	6.056	5.047	7.570	8.579
	数字电桥		台班	1.514	1.766	2.018	1.514	2.018	2.524
	高压绝缘电阻测试仪		台班	1.009	1.262	1.514	1.262	1.514	2.018
	断路器动特性综合测试仪		台班	0.505	1.009	1.009	1.009	1.009	1.009
	电能校验仪		台班	1.514	2.018	3.028	2.524	3.533	4.037
	直流高压发生器		台班	0.757	1.262	2.018	1.514	2.018	2.524
	数字电压表		台班	0.757	1.262	2.018	1.514	2.018	2.524
	数字频率计		台班	0.505	0.757	1.009	1.009	1.009	1.009
	计时/计频器/校准器		台班	3.028	4.290	6.561	5.551	7.570	8.579
	电缆测试仪		台班	0.505	1.009	1.514	1.009	1.009	1.514
	微机继电保护测试仪		台班	4.542	6.308	10.093	8.579	11.608	18.168

计量单位：台

编　号				4-17-87	4-17-88
项　目				普通型 380V 电机	
				直接启动	降压启动
名　称			单位	消　耗　量	
人工	合计工日		工日	6.112	9.289
	其中	普工	工日	0.734	1.115
		一般技工	工日	3.056	4.644
		高级技工	工日	2.322	3.530
材料	自黏性橡胶带 25mm × 20m		卷	0.181	0.181
	铜芯橡皮绝缘电线 BX-2.5mm^2		m	0.363	0.363
	其他材料费		%	2.00	2.00
仪表	转速表		台班	0.505	0.505
	手持式万用表		台班	1.514	2.018
	数字电桥		台班	0.505	0.505
	高压绝缘电阻测试仪		台班	0.505	0.757
	电能校验仪		台班	0.505	0.757
	多倍频感应耐压试验器		台班	0.253	0.253
	计时 / 计频器 / 校准器		台班	1.514	2.018
	电缆测试仪		台班	0.505	0.505
	微机继电保护测试仪		台班	1.514	2.018

(3)交流异步电动机负载调试

工作内容：相关二次回路调试，操作传动试验，电动机空载试转等。

计量单位：台

编号				4-17-89	4-17-90	4-17-91	4-17-92
项目				低压笼型			
				刀开关控制	电磁控制	非电量联锁	带过流保护
名称			单位	消耗量			
人工	合计工日		工日	0.929	1.857	2.444	3.715
	其中	普工	工日	0.112	0.222	0.293	0.446
		一般技工	工日	0.464	0.929	1.222	1.858
		高级技工	工日	0.353	0.706	0.929	1.411
材料	自黏性橡胶带 25mm×20m		卷	0.200	0.400	0.500	0.900
	铜芯橡皮绝缘电线 BX-2.5mm^2		m	0.400	0.800	1.000	1.800
	其他材料费		%	2.00	2.00	2.00	2.00
仪表	转速表		台班	0.505	0.505	0.505	0.505
	手持式万用表		台班	0.505	0.505	0.505	1.514
	数字电桥		台班	0.505	0.505	0.505	0.505
	高压绝缘电阻测试仪		台班	0.505	1.009	1.009	1.009
	电能校验仪		台班	—	0.253	0.253	1.009
	计时/计频器/校准器		台班	—	—	—	1.009
	电缆测试仪		台班	0.505	0.505	0.505	0.505
	微机继电保护测试仪		台班	—	0.505	0.505	1.514

计量单位：台

编　　号				4-17-93	4-17-94	4-17-95
项　　目				低压绕线型		
				电磁控制	速断、过流保护	反时限过流保护
名　　称			单位	消　耗　量		
人工	合计工日		工日	5.135	7.823	9.289
	其中	普工	工日	0.617	0.939	1.115
		一般技工	工日	2.567	3.911	4.644
		高级技工	工日	1.951	2.973	3.530
材料	自黏性橡胶带 25mm×20m		卷	1.000	1.300	1.600
	铜芯橡皮绝缘电线 BX-2.5mm^2		m	2.000	2.600	3.200
	其他材料费		%	2.00	2.00	2.00
仪表	转速表		台班	0.561	0.561	0.561
	手持式万用表		台班	2.243	2.804	3.364
	数字电桥		台班	1.121	1.402	1.402
	高压绝缘电阻测试仪		台班	1.121	1.121	1.121
	电能校验仪		台班	1.121	1.402	1.682
	计时 / 计频器 / 校准器		台班	1.682	4.205	4.486
	电缆测试仪		台班	0.561	0.561	0.561
	微机继电保护测试仪		台班	1.682	4.205	4.486

(4)交流变频调速电动机负载调试

工作内容: 相关二次回路调试,操作传动试验,电动机空载试转等。 **计量单位:** 台

编号				4-17-96	4-17-97	4-17-98	4-17-99	4-17-100	4-17-101	4-17-102	4-17-103
项目				交流同步电动机 功率(kW)							
				≤200	≤500	≤1 000	≤3 000	≤5 000	≤10 000	≤30 000	≤50 000
名称			单位	消耗量							
人工	合计工日		工日	25.176	34.954	46.931	68.685	87.263	103.883	129.793	141.280
	其中	普工	工日	3.021	4.195	5.631	8.242	10.472	12.466	15.575	16.953
		一般技工	工日	12.588	17.476	23.466	34.342	43.631	51.942	64.896	70.640
		高级技工	工日	9.567	13.283	17.834	26.101	33.160	39.475	49.322	53.687
材料	自黏性橡胶带 25mm×20m		卷	5.300	7.300	10.000	14.000	18.700	22.300	27.300	30.600
	铜芯橡皮绝缘电线 BX-2.5mm^2		m	10.600	14.600	20.000	28.000	36.400	44.600	54.600	61.200
	其他材料费		%	2.00	2.00	2.00	2.00	2.00	2.00	2.00	2.00
仪表	转速表		台班	2.018	3.533	4.542	6.056	7.066	8.075	9.084	10.598
	手持式万用表		台班	9.084	12.617	14.636	16.654	18.168	20.187	22.710	25.234
	数字电桥		台班	1.009	2.018	3.533	4.542	5.551	6.561	7.570	9.084
	高压绝缘电阻测试仪		台班	1.009	2.018	3.028	4.037	5.047	6.056	6.561	7.570
	断路器动特性综合测试仪		台班	0.505	0.505	1.009	1.009	1.514	2.524	4.037	5.047
	数据记录仪		台班	5.551	7.570	8.579	11.103	16.654	18.673	21.196	24.224
	电感电容测试仪		台班	1.009	2.018	3.028	4.037	5.047	6.561	7.570	9.084
	电能校验仪		台班	0.757	2.018	3.028	4.542	5.551	6.561	8.579	10.093
	电力谐波测试仪 F41		台班	0.757	1.514	2.018	4.037	5.047	6.561	7.570	8.579
	最佳阻容调节器 RCK		台班	5.047	7.066	8.075	11.103	16.654	18.673	21.196	24.224
	旋转移相器 TXSGA-1/0.5		台班	2.524	4.037	5.551	6.561	7.570	9.084	11.103	12.112
	频率合成信号发生器		台班	2.524	4.037	5.551	6.561	7.570	9.084	11.103	12.112
	直流高压发生器		台班	1.262	2.018	3.028	4.037	5.551	7.066	9.084	10.598
	数字电压表		台班	1.262	2.018	3.028	4.037	5.551	7.066	9.084	10.598
	数字频率计		台班	2.018	4.037	5.551	6.561	7.570	9.084	11.103	12.112
	数字示波器		台班	5.551	6.561	7.570	12.617	16.654	18.673	21.196	24.224
	电缆测试仪		台班	0.505	0.505	1.009	1.514	2.524	3.028	3.533	4.037
	微机继电保护测试仪		台班	1.514	3.028	5.047	6.056	7.066	8.579	10.093	12.112

工作内容：1. 相关二次回路调试。
2. 操作传动试验。
3. 电动机空载试转等。

计量单位：台

编　　号				4-17-104	4-17-105	4-17-106	4-17-107	4-17-108
项　　目				交流异步电动机 功率（kW）				
				≤3	≤13	≤30	≤50	≤150
名　　称			单位	消　耗　量				
人工	合计工日		工日	8.018	12.026	16.035	20.044	25.911
	其中	普工	工日	0.962	1.443	1.924	2.405	3.109
		一般技工	工日	4.009	6.013	8.017	10.022	12.956
		高级技工	工日	3.047	4.570	6.094	7.617	9.846
材料	自黏性橡胶带 25mm×20m		卷	1.680	2.520	3.360	4.200	5.500
	铜芯橡皮绝缘电线 BX-2.5mm²		m	3.360	5.040	6.720	8.400	11.000
	其他材料费		%	0.80	1.20	1.60	2.00	2.00
仪表	转速表		台班	0.807	1.211	1.615	2.018	3.028
	手持式万用表		台班	2.826	4.239	5.652	7.066	8.579
	数字电桥		台班	0.807	1.211	1.615	2.018	3.533
	高压绝缘电阻测试仪		台班	0.404	0.606	0.807	1.009	1.009
	数据记录仪		台班	2.019	3.028	4.037	5.047	6.561
	电能校验仪		台班	0.606	0.908	1.211	1.514	2.524
	高压试验成套装置		台班	0.404	0.606	0.807	1.009	1.262
	频率合成信号发生器		台班	1.009	1.514	2.019	2.524	3.028
	直流高压发生器		台班	0.404	0.606	0.807	1.009	1.262
	数字电压表		台班	0.404	0.606	0.807	1.009	1.262
	计时 / 计频器 / 校准器		台班	0.404	0.606	0.807	1.009	1.514
	数字示波器		台班	2.624	3.937	5.249	6.561	7.570
	电缆测试仪		台班	0.202	0.303	0.404	0.505	0.505
	微机继电保护测试仪		台班	1.211	1.817	2.423	3.028	4.037

工作内容： 1. 相关二次回路调试。
2. 操作传动试验。
3. 电动机空载试转等。

计量单位：台

编号				4-17-109	4-17-110	4-17-111	4-17-112
项目				交流异步电动机 功率（kW）			
				≤500	≤1 000	≤2 000	≤5 000
名称			单位	消耗量			
人工	合计工日		工日	31.531	42.287	50.597	61.840
	其中	普工	工日	3.784	5.075	6.071	7.421
		一般技工	工日	15.765	21.143	25.299	30.920
		高级技工	工日	11.982	16.069	19.227	23.499
材料	自黏性橡胶带 25mm×20m		卷	6.600	15.150	15.900	12.950
	铜芯橡皮绝缘电线 BX-2.5mm^2		m	13.200	30.300	31.800	25.900
	其他材料费		%	2.00	2.00	2.00	2.00
仪表	转速表		台班	3.533	4.037	5.047	6.056
	手持式万用表		台班	9.589	11.103	12.617	13.626
	数字电桥		台班	5.047	6.561	7.570	8.579
	高压绝缘电阻测试仪		台班	2.018	2.524	3.028	4.037
	数据记录仪		台班	7.570	10.598	12.617	15.140
	电能校验仪		台班	3.533	4.542	5.551	6.561
	高压试验成套装置		台班	1.514	2.018	3.028	4.037
	频率合成信号发生器		台班	4.037	5.047	6.561	8.075
	直流高压发生器		台班	1.514	2.018	3.028	4.037
	数字电压表		台班	1.514	2.018	3.028	4.037
	计时/计频器/校准器		台班	2.524	3.533	4.542	6.056
	数字示波器		台班	10.598	10.598	12.617	15.140
	电缆测试仪		台班	0.505	1.009	1.009	1.514
	微机继电保护测试仪		台班	5.047	6.561	7.570	8.579

(5)电动机联锁装置系统调试

工作内容：相关二次回路调试，操作传动试验，电动机空载试转等。　　　　**计量单位：**台

编　　号				4-17-113	4-17-114	4-17-115
项　　目				联锁台数(台)		
				≤3	4~8	9~12
名　　称			单位	消　耗　量		
人工	合计工日		工日	1.549	3.869	5.418
	其中	普工	工日	0.186	0.464	0.651
		一般技工	工日	0.774	1.935	2.709
		高级技工	工日	0.589	1.470	2.058
材料	自黏性橡胶带 25mm×20m		卷	0.250	0.520	0.700
	铜芯橡皮绝缘电线 BX-2.5mm^2		m	0.500	1.040	1.400
	其他材料费		%	2.00	2.00	2.00
仪表	手持式万用表		台班	0.841	1.682	2.523
	高压绝缘电阻测试仪		台班	0.841	1.682	2.523
	计时/计频器/校准器		台班	0.841	1.682	2.103
	电缆测试仪		台班	0.841	1.682	2.523
	微机继电保护测试仪		台班	0.841	1.682	2.103

16. 10kV 及以下开闭所成套装置系统调试

工作内容：相关二次回路调试，系统试运行等。 **计量单位：**座

编号				4-17-116	4-17-117	4-17-118	4-17-119
项目				断路器操作			
				开关间隔单元（个）			
				≤3	≤5	≤7	>7
名称			单位	消耗量			
人工	合计工日		工日	9.888	13.734	15.382	19.228
	其中	普工	工日	1.186	1.648	1.846	2.308
		一般技工	工日	4.944	6.867	7.691	9.614
		高级技工	工日	3.758	5.219	5.845	7.306
材料	自黏性橡胶带 25mm × 20m		卷	0.348	0.418	0.501	0.602
	铜芯橡皮绝缘电线 BX-2.5mm^2		m	0.696	0.836	1.003	1.203
	其他材料费		%	2.00	2.00	2.00	2.00
仪表	回路电阻测试仪		台班	1.402	1.869	2.336	2.804
	高压绝缘电阻测试仪		台班	1.402	1.869	2.336	2.654
	断路器动特性综合测试仪		台班	1.402	1.869	2.336	2.804
	伏安特性测试仪		台班	1.402	1.869	2.336	2.804
	电能校验仪		台班	3.028	4.206	4.710	6.729
	2 000A 大电流发生器		台班	1.402	1.869	2.336	2.804
	继电保护装置试验仪		台班	1.402	1.869	2.336	2.804
	YDQ 充气式试验变压器		台班	1.792	2.486	2.787	3.981
	高压试验变压器配套操作箱、调压器		台班	1.792	2.486	2.787	3.981
	高压核相仪		台班	3.028	4.206	4.710	6.729
	TPFRC 电容分压器交直流高压测量系统		台班	1.792	2.486	2.787	3.981

计量单位：座

编　号			4-17-120	4-17-121	4-17-122	4-17-123
项　目			负荷开关操作			
			开关间隔单元（个）			
			≤3	≤5	≤7	>7
名　称		单位	消　耗　量			
人工	合计工日	工日	8.790	12.360	14.557	16.479
	其中 普工	工日	1.055	1.483	1.747	1.977
	其中 一般技工	工日	4.395	6.180	7.279	8.240
	其中 高级技工	工日	3.340	4.697	5.531	6.262
材料	自黏性橡胶带 25mm × 20m	卷	0.348	0.418	0.501	0.602
	铜芯橡皮绝缘电线 BX-2.5mm^2	m	0.696	0.836	1.003	1.203
	其他材料费	%	2.00	2.00	2.00	2.00
仪表	回路电阻测试仪	台班	1.402	1.869	2.804	3.738
	高压绝缘电阻测试仪	台班	1.402	1.869	2.804	3.738
	电能校验仪	台班	3.925	5.607	6.542	7.477
	YDQ 充气式试验变压器	台班	1.402	1.869	2.804	3.738
	高压试验变压器配套操作箱、调压器	台班	1.402	1.869	2.804	3.738
	高压核相仪	台班	3.925	5.607	6.542	7.477
	TPFRC 电容分压器交直流高压测量系统	台班	1.402	1.869	2.804	3.738

17. 组合型成套箱式变电站系统调试

工作内容：相关二次回路调试，系统试运行等。　　　　**计量单位**：座

编号				4-17-124	4-17-125	4-17-126	4-17-127	4-17-128
项目				变压器容量（kV·A）				
				≤315	≤1 000	≤2 000	2×400 单台容量 ≤400	2×630 单台容量 ≤630
名称			单位	消耗量				
人工	合计工日		工日	8.131	9.739	12.086	13.184	15.382
人工	其中	普工	工日	0.976	1.169	1.450	1.582	1.846
人工	其中	一般技工	工日	4.065	4.869	6.043	6.592	7.691
人工	其中	高级技工	工日	3.090	3.701	4.593	5.010	5.845
材料	自黏性橡胶带 25mm×20m		卷	0.348	0.696	0.870	0.670	0.804
材料	铜芯橡皮绝缘电线 BX-2.5mm^2		m	0.696	1.393	1.741	1.339	1.607
材料	其他材料费		%	2.00	2.00	2.00	2.00	2.00
仪表	回路电阻测试仪		台班	0.935	1.315	1.869	1.869	2.336
仪表	高压绝缘电阻测试仪		台班	0.935	1.315	1.869	1.869	2.336
仪表	变压器直流电阻测试仪		台班	0.935	1.315	1.869	1.869	2.336
仪表	全自动变比组别测试仪		台班	0.935	1.315	1.869	1.869	2.336
仪表	电能校验仪		台班	3.785	4.678	5.981	5.140	6.542
仪表	2 000A 大电流发生器		台班	0.935	1.315	1.869	1.869	2.336
仪表	YDQ 充气式试验变压器		台班	0.935	1.315	1.869	1.869	2.336
仪表	高压试验变压器配套操作箱、调压器		台班	1.870	2.630	3.738	3.738	4.672
仪表	高压核相仪		台班	4.206	5.155	6.542	6.729	8.411
仪表	自动介损测试仪		台班	0.935	1.315	1.869	1.869	2.336
仪表	TPFRC 电容分压器交直流高压测量系统		台班	0.935	1.315	1.869	1.869	2.336
仪表	变压器特性综合测试台		台班	0.935	1.315	1.869	1.869	2.336
仪表	直流高压发生器		台班	0.935	1.315	1.869	1.869	2.336
仪表	微机继电保护测试仪		台班	1.870	2.630	3.738	3.738	4.672

18. 微机监控系统调试

工作内容：元件检查，二次回路调试，网络设备试验，间隔层闭锁逻辑验证，AVQC 功能设定、测试，UPS、GPS 系统调试，后台计算机系统调试，同期系统调试，远动功能系统调试，中央信号系统调试等。

编号				4-17-129	4-17-130	4-17-131	4-17-132	4-17-133	4-17-134
项目				发电厂单机容量（MW）				变电站	配电室
				≤6	≤15	≤25	≤35		
				台				座	
名称			单位	消耗量					
人工	合计工日		工日	13.187	16.785	20.382	23.978	9.590	5.994
	其中	普工	工日	1.583	2.014	2.446	2.877	1.150	0.719
		一般技工	工日	6.593	8.393	10.191	11.989	4.795	2.997
		高级技工	工日	5.011	6.378	7.745	9.112	3.645	2.278
材料	自黏性橡胶带 25mm×20m		卷	1.419	2.167	3.158	4.458	0.860	0.323
	铜芯橡皮绝缘电线 BX-2.5mm^2		m	2.838	4.334	6.316	8.916	1.720	0.645
	其他材料费		%	2.00	2.00	2.00	2.00	2.00	2.00
仪表	手持式万用表		台班	5.385	6.854	8.322	9.791	3.917	2.448
	2 000A 大电流发生器		台班	6.283	7.996	9.709	11.423	4.569	2.856
	计时 / 计频器 / 校准器		台班	6.283	7.996	9.709	11.423	4.569	2.856
	微机继电保护测试仪		台班	6.283	7.996	9.709	11.423	4.569	2.856

19.“五防”系统调试

工作内容：二次回路调试，电气闭锁、系统闭锁调试等。

计量单位：座

编号				4-17-135	4-17-136	4-17-137	4-17-138
项目				发电厂单机容量（MW）		变电站	配电室
				≤15	≤35		
名称			单位	消耗量			
人工	合计工日		工日	4.394	6.593	2.746	1.648
	其中	普工	工日	0.527	0.791	0.330	0.198
		一般技工	工日	2.197	3.297	1.373	0.824
		高级技工	工日	1.670	2.505	1.043	0.626
材料	自黏性橡胶带 25mm×20m		卷	1.955	2.346	0.733	0.513
	铜芯橡皮绝缘电线 BX-2.5mm^2		m	1.955	2.346	1.464	1.025
	其他材料费		%	2.00	2.00	2.00	2.00
仪表	手持式万用表		台班	1.361	2.042	0.851	0.510
	计时/计频器/校准器		台班	1.588	2.382	0.992	0.595
	微机继电保护测试仪		台班	1.588	2.382	0.992	0.595

20.配电智能系统调试

工作内容：1. 主（子）站与各终端设备联调内容：技术准备、编制信息表、控制权限检查、三遥功能测试、保护功能检测及传动试验、规约调试。

2. 主站与子站设备联调内容：技术准备、编制信息表、规约调试、三遥信息上传下达测试、信息核对等。

计量单位：系统

编号				4-17-139	4-17-140	4-17-141	4-17-142	4-17-143
项目				主（子）站与终端联调（个间隔）				
				≤2	≤6	≤12	≤20	>20
名称			单位	消耗量				
人工	合计工日		工日	2.638	8.790	15.821	22.852	26.369
	其中	普工	工日	0.316	1.055	1.899	2.742	3.164
		一般技工	工日	1.319	4.395	7.910	11.426	13.184
		高级技工	工日	1.003	3.340	6.012	8.684	10.021
材料	超五类屏蔽双绞线		m	1.000	2.000	3.000	4.000	4.000
	其他材料费		%	2.00	2.00	2.00	2.00	2.00
仪表	网络测试仪		台班	0.748	2.243	2.990	3.738	4.486
	误码率测试仪		台班	0.748	2.243	2.990	3.738	4.486

计量单位：系统

编号				4-17-144	4-17-145	4-17-146	4-17-147	4-17-148
项目				主站与子站联调（个间隔）				
				≤2	≤6	≤12	≤20	>20
名称			单位	消耗量				
人工	合计工日		工日	1.759	3.517	5.273	7.031	8.790
	其中	普工	工日	0.212	0.422	0.633	0.844	1.055
		一般技工	工日	0.879	1.759	2.636	3.515	4.395
		高级技工	工日	0.668	1.336	2.004	2.672	3.340
材料	超五类屏蔽双绞线		m	1.000	2.000	3.000	4.000	4.000
	其他材料费		%	2.00	2.00	2.00	2.00	2.00
仪表	网络测试仪		台班	0.374	0.748	1.122	1.495	1.869
	误码率测试仪		台班	0.374	0.748	0.748	1.122	1.346

计量单位：系统

编号				4-17-149	4-17-150	4-17-151
项目				电能表与电表采集器联调	数据集中器与电表采集器联调	主站与数据集中器联调
名称			单位	消耗量		
人工	合计工日		工日	1.374	0.978	1.648
	其中	普工	工日	0.165	0.117	0.198
		一般技工	工日	0.687	0.489	0.824
		高级技工	工日	0.522	0.372	0.626
材料	超五类屏蔽双绞线		m	1.000	1.000	1.000
	其他材料费		%	2.00	2.00	2.00
仪表	笔记本电脑		台班	0.327	0.561	0.561
	网络测试仪		台班	—	0.467	0.187
	误码率测试仪		台班	—	0.467	—

二、整套启动调试

1. 发电厂电气整套启动调试

工作内容：1. 厂用电源试运行。

2. 发电机变压器组启动调试：主变压器及高压厂用电压器系统充电试验，发电机启动试验，发电机同期系统定相并网试验，自动励磁调节系统投运调试，发电机变压器组带负荷试验及试运行，励磁系统带负荷试验及试运行，厂用电源带负荷切换试验。

3. 电气满负荷试运行等。

计量单位：台

编号				4-17-152	4-17-153	4-17-154	4-17-155
项目				发电单机容量（MW 机组）			
				≤6	≤15	≤25	≤35
名称			单位	消耗量			
人工	合计工日		工日	44.174	66.086	92.189	109.823
	其中	普工	工日	1.546	2.314	3.227	3.844
		一般技工	工日	15.461	23.130	32.266	38.438
		高级技工	工日	27.167	40.642	56.696	67.541
材料	自黏性橡胶带 25mm×20m		卷	2.083	4.166	5.952	7.440
	硬铜绞线 TJ-4mm^2		kg	1.389	2.778	3.968	4.960
	铜芯橡皮绝缘电线 BX-2.5mm^2		m	1.389	2.778	3.968	4.960
	其他材料费		%	2.00	2.00	2.00	2.00
仪表	笔记本电脑		台班	26.800	31.400	35.800	42.500
	手持式万用表		台班	0.290	0.348	0.406	0.464
	多功能交直流钳形测量仪		台班	0.290	0.348	0.406	0.464
	变送器校验装置		台班	0.234	0.280	0.327	0.374
	水内冷发电机绝缘特性测试仪		台班	0.290	0.348	0.406	0.464
	电量记录分析仪		台班	9.100	12.700	18.800	23.500
	微机继电保护测试仪		台班	2.243	2.692	3.140	3.589
	发电机转子交流阻抗测试仪		台班	0.290	0.348	0.406	0.464
	发电机定子端部绝缘监测杆		台班	0.523	0.628	0.733	0.837
	红外成像仪		台班	0.290	0.348	0.406	0.464
	数字电压表		台班	0.935	1.121	1.308	1.495
	网络测试仪		台班	0.234	0.280	0.327	0.374
	16 通道数字存储示波记录仪		台班	0.093	0.112	0.131	0.150

2. 变电站、配电室试运

工作内容：受电前准备，受电时一、二次回路定相、核相，电流、电压测量，保护、合环、同期回路检查，冲击合闸试验和受电后试验，试运行等。　　**计量单位：**座

编号				4-17-156	4-17-157	4-17-158	4-17-159
项目				组合型成套箱式变电站整套启动调试	≤1kV 配电站（室）整套启动调试	≤10kV 及以下开关站整套启动调试	≤10kV 变电站整套启动调试
名称			单位	消耗量			
人工	合计工日		工日	3.929	4.801	7.420	10.913
	其中	普工	工日	0.138	0.168	0.260	0.383
		一般技工	工日	1.375	1.680	2.597	3.820
		高级技工	工日	2.416	2.953	4.563	6.710
材料	自黏性橡胶带 25mm×20m		卷	0.874	1.136	1.248	1.560
	其他材料费		%	2.00	2.00	2.00	2.00
仪表	笔记本电脑		台班	2.500	3.500	4.800	6.500
	回路电阻测试仪		台班	0.226	0.293	0.376	0.527
	相位表		台班	0.127	0.165	0.211	0.295
	数字电压表		台班	0.127	0.165	0.211	0.295
	数字示波器		台班	0.262	0.341	0.437	0.611

3. 输电线路试运

工作内容：受电前的准备，受电时一、二次回路定相、核相，电流、电压测量，保护、合环、同期回路检查，冲击合闸试验，试运行等。

计量单位：条

编号			4-17-160
项目			10kV 输电线路整套启动调试
名称		单位	消耗量
人工	合计工日	工日	2.748
	其中 普工	工日	0.089
	其中 一般技工	工日	0.962
	其中 高级技工	工日	1.697
材料	铜芯塑料绝缘电线 BV-25mm^2	m	8.000
	铜芯塑料绝缘电线 BV-120mm^2	m	8.000
	铜接线端子 DT-25	个	4.000
	铜接线端子 DT-120	个	4.000
	其他材料费	%	2.00
机械	小型工程车	台班	0.275
仪表	相位表	台班	0.194
	线路参数测试仪	台班	0.194
	交流高压发生器	台班	0.208
	示波器	台班	0.194
	笔记本电脑	台班	2.100

三、特殊项目测试与性能验收试验

1. 发电机直流耐压试验

工作内容：发电机直流耐压试验，现场试验方案的编写、现场试验设备的组装与拆卸、现场试验的实施及试验所需的安全围闭等。　　**计量单位：**台

编　号				4-17-161
项　目				发电机直流耐压试验
名　称			单位	消　耗　量
人工	合计工日		工日	19.822
	其中	普工	工日	1.388
		一般技工	工日	10.902
		高级技工	工日	7.532
材料	黄铜线（综合）		kg	0.350
	绝缘胶带 20mm×20m		卷	0.350
	硬铜绞线 TJ-4mm^2		kg	7.000
	硬铜绞线 TJ-10mm^2		kg	2.800
	电缆		m	1.750
	其他材料费		%	2.00
仪表	多功能交直流钳形测量仪		台班	0.363
	高压绝缘电阻测试仪		台班	0.363
	水内冷发电机绝缘特性测试仪		台班	0.726

2. 变压器绕组变形试验

工作内容：变压器绕组变形试验，用频谱法和短路阻抗法进行试验，包括现场试验方案的编写、现场试验的实施及试验所需的安全围闭等。

计量单位：台

编号				4-17-162
项目				变压器绕组变形测试
名称			单位	消耗量
人工	合计工日		工日	3.966
	其中	普工	工日	0.278
		一般技工	工日	2.181
		高级技工	工日	1.507
材料	丙酮		kg	0.500
	聚氯乙烯橡胶粘带 40×50m		卷	1.000
	铜芯塑料绝缘电线 BV-25mm^2		m	3.000
	铜芯塑料绝缘电线 BV-120mm^2		m	3.000
	铜接线端子 DT-25		个	2.000
	铜接线端子 DT-120		个	2.000
	塑料相色带 20×2 000		卷	1.000
	其他材料费		%	2.00
机械	汽车式高空作业车 21m		台班	0.363
仪表	变压器直流电阻测试仪		台班	0.363
	变压器短路阻抗测试仪		台班	0.363
	变压器绕组变形测试仪		台班	0.363

3. 无功补偿装置投入试验

工作内容: 元件检查,二次回路调试,无功调节开环、闭环调节功能调试,无功调节策略及定值调试等。

计量单位: 三相组

编　号			4-17-163
项　目			无功补偿装置投入试验
名　称		单位	消　耗　量
人工	合计工日	工日	8.494
	其中 普工	工日	0.594
	其中 一般技工	工日	4.672
	其中 高级技工	工日	3.228
材料	铜芯塑料绝缘电线 BV-25mm²	m	2.112
	铜芯塑料绝缘电线 BV-120mm²	m	1.056
	铜接线端子 DT-25	个	1.056
	铜接线端子 DT-120	个	1.056
	其他材料费	%	2.00
仪表	笔记本电脑	台班	3.386
	回路电阻测试仪	台班	1.129
	继电保护检验仪	台班	0.564
	数字示波器	台班	0.677

4. SF_6 气体试验

工作内容: 六氟化硫气体取样全分析,六氟化硫气体露点试验及六氟化硫气体定量捡漏等。

计量单位: 试样

编　号			4-17-164
项　目			SF_6 气体试验
名　称		单位	消　耗　量
人工	合计工日	工日	2.952
	其中 普工	工日	0.099
	其中 一般技工	工日	0.958
	其中 高级技工	工日	1.895
仪表	气相色谱仪	台班	0.800
	SF_6 微水分析仪	台班	0.800
	红外光谱仪	台班	1.600

5. 计费处理器调整

工作内容：通电初步检查、装置参数检查、测量功能、自动功能、通信功能检查等。 **计量单位：**站

编号				4-17-165
项目				计费处理器调整
名称			单位	消耗量
人工	合计工日		工日	4.531
	其中	普工	工日	0.318
		一般技工	工日	2.491
		高级技工	工日	1.722
材料	自黏性橡胶带 25mm×20m		卷	0.075
	铜芯橡皮绝缘电线 BX-2.5mm^2		m	0.149
	其他材料费		%	2.00
仪表	笔记本电脑		台班	1.058
	电能表校验仪		台班	1.058

6. TA/(TV)误差试验

计量单位：组

编号				4-17-166
项目				TA(TV)误差测试
名称			单位	消耗量
人工	合计工日		工日	2.832
	其中	普工	工日	0.198
		一般技工	工日	1.558
		高级技工	工日	1.076
材料	硬铜绞线 TJ-4mm^2		kg	0.200
	硬铜绞线 TJ-6mm^2		kg	0.200
	铜芯塑料绝缘电线 BV		m	0.200
	其他材料费		%	2.00
仪表	笔记本电脑		台班	5.512
	互感器测试仪		台班	1.545

7. 电磁式电压互感器压降测试

工作内容：试验前准备工作，二次回路压降现场测试，数据处理，出具报告等。　　　**计量单位：**组

<table>
<tr><td colspan="3">编　　号</td><td colspan="2">4-17-167</td></tr>
<tr><td colspan="3">项　　目</td><td colspan="2">电磁式电压互感器压降测试</td></tr>
<tr><td colspan="3">名　　称</td><td>单位</td><td>消　耗　量</td></tr>
<tr><td rowspan="4">人工</td><td colspan="2">合计工日</td><td>工日</td><td>1.699</td></tr>
<tr><td rowspan="3">其中</td><td>普工</td><td>工日</td><td>0.119</td></tr>
<tr><td>一般技工</td><td>工日</td><td>0.935</td></tr>
<tr><td>高级技工</td><td>工日</td><td>0.645</td></tr>
<tr><td rowspan="3">材料</td><td colspan="2">自黏性橡胶带 25mm×20m</td><td>卷</td><td>0.020</td></tr>
<tr><td colspan="2">铜芯橡皮绝缘电线 BX-2.5mm²</td><td>m</td><td>0.040</td></tr>
<tr><td colspan="2">其他材料费</td><td>%</td><td>2.00</td></tr>
<tr><td rowspan="3">仪表</td><td colspan="2">电磁式互感器</td><td>台班</td><td>0.437</td></tr>
<tr><td colspan="2">压降测试仪</td><td>台班</td><td>0.437</td></tr>
<tr><td colspan="2">关口计量表测试专用车</td><td>台班</td><td>0.467</td></tr>
</table>

8. 计量二次回路阻抗测试

工作内容：试验前准备工作，电压电流互感器二次负荷现场测试，数据处理，出具报告等。　　　**计量单位：**组

<table>
<tr><td colspan="3">编　　号</td><td colspan="2">4-17-168</td></tr>
<tr><td colspan="3">项　　目</td><td colspan="2">计量二次回路阻抗测试</td></tr>
<tr><td colspan="3">名　　称</td><td>单位</td><td>消　耗　量</td></tr>
<tr><td rowspan="4">人工</td><td colspan="2">合计工日</td><td>工日</td><td>1.699</td></tr>
<tr><td rowspan="3">其中</td><td>普工</td><td>工日</td><td>0.119</td></tr>
<tr><td>一般技工</td><td>工日</td><td>0.935</td></tr>
<tr><td>高级技工</td><td>工日</td><td>0.645</td></tr>
<tr><td rowspan="3">材料</td><td colspan="2">自黏性橡胶带 25mm×20m</td><td>卷</td><td>0.012</td></tr>
<tr><td colspan="2">铜芯橡皮绝缘电线 BX-2.5mm²</td><td>m</td><td>0.024</td></tr>
<tr><td colspan="2">其他材料费</td><td>%</td><td>2.00</td></tr>
<tr><td rowspan="2">仪表</td><td colspan="2">电压电流互感器二次负荷在线测试仪</td><td>台班</td><td>1.402</td></tr>
<tr><td colspan="2">关口计量表测试专用车</td><td>台班</td><td>1.402</td></tr>
</table>

9. 定子绕组端部固有频率测试

工作内容： 试验准备工作检查及调整，定子绕组端部固有振动频率测试及模态分析，试验情况分析与总结等。

计量单位：台

编号			4-17-169
项目			发电机定子绕组端固有振动频率测试
名称		单位	消耗量
人工	合计工日	工日	10.195
	其中 普工	工日	0.714
	其中 一般技工	工日	5.607
	其中 高级技工	工日	3.874
材料	超五类屏蔽双绞线	m	1.000
	其他材料费	%	2.00
仪表	笔记本电脑	台班	9.190
	振动动态信号采集分析系统	台班	2.023

10. 发电机转子通风孔检查试验

工作内容： 发电机、断路器、隔离开关、接地开关及保护、测量、控制、调速信号等二次回路调试，通流升压试验，整组传动试验，机、电、炉横向保护试验，交接验收等。

计量单位：台

编号			4-17-170
项目			发电机转子通风孔检查试验
名称		单位	消耗量
人工	合计工日	工日	7.927
	其中 普工	工日	0.554
	其中 一般技工	工日	4.361
	其中 高级技工	工日	3.012
材料	转速信号荧光感应纸	卷	1.128
	遮挡式靠背管	个	13.949
	理化橡皮管	箱	3.632
	其他材料费	%	2.00
仪表	红外测温仪	台班	3.717
	数字式电子微压计	台班	7.489
	笔记本电脑	台班	12.307
	手持高精度数字测振仪和转速仪	台班	4.025

主编单位：电力工程造价与定额管理总站
专业主编单位：电力工程造价与定额管理总站
参编单位：北京金电联供用电咨询有限公司
深圳供电规划设计院有限公司
国网天津市电力公司经济技术研究院
上海电力建筑工程有限公司
上海电力建设启动调整试验所有限公司
计价依据编制审查委员会综合协商组：胡传海　王海宏　吴佐民　王中和　董士波
冯志祥　褚得成　刘中强　龚桂林　薛长立
杨廷珍　汪亚峰　蒋玉翠　汪一江
计价依据编制审查委员会专业咨询组：薛长立　蒋玉翠　杨　军　张　鑫　李　俊
余铁明　庞宗琨
编制人员：褚得成　张天光　董士波　孟　淼　周　京　蒋　昭　任鹏亮　翟树军
张致海　汪　钊　周　慧　赵奎运　钱玉媛　冀慧强　王少卿　钱　麟
张　丰　赵梦竹　张新红　叶　丹
专业内部审查专家：刘　强　俞　敏　朱晓虎　陈付雷
审查专家：李木盛　薛长立　蒋玉翠　张　鑫　司继彬　张永红　俞　敏
软件支持单位：成都鹏业软件股份有限公司
软件操作人员：杜　彬　赖勇军　可　伟　孟　涛